制造业高端技术系列

先进陶瓷磨削技术

主　编　隋天一　林　彬

参　编　赵鹏程　吕秉锐　周京国　李金洺

　　　　张子昂　侯贺天　张津硕　刘建彬　等

机 械 工 业 出 版 社

本书共有 6 章。第 1 章对陶瓷材料的分类及基本特征进行系统讲解，并对典型结构陶瓷材料、功能陶瓷材料的特点及性能进行介绍；第 2 章重点介绍压划痕技术在陶瓷材料损伤及去除机理研究中的基础理论及应用；第 3 章从先进陶瓷的磨削特点、表面的形成过程、磨削参数选择等方面展开，进而介绍多种适用于先进陶瓷加工的磨削技术；第 4 章主要针对典型的多能场磨削技术，分别对超声辅助磨削技术、激光辅助磨削技术，以及在线电解修整磨削技术的原理、加工系统及其工艺应用进行详细介绍；第 5 章对工程陶瓷加工的表面完整性进行介绍，包括磨削加工表面残余应力、表面变质层、表面相变、表面粗糙度，以及加工损伤等相关理论、检测技术及应用等；第 6 章介绍陶瓷精密零件的应用。

本书可用作高等院校机械制造及相关专业高年级本科生及研究生的教科书或参考书，也可供陶瓷材料及加工技术研究和生产单位的科技人员参考。

图书在版编目（CIP）数据

先进陶瓷磨削技术 / 隋天一，林彬主编. -- 北京：
机械工业出版社, 2024.9. -- (制造业高端技术系列).
ISBN 978-7-111-76495-3

I. TQ174

中国国家版本馆 CIP 数据核字第 202476W3D8 号

机械工业出版社（北京市百万庄大街22号　邮政编码100037）
策划编辑：周国萍　　　　　　　责任编辑：周国萍　刘本明
责任校对：牟丽英　丁梦卓　　　封面设计：马精明
责任印制：单爱军
北京虎彩文化传播有限公司印刷
2024年10月第1版第1次印刷
184mm×260mm · 21.5印张 · 487千字
标准书号：ISBN 978-7-111-76495-3
定价：99.00 元

电话服务　　　　　　　　　　网络服务
客服电话：010-88361066　　机 工 官 网：www.cmpbook.com
　　　　　010-88379833　　机 工 官 博：weibo.com/cmp1952
　　　　　010-68326294　　金 书 网：www.golden-book.com
封底无防伪标均为盗版　　机工教育服务网：www.cmpedu.com

前　言

陶瓷是人类最早使用的人造材料，具有悠久的历史。随着科技的不断进步，先进陶瓷材料（以下简称陶瓷材料）以其优良的物理和化学性能，在航空、航天、航海、半导体、通信、石油化工、电力、冶金、机械及现代生物医学等高科技领域得到了广泛的应用，它与金属材料、高分子材料、复合材料并称为四大工程材料，陶瓷材料及其制品产业也得到蓬勃发展。陶瓷材料硬度高、脆性大、热导率低，是一种典型的难加工材料。为了满足工业界对陶瓷零件高精度、高表面质量、高效率和低成本的要求，磨削加工被视为最为常用的方法，广泛应用于陶瓷构件精密、超精密加工。因此，系统地研究陶瓷材料磨削理论、磨削工艺，对提升陶瓷制品加工质量以及拓展其应用具有重要的理论及实践意义。随着磨削加工技术的不断发展，陶瓷材料的磨削加工技术不仅成为加工现代尖端产品的重要生产手段，而且是一个国家能否在国际竞争中取胜的关键技术，陶瓷材料及其加工技术正迎来一个崭新的繁荣时代。

为了及时总结近年来陶瓷材料及加工技术的最新研究和应用成果，促进其更快更好地发展，我们在《工程陶瓷材料的加工技术及其应用》（机械工业出版社2007年出版）的基础上，重点针对磨削技术的最新成果编写了《先进陶瓷磨削技术》一书。本书较为全面和系统地阐述了近年来国内外陶瓷材料及其磨削加工技术的发展和取得的新成果，特别是天津大学先进陶瓷材料与加工技术教育部重点实验室在陶瓷材料、加工机理、磨削加工工艺等方面取得的学术成果。本书以陶瓷材料划擦理论、磨削加工原理、磨削加工工艺、表面质量检测评价以及陶瓷材料的典型应用为主线，辅以国内外其他学者的新成果，内容丰富、素材翔实、特色鲜明。本书可用作高等院校机械制造及相关专业高年级本科生及研究生的教科书或参考书，也可供陶瓷材料及加工技术研究和生产单位的科技人员参考。

本书由隋天一与林彬担任主编，负责全书的构思、组稿和编审。参加本书编写的有赵鹏程、吕秉锐、周京国、李金洺、张子昂、侯贺天、张津硕、刘建彬、董宝昆、杜浩轩、王龙飞、鲍煊、丁建淳、王静涛和杨锦皓，另外还要特别感谢林滨、郭瑞松、曲远方三位老师对于本书编写的大力支持与帮助。

由于陶瓷磨削加工涉及范围广泛，而本书篇幅有限，因此在取材及论述方面难免存在不妥之处，敬请广大读者批评指正。在本书编写过程中，编者参阅并引用了一些国内外学者的著作、论文、论述及成果，得到同行专家的支持和帮助，也得到国家重点研发计划"半导体用高超精密晶舟及静电吸盘研制与应用"（项目编号：2023YFB3711100）的资助，在此一并表示感谢。

编者

2024 年 8 月

目 录

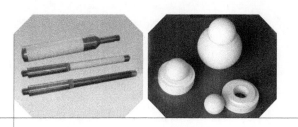

第 1 章

工程陶瓷材料

1.1 工程陶瓷材料概述

1.1.1 引言

材料是指具有满足指定工作条件下使用要求的形态和物理性状的物质，是组成生产工具的物质基础。人们通常把能源、材料、信息称为现代社会的三大支柱。材料不仅是人类进化的标志，而且是社会现代化的物质基础与先导。新型材料、生物工程和信息技术是第三次科技革命的重要标志，材料尤其是新型材料的研究、开发与应用直接反映一个国家的科学技术与工业水平，它关系到国家的综合国力与安全，因此各发达国家无不把材料放在重要地位来发展。1978 年全国科学大会将材料科学技术列为八个新兴的综合性科学技术领域之一，此后各个五年计划一直把材料科学技术作为重点发展的领域。

材料的核心问题是结构和性能。为了深入了解和理解材料的各种变化过程和现象（如屈服过程、变形过程、断裂过程、相变过程以及材料的各种性能），必须对结构有较深入的掌握。材料的性能是由材料的内部结构决定的，而结构的形成又与外界条件有关。材料的加工过程亦是如此，不同结构的材料性能往往相差很大，因而导致其加工特性有很大变化。

材料的组成对材料的电学、磁学、热学、光学乃至耐蚀性能、加工性能都有重要影响，尤其是电子的排列会影响原子的键合，使材料表现出金属、陶瓷或高分子材料的固有属性。金属、陶瓷和某些高分子材料在空间均具有规则的原子排列，或者说具有晶体的构造。晶体结构会影响材料的诸多物理性能，如强度、塑性、韧性等。例如，石墨和金刚石都由碳原子组成，但二者原子排列方式不同，因此强度、硬度及其他物理性能差别明显。当材料处于非晶态即玻璃态时，与晶体材料相比，性能差别也很大。非晶态金属比晶态金属具有更高的强度和耐蚀性能。

材料的显微组织也是决定其性能的重要因素。显微组织即在各种显微镜下所观察到的构成材料各相（物理和化学部分相同的部分）的组合图像，或者说材料的显微组织是材料中各相的含量及形貌所构成的图像。

在研究材料结构与性能的关系时，除了考虑其内部原子排列的规则性以外，还必须考虑其尺寸的影响。从原子角度看，把在三维方向上尺寸都很大的材料称为块体材料；在一维、二维或三维方向上尺寸很小的材料称为低维材料。低维材料可能具有块体材料所不具备的性质，如作为零维材料的纳米粒子（尺寸小于 100nm）具有很强的表面效应、尺寸效应和量子效应，使其具有独特的物理、化学性能，例如：纳米级金属颗粒是电的绝缘体及吸光的黑体；以纳米微粒制成的陶瓷具有较高的断裂韧性和超塑性；纳米金属铝的硬度为块体铝的 8 倍；作为一维材料的高强度有机纤维、光导纤维，作为二维材料的金刚石薄膜、超导薄膜等都具有特殊的物理性能。在微米、纳米尺度上对材料进行加工被称作"微纳加工"。

材料性能是一种参量，用于表征材料在给定外界条件下的行为，材料的性能只有在外界条件下才能表现出来。外界条件是指温度、载荷、电场、磁场、力场、化学介质等。例如在给定的温度下，材料将表现出自己稳定的相结构；在特定的温度下将发生从一个相向另一个相的转变；材料扩散与温度密切相关；在表征材料拉伸行为的载荷-位移曲线或应力-应变曲线上，采用屈服、颈缩、断裂等行为判据，分别有屈服强度、拉伸强度、断裂强度等力学性能；材料在磨削过程中受到机械力的作用，表现出不同的屈服、变形行为和去除机理。

材料具有高速、持续的发展势头，主要动力来源于以下两个方面。第一，应用需求的牵引，它是材料科学发展最重要的动力。例如信息技术的发展，从电子信息处理到光电子信息处理，再到光子信息处理，都需要一系列材料作为基础，包括光电子材料，非线性光学材料，光波导纤维、薄膜与器件等；又如能源工程技术的发展，需要耐高温、可靠性高以及寿命可预测的结构材料，同时要求更好的耐磨损、耐腐蚀材料等。第二，多学科交叉的推动。材料科学本身就具有多学科交叉渗透的特征，具有丰富的内涵。例如材料的组分（分子）设计与合成，涉及许多化学学科的分支，包括高温过程的热力学、动力学，以及在温和条件下的仿生合成等。当研究材料的微观结构与性能的关系时，涉及物理学，特别是凝聚态物理学，同时涉及非连续介质微观力学等学科。

现代科学技术的发展具有学科之间相互渗透、综合交叉的特点。科学和经济之间的相互作用，推动了当前最活跃的信息科学、生命科学和材料科学的发展，促成了一系列高新技术和高性能材料的诞生。信息功能材料、高温结构材料、复合材料、生物材料、智能材料和纳米材料取得了较大的发展，它们正成为国民经济发展的重要动力。信息功能材料是当代新技术，如能源技术、信息技术、激光技术、计算机技术、空间技术、海洋工程技术、生物工程技术的物质基础，是新技术革命的先导。高温结构材料是人类遨游太空，从必然王国飞跃到自由王国的基础。毫米时代人类发明了拖拉机，微米时代人类发明了计算机，以纳米材料为基础的纳米时代，人类将会创造出更大的辉煌。21 世纪的人类科学技术，将以先进材料技术、先进能源技术、信息技术和生物技术等四大学科为中心，通过其相互交叉和相互影响，为人类创造出完全不同的物质环境。受欢迎的新型材料，是与生物和自然具有良好适应性、相容性的材料。材料与人类生存息息相关，人类生活的进步、人类社会的发展都是以材料的发展为前提的。因此，性能不断提高、来源越来越广泛、满足人类社会日益增长的需要的新材料，将会具有更快的发展速度，以及更高的质量和性能。

1.1.2 陶瓷材料的分类及基本特征

无机非金属材料门类较多，按照生产工艺和用途分，主要包括陶瓷、玻璃、水泥和耐火材料四类，它们的主要原料是天然的硅酸盐矿物和人工合成的氧化物及其他化合物。它们的生产过程与传统陶瓷的生产过程相似，需经过原料处理-成型-烧结三个主要环节。陶瓷是最早使用的无机材料，在国外习惯上将无机非金属材料统称为"Ceramics"。按照成分、化学结构和用途，无机非金属材料的分类如图1-1所示。

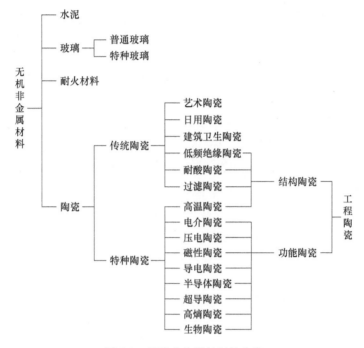

图 1-1 无机非金属材料的分类

陶瓷一般是含有玻璃相和气孔相的多晶多相的物质结构。绝大多数陶瓷是一种或几种金属元素与非金属元素组成的化合物。按照性能和用途，陶瓷可分为传统陶瓷和特种陶瓷，后者随着现代技术的发展，又不断被赋予新的命名和定义，如精细陶瓷、高性能陶瓷和先进陶瓷。传统陶瓷以天然硅酸盐矿物为原料，经粉碎、成型和烧结制成，主要用作日用陶瓷、建筑卫生陶瓷（部分传统陶瓷也作为工程陶瓷使用），要求烧结后不变形、外观美，但对强度要求不高。特种陶瓷则是以人工合成化合物（氧化物、氮化物、碳化物、硼化物等）为原料制成，主要应用于电子、信息、能源、机械、化工、动力、生物、航空航天和某些高新技术领域。工程陶瓷又分为结构陶瓷和功能陶瓷两类。

无机非金属材料的基本性质：第一，化学键主要是离子键、共价键以及它们的混合键；第二，硬而脆、韧性低、抗压不抗拉、对缺陷敏感；第三，熔点高，具有优良的耐高温、抗氧化性能；第四，自由电子数目少，导热性和导电性较差；第五，耐化学腐蚀性好；第六，耐磨损。

陶瓷材料以硬脆性为其显著特征，因而又被称为硬脆材料。此类材料在20世纪中后期

以前，往往被认为不易加工或者无法加工，人们只能在制作生坯时，将其加工成所需形状，烧结后直接使用。出现这种情况，除了与材料本身硬脆特性有关外，还与当时缺乏加工工具和加工手段有关。虽然人们很早以前就发现了金刚石、立方氮化硼等硬度大大超过陶瓷材料的超硬材料，但是陶瓷材料的机械加工却是最近几十年才发展起来的。人们将金刚石、立方氮化硼制作成加工工具并找到了合适的加工方法，实现了对硬脆陶瓷材料的磨削加工，现在已经发展到精密加工和微纳加工。

1.2　结构陶瓷材料

结构陶瓷主要是指可承受载荷、耐高温、耐腐蚀、耐磨损等的陶瓷材料，广泛应用于机械、能源、电子、化工、石油、汽车、航空航天等领域。结构陶瓷分为两大类：氧化物陶瓷和非氧化物陶瓷。

氧化物陶瓷是金属元素与氧结合而形成的化合物，原子间化学键主要是离子键，因此这类化合物熔点不是很高，硬度、强度、韧性也各不相同。此类陶瓷有简单氧化物和复合氧化物之分，前者如氧化锆（ZrO_2）、氧化铝（Al_2O_3）等，后者如莫来石（$3Al_2O_3 \cdot 2SiO_2$）等。氧化物陶瓷的特性与无机非金属材料的基本性质相似。

由非金属元素 B、C、N 与金属元素 Al、Si、Zr、Hf 等结合而成的化合物被称为非氧化物陶瓷，具有高熔点、强共价键及其他许多优良性能（如高强度、高温强度衰减小、高硬度、低膨胀系数等）。特别是其中有些陶瓷材料（如 Si_3N_4、SiC）在冶金、化工、机械、电子等领域获得了广泛应用，并有可能在高效率发动机和燃气轮机中取得应用。某些硼化物可应用于 3000℃ 以上的高温环境。概括起来讲，非氧化物陶瓷具有如下特点：第一，非氧化物陶瓷一般是共价键很强、难熔化合物；第二，非氧化物陶瓷的发展历史相对比较短，比如20 世纪 50 年代发现氮化物陶瓷具有很好的力学、热学和电学性能以后，氮化物陶瓷才日益受到人们的广泛关注和重视；第三，与氧化物陶瓷不同，非氧化物陶瓷的原料在自然界中不存在，需人工合成，然后按照陶瓷工艺来做成各种陶瓷制品；第四，非氧化物陶瓷易氧化，从原料制备、陶瓷烧结直至应用，遇到氧气就会发生氧化反应转变成氧化物，生成氧化物后将会影响材料的高温性能。因此原料合成及陶瓷烧结都需要在无氧环境中进行，通常是氮气、氩气或真空环境。陶瓷烧结后在使用过程中，由于具有一定的抗氧化性，可在较高温度下使用。不同材料具有不同的抗氧化能力，其最高使用温度也依材料而异，材料在高温下发生氧化反应将会影响其使用寿命。

非氧化物陶瓷的种类有碳化物、氮化物、硼化物和硅化物等，每一类又有许多化合物。以碳化物来说，就有金属碳化物 TiC、ZrC、VC、HfC、NbC、TeC 等和非金属碳化物 B_4C、SiC 等。

1.2.1　氧化物陶瓷

1. 氧化铝陶瓷

氧化铝陶瓷属于传统陶瓷，主要用作结构材料，是研究最成熟的高熔点氧化物陶瓷，在机械、化工、电子等领域具有广泛的用途。氧化铝原料来源丰富，价格低廉。按组成可将其分为氧化铝陶瓷和高铝陶瓷两大类。

氧化铝陶瓷的氧化铝含量在99%以上，其烧结温度高，当原料粒度较粗时，烧结温度可达1700℃。为了改善烧结性，降低烧结温度，往往添加少量MgO、Cr_2O_3、TiO_2等作为烧结助剂，利用生成固溶体或者生成晶界相，活化晶格，抑制晶粒长大，从而促进烧结，材料的烧结属固相烧结。烧结后材料的主晶相为刚玉相，性能较好。氧化铝陶瓷具有如下特性：第一，力学性能好；第二，电阻率高；第三，硬度高；第四，熔点高、耐腐蚀；第五，优良的光学特性；第六，离子导电性。

高铝陶瓷泛指95瓷、90瓷、85瓷、75瓷等不同氧化铝含量的陶瓷，添加了不同数量的硅酸盐液相烧结助剂或者其他物质，因而烧结温度较低，同时材料性能也有所下降，根据生成的主晶相含量，分别命名为刚玉陶瓷、刚玉-莫来石陶瓷、莫来石陶瓷。

氧化铝陶瓷的制备工艺较为简单，将氧化铝粉末与添加剂进行球磨混合，然后成型。成型方法有干压法、等静压法、注浆法、挤压法、注射成型法、热压注法，以及热压法等。除了热压法以外，干压法和等静压法坯体可以进行加工，获得所需形状和尺寸的坯体，注浆法坯体要进行修坯，挤压法、注射成型法、热压注法所得到的坯体要排除结合剂，才能进行烧结。氧化铝陶瓷一般采用常压烧结，烧结方法对材料的性能影响很大，要根据组成、制品形状和性能要求，制定合理的烧结方法。

2. 氧化锆晶体结构和增韧机理

（1）氧化锆晶体结构及马氏体相变 氧化锆有立方（cubic）、四方（tetragonal）和单斜（monoclinic）三种晶型，单斜相是低温稳定相，如果将它加热到1000℃以上就转变为四方相，继续升温至2370℃，则转变为立方相。氧化锆随温度的变化可表示如下：

$$m\text{-}ZrO_2 \Leftrightarrow t\text{-}ZrO_2 \Leftrightarrow c\text{-}ZrO_2 \Leftrightarrow 液体$$

其中，$m\text{-}ZrO_2 \to t\text{-}ZrO_2$正向转变温度为1150℃，$t\text{-}ZrO_2 \to m\text{-}ZrO_2$逆向转变温度为950℃；$t\text{-}ZrO_2 \Leftrightarrow c\text{-}ZrO_2$转变温度为2370℃；$c\text{-}ZrO_2 \Leftrightarrow$液体的转变温度为2680℃。通常称立方相及四方相为高温相，立方相为萤石型晶体结构，四方相为变形的萤石结构。

在氧化锆多晶转变中，$t\text{-}ZrO_2 \to m\text{-}ZrO_2$的相变属于马氏体转变，这一相变过程伴随着大约8%的剪切应变和3%~5%的体积膨胀效应。

（2）氧化锆相变增韧机理 氧化锆相变增韧机理主要可分为两类，即应力诱导相变增韧和微裂纹增韧。

1）应力诱导相变增韧：四方氧化锆颗粒在应力作用下，向单斜相转变，随着相变的进行，伴有体积膨胀和剪切应变，并吸收能量，使裂纹扩展阻力增加，起到增韧的作用。应力诱导相变增韧的基本出发点是"相变伴随的体积膨胀产生屏蔽裂纹扩展过程或残余应力增韧"。据马氏体相变特征可知，临界应力大小与马氏体相变成核过程有关，而成核势垒的大小和马氏体转变开始温度Ms有密切联系。因此Ms成为控制应力诱导相变增韧的一个极为重要的参数。为了最大限度提高应力诱导相变增韧有效性，准确控制Ms到略低于材料使用温度，在工艺上是非常重要的。该机理不但能增韧，往往也能使材料的强度获得提高。

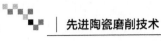

为了提高应力诱导相变机制的作用效果，在材料设计及材料制备过程中应考虑以下要求：①获得尽可能高的介稳四方相体积分数；②复合体的弹性模量要高（因而可选择高弹性模量基体）；③应力诱导相变所做的功要大；④相变区要大或相变临界应力要小。

2）微裂纹增韧：在使用温度下，如果 ZrO_2 晶粒大于临界粒径 d_c，四方相晶粒自发相变为单斜相，由于体积膨胀在其周围产生许多微裂纹或裂纹核，当它们处于主裂纹前的作用区内时，由于它们的延伸释放主裂纹的部分应变能，增加主裂纹扩展所需能量，从而有效地抑制裂纹扩展，提高材料的断裂韧度，材料的弹性应变能主要将转换为微裂纹的新生表面能。

ZrO_2 周围形成微裂纹的条件是：晶粒尺寸应大于临界尺寸 d_c，但要小于自发产生宏观裂纹的临界尺寸 d_c'。根据增韧公式，材料的断裂韧性随 $1/d$ 而增大，因此应尽可能使晶粒尺寸小些，可取得更好的韧化效果。微裂纹增韧随 ZrO_2 体积分数的增加和晶粒尺寸的减小而增加。在理想情况下，该机理能明显提高材料的断裂韧性，但往往伴有对材料强度不同程度的损害。

表1-1列出了一些氧化锆增韧陶瓷材料的弯曲强度和断裂韧度，可见没有氧化锆增韧的陶瓷材料与经氧化锆增韧后的陶瓷材料在力学性能上存在明显差别。

表1-1 氧化锆增韧前后室温下弯曲强度 σ_f 和断裂韧度 K_{1C} 对比

材料	未增韧		增韧后	
	$K_{1C}/MPa \cdot m^{1/2}$	σ_f/MPa	$K_{1C}/MPa \cdot m^{1/2}$	σ_f/MPa
c-ZrO_2	2.4	180		
Mg-PSZ			8~16	650~900
Y-TZP			6~10	750~2500
Al_2O_3	2~4	300~500	5~16	500~1300
莫来石	1.8	150~200	5~8	400~500
尖晶石	2	180	4~5	350~500
Al_2TiO_5	0.8	40	2.5	120
堇青石	1.4	120	3	300
Si_3N_4	5	600	6~8	700~900

影响氧化锆增韧的因素有：粒径、相变温度、稳定剂含量、氧化锆的含量及其分布均匀性和表面强化处理。

如果在氧化锆陶瓷的表层诱发氧化锆颗粒发生马氏体相变，由于体积效应将在表层产生体积膨胀，从而产生表面压应力层，起到增强作用。这样就在上述两个增韧机理的基础上，引申出第三个强韧化机理，即表面相变压应力增强。主要方法有：①应力诱发表面四方氧化锆相变；②低温处理诱发四方氧化锆相变；③从里到外增加单斜氧化锆的浓度梯度；④通过反应在表面生成单斜氧化锆。

目前，表面研磨诱发表层氧化锆相变是最有效、最具实用意义的方法。低温处理适合形状较复杂的零部件，但为了建立一个最佳的表面应力层，掌握好在不同低温介质中的停留时间是关键。

　　表面强化效果与可相变四方氧化锆含量、相变层厚度、弹性模量和基体晶粒大小有关。对于磨削加工，加工表面越粗糙，表面引入的缺陷越大，但相变的厚度也增大。表 1-2 是用于陶瓷发动机零部件的 Mg-PSZ 陶瓷，在不同的试条表面条件下，所测得的平均弯曲强度、韦伯模数（Weibull modulus）和单斜氧化锆含量。显然，通过表面抛光处理，可明显去掉一部分表面压应力层，显著降低材料弯曲强度。但过于粗糙的表面，虽然表面压应力层较厚，但是由于表面损伤太严重，造成的缺陷太大，使得表面压应力的作用明显降低，因而显示的弯曲强度也不太高。如果既能使表面缺陷减小，又能有较好的压应力层，定可使弯曲强度显著提高。

表 1-2　Mg-PSZ 陶瓷在不同试条表面条件下的力学性能及氧化锆组成

试条表面处理条件	平均弯曲强度 σ_f/MPa	韦伯模数	单斜氧化锆含量（体积分数，%）
金刚石锯切割面	798	4.1	39.1
金刚石锯切割面+抛光去切痕	856	13.9	36.1
金刚石锯切割面+研去 0.15mm+精抛	751	27.4	21.7
平磨金刚石砂轮磨削面	876	8.9	40.4
平磨金刚石砂轮磨削面+抛光去磨痕	891	11.5	38.3

3. 部分稳定氧化锆陶瓷（Mg-PSZ）

　　该材料是在氧化锆中加入氧化镁（MgO）作为稳定剂，经过球磨混合、干燥、成型、烧结等工艺过程，得到稳定的立方氧化锆陶瓷。Mg-PSZ 材料可以采用多种方法成型，其中等静压成型工艺是一种比较通用的方法，注浆成型适合制备形状较规则的薄壁零部件，注射成型适合复杂形状零部件的制备。在制备过程中，烧结固溶是一个关键的工艺，它有两个目的：一是使材料致密烧结，二是使氧化锆与稳定剂充分固溶成立方氧化锆。最终烧结温度与原料活性和材料组成有关。据 MgO-ZrO$_2$ 相图可知，MgO 含量越低，立方相区固溶温度越高，因而烧结温度就越高。烧结后在一定温度下进行热处理是更重要的一步工艺，目的是在立方氧化锆晶粒中析出梭子形亚稳态四方氧化锆，因而被称为部分稳定氧化锆陶瓷。四方氧化锆能够起到很好的应力诱导相变增韧作用，使材料性能较全稳定的立方氧化锆陶瓷有了很大提高。

　　Mg-PSZ 陶瓷是一类典型的粗晶陶瓷，立方氧化锆晶粒大小在 50～100μm 的范围内。在高倍电子显微镜下观察这些粗大的立方氧化锆晶粒，已在冷却过程中形成的细小四方氧化锆核体，尺寸约为 50nm，如果再继续保温，这种椭球状析出体的长度方向将长大到 200～300nm，在超过临界尺寸后，甚至会在冷却过程中自动转变成单斜相。这个过程将直接使力学性能出现随保温时间的增加由低向峰值先增加后下降的规律。

　　图 1-2 所示为 ZrO$_2$-MgO 相图。现在研究比较成熟的 Mg-PSZ 材料，MgO 摩尔分数通常在 8%～12% 之间。MgO 含量不同，决定了该材料的烧结和固溶特性不同，显微结构以及材料性能也有所差异。

　　通过热处理与力学性能的研究，人们一般把 Mg-PSZ 分成两类：一类是在 1400～1500℃处理得到的高强型 PSZ，即进行该温度热处理时得到的试样弯曲强度高（800MPa 左右），

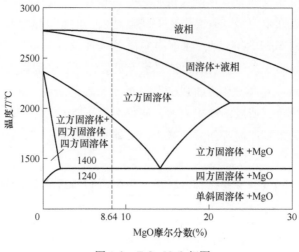

图 1-2 ZrO_2-MgO 相图

但 K_{IC} 并不高（<10MPa·$m^{1/2}$）；另一类是在 1100℃ 处理得到的热震型 PSZ，即进行该温度热处理得到的材料抗热震性好，K_{IC} 很高（12～15MPa·$m^{1/2}$）。

　　Mg-PSZ 陶瓷的性能列于表 1-3。Mg-PSZ 已被广泛应用于各工业领域的耐磨、耐蚀及耐高温的易损零部件，常采用冷加工方法获得所要求的表面粗糙度。Mg-PSZ 陶瓷具有非常好的加工性，即使是非常粗的磨削，也不易在其边缘产生缺口。

表 1-3 Mg-PSZ 陶瓷的性能

性能	20℃	820℃
弯曲强度 σ_f/MPa	720～820	400～450
断裂韧度 K_{IC}/MPa·$m^{1/2}$	8～12	5
拉伸强度 σ_b/MPa	450	
韦伯模数 w	30	
弹性模量 E/GPa	205	
平均线膨胀系数 α/×10^{-6}℃$^{-1}$	10.2	
抗热震性 ΔT/℃	400～500	
维氏硬度/GPa	11.20	
热导率 λ/[W/(m·K)]	0.24	
比热容 c/[J/(mol·K)]	3.08	

4. 氧化钇稳定的四方多晶氧化锆陶瓷（Y-TZP）

　　以 Y_2O_3 作稳定剂的单相四方多晶氧化锆材料，就是通常所称的 Y-TZP 材料。这种材料由非常细小的 ZrO_2 晶粒组成，烧结温度较低，材料中 t-ZrO_2 含量高，其中可相变的 t-ZrO_2 占比也很高。目前，就所有氧化锆增韧陶瓷而言，这种材料具有最佳的室温力学性能，如弯曲强度高达 2500MPa，断裂韧度超过 15MPa·$m^{1/2}$，这是它所特有的一个非常显著的特点。

　　图 1-3 是 ZrO_2-Y_2O_3 系富 ZrO_2 区相图。从这个相图可见，当 Y_2O_3 摩尔分数不超过 4%

时，在1000℃以上存在一个很大的t-ZrO$_2$相区。因此，只要选取合适粒度的ZrO$_2$粉末为原料，添加适量Y$_2$O$_3$作稳定剂，在上述区域内烧结，就很容易得到四方多晶氧化锆材料。冷却后依靠稳定剂的作用，可以使绝大部分四方相以亚稳态保留下来。如果稳定剂含量偏低，则稳定作用不够，将使相当一部分四方相ZrO$_2$转变为单斜相，失去这种材料的特色与优越性能；如果稳定剂含量太高，则会进入立方相区产生一定量的c-ZrO$_2$，这种氧化锆晶粒过于稳定，很难发生相变，当其含量过多时，将会影响材料的性能。

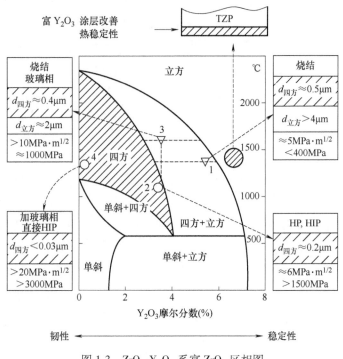

图1-3　ZrO$_2$-Y$_2$O$_3$系富ZrO$_2$区相图

　　从实验室研究到工业化生产的氧化锆粉末已有较成熟的制备方法，主要采用共沉淀法。陶瓷的各种成型技术均可用于Y-TZP陶瓷的成型，尤以通过喷雾造粒、干压或等静压成型为多见。由于Y-TZP陶瓷粉末很细，采用注浆或注射成型工艺会存在一定难度，在调制浆料方面应采取有效措施获得性能优良的浆料后，才可应用。

　　Y-TZP材料的烧结温度是较低的，一般在1400~1500℃温度范围内位于四方或四方和立方的两相区交界附近烧结。过高的烧结温度会对材料造成不利的影响，促进晶粒长大，使t-ZrO$_2$含量降低，材料力学性能下降。已有报道，采用特殊的制粉工艺技术获得纳米粉末，烧结温度可降至1200~1300℃。在如此低的温度下烧结，由于粉末活性很好，仍可获得非常高的致密度，并且材料中t-ZrO$_2$含量接近100%，材料性能非常优良。从理论上讲，纯Y-TZP材料应属固相烧结，但由于在粉末制备过程中难免引入少量杂质，因而出现液相烧结，晶界存在少量玻璃相。如果采用价廉的工业原料，通过外加少量液相烧结助剂，有效降低烧结温度，保持细晶结构，还可降低能耗，同时可获得力学性能较好的Y-TZP材料，这对工业化生产来讲，不失为一种经济、有效的举措。

Y-TZP 材料的增韧作用主要是利用应力诱导相变增韧机理，可相变量是相变增韧的一个重要参数。理论上 Y-TZP 材料四方 ZrO_2 可相变量接近 100%，但实测值往往低于该值。一方面是由于部分四方 ZrO_2 晶粒较小，小于临界粒径太多，在应力诱导下无法发生相变。另一方面是由于类似四方相的假四方相的出现，这种假四方相（$t'-ZrO_2$）具有四方相的基体结构，但固溶的 Y_2O_3 量远大于四方相而接近立方相，$t-ZrO_2$ 固溶的 Y_2O_3 摩尔分数为 2%~4%，而 $t'-ZrO_2$ 固溶的 Y_2O_3 摩尔分数则达 6%~7%，在应力作用下，假四方相不会发生相变。它的出现是由于 ZrO_2 晶粒内 Y 离子扩散很慢，当冷却速率快时并不能迅速通过扩散分离转变为稳定的 $t-ZrO_2$ 和 $c-ZrO_2$，而是直接由立方态转变为处于过渡状态的 $t'-ZrO_2$。

Y-TZP 材料的力学性能是迄今为止各类氧化物陶瓷中最高的，这一方面得益于它的强有力的相变增韧效果，另一方面是由于它的细晶结构，细晶强化理论在它身上得到强有力的体现。但是，Y-TZP 材料的强度与 Y_2O_3 含量以及烧结温度有关，Y_2O_3 摩尔分数一般以 2%~3% 为宜，并应保证其分布均匀性。过高的 Y_2O_3 含量，将造成大量 $t'-ZrO_2$ 的生成，由于它对相变增韧机理没有贡献，所以造成材料力学性能下降。烧结温度受到粉末细度及其团聚状态的强烈影响，粒度越细，团聚程度越轻，则粉末烧结活性越高，烧结温度就会越低。为了保持 Y-TZP 材料的细晶结构特点及优良性能，在保证获得足够致密度的前提下，烧结温度应尽量低。

Y-TZP 材料的最大缺点是在 100~400℃ 温度范围内长时间热处理，材料的力学性能严重下降，这一现象被称为低温退化现象，它使 Y-TZP 材料在中低温尤其是在有水存在的潮湿环境等条件下使用受到较大影响。产生此现象的原因是材料表面 $t-ZrO_2$ 转变为 $m-ZrO_2$ 的马氏体相变。相变由表面逐步向内部延伸，开始很快，而后逐渐减慢，最后终止。弯曲强度衰退与 Y_2O_3 含量和 $t-ZrO_2$ 晶粒尺寸有关。增加 Y_2O_3 含量或减小 ZrO_2 粒径都可削弱弯曲强度衰退程度。如含 3%（摩尔）分数 Y_2O_3 的 Y-TZP 材料，在晶粒尺寸 $0.2\mu m$ 时弯曲强度几乎不下降。

虽然 Y-TZP 材料室温下弯曲强度很高，但随着温度提高弯曲强度很快下降。为了提高高温下的弯曲强度，也可在 TZP 材料中加入 20%~40%（质量分数）的 Al_2O_3。表 1-4 列出了 Y-TZP 类陶瓷的综合性能。

表 1-4　Y-TZP 类陶瓷的综合性能

材料	3Y-TZP		3Y-TZP/Al_2O_3 系列（热等静压）		
	常压烧结	热等静压	3Y-TZP/20A	3Y-TZP/40A	3Y-TZP/60A
室温弯曲强度 σ_f/MPa	1200	1700	2400	2100	2000
800℃ 弯曲强度 σ_f/MPa	350	350	800	1000	900
断裂韧度 K_{1C}/MPa·$m^{1/2}$	8	8	6		
维氏硬度/GPa	12.8	13.3	14.7	15.7	16.5
弹性模量 E/GPa	205	205	260	280	
线膨胀系数 α/×10^{-6}℃$^{-1}$	10	10	9.4	8.5	
抗热震性 ΔT/℃	250	250	470	475	

Y-TZP 材料已被用于制造挤制模具、拉丝模具、机械密封件、泵用耐磨零部件、喷嘴、导向器、各种韧具、发动机零部件、精密工具等。

5. 氧化锆增韧氧化铝陶瓷（ZTA）

氧化铝陶瓷是一种历史较悠久的陶瓷材料，有各种规格，用途非常广泛，市场很大，已形成工业化规模生产。氧化铝陶瓷具有较高的弯曲强度，但断裂韧度较低，这限制了它的使用。利用氧化锆相变增韧，在 Al_2O_3 基体中引入细小分散的相变物质 ZrO_2，可以使氧化铝陶瓷弯曲强度和断裂韧度同时得到改善，增韧的效果与加入的 ZrO_2 含量、粒径、分布、ZrO_2 中的稳定剂含量等因素有关。

（1）ZTA 陶瓷制备工艺　传统制备方法的工艺流程如图 1-4 所示。

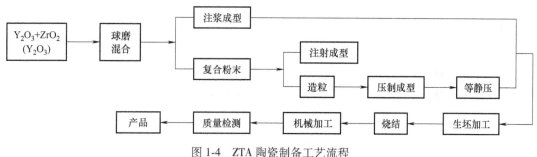

图 1-4　ZTA 陶瓷制备工艺流程

该方法的优点是工艺简单、成本低，但也存在原料纯度、细度、组分均匀性难保证等缺点。陶瓷的烧结性与原料的细度，也就是说与原料的活性有密切关系，所以采用球磨混合的 ZTA 材料烧结温度较高。显微结构中 ZrO_2 分布也不易达到非常均匀。一般来说，稳定剂必须预先均匀完全固溶于氧化锆中，才可与氧化铝混合。此外，也可以采用共沉淀法或者包裹法制备 ZTA 复合粉末。

（2）增韧机理　在 ZTA 材料中，根据需要可将增韧机理设计为两种：应力诱导相变增韧机理和微裂纹增韧机理。这些机理反映在工艺上的不同点主要是控制引入的 ZrO_2 颗粒尺寸和稳定剂含量。由于设计思想不同，材料显微结构和力学性能有较大差异。

1）应力诱导相变增韧机理。这种增韧机理要求所加入的氧化锆颗粒尺寸要细，稳定剂含量适中，在基体中呈弥散状分布，再加上氧化铝弹性模量较高（390GPa），对氧化锆相变有较强的约束作用，使得 Ms 温度向低温移动。综合调节各种因素，使氧化锆以介稳四方相存在于基体中，Ms 温度略低于测试或使用温度，在应力诱导下相变处于一触即发的状态，理论上可相变 $t-ZrO_2$ 接近 100%，因而它的增韧效果是比较好的。

随着氧化锆含量增加，增韧效果是增强的，但是氧化锆含量超过一定限度，会造成氧化锆颗粒的聚集，颗粒长大，反而使 $t-ZrO_2$ 含量降低。

特别值得注意的是，稳定剂含量不能太高，否则容易出现 t' 相或 c 相，它们对相变增韧毫无贡献。如果稳定剂含量偏低，则会造成对氧化锆稳定作用不足，出现 m 相而降低应力诱导相变增韧效果。一般加入 2%~3%（摩尔分数）Y_2O_3 较为合适。

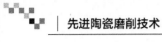

纯应力诱导相变增韧的 ZTA 材料室温弯曲强度和断裂韧度均相当好，但高温力学性能下降较严重，这是由于应力诱导相变增韧机理失效所致。

2）微裂纹增韧机理。当在氧化铝基体中引入粒度较粗（达到或超过临界粒径）的氧化锆颗粒时，或在氧化锆中减少或不加稳定剂，则氧化锆的 Ms 温度高于室温，材料在烧结后冷却至室温时，就已发生 t→m 相变，造成体积膨胀，在基体中产生微裂纹，对主裂纹的扩展起到分叉或钝化的作用，使材料的断裂韧度提高。微裂纹的密度取决于氧化锆的含量与粒度，微裂纹分布的均匀性取决于氧化锆分布的均匀性。微裂纹密度越高，增韧效果越好。如果氧化锆颗粒分布不均匀，则会造成局部微裂纹密度过大而聚集起来，甚至变成贯通的大裂纹，使材料性能严重恶化。由于材料中含有众多的微裂纹，微裂纹增韧的材料常常在断裂韧度提高的同时，弯曲强度出现一定程度的下降，弹性模量也降低。但是这种增韧作用不受温度的影响，材料的高温断裂韧度和弯曲强度仍然较好，同时具有优良的抗热震性。所以，微裂纹增韧的 ZTA 陶瓷仍然受到广泛重视。

对于微裂纹增韧的 ZTA 陶瓷，要获得理想的材料，必须控制好微裂纹的生成，使它发挥最佳作用，避免因控制不当而造成对材料性能的损害。工艺要点是氧化锆粒径必须控制在大于自发相变的临界粒径 d'_c，而要小于自发形成微断裂和出现宏观大裂纹的临界粒径 d''_c，即 $d'_c<d<d''_c$，临界粒径大小随着氧化锆含量的增加而降低。据估计，在 $Al_2O_3\text{-}ZrO_2$ 陶瓷中，$d''_c \approx 3\mu m$。另外，氧化锆分布的均匀性也至为关键。

实际上，由于在 ZTA 材料中氧化锆粒径分布很难准确控制在很窄范围内，因此纯粹单一机理的 ZTA 材料往往不存在，更多见的是上述两种机理共同存在，共同发挥作用。应设法综合两者的长处于一体，避免各自的不利方面。

（3）ZTA 材料的显微结构特点与力学性能　ZTA 陶瓷的显微结构特点是氧化锆颗粒均匀弥散分布于氧化铝基体中，氧化锆颗粒分布在氧化铝的晶界处。当氧化锆含量较少时，氧化锆容易呈孤立分布。如果因粉末团聚或工艺不当，造成一部分氧化锆出现连接聚集，这种情况对材料性能是十分不利的。在各种工艺和影响因素控制得当的情况下，通过复合添加剂降低烧结温度、改善微观结构和力学性能，ZTA 陶瓷的弯曲强度可达 600MPa，断裂韧度约为 $7MPa \cdot m^{1/2}$，比氧化铝陶瓷有了大幅提高，因而可以应用在氧化铝陶瓷无法胜任的场合，而不必使用价格较昂贵的 TZP 陶瓷。

6. 氧化锆增韧莫来石陶瓷（ZTM）

（1）莫来石基本特性　莫来石是氧化铝-氧化硅二元相图中唯一稳定的化合物，组成为 $3Al_2O_3 \cdot 2SiO_2$，加热到 1800℃ 以上时有微量液相生成，至 1850℃ 时稳定态的莫来石完全熔融。

莫来石具有优良的高温力学性能和热性能，是一种优良的高温结构陶瓷。莫来石高温弯曲强度和断裂韧度较高，在 1000℃ 以上衰减率较小，化学稳定性和抗热震性好，热导率较低，弹性模量较小，线膨胀系数为 $(4\sim6)\times10^{-6}℃^{-1}$，高温工作热应力小，密度也较低。但是，莫来石基体材料本身室温力学性能较低，限制了它的开发与使用范围。通过引入氧化锆颗粒，利用其相变增韧机理，可以使莫来石材料的室温性能获得明显改善，而仍然可以保持其高温特性，这对扩大其应用领域非常有利。这种材料就被称为ZTM。

莫来石原料大多是通过人工合成，高温下氧化铝与氧化硅反应生成莫来石，由于所用原料为工业原料，含有较多杂质，原料合成后常需经粉碎才能使用，故莫来石原料纯度不高，另外它的粒度较粗，结晶性完好。这种合成方法所得的莫来石原料成本低廉。为了获得高纯超细的莫来石原料，需采用一些特殊的合成工艺，如溶胶-凝胶法、化学共沉淀法、喷雾热分解法，以及高纯超细氧化硅与氧化铝粉末直接反应合成法，也可用纯净的氧化铝与氧化硅电熔而成。为了改善材料的烧结性和力学性能，尤其是以追求材料的高温性能为主要目标时，采用合成的高纯超细原料尤为必要。

（2）ZTM陶瓷增韧机理　纯莫来石陶瓷的室温性能不高，通过加入ZrO_2利用相变增韧机理，是改善其弯曲强度和断裂韧度的一条有效途径。这种性能改善可一直维持到约800℃，继续升高温度，性能开始下降。

与ZTA陶瓷相类似，ZTM陶瓷也可按两种增韧机理来进行设计，即应力诱导相变增韧机理和微裂纹增韧机理，以及通过表面特殊处理引入压应力层的表面强化技术。由于莫来石的弹性模量较氧化铝小很多（仅有210GPa），对ZrO_2的约束力减弱，致使ZrO_2更加容易发生t→m相变，Ms温度提高，临界粒径小于ZTA的临界粒径。为了使应力诱导相变增韧机理充分发挥作用，必须使Ms温度移至室温以下，因此要求ZrO_2颗粒尺寸要更小，或ZrO_2中稳定剂含量增多。正是因为莫来石弹性模量小，ZTM应力诱导相变增韧效果总的来说不如ZTA。在一般的ZTM材料中，微裂纹增韧效果可能占有较多份额。

（3）ZTM陶瓷制备方法

1）直接混合法：在合成好的莫来石原料中引入氧化锆，通过烧结而得到ZTM陶瓷，制备工艺流程与一般陶瓷工艺一样。根据所设计的增韧机理，在ZrO_2中加入适量稳定剂Y_2O_3，若考虑以微裂纹增韧机理为主，也可不加稳定剂。氧化锆加入量一般以20%（体积分数）左右为宜，增加氧化锆含量，虽然有利于改善室温力学性能，但对中高温力学性能会造成不利的影响，这与氧化锆相变增韧机理失效有关。ZTM材料的烧结温度与粉末的粒径或活性有很大的关系，如果莫来石是合成的超细粉末、活性高，烧结温度就较低，有可能在1500℃左右烧结。如果原料中含有杂质，也可使烧结温度降低。

需要指出的是，在莫来石中引入氧化锆后，对促进ZTM烧结有较明显的作用，使烧结温度降低。此外，它还可以抑制莫来石晶粒生长。

2）反应烧结法：反应烧结法是以氧化铝和锆英石为原料，通过反应烧结获得氧化锆和莫来石。原料按常规方法进行混合、成型、生坯加工和烧结。在烧结过程中，锆英石和氧化铝发生如下反应：

$$2ZrSiO_4 + 3Al_2O_3 \longrightarrow 3Al_2O_3 \cdot 2SiO_2 + 2ZrO_2$$
$$2ZrSiO_4 + 2Al_2O_3 \longrightarrow 2Al_2O_3 \cdot 2SiO_2 + 2ZrO_2$$

在锆英石和氧化铝反应烧结制得的莫来石-氧化锆复合陶瓷中，莫来石的铝硅比可在3∶2到2∶1间波动，氧化铝和锆英石是先烧结后反应。

上面第一种方法ZrO_2含量可灵活改变，而第二种方法配料时必须符合反应式的化学计量比，因而 ZTM 中氧化锆的含量是不能随意改变的。由反应所得的 ZrO_2 含量未必一定与最佳增韧效果相一致。

（4）ZTM 陶瓷的显微结构特点与力学性能　直接混合法制得的 ZTM 材料显微结构特点是 ZrO_2 晶粒一般处于莫来石晶界处，大小和形状与起始粉末状态直接有关。莫来石晶粒大小和形状与其组成、烧结温度有关。当莫来石组成为富铝时常呈等轴状，当莫来石组成为富硅时易得针状（长柱状）莫来石晶粒。如果材料中含有一定量液相，则莫来石容易通过溶解—沉淀过程从液相中生长出长柱状晶粒。烧结温度高，也可促进长柱状莫来石的生成。长柱状莫来石相互交织，有利于力学性能提高。

反应烧结 ZTM 陶瓷的显微结构取决于锆英石原料的特征，莫来石晶粒呈针状交叉连接，氧化锆颗粒有三种：第一种是晶粒内 ZrO_2 颗粒，包裹于莫来石晶粒内，通常呈细小圆形颗粒状；第二种是晶粒间 ZrO_2 颗粒，位于莫来石晶粒间，其平均粒径较大，具有明显的晶粒边界；第三种是聚集的 ZrO_2 颗粒，位于莫来石内部和晶界上。不同形态的 ZrO_2 颗粒，对材料强韧化的贡献显然不同，第一种 ZrO_2 颗粒对应力诱导相变增韧机理有利，而第三种 ZrO_2 颗粒只要对其大小和分布控制得当，微裂纹增韧效果也是相当不错的。

保留在 ZTM 陶瓷中的四方相 ZrO_2 颗粒，数量与基体中 ZrO_2 的含量成反比。也就是说在 ZTM 中 ZrO_2 含量越高，四方 ZrO_2 含量就越低，处于裂纹尖端的四方 ZrO_2 在应力作用下相变为单斜相，通过吸收部分能量而提高陶瓷的弯曲强度和断裂韧度。在 ZTM 陶瓷中，四方 ZrO_2 相变增韧机制所起的作用随 ZrO_2 含量的不同而有所差异，对于 ZrO_2 含量较高的 ZTM 陶瓷，其单斜 ZrO_2 含量增多，相变增韧不是主要的作用机制，而是微裂纹增韧起主要作用。由于发生了相变的 ZrO_2 颗粒（即单斜 ZrO_2）周围存在残余应力场，这种应力场助长了微裂纹成核。微裂纹将使主裂纹通过裂纹偏转、裂纹分岔、裂纹架桥等作用吸收能量，从而增加材料断裂韧度。

ZTM 陶瓷性能得以改善的原因还有晶界增强。莫来石可与 ZrO_2 在一个很窄的晶界范围内相互形成亚稳态固溶体，其晶界强度远大于单一相界，这就使 ZTM 材料断裂韧度和弯曲强度得到增强。

目前，常压烧结 ZTM 陶瓷弯曲强度可大于 400MPa，断裂韧度超过 $5\sim6MPa \cdot m^{1/2}$。

7. 晶须（颗粒）补强相变增韧复合陶瓷

相变增韧是 20 世纪 80 年代陶瓷增韧的重大突破，以氧化锆相变增韧的陶瓷如 PSZ、ZTM 和 ZTA 等以其弯曲强度和断裂韧度成倍增大的成绩著称于世。但是单纯相变增韧的效果有时是有限的，特别是当提高温度（尤其在 800℃ 以上）时，相变增韧效果明显减退，成为相变增韧陶瓷扩大应用的一大障碍。

高温弯曲强度严重下降的原因是应力诱导相变增韧机理在高温下不再起作用。对 Mg-PSZ 而言，到高温时（约 700~800℃）固溶在氧化锆中的 MgO 逐渐分解，使应力诱导相变增韧不起作用。

把晶须（或颗粒）补强和相变增韧结合起来，发展成为一种新型复合材料——晶须

（或颗粒）补强相变增韧复相陶瓷，可将相变增韧陶瓷材料的高强度和高韧性保持到1000℃以上的高温区。用30%（体积分数）SiC晶须复合ZTA陶瓷，使1000℃时的K_{IC}从4MPa·m$^{1/2}$增至9MPa·m$^{1/2}$；以20%~30%（体积分数）SiC晶须复合Y-TZP陶瓷，使1000℃时的K_{IC}从6MPa·m$^{1/2}$增至10~12MPa·m$^{1/2}$，1000℃时的弯曲强度从200MPa增至400MPa。

当单独采用ZrO_2相变增韧或晶须（颗粒）复合时，材料各自有一个性能改善的幅度，当二者同时采用时，其综合强韧化效果明显高于二者各自强韧化效果之和，这就是所谓的多种复合强韧化机制的协同叠加效应。采用复合强韧化技术时，应使ZrO_2和晶须（或颗粒）既要均匀分散，又不能相互接触，因为二者之间在高温下会发生化学反应，使综合强韧化效果受到一定程度的影响。

晶须或纤维补强的陶瓷基复合材料，主要是利用晶须或纤维承受载荷，产生拔出及使裂纹改向从而增加裂纹扩展的阻力，起到强化和韧化的目的。表1-5是莫来石基复合材料力学性能与温度的关系，表1-6是不同条件下热压莫来石复合材料的力学性能〔40%莫来石/25% ZrO_2/35%（体积分数）SiC(p)〕。

表1-5 莫来石基复合材料弯曲强度σ_f和断裂韧度K_{IC}与温度的关系

材料	K_{IC}/MPa·m$^{1/2}$					σ_f/MPa			
	室温	400℃	500℃	600℃	800℃	室温	400℃	500℃	600℃
莫来石	2.5		2.3		3.1	223		261	
SiC(w)-莫来石	5.1		4.8		4.9	461	336		409
ZTM	4.3	3.8		4.3	4.5	401		388	
SiC(w)-ZTM	7.5		7.2		7.4	559		454	

表1-6 不同条件下热压莫来石复合材料的力学性能

热压条件		σ_f/MPa			K_{IC}/MPa·m$^{1/2}$
温度 T/℃	时间 t/min	室温	1000℃	1200℃	
1525	80	599			5.9
1550	60	686	653	490	5.5
1575	40	730			5.7
1600	25	689			5.2
1600	60	720	657	485	6.0

根据微观结构分析，ZTM/SiC(p)复合材料中的强韧化机制包括：氧化锆相变增韧；氧化锆相变颗粒周围的应力场和碳化硅颗粒对裂纹扩展的弯曲、架桥及阻止等效应；莫来石颗粒中位错钉扎裂纹扩展（即位错强化）。这些效应共同作用、相互叠加，才使得复合材料室温与高温力学性能获得大幅度提高。

晶须补强的陶瓷基复合材料对晶须与陶瓷间的各项性能需要有一定的匹配原则，要求晶须有较高的强度和弹性模量；晶须与陶瓷基体的线膨胀系数相匹配，有时希望晶须的线膨胀系数稍大于陶瓷基体；晶须要求有一定的长径比，晶须的直径应与陶瓷基体的晶粒直径相接

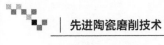

近；复合材料中有较高体积分数的晶须，且均匀分散；晶须与陶瓷基体反应较小，陶瓷基体不使晶须的结构破坏。概括起来，即要求晶须与陶瓷基体具有物理和化学的相容性。表1-7列出了一些陶瓷及晶须（纤维）的性能。

表 1-7　一些陶瓷及晶须（纤维）的性能

材料		强度 σ/MPa	弹性模量 E/GPa	线膨胀系数 $\alpha/\times10^{-6}K^{-1}$	热导率 λ /[W/(m·K)]	密度 $\rho/$ (g/cm³)
陶瓷基体	Al_2O_3	≈400[1]	380~400	6~9	6.3~34	3.9
	莫来石	150[1]	140	4.5~5.3	4~6	≈3
	ZrO_2	≈1700[1]	200	9~10	1.8~2.3	6.0
	Si_3N_4	1500[1]	320	2.3~2.9	19~33	3.2
	SiC	≈900[1]	480	4~4.7	84~110	3.2
	TiN		251	9.35	29.3	5.44
	Fe		200~220	10~11	58	7
晶须	β-SiC	21000[2]	490	4.7		
	α-Si_3N_4	14000[2]	385	2.5		
纤维	Al_2O_3	1380[2]	380	8.5		

①为弯曲强度；②为拉伸强度。

在制造晶须补强陶瓷基复合材料的过程中，使晶须均匀分散在陶瓷基体中是一个很重要但又较难解决的问题。球磨方法易使晶须遭到破坏，一般采用超声强化分散；或用表面活性物质对晶须进行预处理；或在混合时加入一定量分散剂（如聚乙二醇等）。国内报道可利用离心浇注成型晶须补强陶瓷复合材料，烧结一般采用热压烧结。SiC 颗粒补强的增韧陶瓷材料在混合分散方面没有大的难度。研究发现，如果能找到各种最佳工艺参数的组合，SiC 颗粒强韧化效果可达到与晶须接近的效果，无论从经济上还是工艺上均具有非常重大的意义。

1.2.2　非氧化物陶瓷

1. 氮化硅（Si_3N_4）陶瓷

（1）氮化物的性质　在介绍氮化硅陶瓷之前，先简要介绍一下氮化物的性质。

氮化物的晶体结构大部分属立方晶系和六方晶系，密度在 2.5~16g/cm³ 之间。氮化物种类繁多，均需人工合成原料。氮化物陶瓷在性能上有如下一些特点：

1）大多数氮化物熔点都比较高。周期表中ⅢB、ⅣB、ⅤB、ⅥB 族元素都能形成高熔点氮化物，如 HfN 3310℃、TiN 2950℃、TaN 3100℃、VN 2030℃。La 系、Ac 系元素也能形成高熔点氮化物。一部分氮化物，如 Si_3N_4、BN、AlN 等，在高温下不出现熔融状态而直接升华分解。有些氮化物蒸发能力比较强，在 2000℃ 以下蒸气压就可达到 1×10^{-4}mmHg，因而限制了它们在真空条件下的使用。

2）氮化物陶瓷一般都具有非常高的硬度。TiN 硬度为 21.6GPa，ZrN 硬度为 19.9GPa，

Si$_3$N$_4$ 硬度为 18GPa。个别氮化物硬度很低（如 BN 的莫氏硬度为 2），此时它的晶体结构为六方晶系。但是当它的晶体结构在一定条件下转变为立方晶系时，其硬度一跃为仅次于金刚石。

3）一部分氮化物具有较高的机械强度。Si$_3$N$_4$、TiN、AlN 等均具有较好的机械强度，特别是 Si$_3$N$_4$ 陶瓷弯曲强度最高，热压材料可达 1000MPa 以上。

4）氮化物抗氧化能力较差。氮化物处于含氧气氛中在一定温度下就要发生氧化反应，从而限制了它们在空气中安全使用的最高温度。某些氮化物发生氧化时在表面形成一层致密的氧化物保护层，可阻碍进一步氧化，因此可在一定温度下长期使用。

5）氮化物的导电性能变化很大。一部分过渡元素及 La、Ac 系元素的氮化物属于间隙相，即它们的晶体结构保留原来的金属结构，而氮原子则填充于间隙位置，因而具有金属的光泽和导电性，如 TiN、ZrN、NbN 等。而 B、Si、Al 元素的氮化物，由于形成了新的共价键晶体结构，变为绝缘体。

（2）氮化物陶瓷的制造工艺特点

1）氮化物原料都是通过人工合成的方法制备的，不能从天然矿物中提取。合成方法多种多样，如可以利用金属粉末直接氮化、金属氧化物用碳还原并同时进行氮化、金属卤化物与氮气进行气相反应等，总之为了保证产品较高的性能要求，往往要求合成的原料是高纯超细的。

2）氮化物（如 Si$_3$N$_4$、BN 等）由于共价键很强而难以烧结，往往需要加入烧结助剂，通过液相烧结机理促进烧结。尽管采用液相烧结，有时仍难以达到很高的致密度，往往再采取热压或热等静压工艺。

3）氮化物容易氧化，所以它的烧结需要在无氧气氛中进行，通常是在氮气中烧结。这是氮化物陶瓷比氧化物陶瓷成本高的重要原因之一。

4）氮化物陶瓷硬度高，因而后加工很困难，如作为机械部件，要求尺寸精度和表面质量高，加工费用要占总制造成本相当大的部分。

（3）Si$_3$N$_4$ 晶体结构　Si$_3$N$_4$ 有两种晶型，即 α-Si$_3$N$_4$（颗粒状晶体）和 β-Si$_3$N$_4$（长柱状或针状晶体），均属六方晶系，都是由［SiN$_4$］四面体共用顶角构成的三维空间网络。β 相是由几乎完全对称的六个［SiN$_4$］组成的六方环层在 C 轴方向重叠而成。而 α 相是由两层不同且有变形的非六方环层重叠而成。α 相和 β 相除了在结构上有对称性高低的差别外，并没有高低温型之分。α 相结构对称性低，内部应变比 β 相大，故自由能比 β 相高，是不稳定的，它在较高温度下（1400~1600℃）转变为 β 相，α→β 相变是重建式（不可逆）转变，某些杂质的存在有利于 α→β 相的转变。β-Si$_3$N$_4$ 对称性高，自由能低，在热力学上是稳定相。

表 1-8 列出了两个相的基本性能参数。可以看出，α 相和 β 相的晶格常数 a 相差不大，而 α 相的晶格常数 c 约为 β 相的两倍。这两个相的密度几乎相等，所以在相变过程中不会引起体积变化。它们的平均线膨胀系数较低，β 相的硬度比 α 相高得多，同时 β 相呈长柱状晶粒，有利于材料力学性能提高，因此要求材料中的 β 相含量尽可能高。

表 1-8　Si₃N₄ 两个相的基本性能参数

相	晶格常数/nm		单位晶胞分子数 n	计算密度 $\rho/(\text{g/cm}^3)$	平均线膨胀系数 $\alpha/\times10^{-6}\,℃^{-1}$	维氏硬度/GPa
	a	c				
$\alpha\text{-Si}_3\text{N}_4$	0.7748 ± 0.0001	0.5617 ± 0.0001	4	3.188	3.0	$10\sim16$
$\beta\text{-Si}_3\text{N}_4$	0.7608 ± 0.0001	0.2910 ± 0.0001	2	3.187	3.6	$24.5\sim32.6$

(4) Si₃N₄ 粉末的特性要求　为了获得性能优异的氮化硅陶瓷材料，必须使用优质的氮化硅粉末作原料。关于氮化硅粉末的特性要求，根据成型方法、烧结条件、用途的不同而有所差异。一般认为，理想的氮化硅粉末应具备下列特性：

1）纯度高。粉末中有金属和非金属两类杂质。Ca、Al、Fe、Mg、Mn、W 等金属杂质大都存在于晶界相中，在高温下促进晶界相的软化或烧结体的氧化，在低温下则作为缺陷产生作用，对材料特性产生种种不利影响，特别是对高温强度的影响尤其显著。因此尽可能地降低氮化硅粉末原料中的金属杂质含量是必要的。非金属杂质有氧、氯等，氧虽然可以促进烧结，但由于在晶界处生成玻璃相，会降低高温强度，氯在加热过程中变成气体会妨碍烧结，也应尽可能降低。

2）α-Si₃N₄ 含量高。原料的晶相对烧结体性能产生很大影响，认为以 α 相 Si₃N₄ 原料为好，它对称性低、烧结活性高，在转变过程中伴随着晶体长大，使烧结体结构粒子的长径比变大，粒子间成为相互交织的结构，从而提高烧结体的断裂韧度和弯曲强度。目前通过较好地控制工艺条件，采用硅粉氮化法制备的氮化硅粉末 α 相含量可达 95%（质量分数）。

3）粉末是粒径为 0.1~1.0μm 的亚微米级细粉，且粒度分布范围窄。原料粉末细，则烧结性能好，易形成均匀组织结构。但如果小于 0.1μm，则难以获得高密度的成型坯体，因而烧结性变差，同时烧结体中晶粒变大，不能得到高强度陶瓷。如果粒度分布范围广，虽然有助于提高成型体密度，但烧结体中晶粒长大。因此，从目前的烧结技术来看，至少希望其粉末颗粒是亚微米级（0.1~1.0μm），尤其重要的是不含有 1μm 以上的颗粒。

4）无团聚或二次粒子粒径小。二次粒子根据团聚程度分为坚实的二次粒子和松散的二次粒子两种，它们在烧结体中产生的作用也不同。坚实的二次粒子在烧结体中产生的作用和大粒子相同，促使晶体异常长大；松散的二次粒子在成型中形成比平均密度低的一个区域，在烧结体中产生比周围大的收缩，在烧结体中残留月牙状气孔。因此，控制原料粉末的团聚是十分必要的。

5）颗粒为球形或等轴状。一般认为针状和板状的粉末成型困难，成型体密度较低，且密度易变得不均匀，所以最好为球形。另外，从烧结方面考虑，假设所有的颗粒都是球形的，且各粒子填充的接触机会均等，即使没有添加剂也能较好地烧结。

(5) 氮化硅粉末的制备方法　氮化硅粉末的制备方法有硅粉直接氮化法、碳热还原法（SiO₂ 碳还原法）、硅亚胺和胺化物分解法，以及气相反应法（包括高温气相反应法、激光气相反应法和等离子体气相反应法）等，不同方法所得粉末特性有较大差异，下面分别做简要介绍。

1）硅粉直接氮化法。硅粉直接氮化法是将具有一定纯度的 Si（粉磨细后，置于反应炉

内通氮气或氨气,加热到 1200~1450℃进行氮化反应得到 Si_3N_4 粉末。主要反应式为

$$3Si+2N_2 = Si_3N_4$$

$$3Si+4NH_3 = Si_3N_4+6H_2\uparrow$$

此法生产的 Si_3N_4 粉末常为 α、β 两相混合的粉末。

2)碳热还原法。此法的原理是以 C 还原 SiO_2,同时用 NH_3 或 N_2 进行氮化来制备 Si_3N_4 粉末。反应式为

$$3SiO_2(s)+6C(s)+2N_2(g) = Si_3N_4(s)+6CO(g)$$

具体工艺是将 SiO_2 和 C 粉混合均匀后放入反应炉内,通氮气或氨气加热至 1300~1550℃进行氮化,即生成 Si_3N_4 粉末。此法所得粉末纯度高,颗粒细,反应吸热,不需要分阶段氮化,氮化速度比 Si 粉氮化速度快。

必须指出,SiO_2 不易完全还原氮化是本方法一个较严重的问题。若合成的 Si_3N_4 粉末中存在少量 SiO_2,则烧结时在高温下与金属杂质形成低共熔物,会严重地影响到材料的高温强度,对此仍需开展一系列技术研究,使之更趋完善。

3)硅亚胺和胺化物分解法。此法又叫 $SiCl_4$ 液相法或液相界面反应法。$SiCl_4$ 在 0℃下干燥的己烷中与过量的无水氨气发生界面反应生成固态硅亚胺化物 $[Si(NH)_2]$ 和白色沉淀 NH_4Cl:

$$SiCl_4(l)+6NH_3(g) = Si(NH)_2+4NH_4Cl$$

同时有 $Si(NH_2)_4$(硅胺化物)沉淀生成,然后真空加热除去 NH_4Cl 之后,再在高温下(1200~1350℃)惰性气体中加热,按下面两式分解生成 Si_3N_4:

$$3Si(NH)_2 = Si_3N_4+2NH_3$$

$$3Si(NH_2)_4 = Si_3N_4+8NH_3$$

本方法大致可以分为三部分:以 $SiCl_4$ 和 NH_3 为原料合成 $Si(NH)_2$ 的工艺、$Si(NH)_2$ 分解工艺和结晶工艺。

4)气相反应法。气相反应法是以 $SiCl_4$ 之类的卤化物或 SiH_4 之类的硅氢化物作为硅源,以 NH_3 作为氮源,在气态下进行高温化学反应生成 Si_3N_4 粉末的方法,反应式为

$$3SiCl_4(g)+16NH_3(g) = Si_3N_4(s)+12NH_4Cl(g)$$

$$3SiH_4(g)+4NH_3(g) = Si_3N_4(s)+12H_2(g)$$

根据激发方法不同,分别有高温气相反应法、激光气相反应法和等离子体气相反应法。各种方法只是采用的激发源(热源)不同,所得粉末性能相差不大。曾有报道,国内有一些厂家采用等离子体气相反应法进行规模生产,提供高纯超细 Si_3N_4 粉末。

(6)Si_3N_4 陶瓷的制备方法 Si_3N_4 是共价键很强的化合物,离子扩散系数很低,因此很难烧结,如高纯 Si_3N_4 粉末在 1700℃下热压仍基本不烧结。若进一步提高烧结温度,则接近其分解温度,Si_3N_4 分解失重加剧,给烧结带来很大困难。Si_3N_4 陶瓷的制造方法有如下几种:

1)反应结合氮化硅。反应结合氮化硅(RBSN)是将硅粉以适当方式成型后,在氮化炉中通氮加热进行氮化,氮化反应和烧结同时进行,氮化后产品为 α 和 β 两相的混合物。

氮化反应本身具有 22% 的体积膨胀，主要是在坯体内部的膨胀，增大的体积填充素坯内的孔隙，使素坯致密化并获得机械强度，其外观尺寸基本不变，这是反应结合工艺一个普遍而最大的特点。该法可用来制造形状复杂的产品，不需要昂贵的机械加工，产品尺寸精度容易控制。反应结合的另一个优点是不需要添加烧结助剂，因此材料的高温强度没有明显下降。

具体工艺过程：先将硅粉用一般陶瓷材料的成型方法做成所需形状的素坯，在较低温度下进行初步氮化，使之获得一定强度，然后在机床上将其加工到最后的制品尺寸，再进行正式氮化烧结直到坯体中硅粉完全氮化为止，冷却后取出即得所需要的尺寸精度较高的氮化硅部件。

2）热压烧结氮化硅。在要求致密和高强的情况下，就需要采用热压烧结工艺制备氮化硅陶瓷。此工艺要求用 α 相含量大于 90%（质量分数）的 Si_3N_4 细粉，加入适量烧结助剂，在较高的温度和外加压力共同作用下烧结而成。

热压烧结工艺借助压力的作用，使物料的传质过程加速，但是对于像 Si_3N_4 这样的强共价键材料来说，在烧结时仅有压力的作用还是不够的，纯 Si_3N_4 粉末热压烧结后仍难以得到高致密度的制品，因此烧结时必须加入适量烧结助剂，如 MgO、BeO、Y_2O_3、Al_2O_3、CeO_2、Mg_3N 以及一些氟化物等，利用液相烧结机理获得致密陶瓷。烧结过程中发生溶解—沉淀过程，α 相转变为 β 相，同时 β 相晶粒长大，在制品中形成由 β 相晶粒相互交织的结构，从而提高了制品的强度。液相烧结材料高温强度降低，蠕变性能较差。

Si_3N_4 粉末与烧结助剂经磨细并充分混合均匀后，先在钢模中压制成型，然后装入石墨模具内放入感应加热或石墨发热的高温炉中，升到一定温度后逐渐加压，整个操作应处于保护气氛中，以防止氧化。热压温度一般为 1750~1800℃，压力为 20~30MPa，保温保压 30~120min，然后卸压降温，样品从石墨模具中取出，经研磨加工后，即可获得致密的制品，一般热压 Si_3N_4 的密度可接近理论密度，因而常温力学性能很好，弯曲强度、硬度都很高。

热压时材料常出现失重现象，重量的损失是由于烧结温度较高，Si_3N_4 具有一定的分解或反应产生 SiO、Mg 及 N_2 的挥发所致。Si_3N_4 的分解失重正好是致密化过程的反过程。Si_3N_4 材料一方面需要提高温度促进致密烧结，另一方面较高的温度又会造成分解失重，实践中应综合考虑这两个效应，选择一个合适的热压温度。

热压 Si_3N_4 的主要缺点是生成效率低，成本高，只能制造形状简单的产品，同时由于硬度高，后续机械加工很困难。

3）无压烧结氮化硅。反应烧结虽可制作复杂形状的制品，但因产品密度低，性能不佳；热压 Si_3N_4 力学性能好，但同时存在上文指出的问题。为了找到一种兼具双方优点的工艺，近年来开发了无压烧结氮化硅（SSN）。

使用表面能很高的超细粉末，添加烧结助剂，采用高温常压烧结也可以获得性能较好的氮化硅陶瓷。一般来说，添加复合烧结助剂的效果要好些，通过液相烧结机理，达到促进烧结的目的。冷却过程中，残余的液相形成晶界玻璃相，显微结构中由 β-Si_3N_4 和少量杂质及玻璃相组成。

4）氮气压力烧结氮化硅。提高氮气压力可以抑制 Si_3N_4 热分解和作为外加压力提高烧结体的致密度。气压烧结法是一种介于热压和常压之间的工艺，是把 Si_3N_4 坯体在 5~20MPa 的氮气中在 1800~2100℃下进行烧结，由于氮气压力高，抑制了 Si_3N_4 的分解，因而可在很高的温度下烧结。

往往使用两步氮气烧结工艺，首先在 2000℃和大约 2MPa 氮气压力下加热 15min，将坯体先烧结至闭气状态，接着把氮气压力提高到 7MPa 以上，使烧结体快速致密化到大于99%。

5）反应烧结氮化硅的重烧结。所谓重烧结是指将含有烧结助剂的反应烧结的 Si_3N_4 坯体，在一定氮气压力和较高温度下再次烧结，使之进一步致密化，这种工艺称为重烧结。它是一种新的材料制备工艺，起始原料不是 Si_3N_4 粉末，而是 RBSN，与一般 RBSN 不同的是其中已含有烧结助剂，所以这种 RBSN 可接着再无压烧结成高密度的制品。因此这种新工艺避免了通常 SSN 所带来的一系列问题，使制件容易具有高强度和精确的尺寸公差。

重烧结温度范围大都为 1600~1950℃，并且对各种烧结试样，都有一个使强度或增重最佳的温度。温度过高易引起过大的晶粒生长或增重减小。重烧结时间以不超过 4h 为宜，过长的烧结时间也会引起晶粒过分生长。

6）热等静压烧结氮化硅。共价键化合物难烧结，对其进行热等静压烧结是一种非常有效的烧结方法，对制品同时施加高温高压的作用，颗粒发生重排和塑性变形，将气孔排出体外，高温下发生传质过程，致密化速率非常高，可获得全致密、无缺陷、性能非常优异的材料。

热等静压有包封与无包封之分。无包封热等静压工艺要求首先采用普通烧结方法获得一定形状和大小的制品，它只含有闭气孔，致密度一般应不低于 93%，将制品直接放入热等静压炉内升温加压，将获得全致密、无缺陷材料，温度选择与上文类似。热等静压常采用氩气加压，压力可达 200MPa。无包封热等静压工艺较为简单，对小尺寸产品可实现较大规模生产，经热等静压所附加的费用远比人们通常所想象的低，而制品性能却大幅度改善，将来完全有可能在工业上推广应用。

（7）氮化硅陶瓷的晶界工程　上面所述各种氮化硅陶瓷制备过程中，一般都或多或少添加一些烧结助剂。如果晶界存在玻璃相，则必然使制品的高温性能（如抗蠕变性、高温弯曲强度等）下降，只有使玻璃相析晶才能克服这一缺陷，这即所谓 Si_3N_4 陶瓷的晶界工程处理，将烧结制品于一定温度下在氮气中处理不同时间，使晶界玻璃相转变为高熔点结晶相或改变晶界组成，从而使制品的高温性能获得明显改善。晶界工程泛指通过各种工艺手段（包括热处理），改变陶瓷材料的结晶结构、晶界组成和晶界特性，从而达到改变材料性能的目的，在结构陶瓷、功能陶瓷以及其他陶瓷中均有应用。

目前晶界工程已经在其他陶瓷制备中获得越来越广泛的应用，因为晶界往往是陶瓷体的薄弱区域，因而陶瓷的断裂往往是沿着晶界进行的，若能提高晶界的结合强度，则势必使陶瓷的断裂强度获得明显提高。

下面将 Si_3N_4 陶瓷的主要烧结方法及特点归纳于表 1-9 和图 1-5。

表 1-9　Si_3N_4 陶瓷的主要烧结方法及特点

烧结方法	产品特性	烧结时形状变化
反应烧结	气孔率高，强度低	
重烧结	致密	
常压烧结	致密，低温强度高，高温强度下降	
气压烧结	致密，低温强度高，高温强度下降	
热压烧结	致密，强度高，各向异性，不能成型复杂形状制品	
超高压烧结	无添加剂，致密	
热等静压烧结	致密，强度高，结构均匀	
化学气相沉积	薄层产品，各向异性	

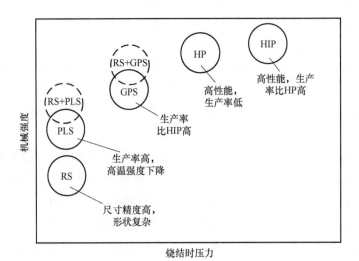

图 1-5　Si_3N_4 陶瓷烧结方法对比

（8）Sialon 陶瓷　1972 年，英国的 Jack 和日本的小山阳一在研究 Si_3N_4-Al_2O_3 系材料时几乎同时发现 β-Si_3N_4 晶格中可溶进相当数量的 Al_2O_3，形成一种很宽范围的固溶体并保持电中性，Al_2O_3 的固溶量可达 60% ~ 70%。由 Al_2O_3 的 Al、O 原子部分地置换了 Si_3N_4 中的 Si、N 原子，形成简单的固溶体，没有新的晶体结构生成，而仍然保持 β-Si_3N_4 的结构，只不过晶胞尺寸增大了。由于固溶体的形成可有效促进 Si_3N_4 的烧结，该固溶体即称为 "Silicon Aluminum Oxynitride"，用其字头组合命名为 "Sialon"（赛隆），它的化学式有两种表示方法，分别为 $Si_{6-0.75x}Al_{0.67x}O_xN_{8-x}$ 和 $Si_{6-x}Al_xO_xN_{8-x}$。

这种固溶体结构与 β-Si_3N_4 相似，物理力学性能也与 β-Si_3N_4 相似，硬度、强度和热导率稍低于 β-Si_3N_4，但断裂韧性比 β-Si_3N_4 好。Sialon 比 β-Si_3N_4 有低的线膨胀系数，这对于其耐热冲击是有好处的。Sialon 于 1200℃加热后投入水中急冷不破裂，另外它还有优良的抗氧化性及抗熔融金属腐蚀性，引起科学工作者的关注。其他氧化物如 MgO、BeO、Y_2O_3 等也能进入 Si_3N_4 晶格形成类似结构。

在制备 Sialon 陶瓷时，一般要添加烧结助剂形成一定量的液相促进烧结，当加入物较多时可用无压烧结法制得制品。所以 Sialon 陶瓷烧结时的致密化认为是由于液相烧结，根据添加物质的不同，产生液相的温度也有差异。液相在烧结时促进致密化，但随后又结晶出 Sialon 而成为单相陶瓷。同时原料粉末中存在的杂质，如 Ca、Mg 等可以溶入晶界相中，这是十分有利的。所以 Sialon 的烧结通常认为是"过渡液相烧结"机理，即：烧结初期，组分形成部分液相，促进烧结致密化；后期液相组分与固相反应形成固溶体，液相起一种过渡的、中间的作用。

对于 β′线上某一组成的材料来说，既可通过 Si_3N_4+SiO_2+AlN 作为原料来配料获得 Sialon 材料，也可以 Si_3N_4+Al_2O_3+AlN 作为原料来获得。第一种配料出现液相的温度比较低，主要是富 SiO_2 液相，但在高温下蒸气压比较高，蒸发比较严重。对于第二种配料，不出现低熔点的富 SiO_2 液相，因此温度在低于 1700℃ 时不可能致密烧结。温度超过 1700℃ 以后，将形成富 Al_2O_3 液相。随着温度升高，液相量增加，发生致密化过程，而且液固相发生反应，液相组分进入晶格而形成固溶体。因此严格来说，Sialon 陶瓷烧结以后，在晶界上玻璃相是很少的，基本上应是单相材料。

（9）Si_3N_4 陶瓷的性能与应用 作为一种理想的高温结构材料，主要应具备如下性能：①强度高、韧性好；②抗氧化性好；③抗热震性好；④抗蠕变性好；⑤结构稳定性好；⑥抗机械振动。氮化硅陶瓷除抗机械振动性能和韧性相对比较差外，其余几种性能都优于一般陶瓷，是一种很有希望的高温工程材料，已在许多领域获得相当广泛的应用，曾被誉为"像钢一样强，像金刚石一样硬，像铝一样轻"。由于制备工艺不同和所获得显微结构的差别，Si_3N_4 陶瓷的综合性能有很大变化。

1）Si_3N_4 的基本物理性能。常压下 Si_3N_4 没有熔点，于 1870℃ 分解。氮化硅线膨胀系数低，热导率高，具有高强度，因此其抗热震性十分优良，热疲劳性能也很好。

2）Si_3N_4 的化学性能。Si_3N_4 的化学稳定性很好，除不耐氢氟酸和浓 NaOH 侵蚀外，能耐所有的无机酸和某些碱液、熔融碱和盐的腐蚀。氮化硅对多数金属和所有轻合金熔体，特别是非铁金属熔体是稳定的，不受浸润或腐蚀。氮化硅具有优良的抗氧化性，抗氧化温度可高达 1400℃，使用温度一般为 1300℃，使用中氮化硅与氧反应形成 SiO_2 的表面保护膜，阻碍 Si_3N_4 的继续氧化。

3）Si_3N_4 陶瓷的力学性能。氮化硅陶瓷具有较高的室温弯曲强度，断裂韧度处于中上游水平，比如热压 Si_3N_4 弯曲强度可达 1000MPa 以上，断裂韧度约为 $6MPa \cdot m^{1/2}$，Si_3N_4 陶瓷的高温强度很好，1200℃ 高温强度与室温强度相比衰减不大，另外它的高温蠕变率很低。这些都是由 Si_3N_4 的强共价键本质所决定的。氮化硅的高温力学性能在很大程度上取决于晶界玻璃相的性质（如黏度）、组成、数量和分布。

氮化硅的硬度高，维氏硬度为 18~21GPa，洛氏硬度为 91~93HRA，仅次于金刚石、立方 BN、B_4C 等少数几种超硬材料。摩擦因数小（0.1），有自润滑性，与加油的金属表面相

似（摩擦因数为 0.1~0.2）。

4）Si_3N_4 陶瓷的用途。Si_3N_4 陶瓷已用作切削工具、轴承、拔丝模具、喷砂嘴等，获得很好的效果。特别是 Si_3N_4 陶瓷刀具在现代超硬精密加工、Si_3N_4 陶瓷轴承在先进的高精度数控车床以及超高速发动机中，已经获得广泛应用。Si_3N_4 陶瓷作为泵的密封环，性能比传统的密封材料优越。Si_3N_4 陶瓷用作火箭喷嘴、喉衬和其他耐高温隔热部件。在研制燃气轮机和绝热发动机陶瓷部件过程中，Si_3N_4 陶瓷作为主要候选材料之一而受到广泛重视，使用 Si_3N_4 燃气涡轮转子和涡轮定叶片，试图将燃气轮机的工作温度提高到 1300℃ 以上；在研究绝热发动机时，有很多零部件采用 Si_3N_4 陶瓷，如活塞顶、缸盖板、气门、气门座、挺柱、摇臂镶块、涡流室、电热塞、涡轮增压器转子和蜗壳等。此外，它在冶金工业方面用作铸造器皿、燃烧舟、坩埚、蒸发皿和热电偶保护管等，在化工方面用作过滤器、热交换器部件、触媒载体、煤气化的热气阀、燃烧器、汽化器等。

2. 碳化硅（SiC）陶瓷

（1）碳化物的特性与分类　由于碳化物具有高的结合强度，导致其熔点、硬度、弹性模量都非常高，而线膨胀系数低。碳化物具有如下一些特性：

1）碳化物是一类非常耐高温的材料，许多碳化物的熔点都在 3000℃ 以上，最耐高温的化合物就是碳化物，以 HfC 和 TaC 的熔点最高，分别为 3887℃ 和 3880℃。

2）在非常高的温度下，所有碳化物都会被氧化，不过很多碳化物的抗氧化能力都比较好，超过高熔点金属 W、Mo 等的抗氧化能力。有些碳化物，由于氧化后在表面形成保护膜，而增加了抗氧化能力。SiC 在低于 1000℃ 时就会发生氧化，但氧化后在表面形成 SiO_2 膜而增加了抗氧化性，使其能在 1350℃ 的氧化气氛中使用。

3）许多碳化物都具有非常高的硬度，特别是 B_4C，其硬度仅次于金刚石和立方氮化硼，但是一般说来，碳化物脆性比较大。

4）大多数碳化物都具有较小的电阻率和较高的热导率。

5）过渡金属碳化物不水解，不与冷酸起作用，但硝酸和氢氟酸的混合物能侵蚀碳化物。

6）碳化物在 500~700℃ 时能和氯及其他卤族元素作用，大部分碳化物在高温时与氮作用生成氮化物。

碳化物按周期表元素的位置，可分为五类：①第一族金属碳化物（Li、Na、K、…）；②第二族金属碳化物（Be、Mg、Ca、…）；③非金属元素碳化物（B、Si）；④Al 及稀土金属碳化物；⑤过渡金属碳化物。高温结构陶瓷最重要的是非金属元素碳化物 B_4C、SiC 等。

（2）碳化物的制备方法　碳化物很少天然生成，因此需要人工合成，主要方法有：

1）利用金属与碳直接化合。这种方法常用来制备碳化钨和碳化钼，因为 W 和 Mo 的氧化物挥发度高，所以一般不采用高温下将氧化物还原以生成碳化物的方法。借固体碳进行金属碳化的反应温度因碳化物种类不同而异，一般反应温度范围为 1200~2200℃，虽然升高温度能加速碳化物的生成，但实践中却尽可能采用较低温度，以避免不必要的晶粒长大。在电炉中进行碳化时可用氢气、一氧化碳、甲烷及这些气体的混合物作为保护气氛来制备 WC

和 MoC。

2）金属氧化物与碳反应。这种方法是将金属氧化物与炭黑混合后，在电炉中加热到 2000~2500℃进行还原反应生成碳化物。此法一般在真空炉中进行，因为 Ti 或其他金属氧化物还原时，要通过形成低价氧化物阶段。这些低价氧化物常常与相应的碳化物形成连续固溶体，从而得到的是被掺杂（被污染）的碳化物。利用真空可以防止固溶体形成，使氧以 CO 的形式排出；此外还可使存在于氧化物和碳中的许多金属杂质挥发掉。TiC、ZrC、HfC 多用真空炉进行生产，也有些碳化物可在石墨电阻炉内在 H_2 气氛下制得，如 TaC、NbC。

3）含碳气体碳化金属。这种方法是根据在碳管炉内用固体碳碳化金属（或其氧化物）时，在气相中也发生碳化作用的道理。用甲烷（CH_4）碳化钨丝，碳化在950℃开始，温度达1900℃时，直径0.3mm 的钨丝在含1%（质量分数）甲烷的气相中经30s 就能将整个截面碳化。在这种反应过程中，重要的是碳氢化物的分压，能保证游离碳与金属化合，以防止碳以石墨或剩余炭黑状析出，使反应进行中断。

4）气相沉积碳化物。这种方法可制取纯度更高的难熔金属碳化物、氮化物、硼化物和硅化物。整个过程是金属卤化物和碳氢化合物或氢的气体混合物的同时分解与相互作用。反应是在难熔金属丝（W、Pt、I、Mo、Ta、…）或碳丝的燃热表面上进行，形成的碳化物沉积在丝的表面上，炽热丝上形成的碳化物有时为致密的结晶沉淀物，有时为单晶体。

（3）碳化硅的晶体结构 碳化硅为共价键化合物，Si-C 间键力很强，有多种变体。碳化硅结晶中存在呈四面体空间排列的 SP^3 杂化键，Si 原子与周围4个 C 原子形成共价键，处于4个 C 原子构成的四面体中心。同样，每一个 C 原子也处于4个 Si 原子所构成的四面体中心。由于强的共价键特性，决定了 SiC 具有稳定的晶体结构和化学特性，以及非常高的硬度等性能。

碳化硅晶体结构中的单位晶胞是由相同 Si-C 四面体 SiC_4 构成，Si-C 四面体有平行结合或反平行结合之分。SiC 主要以两种晶体结构形式存在：闪锌矿结构和纤锌矿结构。β-SiC 是面心立方结构，属闪锌矿结构，按 aaa 层状次序排列。α-SiC 属纤锌矿结构的六方晶系，目前已发现有120多种变体，其主要区别在于碳和硅两种六方晶系层的交替程度不同，晶胞参数也不同。

为了表示 SiC 各变体，采用单位晶胞中所含层数来表示 SiC 的类型，引入字母 H、R、C 表示晶格类型。如 3C 表示沿 C 轴具有三层重复周期的立方结构，nH 表示沿 C 轴具有 n 层重复周期的六方结构，mR 表示沿 C 轴具有 m 层重复周期的菱形结构。工业生产的 SiC 最常见结构有 3C、4H、6H、15R 等。

各类 SiC 变体的密度无明显差别，如 α-SiC 密度为 3.217g/cm^3，而 β-SiC 为 3.215g/cm^3。SiC 各变体与生成温度之间存在一定关系，温度低于2100℃，β-SiC 是稳定的，因此在2000℃以下合成的 SiC 主要是 β-SiC。温度超过2100℃，β-SiC 向 α-SiC 转化，2300~2400℃时，转变迅速，所以在2200℃以上合成的 SiC 主要是 α-SiC，而且以 6H 为主。15R 变体在热力学上是不太稳定的，是低温下发生 3C→6H 转化时生成的中间相，高温下不存在。β→α 转化是单向的、不可逆的，只有在特定条件下（高温、高压）才发生 α→β 的转变。SiC 没有熔点，在 0.1MPa 压力下，当温度为（2760±20）℃时分解。

（4）碳化硅原料的制备

1）二氧化硅-碳还原法：碳化硅工业生产的主要方法是用石英砂（SiO_2）加焦炭直接通电还原，温度通常在 1900℃以上。此时所发生的化学反应可用下式表示：$SiO_2 + 3C = SiC + 2CO$。由于炉内各区温度不均匀，会发生一些中间反应。

采用这种方法生产 SiC 时，常采用石英砂、破碎的石英、硅石等作硅质组分。对硅质原料的基本要求是二氧化硅含量尽可能高，通常不低于 98.5%（质量分数）。采用石墨粉、低灰分无烟煤和石油焦炭作碳质材料，对碳质材料的基本要求是灰分应最低。应限制 Al_2O_3、Fe_2O_3，特别是 CaO 的含量，因为它们会促使碳化硅分解。在配料时要求原料有较好的透气性而加入少量木屑，以便排出气体和提高生产效率。加入食盐的作用是有利于排除氯化物类杂质，同时食盐熔融后将石英颗粒包裹起来，可降低 SiO_2 的蒸发速度，阻止配料内碳的富集并防止碳化硅被染成黑色。一般在制取绿色 SiC 时都加食盐，而制取黑色 SiC 时则不加。

将配料在电阻炉内加热到 2200℃左右，即可制得 SiC，每生产一炉料约需 26~36h，产品中除 SiC 外，还有一部分未反应的配料、无定形 SiC 等，这些可以分选出来作为配料的一部分。

用此法生成的 SiC，目前在市场上出售作磨料用的有绿色和黑色两大类，主要是纯度上的差别。一般 SiC 含量越高，颜色越浅，高纯应为无色。绿色 SiC 含量在 96% 左右，黑色 94%，SiO_2 含量 0.1%~2.5%，残余碳含量 >1%（均为质量分数），其他杂质主要是游离 Si、Fe_2O_3、硅酸盐、碳化铁等。为了提高 SiC 产品的纯度，除去杂质，常用 HF 对产品进行处理，再经水洗等工艺，可以获得较高纯度的碳化硅粉末产品。

2）直接由元素硅和碳合成碳化硅。反应式为：$Si + C = SiC$，当温度为 1150℃时便开始生成 SiC，随着温度升高，生成的 SiC 也有所增加。这种合成 SiC 的方法，目前主要用于石墨的硅化处理、碳化硅材料的反应烧结，有时也用于制取 β-SiC。

3）由气体化合物制取碳化硅（气相沉积）。为了制备高纯超细碳化硅粉、薄膜及纤维等，可采用挥发性硅的卤化物及碳氢化合物按气相合成法来制取，或者用有机硅化合物在气体中热分解的方法来制取。所得 SiC 制品的性能取决于制备条件（温度、组分比例、压力及气体混合物速度）。

4）用"蒸气-液体-固相"法制取 SiC 晶须。晶须或纤维是陶瓷复合材料很重要的补强增韧剂，晶须本身的强度非常高，采用晶须或纤维复合的陶瓷材料的力学性能可以获得大幅度提高。目前国内外用得最多的晶须为 SiC 晶须和 Si_3N_4 晶须，其中以 SiC 晶须最多且已商品化生产。SiC 晶须制取方法很多，一般采用 VLS（气-液-固）法生长 β-SiC 晶须，V 为送进的气体，L 为液体催化剂，S 则为生长的晶须固体。

VLS 法生成纤维状晶体的机理是：在单晶体或多晶体 SiC 底板、Si 底板、Al_2O_3 底板、石墨底板、石英玻璃底板、难熔金属（W、Mo 及 Ta）底板上放置作为催化剂的金属颗粒（Fe、In、Co、Au、Pt、Cr、Al、Rh）。通入含有硅和碳的挥发性化合物气体并加热，气体组分将逐渐溶解于金属熔融物中并达到饱和，从而析出 SiC 晶体。随着气体组分不断溶解并维持其饱和度，就不断促进 SiC 生长成纤维状晶体。用铁作催化剂时获得了最好的效果，当升温到 1200℃ 时，硅和碳组分溶解于铁中经扩散达到饱和后，生成 Fe-Si-C 低共熔混合物发生熔化，在 1250~1300℃ 观察到纤维状晶体生长速度非常大。在生长过程中，在晶体末端存在熔融金属小球体，这是 VLS 生长机理的特有现象。

VLS 法的工艺条件控制主要是反应温度、气体配比及供气速度，如果条件控制不当，将有粉末等非晶须状产物生成。

VLS 法生长 SiC 晶须重要的是选择催化剂，一般采用过渡金属或合金，亦可采用不锈钢，这种催化剂熔融后能溶解 SiC 晶须中的 Si 和 C 原子，也就是催化剂必须和 SiC 有很好的亲和性。SiC 晶须是借助于液相过饱和，而后逐渐析出慢慢生长成晶须。

（5）碳化硅陶瓷的制造工艺　碳化硅由于其强共价键结合特点，烧结时质点扩散速率很低，其晶界能（γ_{gb}）和表面能（γ_{sv}）之比很高，不易获得足够的能量形成晶界，因此碳化硅陶瓷非常难烧结，必须采用一些特殊工艺手段或者依靠第二相物质帮助，促进其烧结。

1）热压烧结。对于纯 SiC 粉末，即使在 2350℃ 和 60MPa 条件下热压，材料的相对密度才达到略高于 80%，很难实现致密化。当使温度有所降低（不低于 2000℃）而提高施加的压力（大于 350MPa）时，可以使 SiC 材料获得较高的致密度。在烧结过程中，高压的作用可以使颗粒彼此滑移，使颗粒间接触总表面积增大，加速材料的致密化进程。

外加某些元素，能强烈促进致密化速率，在通常热压条件下即可得到接近理论密度的 SiC 材料，从而避免了采用高压工艺。这种工艺实现较困难，而且费用昂贵。热压添加剂大致可分为两类：一类与 SiC 中的杂质形成液相（如 Al_2O_3），通过液相促进烧结；另一类与 SiC 形成固溶体降低晶界能促进烧结，B、B+C、B_4C 等已证明是很有效的烧结促进剂，加入量为 1%~2%（质量分数）。SiC 与 AlN 可形成无限固溶体，加入 10%（质量分数）的 AlN 可获得致密制件。AlN 能抑制 SiC 晶粒长大，材料平均晶粒度 2.5μm。这种材料韧性好，高温强度高，在 1500℃ 时仍有 750MPa。加入 2%（质量分数）的 BeO 可制成热导率很高的 SiC-BeO 材料，其热导率为 270W/（m·K），高于 BeO 的热导率 240W/（m·K），可作散热材料。

2）常压烧结。SiC 热压烧结只能制造形状简单的制品，而常压烧结可以获得形状较复杂的制品。由于常压烧结没有压力的作用，使得烧结更难进行，因此必须加入活化剂以促进烧结。在周期表中的 ⅡB~ⅤB 族元素，如 Be、B、Al、N、P、As 等可溶入 SiC 中，尤以 B 的溶解度最大，形成置换型固溶体，其晶格缺陷明显增加，促进烧结。

研究发现，游离 Si 和 SiO_2 的存在对烧结起阻碍作用，因此常压烧结 SiC 的粉末原料含氧量要少 [$w(O)<0.5\%$]，比表面积高（>15m²/g）。氧主要以 SiO_2 的形式存在，覆盖在 SiC 颗粒表面上，阻碍烧结的进行。可用 HF 或 HF+HNO_3 的混合酸处理 SiC 粉末原料，以改善其烧结性。

采用超细粉末是非常必要的，因为它提供了致密化所需的热力学推动力，同时缩短了扩散的距离。选择亚微米级 β-SiC 粉末，其中 $w(O)<0.2\%$ 并加入少量 B 和 C（$w(B)=0.5\%$，$w(C)=1.0\%$）能够在 1950℃ 和 2100℃ 下常压烧结成几乎完全的致密体（在惰性气

氛或真空中）。加入物 B 促进了体积扩散和晶界扩散，C 则除去了 SiC 表面上的 SiO$_2$ 薄膜，这些因素使常压烧结 SiC 成为可能。

总之，采用亚微米粉末及适当添加剂，能够通过常压烧结途径得到高密度 SiC 制品，这一点对工业化生产是极为有利的，因为可以利用各种各样的成型工艺来制取从简单形状到复杂形状的制品。如果采用气压烧结，将可以进一步提高制品的性能。

Al-C 的加入与 B-C 类似。Al-B-C 可以以元素的形式加入，也可以以 AlB、Al$_4$C$_3$ 等化合物的方式加入。

3）自结合（反应烧结）SiC。自结合 SiC 制备基本上是一个反应烧结过程。由 α-SiC 粉和碳粉按一定比例混合压成坯体，加热至 1650℃ 左右液态 Si 渗入坯体或通过气相渗入坯体，碳与硅接触发生反应生成 β-SiC，把 α-SiC 颗粒结合起来，从而获得强度。伴随着反应进行，体积增加，如果允许完全渗 Si，那么烧结终了可获得气孔率为零、没有任何尺寸变化的材料。这是自结合 SiC 最大的特点。要得到理论密度的坯体，必须在素坯中存在足够的气孔，以使 Si 渗入与石墨反应转化为 SiC 时体积增加具有足够空间。

实际上往往需要提供过量的气孔，以防止渗 Si 后在表面发生反应，形成致密的 SiC 层阻塞通道，阻止反应烧结继续进行。因此要保证渗 Si 完全，通常制成素坯约为理论素坯密度的 90%～92%。在反应烧结过程中多余气孔将被过量 Si 填满，从而得到无孔致密坯体，其最终制品组成 $w(SiC) = 90\%～92\%$，$w(Si) = 8\%～10\%$。

下面将 SiC 陶瓷的烧结方法及特点归纳于表 1-10。

表 1-10 SiC 陶瓷的烧结方法及特点

烧结方法	产品特性	烧结时形状变化
反应烧结	多孔隙，强度低	
再结晶烧结	多孔隙，强度低	
自结合	致密，存在 Si、SiC 两相，高温强度下降	
常压烧结	加入少量添加剂，致密，强度低（高温强度不降低）	
热等静压烧结	致密，强度高	
热压烧结	致密，强度高，不能成型复杂形状的制品	
化学气相沉积	高纯度，薄层产品，各向异性	

（6）碳化硅陶瓷的性能和应用

1）热学性能。在 101.3kPa 下，SiC 不熔化而发生分解，分解温度始于 2050℃，分解达到平衡的温度约为 2500℃。SiC 具有高的导热性和负温度系数，线膨胀系数介于 Al$_2$O$_3$ 和 Si$_3$N$_4$ 之间，约为 $4.7 \times 10^{-6}℃^{-1}$。高的热导率和较小的线膨胀系数使得它具有较好的抗热冲击性。

2）力学性能。SiC 的硬度很高，莫氏硬度为 9.2~9.5，显微硬度为 33.4GPa，仅次于金刚石、立方 BN、B_4C 等少数几种材料。SiC 陶瓷的断裂韧度比较低，约为 3~4MPa·$m^{1/2}$。其弯曲强度也不高，但是高温强度很好，直至 1400℃时强度并无明显下降。SiC 陶瓷的弯曲强度随其制造工艺方法不同而异。随着制造工艺的日益进步，SiC 陶瓷的弯曲强度已接近 Si_3N_4 的水平，但它的断裂韧度 K_{1C} 还是比 Si_3N_4 低。与 Si_3N_4 相比较，它具有较高的高温强度和较好的抗高温蠕变性，这是它作为高温结构陶瓷的重要优势。

3）电学性能。纯 SiC 是绝缘体，但当含有杂质时，电阻率大幅度下降，加上它具有负的电阻温度系数（即温度升高，电阻率下降），因此是常用的发热元件材料和非线性压敏电阻材料。SiC 具有半导体性质，随着所含杂质不同，电阻率变化范围很大，例如含有 Fe^{3+}、Cr^{3+}、B^{4-} 等杂质时，电阻率显著下降，室温时也可低至 0.1~1Ω·cm。

4）抗氧化性。SiC 在 1000℃以下开始氧化，在 1350℃时加剧进行，在 1300~1500℃时反应生成 SiO_2，SiO_2 在 1500~1600℃熔化形成薄膜覆盖在 SiC 表面上，从而妨碍 SiC 进一步氧化。

5）SiC 陶瓷的用途。由于 SiC 陶瓷高温强度大、高温蠕变小、硬度高、耐磨、耐腐蚀、抗氧化、热导率高、电导率高以及热稳定性好，所以它是 1400℃以上良好的高温结构陶瓷材料，它的用途也将十分广泛。

初级的 SiC 产品已经大规模地在陶瓷工业中用作炉膛结构材料、栅板、隔焰板、炉管、炉膛垫板等，使用这些材料可以提高陶瓷产品的质量、产量，并为快速烧结提供条件。SiC 可作为在氧化气氛中使用到 1400℃的发热体，在钢铁冶炼中用作耐火材料也有很长的历史（如用作钢包砖、水口砖、塞头砖）。SiC 硬度高，是常见的磨料之一，可制作砂轮和各种模具。

而近年来开发的高性能 SiC 陶瓷，为一系列特殊应用环境提供了使用的可能性，如可用作高温、耐磨、耐腐蚀机械部件。类似 Si_3N_4 陶瓷的一些应用，同样可用 SiC 来代替。作为耐酸、耐碱泵的密封环，已经得到工业应用，而且其性能要比 Si_3N_4 密封环更好。

SiC 的另一种重要用途是高效率的热交换器，因为 SiC 有高的热导率。其他应用方面，作为原子能反应堆结构材料、用来制造火箭尾气喷管和火箭燃烧室内衬也取得良好的效果。

在高温燃气轮机部件领域，SiC 陶瓷的应用呼声是很高的，因为在高温强度、抗蠕变性、抗氧化性等方面，它比 Si_3N_4 陶瓷更优越，而这些性能对燃气轮机来说是十分重要的。人们试制了 SiC 陶瓷的燃烧室、涡轮动叶片、定叶片等，已经取得一定的进展。在绝热柴油机方面，也正在试制 SiC 陶瓷的涡轮增压器转子、蜗壳等部件。

此外，SiC 具有良好的导热性，可以用来制作大容量的超大规模集成电路的衬底材料，从而大幅度提高电子计算机的计算能力，进一步使计算机集成化、小型化。

总之 SiC 的应用是非常广泛的。当然对于上述这些高温应用，在使用温度范围内材料的力学性质固然重要，但是它的抗冲击性及在更高温度下的抗氧化性还有待于进一步改进和提高。

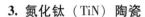

3. 氮化钛（TiN）陶瓷

氮化钛是一种新型的结构材料，它不但硬度高（显微硬度为21GPa）、熔点高（2950℃）、化学稳定性好，而且具有动人的金黄色金属色泽。因此，TiN 既是一种很好的耐熔耐磨材料，也是一种深受人们喜爱的代金饰品材料。在机械切削加工工业中，国内外已广泛采用化学气相沉积（CVD）法在切削刀具上沉积 TiN 涂层，大大提高了耐磨性，从而延长了切削刀具的使用寿命。

TiN 粉末常常采用钛粉直接氮化的工艺来制备，为了获得高质量 TiN 粉末，也可采用氢化钛氮化法来制备，此外还可用 TiO$_2$ 碳还原法。TiN 涂层采用 CVD 法来制取。

在陶瓷表面上化学沉积氮化钛涂层的过程，是一种气-固相的转变过程，这种气-固相转变的推动力，可定量地用自由熵 ΔG_v 表示：

$$\Delta G_v = -(RT/V)\ln(P/P_e)$$

式中　ΔG_v——单位体积的气-固相转变推动力；

P/P_e——过饱和度，即气相的实际压力 P 与固相和其蒸气的平衡压力 P_e 之比。

当过饱和度比较高时，气-固相转变的推动力比较大，体系容易发生均态核化，基体上就会形成疏松的微细粉末堆积，不利于致密的薄膜涂层的生成。只有当过饱和度比较低时，气-固相转变的推动力比较小，基本上才会产生新相的核化过程，即发生非均匀核化，并且晶体可能沿着一维方向生长，形成致密的薄膜涂层，与基体的黏着十分牢固。在沉积试验中，当原料气体的流量选择比较小时，即过饱和度比较低时，陶瓷基体上的沉积涂层都能获得比较满意的结果。

所以在陶瓷刀具表面上沉积 TiN 涂层，一般只要沉积温度控制在 800~850℃、各气体流量尽可能小些以及基体表面经适当处理，都可以获得令人满意的结果。CVD 法具有许多明显的优点，诸如高度的渗透性和均匀性、涂层纯度高、晶粒细而致密、黏着力强、沉积速率高以及容易控制等。CVD 法已被用来在氧化铝刀具上涂覆 TiN 涂层，以改善其耐磨性和切削性能。

4. 氮碳化钛［Ti(C,N)］基金属陶瓷

（1）氮碳化钛基金属陶瓷基本特性　由于氮化钛（TiN）和碳化钛（TiC）具有相似的结构和性能，它们之间可以形成连续固溶体 Ti(C, N)。Ti(C, N) 也是一种高硬材料，用于制作切削刀具、拔丝模具等。Ti(C, N) 系刀具兼具硬质合金和陶瓷的优点，其高温性能超过硬质合金，是精车和铣削钢材及精车铸铁的极佳刀具材料。Ti(C, N) 的硬度、晶格常数随碳氮比变化。

所谓金属陶瓷，包括的范围很广，如氧化物-金属、碳化物-金属、氮化物-金属、硼化物-金属等均属金属陶瓷的范畴。其中最重要的是碳化钛基和碳氮化钛基金属陶瓷。20 世纪 70 年代出现了添加氮的金属陶瓷，与 TiC-Mo(Mo$_2$C)-Ni 系金属陶瓷相比，加氮的金属陶瓷不但保留了原有的优良特性，而且还具有优异的韧性、抗热震性，广泛用于刀具。仅日本就有 40% 的烧结 WC 硬质合金刀具被碳氮化钛基金属陶瓷刀具所取代。作为切削工具材料的 Ti(C, N) 基金属陶瓷在近几十年来发展迅速，其组成由起始的 Ti(C, N) 单一硬质相和镍钼黏结相发展为多组分固溶体为硬质相和多组分固溶强化黏结相。目前硬质相以（Ti，W，Ta）（C，N）固溶体为主。

Ti（C，N）基金属陶瓷刀具具有许多优良性能，如硬度高、熔点高、抗氧化性好、对熔融金属稳定、能抗切削熔着和扩散等。由于硬质相中含有氮，故刀具钢材的摩擦因数降低，钢与钢之间的干摩擦因数为0.7，而TiN与钢之间的干摩擦因数只有0.14。摩擦因数小，会给切削带来很多方便，如使切削力减小、切削温度降低，同时这种材料的热导率也比较大，这样就能带走更多的切削热，使刀尖温度降低，能更加充分地发挥材料的高速切削特性。因此，Ti（C，N）基金属陶瓷可用作从低速到高速精加工和粗加工的刀具材料。Ti（C，N）基金属陶瓷与其他工具材料在使用上的区别见表1-11。

表1-11 Ti（C，N）基金属陶瓷与其他工具材料在使用上的区别

材料	工序	WC基	Ti（C，N）基	涂层
钢	粗车	○	○	☆
	精车	○	☆	○
	铣削	○	☆	×
铸铁	粗车	○	×	☆
	精车	○	☆	○
	铣削	☆	×	×
铝	铣削	☆	×	×
不锈钢	铣削	☆	○	○

注：☆表示良好；○表示可使用；×表示较差。

（2）Ti（C，N）基金属陶瓷的制备

1）Ti（C，N）固溶体的合成。将TiC和TiN粉末按一定配比混合均匀后，在一定温度和氮气压力条件下保温即可获得Ti（C，N）固溶体粉末。TiN粉可用海绵Ti粉自行氮化合成，氮气由氨分解提供，反应式如下：

$$Ti+NH_3(H_2+N_2) \xrightarrow{>1000℃} TiN$$

通常采用二次氮化工艺来获得氮化完全的TiN粉末，第一次氮化后用WC球和罐经球磨粉碎再进行第二次氮化。

TiC和TiN粉末粒度及其混合均匀性对合成有很大影响。为了降低合成温度及提高Ti（C，N）固溶体的合成率，应尽可能使TiC和TiN粉末粒度变小，同时使它们充分均匀混合。因为合成反应属扩散控制过程，如果混合不均匀及粒度太大，则固溶反应不可能进行完全。

2）Ti（C，N）基金属陶瓷的烧结。按传统的陶瓷制备工艺，将Ti（C，N）硬质相粉末和黏结相粉末（Mo、Ni、W、Mo₂C）球磨混合均匀后成型，然后在真空或保护气氛下烧结。烧结温度随粉末粒度及黏结相组成与含量而变化。也可以用TiN、TiC和黏结相粉末直接混合，Ti（C，N）固溶体在烧结过程中合成。后者在烧结过程中容易产生脱氮现象。

Ti（C，N）硬质相颗粒本身是很难烧结的，只有通过添加烧结助剂才能烧结，烧结助剂

主要是含 Ni 金属作为黏结相。对黏结相的基本要求是它必须很好地润湿硬质相颗粒，同时必须具备较好的结合强度将硬质相颗粒黏结在一起。纯 Ni 金属往往不能有效地起到促进烧结的作用，加入其他改性物质如 Mo、Mo_2C 等能显著改善润湿性，促进烧结并提高结合强度。加入 Mo_2C 可增加液相量，促进烧结，并细化显微结构。采用 TiNi 合金、CoNi 合金、TiNiMo 合金、Ru-Ni 合金等多元合金作黏结相，可改善黏结相的性能，并进而综合提高金属陶瓷材料性能，展现了良好的前景。Ti(C，N) 基金属陶瓷在烧结工艺上最大的问题是烧结过程中的吸氮和脱氮问题。氮含量会对显微结构产生影响，因此在制造 Ti(C，N) 基金属陶瓷时，要控制预定的氮含量。一般 Ti(C，N) 基金属陶瓷在适宜的烧结温度（>1600℃）下，可达到接近 1000MPa 的弯曲强度，显微硬度为 12GPa，作为刀具材料，具有优良的切削性能。

（3）Ti(C，N) 基金属陶瓷显微结构和力学性能　Ti(C，N) 基金属陶瓷的显微结构是以 Mo、Ni、W、Mo_2C 组成的黏结相将硬质 Ti(C，N) 颗粒结合在一起，Mo 在硬质颗粒周围形成 (Ti，Mo)C 壳层，改善硬质相颗粒与 Ni 之间的润湿性，同时防止硬质颗粒聚集和晶粒长大，使 Ti(C，N) 基金属陶瓷显微结构均匀、颗粒细化，由此提高了陶瓷的硬度和韧性。黏结相中的 Mo，通过扩散在硬质颗粒周围形成富 Mo 的包覆组织，有人将这种结构称为包覆结构或中间相。它的厚度、它与硬质相的结合力，影响金属陶瓷的性能。

金属陶瓷的力学性能普遍受到黏结相的种类和数量、Mo_2C 含量、硬质相粒度、纯度及其他添加物的影响。粉末中结合碳含量高、氧含量低，则力学性能和切削性能均好。当粉末中杂质 S 含量超过一定量时，会产生片状 $Ti_xS(x \geqslant 1)$，而使陶瓷的强度降低。增加 Mo_2C 含量可提高金属陶瓷的室温强度，因为 Mo_2C 能使显微结构细化，增加液相量，促进致密化。

结合相中 Ti 含量对金属陶瓷的力学性能有很大影响，因为 Ti 能强化黏结相。黏结相中 Ti 含量取决于加入 Mo 和 C 量的多少，但是当 Ti 含量超过一定值时，由于生成了脆性相 Ni_3Ti，使结合相中 Ni 减少，导致材料强度下降。

金属陶瓷的硬度不仅仅取决于硬质相，而且还受到黏结相、中间相硬度的影响。硬质相的硬度远高于中间相和黏结相，因此，金属陶瓷的硬度主要取决于黏结相和中间相的硬度。在不同工艺条件、配方条件下制成的陶瓷，其黏结相和中间相的硬度相差很大，因此金属陶瓷的硬度也相差很大。

韧性对于高性能的刀具材料是十分重要的参数。一般来讲，碳化物总是降低韧性，而 TiN 则能提高陶瓷的韧性，随着 TiN 量增多，韧性提高，抗剥落能力提高。当材料中出现游离碳时，韧性显著下降。一般来讲，适当提高黏结相含量，能增加韧性和强度，但降低金属陶瓷的硬度。超细金属陶瓷（晶粒<1μm）比普通金属陶瓷性能优异，降低细度能提高陶瓷的抗磨损性，改善强度。要得到超细显微结构的另一条途径是在结合相中析出超细的金属间化合物，将 Al 加入用 Ni 作黏结相的 TiC 基金属陶瓷中，经过适当的热处理，在结合相中析出弥散 $Ni_3Al(Ti)$ 强化相，这种弥散强化相是位错运动攀移的障碍，由此显著地提高了材料的强度和硬度。实践证明，把 Al 加入以 Ni 为黏结相的陶瓷中，对改善其力学性能、切削性能是非常有效的。

随着刀具切削速度的提高，刀具的工作温度也越来越高，因此金属陶瓷的高温力学性能变得十分重要。Ti(C，N) 基金属陶瓷高温性能受氮含量、硬质颗粒尺寸、黏结相的影响。增加氮含量，蠕变程度显著减小；降低颗粒尺寸，蠕变增大。加入少量 AlN 不但能提高室温硬度和强度，也能显著提高高温强度，AlN 自身热稳定性好。增加 Mo_2C、N 的含量，减少碳的含量，能增加结合相中 Mo 的含量，使金属陶瓷的抗蠕变性能得到改善。用 Mo 作结合相的金属陶瓷硬度、弯曲强度和抗塑性变形能力都很好，比用 Mo/Ni 为结合相的金属陶瓷高温性能要好得多。但仅用 Mo 作结合相的陶瓷抗氧化性能很差，可在陶瓷表面涂一层抗氧化层。

Ti(C，N) 基金属陶瓷今后发展方向是多元复合，通过加入其他化合物，如 TaC、WC、VC、AlN、HfC 等，再结合高性能多元合金作为黏结相，获得具有优良力学、热学、化学等综合性能的刀具材料是十分必要并有可能实现的。

5. 纤维增强碳化硅基陶瓷

SiC 陶瓷作为一种工程材料，在高温条件下具有独特的强度和化学惰性。此外，碳化硅材料在高辐射环境中也表现出了独特而优异的稳定性，使其在恶劣环境中的应用尤为吸引人。

虽然单片碳化硅是一种脆性陶瓷，但碳纤维增强碳化硅基复合材料［即 C/SiC、C(f)/SiC 或 C(f)/SiC(m)］和碳化硅纤维增强碳化硅基复合材料［即 SiC/SiC、SiC(f)/SiC 或 SiC(f)/SiC(m)］除了具有上述 SiC 陶瓷固有的优点外，还具有可预测的力学性能和大大提高的损伤耐受性，从而提高了可靠性，使这些材料可用于结构应用。

SiC 基陶瓷材料的加工方法有：①气相路线，也称为化学气相渗透（CVI）；②液相路线，包括聚合物浸渍/热解（PIP）和液态硅渗透（LSI）；③陶瓷路线，即在高温高压下用浆料浸渍增强材料和烧结步骤相结合的技术。

在气相路线中，复合材料的不同成分，即界面相、基体和外部涂层，是在中等温度（900~1100℃）和较低压力（有时是大气压）下从气态前驱体中连续沉积出来的。起始材料是多孔 nD（$n=2$ 或 3）纤维预型件，自立或用工具保持（至少在致密化过程开始时）。在致密化步骤（CVI 步骤）中，根据以下总方程式（针对 SiC 基质复合材料的主要成分），界面相和 SiC 基体在预型件的孔隙网络中沉积在纤维表面：

$$CH_3SiCl_3(g) \xrightarrow{H_2} SiC(s) + 3HCl(g)$$

$$2C_xH_y(g) \longrightarrow 2xC(s) + yH_2(g)$$

$$BX_3(g) + NH_3(g) \longrightarrow BN(s) + 3HX(g)（X 为 F 或 Cl）$$

制备 SiC 基陶瓷材料有两种不同的液相工艺，这取决于前驱体是碳化硅基聚合物，如聚碳硅烷（PCS）（PIP 工艺），还是液态硅（纯硅或合金硅）（LSI 或 RMI 工艺）。在 PIP 工艺中，纤维预型件（可以是类似于 CVI 中使用的三维预型件，也可以是二维纤维或一维纤维的简单堆叠）被浸渍在 Si-C 前驱体中（熔融状态或在有机溶剂中的溶液），例如在真空中通过树脂传递模塑（RTM）进行浸渍，这是一种常用于聚合物基复合材料的技术。可使用不同的前驱体，如聚碳硅烷或聚乙烯硅烷。前驱体应能润湿纤维，显示出足够低的黏度，以便在纤维预型件的孔隙网络中流动，并具有较高的陶瓷收率。通过热固化或辐照（γ 射线或

电子束）使前驱体具有可浸润性，然后在 1000~1200℃ 的温度下对坯体进行热解（这一相对较低的温度与使用热稳定性有限的纤维相适应）。假定前驱体是矢岛型 PCS，热解产生的基体是 SiC+C 混合物或纯 SiC，具体取决于气氛的性质，总体方程式如下：

$$[(CH_3)SiH-CH_2]_n \xrightarrow{\text{Ar}} nSiC+nC+3nH_2\uparrow$$

$$[(CH_3)SiH-CH_2]_n \xrightarrow{H_2} nSiC+nCH_4\uparrow+H_2\uparrow$$

陶瓷收率分别为 89.6% 和 68.9%。实际上，陶瓷收率介于两者之间，即使在惰性气氛下进行热解，部分碳也会以气态形式损失。因此，热解过程中存在明显的收缩。热解渣具有多孔性，且孔隙度很大。因此，为了达到足够高的密度水平，必须进行多次浸渍/热解过程（通常为 6~10 次，甚至更多次），这既耗时又耗钱。减少 PIP 循环次数的一种方法是在液态聚合物前驱体中加入填料，即细粒度的粉末，可以是纯碳化硅，也可以是碳化硅与添加剂的混合物，例如碳化硼等含硼物质，以便在中等温度的使用条件下吸附氧气。然而，在液态前驱体中加入粉末会大大增加其黏度，可能导致复杂的 nD 纤维预型件无法完全浸渍。

在 LSI 工艺（也称为 RMI 或 MI 工艺，取决于浸润是否具有反应性）中，多孔 nD（$n=1、2$ 或 3）纤维预型件首先通过 CVI 或 PIP（在后一种情况下使用液态碳前驱体，如酚醛树脂或沥青）与碳沉积物固结在一起。然后用液态硅（熔点为 1410℃）或液态硅基合金填充残留的开放孔隙，通过毛细力在孔隙网络中爬升。液态硅及其相关合金会自发地润湿碳，并与碳发生反应，反应方程式如下（以纯硅为例）：

$$C(s)+Si(l)\longrightarrow SiC(s)$$

反应伴随着热量的演变和体积的膨胀。尽管 RMI 工艺看似简单，加工时间短，但也存在一些困难。首先，浸润温度相对较高（通常为 1400~1600℃），这意味着只能使用热稳定性较高的纤维。其次，液态硅对 PyC 或 hex-BN 界面相以及纤维本身都是一种腐蚀性介质。因此，应使用既能起到机械熔断（裂纹偏转）作用，又能起到扩散屏障作用的特定界面，如 hex-BN/SiC 界面。此外，与 CVI 一样，孔隙入口应保持开放状态，直至致密化过程结束（与 CVI 相比，致密化速度非常快），这就需要特别注意管理纤维预型件中的液态硅。最后，RMI 形成的基体通常含有游离硅，这限制了其耐火性和抗蠕变性。但是，RMI 工艺也具有一些重要优势：它是一种快速致密化技术，生产出的复合材料几乎没有残留的开放孔隙（因此对气体和液体流体具有极佳的密封性）且具有高导热性。它可与 CVI 或 PIP 技术互补使用，以填补这些技术固有的残留孔隙。

在陶瓷路线中，基体前驱体是一种浆料，即 β-SiC 粉末在液体中的稳定悬浮液，其中还含有烧结添加剂和逸散黏结剂。增韧材料，如连续纤维丝束（无涂层或涂有适当的界面相）浸渍在浆料中，然后缠绕在滚筒上，形成一维预制型中间产品。干燥后，在单向压力机的模具中堆叠各层，并在高温高压下烧结复合材料。众所周知，碳化硅粉末的烧结非常困难，即使在有烧结助剂的情况下也需要很高的温度。此外，由于烧结是在压力下进行的（以达到较低的残余孔隙率），高温和高压的共同作用在很长一段时间内被认为是导致纤维降解过于严重的原因，因此这一途径或多或少被忽视。

每种工艺都各有其优缺点，有时会采用混合（或组合）工艺来优化纤维预型件的致密化或复合材料的微观结构。

由于具有可设计和可定制的多尺度微结构特征，SiC 陶瓷作为多功能复合材料具有巨大潜力，可用作结构、功能和结构/功能应用的工程部件。C(f)/SiC 可用于制动盘、离合器盘、热交换器、校准板、太空望远镜镜面和熔炉装料设备。SiC(f)/SiC 可用于飞机喷气发动机、天然气管道、轻水反应堆燃料包壳和通道箱、先进裂变反应堆（如高温气冷反应堆、氟化盐冷却高温反应堆和气冷快堆）的燃料和舱内组件、未来核聚变能源和其他极端辐射设备。

1.3　功能陶瓷材料

功能陶瓷材料从应用的角度可大致划分为如下几类：

1. 绝缘结构陶瓷

这类陶瓷材料主要用来制造电子元器件或整机中应用的装置零部件、小电容量的电容器、绝缘子、电阻基体、电真空器件和集成电路基片等，如 Al_2O_3 陶瓷、滑石陶瓷等。

2. 电容器陶瓷

这类陶瓷材料主要用来制造 I 类电容器陶瓷介质、II 类电容器陶瓷介质和 III 类电容器陶瓷介质。其中，I 类电容器陶瓷介质主要用来制造高频稳定型电容器和热补偿型电容器，如金红石陶瓷、钛酸钙陶瓷、钙钛硅陶瓷等；II 类电容器陶瓷介质主要用来制造电子线路中的旁路、耦合电路、低频及其他对电容量温度稳定性和介质损耗要求不高的电容器，又称为低频电容器陶瓷介质，如 $BaTiO_3$ 陶瓷等；III 类电容器陶瓷介质主要用来制造较低电压下工作的大电容量、小体积的电容器，又称为半导体陶瓷介质，根据其结构特点分为表面层型、阻挡层型和晶界层型。这种半导体陶瓷材料的介电常数非常大，如 $BaTiO_3$ 半导体陶瓷。

3. 压电陶瓷

这类陶瓷材料主要用来制造各种压电陶瓷换能器、微位移器件、扬声器等电声器件，以及滤波器、谐振器、鉴频器和陷波器等频率元件等，如 $Pb(Zr, Ti)O_3$ 陶瓷、$PbZrO_3$ 陶瓷等。

4. 半导体陶瓷

半导体陶瓷材料可随外界条件和因素变化而发生电阻、电容或形状等的相应变化，主要用来制造各种热敏电阻、压敏电阻、光敏电阻、湿敏电阻、气敏电阻、红外敏电阻、光电池等元器件，用于电子线路中进行自动控制、过电流保护、过热保护、节能降耗等，如 $BaTiO_3$ 基 PTC 热敏电阻陶瓷、ZnO 压敏电阻陶瓷等。

5. 导电陶瓷

导电陶瓷主要用来制造各种大功率的电阻器、各种显示器件、微波衰减器等，如 SnO_2 导电陶瓷等。

6. 超导陶瓷

超导陶瓷主要用来制造超导量子干涉计、磁通变换器、超导计算机、混频器、高温超导

无源和有源微波器件、超导电缆、超导同步发电机、超导磁能存储系统、超导电磁推进系统、超导磁悬浮装置等。超导陶瓷的温度低于超导临界温度时，其电阻值为零，具有完全抗磁性和约瑟夫森效应等特性。超导陶瓷有 $YBa_2Cu_3O_{7-\delta}$ 陶瓷等。

7. 磁性陶瓷

磁性陶瓷材料主要用来制造各种电感器、滤波器、磁性天线、记录磁头、磁芯，以及雷达、通信、导航、遥测、遥控等电子设备中的各种微波器件等，如 $MnO\text{-}ZnO\text{-}Fe_2O_3$ 陶瓷、$NiO\text{-}ZnO\text{-}Fe_2O_3$ 陶瓷等。

8. 生物陶瓷

生物陶瓷材料主要用来制造人工牙、人工骨、人工关节等，如羟基磷灰石、磷酸钙陶瓷、玻璃陶瓷、生物活性陶瓷、Al_2O_3 陶瓷、ZrO_2 陶瓷和碳材料等。

9. 超硬陶瓷

超硬陶瓷材料主要用来制造磨料、磨具、刀具等机械加工的工具和高硬度材料等，如金刚石、碳化硅陶瓷、氧化铝陶瓷、氮化硼陶瓷、氮化钛陶瓷等。

功能陶瓷材料具有优良的电学、光学、热学、声学、磁学、生物学、力学、化学等很多方面的特性，广泛应用于电子信息、微电子技术、光电子信息、自动化技术、传感技术、生物医学、能源、环境保护工程、国防工业、医疗卫生保健、航空航天、机械制造与加工、农业、计算机等领域。这里仅对功能陶瓷材料的部分内容进行简单介绍。

1.3.1 氧化铝陶瓷

1. Al_2O_3 陶瓷的性能

通常习惯把 $w(Al_2O_3)=99\%$ 左右的陶瓷称为"99瓷"，把 $w(Al_2O_3)=95\%$、90%、85% 和 75% 左右的陶瓷分别称为"95瓷"、"90瓷"、"85瓷"和"75瓷"。一般把 $w(Al_2O_3)>85\%$ 的 Al_2O_3 陶瓷称为高铝陶瓷，$w(Al_2O_3)>99\%$ 的 Al_2O_3 陶瓷称为刚玉陶瓷。Al_2O_3 陶瓷的机械强度很高，相对介电常数 ε 一般为 $8\sim10$，介质损耗因数 $\tan\delta$ 低，绝缘强度高，电阻率高，电学性能随温度和频率的变化比较稳定，导热性能良好。

表 1-12 为几种 Al_2O_3 陶瓷的主要性能。表中的 Te 值为该陶瓷材料的体积电阻率降低到 $10^6\Omega\cdot cm$ 时的温度。实际应用要求电真空陶瓷应具有较高的 Te 值，结构陶瓷的介电损耗因数尽可能小。

表 1-12　几种 Al_2O_3 陶瓷的主要性能

陶瓷类型	白色 Al_2O_3 陶瓷					黑色 Al_2O_3 陶瓷	
$w(Al_2O_3)$（%）	80	92	94	96	99.5	90	91
体积密度/(g/cm³)	3.3	3.6	3.65	3.8	3.89	3.6	3.9
弯曲强度/MPa	22	32	31	28	49	28	21
线膨胀系数（25~800℃）/×10^{-6}℃$^{-1}$	7.6	7.5	7.2	7.6	7.6	7.3	7.7
热导率/[W/(m·K)]	17	17	17	21	37	17	17
绝缘强度/(kV/mm)	10	10	10	10	10	10	10

（续）

陶瓷类型		白色 Al₂O₃ 陶瓷					黑色 Al₂O₃ 陶瓷	
体积电阻率/(Ω·cm)	20℃	>10^{14}	>10^{14}	>10^{14}	>10^{14}	>10^{14}	10^{14}	10^{12}
	300℃	10^{13}	10^{13}	10^{12}	10^{14}	10^{10}	10^9	10^8
Te 值/℃		940		930			850	
ε(1MHz)		8.0	8.5	8.6	9.4	10.6		7.9
$\tan\delta$(1MHz)		13×10^{-4}	3×10^{-4}	3×10^{-4}	2×10^{-4}	<1×10^{-4}		
$\varepsilon\tan\delta$		104×10^{-4}	26×10^{-4}	26×10^{-4}	19×10^{-4}	<10×10^{-4}		

2. Al₂O₃ 陶瓷中配料组分的高温挥发

Al₂O₃ 陶瓷的烧结温度高，如 95 瓷的烧结温度一般为 1650~1700℃，配料中一些组分的高温挥发使组成偏离原配方设计，并影响陶瓷材料的性能。表 1-13 列出了一些常用化合物的蒸气压达到 1×10^{-2}Pa 时的温度。

表 1-13 一些常用化合物的蒸气压达到 1×10^{-2}Pa 时的温度

化合物	Y₂O₃	ZrO₂	Al₂O₃	BeO	La₂O₃	TiO₂	VO	CoO	WO₂	MgO
T/℃	2098	2077	1906	1870	1816	1780	1747	1727	1572	1566
化合物	SrO	FeO	MnO	CaO	BaO	NiO	CaF₂	Li₂O	B₂O₃	ZnO
T/℃	1517	1371	1349	1297	1297	1237	1104	1085	970	871

由表 1-13 可看出，Al₂O₃ 陶瓷配料中常用的熔剂类化合物 MgO、BaO 等在高温时挥发性较强；有的熔剂类化合物形成复合氧化物时的高温挥发性和高温挥发速度有不同程度减弱，如形成 3Al₂O₃·2SiO₂ 就降低了纯 SiO₂ 的高温挥发性，MgO 与 Al₂O₃ 形成尖晶石（MgO·Al₂O₃）相时 MgO·Al₂O₃ 的高温挥发速度仍较明显；黑色 Al₂O₃ 陶瓷或其他着色 Al₂O₃ 陶瓷中使用的着色剂氧化物一般在较低的温度下就有较明显的挥发性。

3. 原料对陶瓷性能的影响

生产 Al₂O₃ 陶瓷的主要原料是 γ-Al₂O₃ 结晶粉末，一般含有少量的 Na₂O 等杂质，往往使 Al₂O₃ 陶瓷的体积电阻率降低，介质损耗显著增大。若工业氧化铝中存在少量杂质 SiO₂，可显著减弱或消除 Na₂O 杂质对 Al₂O₃ 陶瓷材料 tanδ 的有害影响。Na₂O 对 Al₂O₃ 陶瓷 tanδ 的有害影响是由于在烧结过程中，Na₂O 与 Al₂O₃ 发生反应形成了 β-Al₂O₃（Na₂O·11Al₂O₃）的缘故。

煅烧工业氧化铝时引入质量分数为 1%~3% 的 H₃BO₃ 使 Na₂O 杂质挥发，同时促进了 γ-Al₂O₃ 向 α-Al₂O₃ 转化，经 1450℃ 以上煅烧，这种晶相转化即趋于完全。

4. 高铝陶瓷的组成

（1）瓷料的矿物组成及其性能 w(Al₂O₃) = 90%~95% 的白色 Al₂O₃ 瓷料一般为 CaO-MgO-Al₂O₃-SiO₂ 系。图 1-6 为高铝陶瓷的部分 CaO-Al₂O₃-SiO₂ 系相图。

从图 1-6 可知，与刚玉处于平衡的矿物有三个：莫来石（3Al₂O₃·2SiO₂，简写为 A₃S₂）、钙长石（CaO·Al₂O₃·2SiO₂，简写为 CAS₂）和六铝酸钙（CaO·6Al₂O₃，简写为

CA_6）。该系统中的高铝陶瓷的组成点处于 CA_6-CAS_2-Al_2O_3 三角形内，或处于 A_3S_2-CAS_2-Al_2O_3 三角形内。若瓷料的 SiO_2/CaO（分子比）<2 或 SiO_2/CaO（质量比）<2.16，则组成点处于 CA_6-CAS_2-Al_2O_3 三角形内，瓷料的平衡矿物组成是刚玉、钙长石和六铝酸钙三种矿物；若瓷料的 SiO_2/CaO（分子比）>2 或 SiO_2/CaO（质量比）>2.16，组成点处于 A_3S_2-CAS_2-Al_2O_3 三角形内，这时瓷料的平衡矿物组成为刚玉、莫来石和钙长石。

图 1-7 为高铝陶瓷的部分 MgO-Al_2O_3-SiO_2 系相图，与刚玉平衡的矿物只有莫来石和尖晶石（$MgO \cdot Al_2O_3$，简写为 MA），平衡矿物组成为刚玉、莫来石和尖晶石。

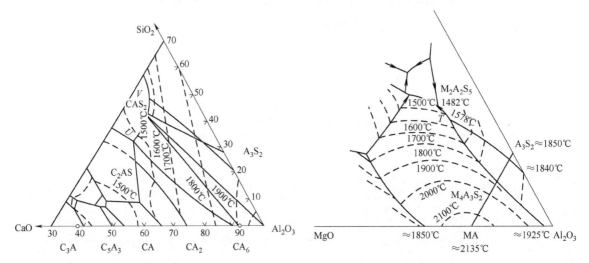

图 1-6　高铝陶瓷的部分 CaO-Al_2O_3-SiO_2 系相图　　　图 1-7　高铝陶瓷的部分 MgO-Al_2O_3-SiO_2 系相图

（2）高温时瓷料的组成　表 1-14 列出了 CaO-Al_2O_3-SiO_2 系和 MgO-Al_2O_3-SiO_2 系中含有 α-Al_2O_3 平衡相三个三元无变量点的温度、性质、组成和平衡关系。其中 V 点的温度和组成等为 J. H. Welch 提出的修正数据。

表 1-14　Al_2O_3 瓷料的三个三元无变量点的组成和性质

无变量点	温度/℃	性质	化学组成（质量分数，%）				平衡关系	S/C
			CaO	MgO	Al_2O_3	SiO_2		
U	1495	双升点	23	—	41	36	$CA_6 + CAS_2 \leftrightarrow Al_2O_3 + L_U$	1.56
V	1518	双升点	15.5	—	35.5	49	$CAS_2 + A_3S_2 \leftrightarrow Al_2O_3 + L_V$	3.16
T	1578	双升点	—	25	42	43	$MA + A_3S_2 \leftrightarrow Al_2O_3 + L_T$	—

5. 着色氧化铝陶瓷

（1）陶瓷的着色机理　若氧化铝陶瓷中含有 Fe、Co、Ni、Cr、Mn、Ti、V 等元素，白色光照射到这种氧化铝陶瓷材料时，常伴随着过渡元素离子的外层和次外层电子间的转移，相应地产生对白色光中某一特征波段光的选择性吸收，陶瓷材料也就呈现了这一特征波段光颜色的补色。如 $w(Cr_2O_3) = 1\%$ 左右的氧化铝陶瓷常呈红色，是因为固溶到 Al_2O_3 晶格中的铬离子对可见光的 $491 \sim 500\mu m$ 波段（即蓝绿色波段）有强烈的选择性吸收，从而使瓷体呈现蓝绿色的补色——粉红色。

（2）黑色氧化铝陶瓷的组成和性能 数码管用氧化铝陶瓷、半导体集成电路等要求封装管壳的氧化铝陶瓷应具有遮光性，衬板为黑色氧化铝陶瓷以及其他不同颜色的氧化铝陶瓷。Fe-Cr-Co 系和 Fe-Cr-Co-Mn 系是黑色氧化铝陶瓷常用的黑色色料系统，其黑色色料通常以尖晶石（$M_e^{2+}O \cdot M_e^{3+}O_2^{2+}$）的形态存在。在各频段中反射率都很低的色料，即可用作氧化铝陶瓷的黑色着色剂。黑色 Al_2O_3 陶瓷的黑色着色剂根据要求进行选择，应保证黑色 Al_2O_3 陶瓷颜色的黑度、致密度和绝缘特性等其他性能。黑色 Al_2O_3 陶瓷的氧化物着色剂中最常用的是 Fe_2O_3、CoO、Cr_2O_3、MnO_2。由于这些氧化物着色剂在高温下具有较强的挥发性，且挥发速度随温度的升高而增加，设计黑色 Al_2O_3 陶瓷配方时应注意采取措施防止和抑制氧化物着色剂的挥发。选择较低烧结温度的瓷料组成可有效抑制氧化物着色剂的挥发。含有 MgO 的 Fe_2O_3-CoO-Cr_2O_3-MnO_2 系色料着色的黑色 Al_2O_3 陶瓷中，当氧化物着色剂形成尖晶石（Mg，Co）$O \cdot$（Al，Cr，Fe，Mn）$_2O_3$ 或（Mg，Co，Fe，Mn）$O \cdot$（Al，Cr，Fe，Mn）$_2O_3$ 时，着色剂的高温挥发性一般会降低。

6. Al_2O_3 陶瓷的应用和金属化

Al_2O_3 陶瓷部件与其他金属部件钎焊封接时需要进行该陶瓷的部分表面金属化处理，即采用适当的方法在陶瓷部件的某些表面形成与陶瓷牢固结合且与某些金属实现良好钎焊封接的适当金属层。如 Al_2O_3 电真空陶瓷多采用钼锰法金属化，金属化涂层再经镀镍后，采用银铜焊料进行钎焊封接。常用的银铜焊料为 Ag/Cu = 72/28 共晶钎料，其熔融温度与该组成点的低共熔温度 779℃ 对应。

1.3.2 滑石瓷

1. 滑石瓷的性能和组成

（1）滑石瓷的性能 滑石瓷的主晶相为斜方晶系的偏硅酸镁，1557℃ 时发生分解。滑石瓷的介电常数为 6～7，随频率升高有所降低，高频下随温度的变化很小；体积电阻率为 $10^{16}\Omega \cdot cm$；击穿电场强度为 20～30kV/mm；抗折强度为 120～200MPa；耐酸、耐碱、耐腐蚀，化学稳定性较好，但热稳定性较差。

（2）滑石瓷的组成 滑石瓷的配料以滑石和黏土为主，其基础组成可用图 1-8 的 MgO-Al_2O_3-SiO_2 三元系相图来表征。图中标出了脱水滑石和脱水高岭石的组成点。由 w（滑石）= 90% 和 w（黏土）= 10% 组成的滑石瓷的理论组成点为图中示出的 M 点。图中的 MS 为 $MgO \cdot SiO_2$（偏硅酸镁）的缩写，M_2S 为 $2MgO \cdot SiO_2$（镁橄榄石）的缩写，MA 为 $MgO \cdot Al_2O_3$（尖晶石）的缩写，$M_2A_2S_5$ 为 $2MgO_2 \cdot 2Al_2O_3 \cdot 5SiO_2$（堇青石）的缩写，$A_3S_2$ 为 $3Al_2O_3 \cdot 2SiO_2$（莫来石）的缩写，$M_4A_5S_2$ 为 $4MgO_2 \cdot 5Al_2O_3 \cdot 2SiO_2$（假蓝宝石）的缩写。一般滑石瓷的基础组成多处于 MgO-Al_2O_3-SiO_2 三元系的 MS 和 SiO_2 的相界曲线附近，低损耗滑石瓷的基础组成多处于 MS 和 M_2S 相界曲线附近。

2. 滑石瓷的老化及开裂

（1）滑石瓷的老化 滑石瓷的老化是指由于原料、配方和工艺条件控制不当，导致有

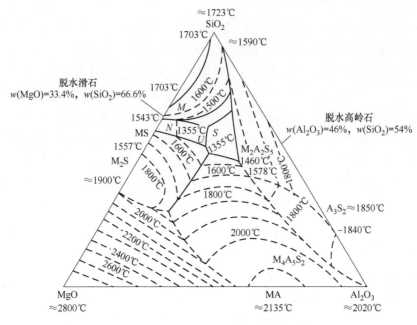

图 1-8 MgO-Al$_2$O$_3$-SiO$_2$ 三元系相图

些滑石瓷件在放置或使用过程中出现介电性能恶化、强度下降，严重时发生滑石瓷的瓷体开裂甚至粉化的现象。对该现象的研究确定，滑石瓷的老化是由于滑石瓷的主晶相 MgSiO$_3$（偏硅酸镁）发生晶型转化使滑石瓷中发生应力作用和应变造成的。表 1-15 列出了 MgSiO$_3$ 三种变体的晶格常数、理论密度和线膨胀系数。MgSiO$_3$ 三种变体的晶格常数、理论密度和线膨胀系数有较大的区别。有很多研究工作对 MgSiO$_3$ 的晶型间的转化问题进行了大量深入的探讨研究，还不能认为取得了完全一致的认识。有些研究工作取得的成果可作为 1400℃ 以下 MgSiO$_3$ 晶型转化规律的基本资料。

J. F. Sarver 等的研究工作认为滑石瓷烧结时的主晶相为原顽辉石，在冷却过程中，淬冷法测得的结果为在 1042℃（高温 X 射线衍射法测得的结果为 1035℃）到 865℃ 之间具有转化为顽火辉石的倾向，865℃ 以下具有转化为介稳的斜顽辉石的倾向，而介稳的斜顽辉石在 865℃ 以下可长时间存放而不转化为热力学稳定晶型的顽火辉石。他们认为滑石瓷的老化是由高温晶相的原顽辉石在冷却、放置和使用过程中转化为顽火辉石或斜顽辉石造成的。

表 1-15 MgSiO$_3$ 三种变体的晶格常数、理论密度和线膨胀系数

MgSiO$_3$ 变体	晶系	晶格常数				理论密度 /(g/cm^3)	线膨胀系数 (300~700℃) /×10^{-6}℃$^{-1}$
		a/Å	b/Å	c/Å	β		
原顽辉石	斜方	9.26	8.74	5.32	—	3.10	9.8
顽火辉石	斜方	18.230	8.814	5.178	—	3.21	12
斜顽辉石	单斜	9.618	8.828	5.186	108°39′	3.19	13.6

几种晶型理论密度的计算表明：原顽辉石在室温下转化为斜顽辉石时有 2.8% 的体积变化，而转化为顽火辉石时的体积变化大于 2.8%。这种晶型转化会产生的较大应变从而引起较大的应力，而该应力就是滑石瓷老化或粉化的直接原因。根据对滑石瓷老化机理的研究，防止滑石瓷老化常采用的方法如下：

1）采用足够均匀和稳定性好的玻璃包裹原顽辉石晶粒。

2）严格工艺，保证滑石瓷具有细晶结构，防止由于原顽辉石晶粒生长过大造成晶型转化形成的应力过大和破坏玻璃相包裹原顽辉石晶粒。

3）加入与 $MgSiO_3$ 形成固熔体的少量其他配料，影响和抑制滑石瓷的老化。

4）在 1042℃ 以下的原顽辉石向斜顽辉石或顽火辉石转化的倾向温度区间，适当提高冷却速度可减小这种晶型转化的倾向，还可避免玻璃相析晶，充分发挥玻璃相包裹原顽辉石和抑制其晶型转化的作用。

（2）滑石瓷的开裂 滑石瓷的瓷件容易出现的质量问题之一是开裂，造成产品报废。其原因往往是滑石瓷的生产采取挤制成型或干压成型，以及滑石原料处理不当。滑石原料为各向异性，当直接用于配料和成型时，这种滑石粉料往往呈较小的薄片状，使成型时呈现定向排列，导致成型坯件也呈各向异性。该坯件在烧结过程中产生应力，使瓷件出现裂纹，成为废品；有些瓷件虽然没有出现裂纹，但由于瓷体中存在较大的应力，其机械强度降低。生产中常采取将滑石原料进行预煅烧，破坏滑石原料的层状结构，再将其进行磨细的方法；也有的企业在生产滑石瓷时采用粒状结构的滑石原料经磨细之后用于配料。

3. 滑石瓷的配方和工艺

（1）滑石瓷的烧结温度范围 如图 1-9 所示（图中数字为温度），烧滑石的理论组成为 $w(SiO_2) = 66.6\%$ 和 $w(MgO) = 33.4\%$，与 MgO-SiO₂ 系的最低共熔点 1543℃ 的组成非常接近。从该相图可知，纯滑石组成在温度低于 1543℃ 时没有液相产生，而温度高于 1543℃ 时几乎全部熔融，即纯滑石物料的烧结范围窄得难以控制。如果采用 $w(滑石) = 90\%$ 和 $w(黏土) = 10\%$ 配料（设滑石和黏土的组成为纯滑石和纯高岭石），则配料的组成点大致为图 1-8 中所标出的 M 点。M 点与一般滑石瓷的基础组成大致对应。

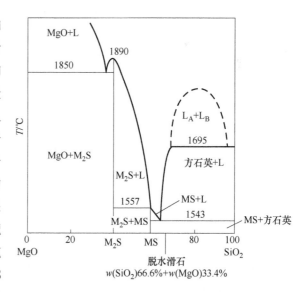

图 1-9 MgO-SiO₂ 系相图

与滑石瓷关系较密切的两个三元无变量点为 S 点和 U 点。这两个无变量点均为低共熔点，其组成以及在相应点上的相平衡关系列于表 1-16 中。表中 MS 为 $MgSiO_3$、$M_2A_2S_5$ 为 $2MgO \cdot 2Al_2O_3 \cdot 5SiO_2$、$M_2S$ 为 $2MgO \cdot SiO_2$ 的简写。

表 1-16　MgO-Al$_2$O$_3$-SiO$_2$ 系相图中 S 点和 U 点的组成和性质

无变量点	温度/℃	类型	组成（质量分数）（%）			相平衡关系
			MgO	Al$_2$O$_3$	SiO$_2$	
S	1355	低共熔点	20.3	18.3	61.4	$L_S \rightleftharpoons MS + SiO_2 + M_2A_2S_5$
U	1365	低共熔点	25.0	21.0	54.0	$L_U \rightleftharpoons MS + M_2S + M_2A_2S_5$

由图 1-8 和图 1-9 所示，煅烧组成为 M 点组成瓷料时，平衡物系至 1355℃才开始发现液相。若滑石和黏土均为生料，可计算至 1355℃时所能形成的液相量。已知滑石（3MgO·4SiO$_2$·H$_2$O）的组成为 $w(\text{MgO})$31.7%、$w(\text{SiO}_2)$63.5%、$w(\text{H}_2\text{O})$4.8%；高岭石（Al$_2$O$_3$·2SiO$_2$·2H$_2$O）的组成为 $w(\text{Al}_2\text{O}_3)$39.5%、$w(\text{SiO}_2)$46.5%、$w(\text{H}_2\text{O})$14%。该配料的组成可简单计算如下：

MgO：31.7%×0.9＝28.53%

Al$_2$O$_3$：39.5%×0.1＝3.95%

SiO$_2$：63.5%×0.9+46.5%×0.1＝61.8%

H$_2$O：4.8%×0.9+14%×0.1＝5.72%

则配料煅烧后的组成为

MgO：28.53%×100/（100−5.72）＝28.53%×1.06＝30.2%

Al$_2$O$_3$：3.95%×1.06＝4.2%

SiO$_2$：61.8%×1.06＝65.5%

温度为 1355℃时，三个平衡固相中的一个固相刚刚开始消失时的液相量是该温度下所能形成的最高液相量。由图 1-8 中 M 点的组成可知，当平衡矿物 M$_2$A$_2$S$_5$ 在加热过程中刚刚消失时（这时还存在着 MS 和 SiO$_2$ 两个固相），即 Al$_2$O$_3$ 开始全部处于低共熔液相时，液相达到了 1355℃时的最高值。

由表 1-16 可知，$w(\text{Al}_2\text{O}_3)$1.83% 可形成 10% 的组成与 S 点相应的低熔液相。所以，$w(\text{Al}_2\text{O}_3)$4.2%（配料煅烧后的含量）所形成的低共熔液相量为 1355℃时形成的最高液相量 $L_{\max}$：

$$L_{\max(1355℃)} = 10×4.2\%/1.83 = 23\%$$

即 M 组成点的滑石瓷料在 1355℃以前没有液相产生，至 1355℃以后即生成 23% 的液相。根据图 1-8 MgO-Al$_2$O$_3$-SiO$_2$ 三元系相图的液相等温线和杠杆原理可知，随着温度继续升高，液相量迅速增加。滑石瓷配料煅烧后，Al$_2$O$_3$ 的含量越高，在低共熔温度 1355℃时生成的液相量越多。这表明以 MgO-Al$_2$O$_3$-SiO$_2$ 三元系为基础的滑石瓷瓷料实现良好烧结的温度范围一般仅有 20℃左右。滑石瓷的烧结范围较窄，必须严格控制烧结制度，窑炉内的温度应分布均匀。

（2）滑石瓷的配方　表 1-17 为滑石瓷的几种配方。

表 1-17　滑石瓷的几种配方

配方号	1	2	3	4	5
烧滑石	60.0	60.0	50.0	88.0	91.6
生滑石	24.4	24.0	17.0	6.0	5.2

（续）

配方号	1	2	3	4	5
黏土	3.9	5.0	7.0		
膨润土			4.0		
碳酸镁			8.0		
碳酸钡	7.8	10.0	10.0		
氧化铝		1.0			
氧化锆	3.9				
氧化锌			4.0		
长石				6.0	
方硼石					3.2
用途	1）大功率高频管 2）装置瓷	1）容量不大的电容器 2）装置瓷	1）容量不大的电容器 2）装置瓷	电性能要求不高的大型装置瓷	金属陶瓷密封电真空致密陶瓷

（3）滑石瓷工艺要点　生产中常在配料前将滑石原料进行预煅烧以破坏滑石原料的层状结构，使滑石转变为顽火辉石的链状结构，防止滑石瓷出现开裂等质量问题。预煅烧时通常加入碳酸钡、硼酸或高岭土等矿化剂，以降低滑石矿物原料的预煅烧温度。当滑石矿物原料中含有较多的 Fe_2O_3 等杂质时，可采取预煅烧处理气氛为还原气氛的方法，消除 Fe^{3+} 对瓷件性能的不利影响。经预煅烧处理的滑石矿物原料容易进行球磨处理，硬度增大，但可塑性有所降低。有的配料中加入部分生滑石，是为了提高配料的塑性。

图 1-10 示出了球磨料的粒径和烧结温度对某滑石瓷的 ε 和 $\tan\delta$ 的影响。图中各曲线表示滑石瓷的烧结温度，分别为：曲线 1 为 1300℃、曲线 2 为 1230℃、曲线 3 为 1260℃。其中图 a 为粒径对滑石瓷 ε 的影响；图 b 为粒径对滑石瓷 $\tan\delta$ 的影响。由图可见，球磨料的细度为 1μm、烧结温度为 1230℃时，滑石瓷的 $\tan\delta$ 最小。

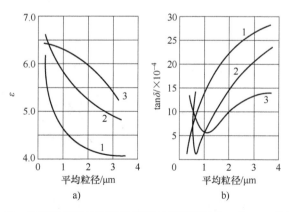

图 1-10　球磨料的粒径和烧结温度对某滑石瓷的 ε 和 $\tan\delta$ 的影响

滑石瓷的生产中对几何形状较复杂的瓷件常采用热压铸成型工艺；对形状简单的滑石瓷瓷件有时采用干压成型工艺；对高功率滑石瓷瓷介电容器的生产有时先采用练泥拉坯，然后再进行车加工的成型工艺。

滑石瓷烧结的特点是瓷坯的致密化主要靠黏滞性硅酸盐液相的移动、对固体颗粒的拉紧和对颗粒间孔隙的填充来实现。滑石瓷瓷料出现液相的温度较高，一旦出现液相，随着温度的升高，液相量增加得非常快，一般烧结范围仅有 15~20℃，使烧结操作较困难。往往温度低一点会造成欠烧，温度高一点则容易过烧，造成产品变形，甚至起泡、烧流等。因此，滑石瓷的烧结温度和制度必须严格控制。

1.3.3 BN 陶瓷

表 1-18 列出了各种 BN 晶型晶体和碳素晶体的晶格常数和理论密度。

表 1-18　各种 BN 晶型晶体和碳素晶体的晶格常数和理论密度

结构特征	BN 晶型晶体			碳素晶体		
	结构类型	晶格常数	理论密度 /(g/cm³)	结构类型	晶格常数	理论密度 /(g/cm³)
六方层状结构	六方 BN	$a=2.504$ $c=6.661$	2.270	石墨型	$a=2.461$ $c=2.708$	2.266
三方层状结构	三方 BN	$a=2.504$ $c=10.01$	—	立方石墨或 β-石墨	$a=2.461$ $c=10.062$	—
立方共价键晶体	闪锌矿	$a=3.6155$	3.489	金刚石	$a=3.567$	3.514
六方共价键晶体	纤锌矿	$a=2.55$ $c=4.2$	3.49	六方金刚石	$a=2.52$ $c=4.12$	3.51

立方 BN 和具有纤锌矿结构的六方 BN 都是在高温高压下制备的较典型的共价键晶体，键强高、硬度大，相对原子质量平均只有 12.11。立方 BN 单晶的热导率的理论估计值应达 13W/(cm·K)。立方 BN 多晶陶瓷材料的热导率有 2W/(cm·K) 的报道（约相当于 0.48cal/(cm·K·s)）。如图 1-11 所示，六方 BN 和三方 BN 都具有层状结构，沿层片方向 B-N 呈共价键结合，而层片之间则通过范氏键联系。文献报道，在室温附近六方 BN 沿层片方向的热导率约为 2W/(cm·K)。高度定向的热解 BN 在 235K 下的最大热导率为 2.5W/(cm·K)。六方 BN 陶瓷的热导率，报道的最高数据为 0.16W/(cm·K)。

BN 无毒，BN 陶瓷的可加工性能良好，高频介电性能良好，在较高的温度下仍相当稳定，热导率随着温度的升高降低得相

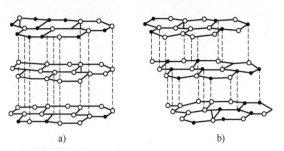

图 1-11　六方 BN 和三方 BN 的晶体结构
a) 六方 BN　b) 三方 BN

当缓慢，尤其在 500~600℃以上时，BN 陶瓷的热导率超过 BeO 陶瓷，所以，BN 陶瓷是一种重要的高热导率陶瓷材料。

冷压烧结法很难生产出致密的 BN 陶瓷制品，通常采取热压工艺生产致密的 BN 陶瓷制品。BN 陶瓷具有介电常数低、高频损耗小、绝缘电阻率高、2000℃时仍为绝缘体、击穿电强度非常高、热导率高、在较高的温度下的介电性能相当稳定和保持较高的热导率等特性，广泛应用于电子技术和国防军工等领域，特别适合制作较高温度下电子器件的散热陶瓷组件和电绝缘陶瓷组件。BN 陶瓷对熔融的铝、铁、镍等金属，硅、砷化镓等非金属熔融物等具有良好的化学稳定性，不被有些炉渣和玻璃所浸润，是很好的化合物半导休单晶生长用坩埚和耐火材料，还可用作玻璃的成型模具。表 1-19 列出了几种 BN 陶瓷材料的性能。从表中可看出，以 $CaO \cdot B_2O_3$ 作结合剂的 Ⅰ 型 BN 陶瓷具有较高的热导率，吸湿性也较弱；以 SiO_2 作结合剂的 Ⅲ 型 BN 陶瓷的抗氧化性能强，但热导率低；以 B_2O_3 作结合剂的 Ⅱ 型 BN 陶瓷强度较高，但吸湿性很强。应该注意的是当 BN 陶瓷吸湿后介电性能明显下降，当加热至 300℃以上时，往往因水分迅速排出导致 BN 陶瓷碎裂。有的研究认为游离 B_2O_3 的存在是 BN 陶瓷吸湿性较大的基本原因，所以，功能陶瓷使用的 BN 陶瓷，不宜采用 B_2O_3 作结合剂。若生产 BN 陶瓷的原料含有 B_2O_3 时，必须去除。

表 1-19 几种 BN 陶瓷材料的性能

制品类型		Ⅰ 型	Ⅱ 型	Ⅲ 型
BN 含量（质量分数,%）		95	92	75
主要结合剂		$CaO \cdot B_2O_3$	B_2O_3	SiO_2
密度/（g/cm³）		>1.7	>1.9	>1.8
压缩强度/（kgf/cm²）		330~570	1380~1700	1070~4120
弯曲强度/（kgf/cm²）		240~420	400~820	180~690
吸湿增重（%）		0.01~0.8	0.8~0.32	0.005~2.0
热导率/[W/（cm·K）]		0.57	0.17	0.08
线膨胀系数（室温~1000℃）/×10⁻⁶℃⁻¹		0.2~2.9	4.0~7.0	3.7~8.0
氧化速度/[mg/（cm³·h）]	712℃	-0.08	-1.03	0
	1000℃	-0.51	-1.41	0
体积电阻率/Ω·cm		>10¹⁴	>10¹⁴	>10¹⁴
介电常数（1MHz）		4.01	3.57	4.64
介质损耗（1MHz）		$8.1×10^{-4}$	$3×10^{-4}$	$2.3×10^{-4}$

1.3.4 AlN 陶瓷

AlN 属于纤锌矿型结构。表 1-20 列出了几种 AlN 试样的热导率。AlN 的共价键性很强，通常冷压烧结工艺制得的 AlN 陶瓷的密度仅为理论值的 65% 左右，不能制得致密的 AlN 陶瓷材料。AlN 陶瓷的热导率对杂质非常敏感。氧是 AlN 陶瓷中的主要杂质之一，估计还可能存在 C、Si 等杂质。原料的纯度和密度是影响 AlN 陶瓷热导率的两个主要因素。G. A. Slack 通过分析认为，纯 AlN 晶体的晶格常数为：$a = 0.31127$nm，$c = 0.49816$nm，$c/a = 1.6004$，提高 AlN 材料的纯度，其热导率有可能向理论值靠近。

表 1-20　AlN 试样的热导率（300K）

编号	试样尺寸/mm		类型	总氧量/×10^{20}（at/cm^3）	颜色	晶格常数 c/nm	热导率/［W/(cm·K)］
	长度	直径					
1	8.0	1.5	合成单晶	3±2	蓝灰	0.49809	2.0
2	6.3	1.2	合成单晶	3±2		0.49806	2.0
3	11.0	2.7	热压	11±2	灰	0.49793	0.74
4	11.5	5.0	热压	11±2	浅灰	0.49796	0.65
5	21.0	3.5	热压	22±1	灰	0.49780	0.60
6	12.7	3.3	热压	47±2	灰白	0.49801	0.44
7	9.5	2.3	热压	43±2	钢灰	0.49788	0.41
8	11.8	3.0	热压	11±2	蓝黑	0.49789	0.28
9	11.8	3.2	冷压烧结	≤12	乳白	0.49810	0.145

1.3.5　铁电介质陶瓷

1. $BaTiO_3$ 晶体的结构和性质

$BaTiO_3$ 晶体结构有六方相、立方相、四方相、斜方相和三方相等晶相。除六方晶相外，其他几种结构均属于钙钛矿型结构的变体。

1）立方 $BaTiO_3$ 的晶体结构如图 1-12 所示，其中 Ba^{2+} 处于立方体的顶角位置，O^{2-} 处于立方体的面心位置，Ti^{4+} 占据着 6 个 O^{2-} 组成的八面体孔隙的中间，在 120℃ 以上是稳定的。立方结构 $BaTiO_3$ 晶体中，Ti^{4+} 的配位数为 6，Ba^{2+} 的配位数为 12，O^{2-} 的配位数为 6，晶胞的边长约为 0.4nm。

2）四方 $BaTiO_3$ 的晶体结构如图 1-13 所示，图中数字为键长。与立方 $BaTiO_3$ 比较，四方结构 $BaTiO_3$ 晶体的 c 轴变长，a 轴变短。四方结构 $BaTiO_3$ 晶体在 5～120℃ 是稳定的。当温度在 120℃ 以下时，钛离子的振动中心向周围的 6 个氧离子之一靠近，即钛离子沿 c 轴方向产生了离子位移极化。这种极化是在没有外电场作用的情况下进行的，通常称为自发极化，c 轴方向为自发极化的方向。自发极化强度通常用 P_s 表示。Ti^{4+} 离子位移对自发极化强度的贡献约占 31%，部分 O^{2-} 离子的电子位移对自发极化强度的贡献约占 59%，其他离子对自发极化强度的贡献约占 10%。20℃ 时四方结构 $BaTiO_3$ 晶体的晶格常数为：$a = b = 0.3986$nm，$c = 0.4026$nm，$c/a = 1.01$。轴率（c/a）的大小与自发极化强度 P_s 的强弱有密切的联系，可以从轴率的大小来估计 $BaTiO_3$ 晶体和 $BaTiO_3$ 基固溶体的自发极化强弱。

3）斜方 $BaTiO_3$ 的晶体结构如图 1-14 所示，图 a 为斜方 $BaTiO_3$ 在（001）面上的投影，图 b 为斜方相中的 TiO_6 八面体，图中的数字为键长，单位为 nm。斜方相在 -90～6℃ 之间是稳定的，其中自发极化沿着假立方晶胞的面对角线的方向进行。一个斜方 $BaTiO_3$ 晶胞包含两个 $BaTiO_3$ 分子单位。在 -10℃ 时，其晶格常数为：$a = 0.5682$nm，$b = 0.5669$nm，$c = 0.3990$nm。

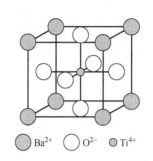

图 1-12　立方 $BaTiO_3$ 的晶体结构

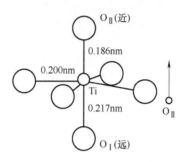

图 1-13　四方 $BaTiO_3$ 的晶体结构

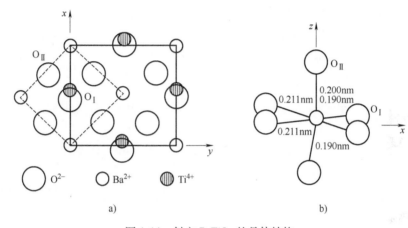

图 1-14　斜方 $BaTiO_3$ 的晶体结构

4）三方 $BaTiO_3$ 晶体在-90℃以下是稳定的，在-100℃时的晶格常数为：$a = 0.3998nm$，$\alpha = 89°52.5'$。三方 $BaTiO_3$ 晶体的自发极化沿原立方晶胞的立方体对角线方向进行。当 $BaTiO_3$ 晶体从立方相转变为四方相时，体积发生膨胀。

2. $BaTiO_3$ 晶体的电畴结构

$BaTiO_3$ 铁电晶体中存在着许多自发极化方向不相同的小区域，每个小区域由很多自发极化方向相同的晶胞构成，这样的小区域称为"电畴"。具有这种电畴结构的晶体称为铁电晶体或铁电体。四方相和立方相间的相变温度，即铁电晶体失去自发极化（电畴结构消失）的临界温度称为居里温度，用 T_C 表示。$BaTiO_3$ 晶体的 $T_C \approx 120℃$。铁电晶体中自发极化只能沿 [100]、[010] 和 [001] 方向，因此相邻电畴的自发极化方向相交为180°或90°，相应电畴的界面分别为90°畴壁和180°畴壁。由于电场在畴壁上的变化是连续的，所以空间电荷不会在畴壁上集结。通常，铁电晶体内不同方向分布的电畴自发极化强度相互抵消，即铁电晶体在极化处理前，自发极化的总和为零，宏观上不呈现极性。当立方 $BaTiO_3$ 晶体自然冷却到居里温度以下转变为四方相时，相互邻近的晶胞自发极化方向只能分别沿着原来的三个晶轴方向进行，晶体中出现了许多自发极化方向相同的电畴。这种自发极化使四方 $BaTiO_3$ 单晶中相互邻近的电畴自发极化方向只能相交成为180°和90°。

3. $BaTiO_3$ 晶体的 ε-T 特性和居里-外斯（Curie-Weiss）定律

$BaTiO_3$ 晶体或 $BaTiO_3$ 基固溶体是 $BaTiO_3$ 基铁电陶瓷介质的主晶相，是直接影响 $BaTiO_3$ 基铁电陶瓷介质性能的决定因素。在居里温度以上时，$BaTiO_3$ 晶体的介电常数随温度的变化遵从居里-外斯定律：

$$\varepsilon = \frac{K}{T_C - T_0} + \varepsilon_0 \tag{1-1}$$

式中 T_C——居里温度；

T_0——居里-外斯特征温度，$T_C - T_0 \approx 10 \sim 11℃$；

K——居里常数，$K = (1.6 \sim 1.7) \times 10^5 ℃$；

ε_0——电子位移极化对介电常数的贡献。

4. $BaTiO_3$ 基陶瓷的组成结构和性质

（1）$BaTiO_3$ 基陶瓷的结构   如图 1-15 所示，特点为：

1）晶体的粒径约为 $3 \sim 10 \mu m$。

2）常温下，这些晶粒是由很多电畴构成的，晶粒与晶粒之间存在着晶界层，即陶瓷是由晶粒和晶界层构成的。

3）晶体的结构基元（离子）的排列是有规律的，但晶界结构基元的排列存在缺陷。物质在晶界上的扩散比在晶粒内部的扩散速度要快得多。晶界层可以是玻璃相，也可以是与主晶相不同的其他晶相，对于改善陶瓷材料的性质，例如烧结性能、介电性能和绝缘强度等性能往往起着非常重要的作用。陶瓷材料晶粒的大小，对于材料的性质也有明显的影响。

（2）$BaTiO_3$ 基铁电陶瓷的电滞回线和电致伸缩   图 1-16 所示为典型的 $BaTiO_3$ 基铁电陶瓷极化强度随外加电场 E 作用的变化轨迹，该曲线称为电滞回线。图中 E_c 称为该铁电陶瓷材料的"矫顽场"，P_r 称为"剩余极化强度"。作 BA 的延长线与 P 轴交于 P_s 点，P_s 即可作为这种铁电陶瓷自发极化强度的量度。一切处于铁电态的陶瓷材料都具有电滞回线这一特征。

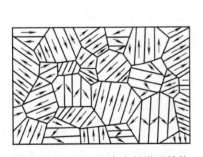

图 1-15 $BaTiO_3$ 基陶瓷的微观结构

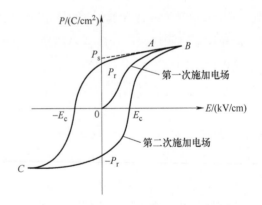

图 1-16 $BaTiO_3$ 基铁电陶瓷的电滞回线

图 1-17 所示为 $BaTiO_3$ 基铁电陶瓷在外电场作用下电畴的外形几何尺寸的变化情况。其

中，图 a 为无外加电场作用时的初始状态，各晶粒都是随机取向的，每个晶粒中又都包含着许多电畴，各晶粒电畴的总电矩 $\sum P_s = 0$；图 b 为试样在施加足够高直流电场 E 的作用下，各晶粒中的电畴都沿电场 E 的方向取向，各晶粒变成了电畴的方向大致沿电场方向取向的单畴晶体，极化时 c 轴伸长，a 轴收缩，伴随着晶粒沿电场方向的伸长和垂直于电场方向的收缩，整个陶瓷试样沿电场方向伸长和垂直于电场方向收缩，与此同时在晶体中产生了应力；图 c 为去掉施加于陶瓷试样上的电场 E 的情况。此时，沿电场取向的电畴会部分地偏离原来的电场方向，使陶瓷中的应力得到相应的缓冲，陶瓷外形发生纵向上相应的收缩和横向上相应的伸长，但与图 a 相比，在纵向上仍存在"剩余伸长"，横向上存在"剩余收缩"。各晶粒的自发极化强度的向量和 $\sum P_s$ 不再为零，表现为"剩余极化强度 P_r"，即 $\sum P_s = P_r$。铁电陶瓷的这种在电场作用下的外形上的伸缩（或应变），通常称为电致伸缩或电致应变。

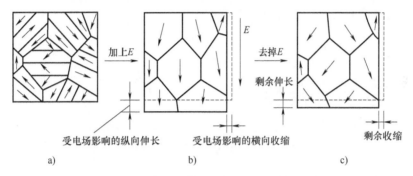

图 1-17 $BaTiO_3$ 基铁电陶瓷在外电场作用下电畴外形几何尺寸的变化

5. $BaTiO_3$ 陶瓷的 ε-T 特性

$BaTiO_3$ 陶瓷的介电常数大，在居里温度 T_C 时的峰值介电常数最大，介电常数随温度的变化显示出明显的非线性。

6. 压力对 $BaTiO_3$ 基铁电陶瓷介电性能的影响

施加垂直于 $BaTiO_3$ 陶瓷介质电极平面的单向压力时，随着单向压力增加，介电常数-温度曲线上的居里峰受到了越来越大的压抑，热压 $BaTiO_3$ 陶瓷材料的居里峰已经变得平坦。这种居里峰受到压抑的现象与 $BaTiO_3$ 陶瓷中存在的纵向电致伸长紧密相联。

7. $BaTiO_3$ 陶瓷的置换改性和掺杂改性

置换改性是指用化合价相同，离子半径和极化性能相近的离子大量溶入 $BaTiO_3$ 晶格中置换相应离子，形成 $BaTiO_3$ 基固溶体，使陶瓷的性能得到改善的一种方法。在 $BaTiO_3$ 铁电陶瓷介质中常用 Ca^{2+}、Sr^{2+}、Pb^{2+} 等置换 $BaTiO_3$ 中的 Ba^{2+}，用 Zr^{4+}、Sn^{4+} 等置换 $BaTiO_3$ 中的 Ti^{4+}，以及用它们的组合对 Ba^{2+} 和 Ti^{4+} 同时进行置换。掺杂改性是指加入一些离子半径相差较大或化合价不同的离子，它们在 $BaTiO_3$ 中固溶极限很小，却能使 $BaTiO_3$ 基陶瓷的性能发生显著变化。有的改性加入物可有效地使居里温度移动，但对介电常数峰的陡度一般不呈现明显的压抑作用，这类加入物称为移峰剂；有的改性加入物可使介电常数的居里峰受到压抑并展宽，这类加入物称为压峰剂。一般用来移峰的加入物是能大量溶解到 $BaTiO_3$ 中的 Sr^{2+}、

Pb^{2+}、Sn^{4+} 和 Zr^{4+} 等。移峰效应与加入物溶于 $BaTiO_3$ 中的量，以及改变晶体的轴率 c/a 有关。

8. $BaTiO_3$ 铁电陶瓷的击穿

$BaTiO_3$ 陶瓷的击穿强度主要取决于陶瓷材料的组成、结构和性质。大量的研究结果表明，$BaTiO_3$ 陶瓷在居里温度以下的击穿特征为晶界层的突然破坏；在居里温度以上的击穿特征为陶瓷中晶粒的击穿。提高铁电陶瓷的击穿强度，一般应注意调整瓷料的组成和显微结构、提高瓷体的致密度、移动陶瓷材料的居里温度或者使瓷料不呈现明显的居里温度，以及精确地控制铁电陶瓷电容器的制造工艺。

9. $BaTiO_3$ 铁电陶瓷的老化

$BaTiO_3$ 基铁电陶瓷介质在烧结后，其 ε 和 $\tan\delta$ 随存放时间的推移而逐渐减小，这种现象称为铁电陶瓷的老化。ε 的老化规律可表达如下：

$$\varepsilon_t = \varepsilon_0 - m\lg t \tag{1-2}$$

式中　ε_0——烧结后铁电陶瓷的初始介电常数；

　　　ε_t——经历 t 时间后的介电常数；

　　　m——一定铁电陶瓷材料的常数。

试验研究发现，当铁电陶瓷试样经历一段时间以后，如果把该试样重新加热到居里温度以上，并保持若干时间后再冷却到室温，该铁电陶瓷材料的 ε 将恢复为初始值，而老化也将重新开始。

10. 铁电陶瓷的非线性

从 $BaTiO_3$ 陶瓷的电滞回线可以看出，铁电陶瓷材料在电场作用下，其极化强度 P 与电场强度 E 的关系是非线性的，这种现象称为铁电陶瓷的非线性。工程上提出用非线性系数 $N_{\sim}$ 判断铁电陶瓷非线性的强弱：

$$N_{\sim} = \frac{\varepsilon_{\max}}{\varepsilon_5} \tag{1-3}$$

或

$$N_{\sim} = \frac{c_{\max}}{c_5} \tag{1-4}$$

式中　ε_5 和 c_5——铁电陶瓷在工频交流电压为 5V 时的介电常数和试样的电容量；

　　　$\varepsilon_{\max}$ 和 $c_{\max}$——ε-E 曲线上的峰值介电常数和试样相应的电容量。

11. $BaTiO_3$ 基介质陶瓷的配方和性能

某铁电陶瓷以 $BaTiO_3$、$CaSnO_3$、$MnCO_3$ 和 ZnO 按一定的比例制成，瓷料的烧结温度为 (1360 ± 20)℃。以该陶瓷为介质的电容器在常温下虽然电容量很大，但其电容量变化率也很大，当温度为 -40℃ 或 +85℃ 时，其电容量仅为常温时的 10%～20%。

12. 铁电陶瓷介质的主要生产工艺

（1）$BaTiO_3$ 的合成　$BaTiO_3$ 合成的物理化学过程可大致分为热膨胀阶段、固相反应阶段、收缩阶段和晶粒长大四个阶段。

（2）配料和成型　将配料磨细和充分混合，混合均匀的粉料根据不同的成型工艺的要求，加入一定量不同的黏合剂或增塑剂，再进行成型。根据铁电陶瓷瓷料的工艺性能和瓷件的形状要求，可采用挤制、干压、轧膜和流延等多种方法成型。

（3）排胶和烧结　排胶的主要目的是，预先排出有机黏合剂，防止黏合剂在烧结时由于大量熔化、分解和挥发等造成坯体变形、开裂和形成较多的气孔等缺陷，使瓷体的性能恶化。烧结是坯体在升温过程中发生各种物理和化学变化、坯体中气体排出、体积收缩、强度和致密度提高等，使坯体成为具有一定组成、结构和性能的陶瓷体或零部件。

（4）铁电陶瓷电容器的包封　烧结合格的陶瓷介质片经过制备金属电极、焊接引线、涂覆包封料、检验分级、打印标记等工序制备成陶瓷电容器，经过总检验合格，再进行产品包装。包封的主要作用是提高铁电陶瓷电容器的防潮性能和可靠性、提高电晕电压和击穿强度等。包封料通常采用热固性改性环氧树脂或改性酚醛树脂类高分子化合物。包封后，在适当的温度条件下，树脂发生聚合作用而固化。应该注意的是包封会对电容器的电容量和损耗有一定的影响。

13. 半导体陶瓷介质

半导体陶瓷介质是适应电容器微小型化的需要而发展起来的陶瓷介质材料，利用半导体陶瓷介质的特性，主要分为阻挡层型、还原再氧化层型和晶界层型三种结构形式。阻挡层陶瓷电容器是利用金属电极与半导体陶瓷的表面形成很薄的接触势垒层作为介质层；还原再氧化层陶瓷电容器是利用在半导体陶瓷的表面上通过适当的氧化形成 $0.01 \sim 100\mu m$ 的绝缘层作为介质层。这两种介质都是以半导体陶瓷的表面层作为基础形成介质层的，又称为表面层型，由于介质层厚度很小，可制备大容量、微小型陶瓷电容器，其结构如图 1-18 所示。

晶界层陶瓷电容器是在晶粒发育比较充分的 $BaTiO_3$ 等半导体陶瓷的表面上涂覆 CuO、MnO_2、Bi_2O_3 等金属氧化物，经过适当温度和氧化条件下的热处理，涂覆氧化物沿开口气孔和晶界扩散到陶瓷内部，在晶界上形成薄薄的绝缘层。该绝缘层的电阻率可达 $10^{12} \sim 10^{13}\Omega \cdot cm$，陶瓷内部的晶粒仍为半导体，整个陶瓷体则表现为显介电常数高达 $(2 \sim 8) \times 10^4$ 甚至更高的绝缘体介质。用这种介质瓷制备的电容器称为晶界层陶瓷电容器，图 1-19 为其结构示意图。晶界层陶瓷电容器的结构中半导体晶粒相当于电极，而绝缘性的晶界层为电容器的实际介质，每两个小晶粒与很薄的晶界层介质构成一个电容器，因此其电容量很大，晶界层陶瓷电容器又相当于很多小电容器相并联和串联，使整个晶界层陶瓷的显介电常数非常高。晶界层的组成和结构是影响晶界层陶瓷电容器性质的主要因素。晶界层陶瓷具有显介电常数很高、抗潮性良好、可靠性高、介电常数随温度的变化较平缓的特点。

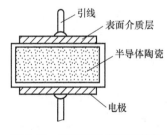

图 1-18　表面层电容器的结构

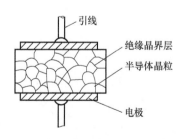

图 1-19　晶界层陶瓷电容器的结构

14. 高频电容器陶瓷介质

（1）高频电容器陶瓷介质的主要性能特点　高频电容器陶瓷介质的主要性能特点是：介电常数一般为 $8.5 \sim 900$；$\tan\delta$ 一般小于 6×10^{-4}；介电常数温度系数的范围宽。高频陶瓷电容器用于振荡回路中，通常是利用该电容器的电容温度系数来补偿电路中电感等元件的温度系数，使电路的工作状态稳定。这种高频电容器陶瓷的介电常数的温度系数的系列化满足了不同场合的使用要求。高频电容器陶瓷的介电常数通常与温度成线性关系。其介电常数的温度特性用介电常数温度系数 $\alpha_\varepsilon = \Delta\varepsilon / (\varepsilon\Delta t)$ 来表达。高频电容器陶瓷一般可分为高频热补偿电容器陶瓷介质和高频热稳定电容器陶瓷介质两类。

（2）金红石（TiO_2）陶瓷　金红石陶瓷的介电常数为 $80 \sim 90$，介电常数的温度系数为 $(-850 \sim -750) \times 10^{-6}{}^{\circ}C^{-1}$，$\tan\delta$ 很小，主要用作高频温度补偿电容器陶瓷介质。在还原气氛下烧结时，TiO_2 很容易失去部分氧，形成低价氧化物，在晶格中产生氧离子空位，使材料的 $\tan\delta$ 增大，抗电强度降低。例如，烧结时窑炉内为 CO 气氛时，会发生如下反应：

$$TiO_2 + xCO \longrightarrow [Ti_{1-2x}^{4+}Ti_{2x}^{3+}]O_{2-x}^{2-}xV_O^{\cdot\cdot} + xCO_2 \uparrow$$

高温下 CO 夺取金红石陶瓷中 TiO_2 晶体的部分氧，以 CO_2 的形式离开陶瓷体。式中 $V_O^{\cdot\cdot}$ 表示氧离子空位。每个氧离子在离开晶格时要交出两个电子，这两个电子将相应的 Ti^{4+} 还原成 Ti^{3+}。所以，x 个氧离子离开晶格，使 $2x$ 个 Ti^{4+} 还原成 Ti^{3+}，并出现 x 个氧离子空位。氧离子空位是带正电的，空位上原来的氧 O^{2-} 离开晶格时交出两个电子，被氧空位所俘获，为周围的 Ti^{4+} 共有。这些被氧空位俘获的电子是弱束缚状态的，能量较高，处于禁带中距导带很近的施主能级上，很容易在电场、光、热等的作用下获得很小的能量被激发到导带，成为自由电子，使金红石介质中的载流子浓度增加，造成材料的体积电阻率下降，$\tan\delta$ 变大，抗电强度降低，严重时导致产品报废，所以必须在氧化气氛下进行烧结。

还应注意的是配料或原料中可能含有施主杂质等引起金红石陶瓷介质的体积电阻率下降、$\tan\delta$ 变大、抗电强度降低的问题发生。TiO_2 原料中高价杂质离子不易除净，因此，通常采取加入补偿杂质的方法，如在该原料中加入 $w(MgCO_3)0.1\% \sim 0.3\%$，可显著提高 TiO_2 的抗还原性。此外，TiO_2 高温发生热分解而失氧，金红石陶瓷电容器使用银电极和长期在高温和直流电场下工作时会发生电化学反应使 Ti^{4+} 被还原为 Ti^{3+} 等，也会使金红石陶瓷的性能恶化。

15. 独石结构用介质陶瓷

独石陶瓷电容器的工艺特点是将涂有金属电极浆料的陶瓷介质坯片，以电极多层交替叠合使陶瓷材料与电极同时烧结一个整体，形成由多个陶瓷电容器相并联结构的电容器，如图 1-20 所示。

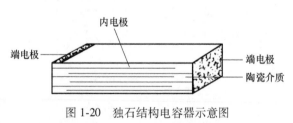

图 1-20　独石结构电容器示意图

独石型陶瓷电容器可分为高温烧结型、中温烧结型和低温烧结型。其中低温烧结型的烧结温度可降低到 900℃ 或以下，采用全银电极或钯含量低的银钯合金电极。高温烧结型独石陶瓷电容器需要采用 Pt 和 Pd 等贵金属作内电极，产品成本较高。

低温烧结独石陶瓷电容器瓷料中的Ⅰ类独石电容器瓷料主要采用铌铋锌、铌铋镁系统进行不同温度系数组别的生产，Ⅱ类主要以铌镁酸铅瓷料系统按不同容量变化率的组别进行生产。

1）低温烧结Ⅰ类独石陶瓷介质材料的配方：铌铋镁系统可制造 B、D、N、J、I 等五个系列，制成的系列瓷料的电容温度系数为 $(-470 \sim -75) \times 10^{-6} \, ℃^{-1}$；铌铋锌系统可用于制造 A、U、O、K、Q、B、D、N、J、I、H 等系列，电容温度系数为 $(-750 \sim 120) \times 10^{-6} \, ℃^{-1}$ 的瓷料。在 $MgO-Bi_2O_3-Nb_2O_5$ 系统中，当各氧化物的分子比为 1 时，为 $MgBi_2Nb_2O_9$ 层状结构的铁电体。改变分子比，可获得顺电体。铌铋镁系低温烧结高频瓷料是以该顺电体为主晶相的。改变该系统中各组分的含量可以获得不同电容温度系数的瓷料。如 $MgO : Bi_2O_3 : Nb_2O_5 = 2 : 1.35 : 1$ 时可获得 J 组和 I 组瓷料；$MgO : Bi_2O_3 : Nb_2O_5 = 2 : 1.55 : 1$ 时可获得 D 组和 N 组瓷料；$MgO : Bi_2O_3 : Nb_2O_5 = 2 : 1.7 : 1$ 时可获得 B 组瓷料。当 MgO 和 Nb_2O_5 不变时，增加 Bi_2O_3 则电容温度系数向正向移动，反之则向负向移动。铌铋锌烧块是在 820℃ 左右合成的，瓷料按铌铋锌和铌铋镍配比称好后，振磨 4h，在高铝坩埚内经 850℃ 保温 1h 预烧，然后按料：钢球：乙醇 $= 1 : 3 : (0.5 \sim 0.6)$，再次振磨 4h，再过万孔筛，料经烘干后过 60～80 孔筛备用。瓷料的烧结温度为 890℃，保温 $1.5 \sim 2h$，然后急冷。

2）低温烧结Ⅱ类独石陶瓷介质的配方：$Pb(Mg_{1/3}Nb_{2/3})O_3$ 缩写为 PMN，是复合钙钛矿型的铁电体，居里温度 $T_c = -15℃$。居里温度时的 $\varepsilon = 12600$，常温下 $\varepsilon = 8500$，常温下 $\tan\delta < 100 \times 10^{-4}$。PMN 受到不同频率的弱电场作用时，随着频率增加，瓷料的居里温度向高温方向移动，但 ε 下降，$\tan\delta$ 增大。

16. 无铅铁电陶瓷介质材料的研究动态

由于环境保护意识的增强和相关法规对于含铅材料的限制，无铅铁电陶瓷介质的研究近些年来受到各国的高度重视。

以 $BaTiO_3$ 为基进行掺杂改性的研究为例，该研究通过不同的掺杂改变 $BaTiO_3$ 基瓷料的微观结构，以及采用不同的工艺方法达到改善和优化 $BaTiO_3$ 基铁电陶瓷介电性能的目的。结果表明，在 Nb_2O_5、Co_2O_3、La_2O_3 共同掺杂的情况下，制得化学式为 $(Ba_{1-3x/2}La_x)(Ti_{1-y}(Nb_{2/3}Co_{1/3})_y)O_3$ 的化合物，当 $x/y = 2/3$ 时，1240℃ 烧结 60min 制得的 $BaTiO_3$ 基陶瓷的介电常数-温度关系相当平稳，在 -55～125℃ 温度范围内其电容温度系数 $\alpha_c = -15\% \sim 15\%$，$\tan\delta < 1.5 \times 10^{-2}$，室温介电常数为 3400，绝缘电阻率为 $1.6 \times 10^{13} \, \Omega \cdot cm$。该陶瓷的晶粒尺寸在 300nm 以下。

1.3.6 热敏电阻陶瓷

1. 正温度系数热敏电阻

（1）正温度系数热敏电阻的主要特性 正温度系数（Positive Temperature Coefficient, PTC）热敏电阻元件简称 PTC 元件，其电阻值随温度升高而增大。

1）电阻-温度特性：正温度系数热敏电阻的电阻-温度特性是指在规定电压下，PTC 热敏电阻的零功率电阻值与该电阻自身温度间的关系。零功率电阻是在规定的温度下测量的

PTC 热敏电阻的电阻值，测量时应保证其功耗引起的电阻值和温度的变化可以忽略。图 1-21 是 PTC 材料典型的电阻-温度特性曲线。图中 R_{25} 为常温电阻，指 PTC 材料在 25℃时的零功率电阻值；通常该热敏电阻元件的温度 $T<T_p$ 时，其电阻值随温度的升高而减小；当 $T_p<T<T_b$ 时，其电阻值随温度继续升高而增大。当温度高于 T_p 温度时，开关型正温度系数热敏电阻在很窄的温度区间，电阻急剧增到为 R_P 的 $10^2 \sim 10^8$ 倍。因此，T_p 是表征正温度系数热敏电阻的重要参数。T_p 与居里温度 T_C 的关系，经试验证明 T_C 一般比 T_p 高 $10 \sim 20$℃。当 PTC 元件的温度高于 T_p 时，随着温度再升高，材料的电阻温度系数达到最大值，即曲线上斜率最大的点所对应的温度为 T_C，温度再继续升高，电阻-温度曲线的斜率就开始减小。当其温度达到 T_N 时，其电阻达到最大值。当温度超过 T_N 以后，有些 PTC 材料的电阻率就随着温度的升高而有所下降。所以正温度系数热敏电阻工作点温度应在 $T_p \sim T_N$ 温度范围内。最大电阻值 R_N 与最小电阻值 R_p 的比值称为升阻比。电阻温度系数 α_t 定义为 $\alpha_t = (1/R_T)\mathrm{d}R_T/\mathrm{d}T$，温度系数越大，电阻随温度的变化曲线越陡峭。在工作温度范围内，正温度系数热敏电阻元件的电阻-温度特性可近似用下面的公式表示：

$$R_T = R_{Ta}\mathrm{e}^{B_p(T-T_a)} \tag{1-5}$$

式中　R_T——温度为 T 时的电阻值；

　　　R_{Ta}——温度为 T_a 时的电阻值；

　　　B_p——正温度系数热敏电阻的材料常数。

$$B_p = \frac{\ln R_{T1} - \ln R_{T2}}{T_1 - T_2} = \frac{2.303(\lg R_{T1} - \lg R_{T2})}{T_1 - T_2} \tag{1-6}$$

2）电流-电压特性：图 1-22 所示为 PTC 热敏电阻的电流-电压（I-V）特性，一般是指在 25℃的静止空气中，施加在热敏电阻上的电压与达到热平衡稳态条件下的电流之间的关系。

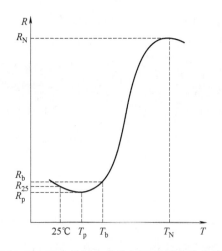

图 1-21　PTC 材料典型的电阻-温度特性曲线

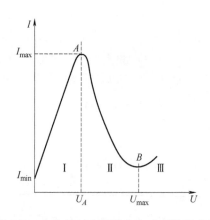

图 1-22　PTC 热敏电阻的电流-电压特性曲线

3）电流-时间特性：PTC 热敏电阻的电流-时间特性，是指热敏电阻在外加电压的作用下电流随时间变化的特性，如图 1-23 所示。

4）电压效应和耐电压特性：电压效应是指在外电场作用下 PTC 材料的晶界势垒发生倾斜的现象，表现为材料的电阻率随外加电压的升高而降低。电压效应对材料耐压能力的影响很大，电压效应越大，耐压能力越差。一般以 PTC 热敏电阻最小漏电流时承载的外加电压为其耐压值。图 1-24 所示为 PTC 热敏电阻外加电压与漏电流的关系。A 点为最小漏电流点，其对应的电压为 PTC 热敏电阻的耐压值。

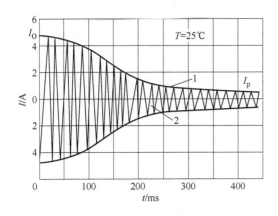

图 1-23　PTC 热敏电阻的电流-时间特性曲线
1—直流测量　2—交流测量

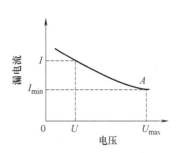

图 1-24　PTC 热敏电阻外加电压与漏电流的关系

（2）正温度系数热敏电阻材料及其应用

1）$BaTiO_3$ 基 PTC 材料半导化：强制还原半导化是在 $BaTiO_3$ 陶瓷高温烧结过程中，通入还原气体，与瓷体中的一部分氧在高温低氧分压条件下发生反应，在 $BaTiO_3$ 陶瓷中形成大量氧空位。为保持电中性，氧空位俘获的电子为周围的 Ti^{4+} 所共有，即有一部分 Ti^{4+} 成为 Ti^{3+}。氧空位俘获的这些电子活化能很低，处于禁带中距导带很近的施主能级上，很容易在场、光和热等的作用下跃迁到导带，成为电子载流子，使陶瓷的电子载流子浓度增大，电阻率降低，成为 N 型半导体。强制还原半导化机制可用下式表达：

$$Ba^{2+}Ti^{4+}O_3^{2-}+xCO \longrightarrow Ba^{2+}Ti_{1-2x}^{4+}(Ti^{4+}\cdot e)_{2x}O_{3-x}^{2-}xV_O^{\cdot\cdot}+xCO_2\uparrow$$

施主掺杂半导化是用离子半径与 Ba^{2+} 相近的三价离子（如 La^{3+}、Ce^{3+}、Y^{3+}、Sb^{3+} 等）置换 Ba^{2+}，或用离子半径与 Ti^{4+} 相近的五价离子（如 Nb^{5+}、Ta^{5+}、Sb^{5+} 等）置换 Ti^{4+}，为保持电中性，容易变价的 Ti^{4+} 将俘获电子成为 Ti^{3+}，以保持晶体结构的电中性，而 Ti^{3+} 不稳定，实际为（$Ti^{4+}\cdot e$），该弱束缚电子处于禁带中的施主能级上，不稳定，很容易在电场、光和热等的作用下跃迁到导带，成为电子载流子，使陶瓷的电子载流子浓度增大，电阻率降低，成为 N 型半导体。施主掺杂半导化的机制可表示为：

$$BaTiO_3+xLa^{3+} \longrightarrow Ba_{1-x}^{2+}La_x^{3+}Ti_{1-x}^{4+}(Ti^{4+}\cdot e)_xO_3^{2-}+xBa^{2+}$$

2）$BaTiO_3$ 基 PTC 热敏电阻的瓷料配方：一般 $BaTiO_3$ 基 PTC 热敏电阻陶瓷材料以 $BaTiO_3$ 为主晶相；配方中通过加入 Pb^{2+} 使瓷料的居里温度提高；加入 Sr^{2+} 使瓷料的居里温度降低；加入 Nb_2O_5、Sb_2O_3 等作为施主加入物在高温烧结时，进入晶格 Ti^{4+} 或 Ba^{2+} 的位置，使瓷料的电阻率降低，实现瓷料的半导化；加入 SiO_2、Al_2O_3、TiO_2 等形成晶粒间的玻璃相，吸收瓷料中的有害杂质，促进瓷料的半导化，并抑制晶粒生长，减小居里温度以上瓷料的电阻率对电压的依赖性；加入 MnO_2 作为受主加入物，可适当提高瓷料的电阻率，提高瓷料的升阻比和电阻的温度系数。

3）PTC 热敏元件电极的制备：$BaTiO_3$ 基 PTC 热敏电阻瓷体的表面应为欧姆接触电极。采取 Ag-Zn 电极浆料、化学镀镍和 Al 电极浆料等都可形成欧姆接触电极。其中化学镀镍形成的初始电极必须经热处理才能形成欧姆接触电极。图 1-25 所示为化学镀镍 PTC 热敏电阻的 I-V 特性与热处理温度的关系。图中各曲线表示的热处理温度分别为：1 为室温未处理（电阻为 1400Ω）；2 为 188℃热处理（14Ω）；3~8 为在真空条件下经 200~400℃热处理的情况。由图可见，未经热处理时 Ni 电极与陶瓷的接触为非欧姆接触，热处理温度适当

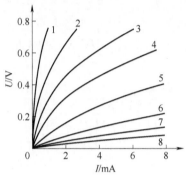

图 1-25　化学镀镍 PTC 热敏电阻的
I-V 特性与热处理温度的关系

提高时，接触电阻随热处理温度升高而减小，但热处理应适当保温且必须防止 Ni 被氧化。

4）PTC 热敏电阻材料的应用与发展：$BaTiO_3$ 基 PTC 陶瓷热敏电阻具有优良的电阻-温度、电流-电压特性，可应用于自控温加热、温度测量与控制、过热保护、温度补偿及限流保护等。例如：作为自动加热体，具有温升速度快、无明火、节能、安全、可靠性好、电热转换效率高等优点，可用于暖风机、空调机、电热驱蚊器、烘干机、开关柜防潮加热器、加湿器、电器仪表防潮加热器件、干手器、电子按摩器等；作为自恢复过电流保护器，可防止由于线路电流过高引起的电子线路毁坏事故，达到自动保护用电设备的目的，典型应用如程控电话交换机保安器、电动机启动器、节能灯用自动限流保护电阻、电子线路自动限流保护电阻等；另外，可利用 PTC 热敏电阻半导体陶瓷元件的电阻随温度而发生相应变化的特性达到温度传感和过热保护的目的。目前，$BaTiO_3$ 基 PTC 陶瓷热敏电阻材料的发展方向主要为高居里温度、无铅化、高耐压性、低室温电阻率，以及低温烧结等，这使材料和应用的研究不断深入。

2. 负温度系数（NTC）热敏电阻

（1）NTC 热敏电阻的主要特性

1）电阻-温度特性：通常取基准温度 T_a 为 25℃时 NTC 热敏电阻的电阻-温度的关系，常用下式表示：

$$R_T = R_{25} e^{B_N \left(\frac{1}{T} - \frac{1}{298} \right)} \tag{1-7}$$

式中　R_{25}——温度为 25℃时热敏电阻的电阻值；

　　　R_T——温度为 T 时的电阻值；

　　　B_N——材料常数。

典型 NTC 热敏电阻材料的电阻-温度特性曲线如图 1-26 所示。NTC 热敏电阻可分为三种不同类型的阻温特性：①图中曲线 a 表示的负温突变型（又叫开关型）NTC 热敏电阻，在一定的温度范围内，其电阻值急剧下降；②图中曲线 b 表示负温缓变型 NTC 热敏电阻；③直线型 NTC 热敏电阻。

2）电压-电流特性：图 1-27 所示为 NTC 热敏电阻在环境温度为 25℃（T_0）时，在静止介质中测出的静态 I-V 特性，其端电压 U_T 和 I 的关系表示如下：

$$U_T = IR_T = IR_0 e^{B_N\left(\frac{1}{T}-\frac{1}{T_0}\right)} = IR_0 e^{B_N\left(\frac{-\Delta T}{TT_0}\right)} \tag{1-8}$$

式中 　T_0——环境温度；

　　　ΔT——NTC 热敏电阻的温升。

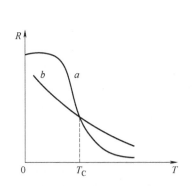

图 1-26　典型 NTC 热敏电阻材料的
电阻-温度特性曲线

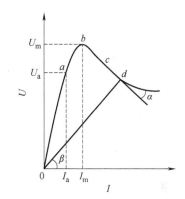

图 1-27　NTC 热敏电阻的 I-V 特性曲线

NTC 热敏电阻在电场作用下加热与散热平衡时，耗散功率 P_T 与电压、电流的关系，可由下式表示：

$$P_T = H\Delta T = H(T-T_0) = I^2 R_T = \frac{U_T^2}{R_T} \tag{1-9}$$

式中 　H——耗散系数；

　　　T_0——环境温度；

　　　ΔT——热敏电阻的温升；

　　　I——通过热敏电阻的电流；

　　　U_T——热敏电阻两端的电压。

（2）NTC 热敏电阻陶瓷材料与应用　NTC 热敏电阻陶瓷材料大多数是尖晶石结构的二元系及三元系氧化物半导体材料。二元系材料主要有 $CuO-MnO_2$ 系、$CoO-MnO_2$ 系和 $NiO-MnO_2$ 系；三元系材料主要有 Mn-Co-Ni 系、Mn-Cu-Ni 系和 Mn-Cu-Co 系等含 Mn 系的金属氧化物，也有不含 Mn 的 $V_2O_5-SrO-PbO$、$CdO-Sb_2O_3-WO_4$、$CdO-SnO_2-WO_3$ 等 NTC 材料。$CdO-Sb_2O_3-WO_3$ 系 NTC 热敏电阻陶瓷材料，在相当宽的温度范围内（$-100\sim300$℃）其电阻率与温度成线性关系。配方不同时，材料的室温电阻率可做到几十 $\Omega \cdot cm$ 到几十兆 $\Omega \cdot cm$。图 1-28 为该系 NTC 线性热敏电阻的 R-T 关系曲线。

V_2O_3 系 NTC 热敏电阻的转变温度为 -100℃，Fe_3O_4 的转变温度为 -150℃。当需要转变温度较高时，可通过掺杂提高材料的转变温度。厚膜 NTC 热敏电阻是采用电阻值随温度变化的半导体粉末和玻璃粉，用丝网印刷在氧化铝基片上，然后经烧结而成。可采用多层工艺方法制造多层结构的 NTC 热敏电阻。

用溅射方法制得的 SiC 薄膜 NTC 热敏电阻在 $-20\sim350℃$ 范围可精确测量温度，误差较小，其 B 常数随温度上升呈线性增加。图 1-29 为 SiC 薄膜 NTC 热敏电阻的 R-T 特性曲线。

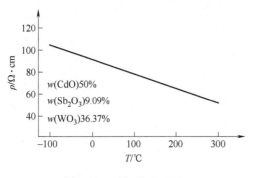

图 1-28　CdO-Sb_2O_3-WO_3 系 NTC 材料的 R-T 关系曲线

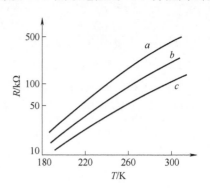

图 1-29　SiC 薄膜 NTC 热敏电阻的 R-T 特性曲线

NTC 热敏电阻的应用范围很广，主要用于温度检测、温度补偿和抑制浪涌电流等。典型应用有：热水器设置最佳水温和有效控制输入功率；空调、微波炉、洗碗机等厨房设备的升温、降温和保温；耳膜温度计和心肌热敏电阻探针等电子仪器和设备。NTC 热敏电阻还可用于通信电子、仪表线圈、集成电路、石英晶体振荡器/热电偶、加速度传感器、打印机头等线路，起到温度补偿作用等。有些电子设备和开关电源中往往由于容性电路的存在，使其工作时的阻抗很小，从而造成在开机瞬间有一个较大的浪涌电流，该电流通常为电子设备等仪器正常工作电流的五到十倍，这将损害电子设备的电子元器件，影响整机的正常使用。采用 NTC 热敏电阻可有效地抑制浪涌电流。

1.3.7　压敏陶瓷

1. 压敏半导体陶瓷的主要特性参数

（1）I-V 特性　ZnO 压敏电阻的 I-V 特性如图 1-30 所示。图中小电流区（Ⅰ）的电流在 $10^{-4}A$ 以下，称为预击穿区，I-V 特性呈现 $\lg I \propto U^{1/2}$ 的关系，击穿区以下更小的范围内 I-V 特性是欧姆特性。中电流区（Ⅱ）的电流在 $10^{-4}\sim10^3A$，称为击穿区，与预击穿区相比，曲线呈非常高的非线性。可用下式表示：

$$I = (U/C)^\alpha \qquad (1\text{-}10)$$

式中　α——非线性系数；

　　　C——材料常数。

大电流区（Ⅲ）的电流大于 10^3A。由于晶粒上的压降要考虑在内，因而 I-V 特性的非线性减弱。在预击穿区，ZnO 压敏电阻的 I-V 特性随

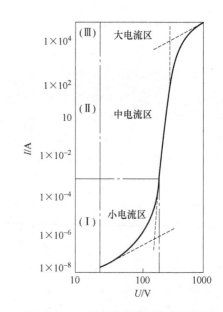

图 1-30　ZnO 压敏电阻的 I-V 特性曲线

温度变化较大，温度升高，I-V 特性移向大电流方向。

（2）非线性系数 α　对 $I=(U/C)^{\alpha}$ 式取对数并微分得 α 为

$$\alpha = \mathrm{d}\lg I / \mathrm{d}\lg U \tag{1-11}$$

由上式可知，在双对数坐标的 I-V 特性曲线中 α 是击穿区曲线的斜率。α 值可通过试验求出。α 值越大，曲线的非线性越强。在很宽的电流范围内，α 不是常数，在小电流和大电流端 α 有所下降，在击穿区的 α 值最大。压敏电阻的电阻值对电压的变化非常敏感。α 值与温度有关，如 ZnO 压敏电阻在 77K 时的 $\alpha_{\max}$ 高于 298K 时的 $\alpha_{\max}$，当温度下降时，出现 $\alpha_{\max}$ 的电流值下降。不同压敏电阻的 α 值达到最大时的电压不同。

通常取压敏电阻的电流为 1mA 时所对应的电压作为 I 随 U 迅速上升的电压大小标志，该电压用 $U_{1\mathrm{mA}}$ 表示，称为压敏电压。

（3）材料常数 C　由式 $I=(U/C)^{\alpha}$ 可知，压敏电阻的材料常数 C 是一个相当于电阻值的系数，其量纲为欧姆。根据这个定义来测量压敏电阻的材料常数 C 是很困难的。这是由于测量时伴随压敏电阻的发热，其温度升高。实际上将其定义为：压敏电阻上流过 $1\mathrm{mA/cm}^2$ 电流时，在电流通路 1mm 长度上的电压降。材料常数 C 反映了压敏电阻材料的特性和压敏电阻的压敏电压高低。非线性系数 α 和材料常数 C 的数值与压敏电阻材料的组成、结构、几何尺寸、制造工艺和电导机制等有关。

（4）漏电流　电子线路、设备及仪器使用压敏电阻正常工作时，压敏电阻进入击穿区前流过的电流称为漏电流。它是表征预击穿 I-V 特性的参数。漏电流大小与材料的组成、制造工艺、电压和温度有关。使用和选择压敏电阻时，应注意其正常工作的漏电流应尽可能小。压敏电压与工作电压的关系可由经验公式表示如下：

$$U_{1\mathrm{mA}} = \frac{aU_-}{(1-b)(1-c)} \tag{1-12}$$

或

$$U_{1\mathrm{mA}} = \frac{\sqrt{2}\,aU_\approx}{(1-b)(1-c)} \tag{1-13}$$

式中　a——电压脉动系数，可取 $a=120\%$；

　　　b——产品长期存放后 $U_{1\mathrm{mA}}$ 允许下降的极限值，取 $b=10\%$；

　　　c——$U_{1\mathrm{mA}}$ 产生误差下限，取 $c=15\%$；

　　　U_-——直流工作电压；

　　　$U_\approx$——交流工作电压（有效值）。

（5）电压温度系数　在规定的温度范围和零功率条件下，温度每变化 1℃，压敏电压的相对变化率称为压敏电阻的电压温度系数，可用下式表示：

$$\alpha_v = \frac{U_2 - U_1}{U_1(T_2 - T_1)} \tag{1-14}$$

式中　U_1——室温下的压敏电压；

　　　U_2——极限使用温度下的压敏电压；

T_1——室温；

T_2——极限使用温度。

实际上 α 不是常数，大电流时 α 值比小电流时要小些，一般可控制在 $-10^{-3} \sim 10^{-4}℃^{-1}$。

（6）压敏电阻的蜕变 压敏电阻的蜕变是指元件在电应力、热应力和压应力等外加应力作用下，性能逐步恶化的现象。压敏电阻经过长期交、直流负荷或高浪涌电流负荷的冲击引起蜕变，I-V 特性变差，使预击穿区的 I-V 特性曲线向高电流方向移动，漏电流上升，压敏电压下降。因此，蜕变严重地影响压敏电阻工作的稳定性和可靠性。随着负荷时间的增加，蜕变效果加剧；在不同温度下的负荷试验表明，时间和电压相同时，随着温度升高、蜕变加剧，漏电流进一步增大，其结果可能导致压敏元件热击穿。

（7）残压比 残压比是生产中常用来评价压敏电阻器在大电流工作的质量参数，定义为

$$K = \frac{U_{xA}}{U_{1mA}} \qquad (1-15)$$

式中 U_{xA}——大电流时压敏电阻的电压降；

x——通过压敏电阻的电流值，通常 $x = 100 \sim 10000A$。

2. ZnO 压敏陶瓷及应用

ZnO 压敏陶瓷的电导率受杂质的影响很大，常采取掺杂金属氧化物的方法提高材料的性能。引入高价阳离子杂质与 ZnO 形成取代固溶体时，ZnO 中形成施主中心，电导率提高；引入低价阳离子，ZnO 中形成受主中心，其电导率下降。ZnO 压敏陶瓷的电导率不仅与杂质的种类有关，还与杂质在基质中所处的位置、含量以及烧结时的气氛有关。掺杂可提高 ZnO 压敏电阻性能稳定性和非线性系数。如 ZnO 中加入 Bi_2O_3 时的非线性系数 α 为 $3 \sim 5$，同时加入 Bi_2O_3 和 Sb_2O_3 使 α 提高到 10，同时加入 Bi_2O_3、Sb_2O_3、Co_2O_3 和 MnO_2，使 α 提高到 50 左右。ZnO 压敏陶瓷的显微结构如图 1-31 所示。

压敏电阻的应用非常广泛，主要用于过电压保护，如电子设备的过电压保护、交流输电线路的防雷保护、直流电源供电线路的防雷保护、整流设备中的操作过电压防护、继电器的触点及线圈的保护等；另外，可

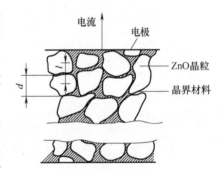

图 1-31 ZnO 压敏陶瓷的显微结构

利用 I-V 非线性用于稳压，稳压用压敏电阻的工作点应选在预击穿区与击穿区临界附近的高 α 值处，要求压敏电阻的 α 大和电压温度系数小，如电话机线路均衡器用来抑制耳机两端较强的刺耳信号、电视机显像管阳极高压稳压器等。

1.3.8 压电陶瓷

1. 压电陶瓷的主要参数

（1）频率常数 N 压电振子的谐振频率和振子振动方向长度的乘积为常数，即频率常

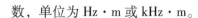

数，单位为 Hz·m 或 kHz·m。

薄长条形样品的长度振动的频率常数为

$$N_{31} = f_s l_1 \qquad (1\text{-}16)$$

式中 f_s——薄长条振子的串联谐振频率；

l_1——薄长条振子振动方向的长度。

圆片径向伸缩振动的频率常数为

$$N_p = f_s D \qquad (1\text{-}17)$$

式中 D——圆片振子的直径。

薄板的厚度伸缩振子的频率常数为

$$N_t = f_p l_t \qquad (1\text{-}18)$$

式中 f_p——薄板振子的并联谐振频率；

l_t——薄板的厚度。

厚度切变振子的频率常数为

$$N_{15} = f_p l_t \qquad (1\text{-}19)$$

式中 f_p——切变振子的并联谐振频率；

l_t——切变振子的厚度。

（2）机电耦合系数 机电耦合系数是反映压电陶瓷材料性能的重要参数。它反映了压电陶瓷材料的机械能与电能之间的耦合效率，可表示为

$$k^2 = \frac{通过逆压电效应由电能转换的机械能}{输入的总电能} \qquad (1\text{-}20)$$

或

$$k^2 = \frac{通过正压电效应由机械能转换的电能}{输入的总机械能} \qquad (1\text{-}21)$$

因为机械能转变为电能总是不完全的，所以 k^2 总是小于 1，如 PZT 陶瓷的 k_p 为 0.50~0.80。压电陶瓷的振动形式不同，其机电耦合系数 k 的形式也不相同。由定义可推出：

$$k = d \sqrt{\frac{1}{\varepsilon^T S^E}} \qquad (1\text{-}22)$$

各种机电耦合系数的关系式如下：

1）横向长度伸缩振子的机电耦合系数为

$$k_{31}^2 = \frac{d_{31}^2}{\varepsilon_{33}^X s_{11}^E}$$

2）纵向长度伸缩振子的机电耦合系数为

$$k_{33}^2 = \frac{d_{33}^2}{\varepsilon_{33}^X s_{33}^E}$$

3）厚度切变振动的机电耦合系数为

$$k_{15}^2 = \frac{d_{15}^2}{\varepsilon_{11}^X s_{55}^E}$$

4）径向伸缩振动的机电耦合系数为

$$k_p^2 = \frac{2d_{31}^2}{\varepsilon_{33}^X(s_{11}^E - s_{12}^E)}$$

5）厚度伸缩振动的机电耦合系数为

$$k_t^2 = \frac{h_{33}^2}{\lambda_{33}^X c_{33}^D}$$

（3）机械品质因数　压电振子在谐振时储存的机械能与在一个周期内损耗的机械能之比称为机械品质因数 Q_m。它反映了压电振子在振动时因克服内摩擦而消耗能量的大小，机械品质越高，损耗的能量越少。机械品质因数与机械损耗成反比，即

$$Q_m = 2\pi \frac{W_1}{W_2} \tag{1-23}$$

式中　W_1——谐振时振子内储存的机械能；

　　　W_2——谐振时振子每周期的机械阻尼所损耗的能量。

　　　Q_m——可根据等效电路计算为

$$Q_m = \frac{1}{C_1 f_s R_1} \tag{1-24}$$

式中　R_1——谐振时串联等效电阻；

　　　f_s——串联谐振频率；

　　　C_1——振子谐振时的等效电容。

$$C_1 = \frac{f_p^2 - f_s^2}{f_p^2}(C_0 + C_1) \tag{1-25}$$

式中　f_p——振子并联谐振频率；

　　　C_0——振子的静电容。

可得

$$Q_m = \frac{\omega_p^2}{(f_p^2 - f_s^2)f_s R_1(C_0 + C_1)} \tag{1-26}$$

或

$$Q_m = \frac{f_p^2}{2\pi f_s R_1(C_0 + C_1)(f_p^2 - f_s^2)} \tag{1-27}$$

实际应用中，Q_m 可用以下近似式进行计算：

$$Q_m \approx \frac{1}{4\pi(C_0 + C_1)R_1 \Delta f} \tag{1-28}$$

式中　Δf——振子反谐振频率与谐振频率差。

（4）弹性柔顺常数　弹性柔顺常数表示物体在单位应力作用下发生的应变，通常用 S_{ij} 表示，单位为 m^2/N。S_{ij} 的第一个下标 i 为表示应变的分量，第二个下标 j 为表示应力的分量。不同的压电陶瓷材料，由于测量时的电学边界条件不同，测得的弹性柔顺常数也不同。常用 S_{ij}^E 表示在恒定外电场作用下所测量的压电陶瓷材料的弹性柔顺常数，即在外电路电阻

很小、相当于短路条件下所测量的常数。故 S_{ij}^E 也称为短路弹性柔顺常数。S_{ij}^E 包括 S_{11}^E、S_{12}^E、S_{13}^E、S_{33}^E 和 S_{55}^E 5 个独立的分量，以及 $S_{66}^E = 2(S_{11}^E - S_{12}^E)$。此外，$S_{ij}^D$ 表示电位移恒定时测量的弹性柔顺常数，即在外电路电阻很大、相当于开路条件下测量的常数。故 S_{ij}^D 也称为开路弹性柔顺常数。S_{ij}^D 也有 S_{11}^D、S_{12}^D、S_{13}^D、S_{33}^D 和 S_{55}^D 5 个独立的分量。

（5）压电常数　压电常数是压电陶瓷把机械能（或电能）转换为电能（或机械能）的比例常数，表现了应力或应变和电场或电位移之间的关系，直接反映了材料机电性能的耦合关系和压电效应的强弱。常见的四种压电常数为 d_{ij}、g_{ij}、e_{ij}、$h_{ij}(i=1，2，3；j=1，2，3，\cdots，6)$。第一个下标 i 表示电学参量的方向（即电场或电位移的方向），第二个下标 j 表示力学量（应力或应变）的方向。压电常数的完整矩阵应有 18 个独立参量，对于四方钙铁矿结构的压电陶瓷只有 3 个独立分量，以 d_{ij} 为例，即 d_{31}、d_{33}、d_{15}。

1）压电应变常数 d_{ij}：

$$d_{ij} = \left(\frac{\partial S_j}{\partial E_i}\right)_T = \left(\frac{\partial D_i}{\partial T_j}\right)_E$$

2）压电电压常数 g_{ij}：

$$g_{ij} = \left(-\frac{\partial E_i}{\partial T_j}\right)_D = \left(\frac{\partial S_j}{\partial D_i}\right)_T$$

由于习惯上将张应力及伸长应变定为正，压应力及压缩应变定为负，电场强度与介质极化强度同向为正，反向为负，所以 D 为恒值时，ΔT 与 ΔE 符号相反，故式中带有负号。同理，对四方钙钛矿压电陶瓷，g_{ij} 有 3 个独立分量 g_{31}、g_{33} 和 g_{15}。

3）压电应力常数 e_{ij}：

$$e_{ij} = \left(-\frac{\partial T_j}{\partial E_i}\right)_S = \left(\frac{\partial D_i}{\partial S_j}\right)_E$$

同样 e_{ij} 也有 3 个独立分量 e_{31}、e_{33} 和 e_{15}。

2. 压电陶瓷材料及制造工艺

压电陶瓷的典型代表有 $PbTiO_3$、PZT、PLZT 等。制造工艺过程主要包括配料、混合、预烧、粉碎、成型、排胶、烧结、电极制备、极化和测试等。制造工艺中特别需要注意的是：选择适当纯度和细度的原料，有些原料必须进行必要的水洗、煅烧、粉碎和烘干等预处理，称料要准确和混合均匀，选择适当的成型方法，需要优化和确定烧结制度，注意和防止高温烧结时有些组分的挥发，金属电极应与瓷件形成牢固的结合，选择合理的极化条件。

3. 压电陶瓷的应用

压电陶瓷主要应用于电-声信号、电-光信号处理的频率器件，发射与接收超声波，计测与控制，信号发生器和高压电源发生器等。如：信息产业用压电陶瓷滤波器、谐振器、陷波器、延迟线、衰减器及陶瓷声表面波滤波器和鉴频器等；压电陶瓷超声换能器用于水声器件、医用超声诊断换能器和医用超声治疗换能器、压电加速度计、压电蜂鸣器和压电送、受话器；手表、电子闹钟、玩具小型警铃到电话、手机的振铃器、高压陶瓷变压器、引燃引爆装置、超声马达和振动主动控制机构、光纤对接高精度三维微动台、高精度机加工及隧道效

应的研究等很多方面的应用。

4. 压电陶瓷材料的研究与发展

目前的压电陶瓷材料主要是铅基压电陶瓷，如 $PbTiO_3$-$PbZrO_3$、$PbTiO_3$-$PbZrO_3$-ABO_3 及 $PbTiO_3$ 系压电陶瓷等。铅基压电陶瓷具有优异的压电性能，这些陶瓷材料中 $w(PbO)$ 约为 70%。铅基压电陶瓷材料在生产、使用及废弃后处理过程中都会给人类及生态环境带来严重危害。压电陶瓷的无铅化及纳米压电陶瓷的制备工艺及其特性的评价方法等是目前各国研究的重点。2001 年欧盟通过了关于"电器和电子设备中限制有害物质"（WEEE）的法令，美国和我国等国家也相继通过类似的法令，并已逐年提高了对研制无铅压电陶瓷项目的支持力度。近年来，无铅压电陶瓷的研究主要集中在 $BaTiO_3$ 基无铅压电陶瓷、$Bi_{0.5}Na_{0.5}TiO_3$ 基无铅压电陶瓷、$NaNbO_3$-$KNbO_3$ 等金属铌酸盐基无铅压电陶瓷、钨青铜结构无铅压电陶瓷和铋层状结构无铅压电陶瓷等研究和开发。如研究得到的组成为 $Na_{0.5}K_{0.5}NbO_3$+0.01%（摩尔分数）CuO 陶瓷的性能为：$k_p = 38.9\%$，$\tan\delta = 0.45$，$Q_m = 1661.9$、$T_c = 415℃$。

1.3.9　高熵陶瓷

高熵陶瓷的概念来源于高熵合金（HEA）领域。高熵合金通常被定义为具有高组态熵的多主元素合金（MPEA），由五个或更多具有相等或接近相对原子质量的元素组成。这些合金具有独特的成分、组织和性能。与 HEA 类似，高熵陶瓷（HEC）被定义为具有高构型熵的五个或五个以上阳离子或阴离子亚晶格的固溶体。

多主元素和微观结构的组合为高熵材料带来了四个核心效应：①高熵效应，扩大了元素之间的溶解极限，为形成无规固溶体提供了稳定性；②迟滞扩散效应，延缓了第二相纳米颗粒的生长；③严重的晶格畸变，有助于强化和硬化；④鸡尾酒效应，在混合多种元素后提供了意想不到的特性。

高熵陶瓷现在包括各种各样的材料，包括高熵氧化物（HEO）、氮化物（HEN）、碳化物（HEC）、硼化物（HEB）、氢化物（HEH）、硅化物（HESi）、硫化物（HES）、氟化物（HEF）、磷化物（HEP）、磷酸盐（$HEPO_4$）、氧氮化物（HEON）、碳氮化物（HECN）和硼碳氮化物（HEBCN）。

高熵陶瓷按照化学成分，可以分为氧化物高熵陶瓷和非氧化物高熵陶瓷。氧化物高熵陶瓷可以按照晶体结构进行分类，如岩盐型结构、萤石型结构、钙钛矿型结构、尖晶石型结构高熵陶瓷等。非氧化物高熵陶瓷按照成分分类，包括碳化物、硼化物、氮化物和硅化物高熵陶瓷。

迄今为止，已有三种方法用于合成高熵陶瓷，即固态反应、湿化学和外延生长。

固态反应是制备高熵陶瓷的主要途径，通常通过机械化学或在球磨过程中混合前体粉末来生产粉末，然后将得到的粉末烧结。由低熔点前驱体（如铬化砷化物）制备的高熵陶瓷是在球磨过程中通过机械化学方法合成的。在这种情况下，各成分在球磨过程中开始相互扩散，前体的 XRD 衍射峰在球磨粉末中消失。对于来自氧化物和碳化物等高熔点前驱体的高熵陶瓷，球磨仅用于混合粉末，高熵陶瓷是在烧结过程中合成的，即各组分的相互扩散过程

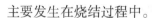

主要发生在烧结过程中。

用于合成高熵陶瓷的湿化学方法包括雾化喷射热解、火焰喷射热解和反向共沉淀，这些方法已被用于制备（Mg，Co，Ni，Cu，Zn）O、$PtNiMgCuZnCoO_x$、（Li_x（$Co_{0.2}Cu_{0.2}Mg_{0.2}Ni_{0.2}Zn_{0.2}$）$OF_x$）和高熵陶瓷的纳米级氧化物粉末。此外，还通过阳极氧化 TaNbHfZrTi 高熵合金前体制备了高熵金属氧化物纳米管阵列。

第三种高熵陶瓷合成方法是薄膜的外延生长。脉冲激光沉积（PLD）被用于制备高熵氧化物。这种方法的一个优点是可以生长出单晶体，因此避免了晶界偏析，并可实现精确的元素配比。外延生长还可用于制备固态反应和湿化学方法无法制备的结构，例如超晶格和异质结构。

高熵陶瓷的优异特性使其在以下方面具有广阔的应用前景：超高温热保护和绝缘材料、超级合金和 CMC 的热屏障和环境屏障涂层、恶劣环境中的精密高速切削工具材料和耐磨部件、核反应堆的抗辐照材料、电磁波吸收和电磁干扰屏蔽材料、锂电池和非锂电池的阳极材料、清洁能源和环境催化材料、热电材料、超容量材料、耐熔盐坩埚等。

参 考 文 献

[1] 郭瑞松，蔡舒，季惠明，等. 工程结构陶瓷［M］. 天津：天津大学出版社，2002.

[2] 于思远. 工程陶瓷材料的加工技术及其应用［M］. 北京：机械工业出版社，2008.

[3] 靳正国，郭瑞松，师春生，等. 材料科学基础［M］. 天津：天津大学出版社，2005.

[4] 肖纪美. 材料的应用与发展［M］. 北京：宇航出版社，1988.

[5] 严东生. 高性能无机材料——现状与展望［J］. 世界科技研究与发展，1996，18（3）：4.

[6] 师昌绪. 跨世纪材料科学技术的若干热点问题［J］. 自然科学进展：国家重点实验室通讯，1999，9（1）：12.

[7] 葛昌纯. 材料科学——现代科学技术的"擎天柱"［J］. 高校招生，2002（010）：1.

[8] 靳达申，车成卫. 材料——科技发展的动力和瓶颈［J］. 中国科学基金，2002，16（3）：2.

[9] SOMIYA S，YAMAMOTO N，YANAGIDA H. Science and Technology of Zirconia Ⅲ（A）［M］. Columbus：The American Ceramic Society，1988.

[10] SOMIYA S，YAMAMOTO N，YANAGIDA H. Science and Technology of Zirconia Ⅲ（B）［M］. Columbus：The American Ceramic Society，1988.

[11] BADWAL S P S，BANNISTER M J，HANNINK R H J. Science and Technology of Zirconia Ⅴ［M］. Lancaster：Technomic Publishing Company，1993.

[12] SWAIN M V. 陶瓷的结构与性能［M］. 郭景坤，等译. 北京：科学出版社，1998.

[13] 王零森. 特种陶瓷［M］. 长沙：中南工业大学出版社，1994.

[14] TENNERY V J. Ceramic Materials and Components for Engines［C］//Proceedings of the Third International Symposium. Columbus：The American Ceramic Society，1989.

[15] RILEY F L. Progress in Nitrogen Ceramics［M］. Heidelberg：Springer，1983.

[16] 梁训裕，刘景林. 碳化硅耐火材料［M］. 北京：冶金工业出版社，1981.

[17] 铃木弘茂. 工程陶瓷［M］. 陈世兴，译. 北京：科学出版社，1989.

[18] 殷声. 现代陶瓷及其应用［M］. 北京：北京科学技术出版社，1990.

［19］ 徐维新，薛文龙. 精细陶瓷技术 ［M］. 上海：上海交通大学出版社，1989.

［20］《发动机用先进陶瓷》编委会. 发动机用先进陶瓷 ［M］. 北京：科学出版社，1993.

［21］ 日本工业调查会编辑部. 最新精细陶瓷技术 ［M］. 陈俊彦，译. 北京：中国建筑工业出版社，1988.

［22］ RICHERSON D W. Modern Ceramic Engineering ［M］. 2nd ed. New York：CRC Press，1992.

［23］ CLAUSSEN N. Transformation-Toughened Ceramics ［C］//KRÖCKEL H，et al. Ceramics in Advanced Energy Technologies. Dordrecht：Springer，1984.

［24］ 迟锋. 碳氮化钛基金属陶瓷的力学性能及其显微结构的研究 ［D］. 天津：天津大学，1989.

［25］ 岗崎清. セラミック诱电体工学 ［M］. 东京：学献社，1969.

［26］ 钦征骑，钱杏南，贺盘发，等. 新型陶瓷材料手册 ［M］. 南京：江苏科学技术出版社，1996.

［27］ 曲远方. 功能陶瓷及应用 ［M］. 北京：化学工业出版社，2014.

［28］ 周东祥，张绪礼，李标荣. 半导体陶瓷及应用 ［M］. 武汉：华中理工大学出版社，1991.

［29］ THAKUR O P，CHANDRA P，AGRAWAL D K. Dielectric Behavior of $Ba_{0.95}Sr_{0.05}TiO_3$ Ceramics Sintered by Microwave ［J］. Materials Science and Engineering，2002，B96：221-225.

［30］ COMES R，LAMBERT M，GUINIE A. The Chain-Structure of $BaTiO_3$ and $KNbO_3$ ［J］. Solid State Communications，1998，6：715-719.

［31］ QU Y F，et al. $Ni/Graphite/BaTiO_3$ PTCR Composites ［J］. Key Engineering Materials，2004，280：353-356.

［32］ NASLAIN R. Design，Preparation and Properties of Non-Oxide CMCs for Application in Engines and Nuclear Reactors：An Overview ［J］. Composites Science & Technology，2004，64（2）：155-170.

［33］ ZHANG R Z，REECE M J. Review of High Entropy Ceramics：Design，Synthesis，Structure and Properties ［J］. Journal of Materials Chemistry A，2019，7（39）：22148-22162.

［34］ AKRAMI S，et al. High-Entropy Ceramics：Review of Principles，Production and Applications ［J］. Materials Science and Engineering R，2021，146：100644.

第 2 章

陶瓷材料压划痕理论

2.1 概述

压痕和划痕测试是一种从微观到纳观尺度上表征材料力学性能的重要方法，在工程陶瓷材料研究中具有不可替代的地位，被广泛应用于研究材料的断裂力学性质和损伤行为。通过对压痕和划痕产生的微观裂纹的形貌、长度、宽度以及分布等参数进行分析，可以了解材料的硬度、韧性、压缩强度等关键力学性能指标。此外，压痕和划痕测试还能够帮助研究者深入了解材料的破碎机理、损伤积累过程以及材料在实际工作条件下的耐磨性能。随着工程陶瓷材料磨削技术的不断发展，压痕和划痕测试已经成为研究陶瓷材料磨削去除机理的重要手段之一，可以揭示材料在磨削过程中的表面变形、裂纹扩展以及材料去除的基本规律，为优化磨削工艺参数、提高加工效率和降低成本提供科学依据。

本章首先将介绍压痕和划痕技术的基础原理、分类和在工程陶瓷材料损伤及去除机理研究中的应用；随后，将重点探讨工程陶瓷材料压划痕研究的理论基础，包括压划痕技术在表征陶瓷材料开裂性质方面的作用；此外，本章还将介绍跨尺度仿真方法在工程陶瓷材料压划痕研究中的应用，以及一些典型的压划痕试验技术。通过本章的内容，读者将对工程陶瓷材料的压划痕测试有深入的理解，从而为进一步研究陶瓷材料的磨削去除理论打下基础。

2.2 压划痕断裂力学理论

2.2.1 压划痕裂纹几何形貌

陶瓷材料作为典型的脆性固体，在接触载荷的作用下不可避免地会在其表面和亚表面产生损伤和裂纹。这些裂纹与压头形状以及陶瓷材料的微观组织相关。借助常规硬度压痕试验，脆性材料的压痕裂纹按照几何特征可以分为圆锥形裂纹、径向裂纹、中位裂纹、半硬币形裂纹和横向裂纹五大类（图 2-1）。

圆锥形裂纹最早由赫兹（Hertz）发现，因此也被称为 Hertz 裂纹。圆锥形裂纹主要由钝压头与工件接触产生。如球形压头或平板压头与工件接触，裂纹在表面成核并向材料内部扩展，形成圆锥状缺陷。

在 Vickers 或 Knoop 等锐压头的作用下，压头棱边和压头底部位置的应力集中行为会导致材料内部产生径向裂纹或中位裂纹。径向裂纹主要在压痕的顶角处成核，并沿着工件表面向外扩展。中位裂纹主要在压头下方塑性区底部成核，并平行于压头加载方向向材料内部扩展。径向裂纹通常为半椭圆形，中位裂纹一般为圆形或圆缺形。

从工件试样断口处观察，压痕裂纹通常呈现半圆形或半椭圆形，因此也被称为半硬币形裂纹。半硬币状裂纹的形成通常被归因于中位裂纹和径向裂纹的交互贯通，如中位裂纹向表面传播或者径向裂纹向材料内部扩展。

横向裂纹通常出现在锐压头卸载阶段。压头卸载时，材料内部应力向外释放，导致在塑性区底部成核的裂纹沿着平行于工件表面的方向向外扩展，形成了横向裂纹。横向裂纹一般为圆形或碟形。

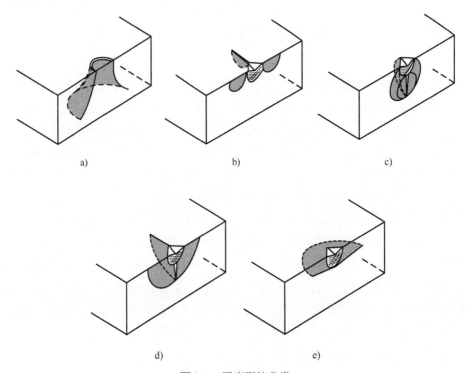

图 2-1 压痕裂纹分类

a）圆锥形裂纹 b）径向裂纹 c）中位裂纹 d）半硬币形裂纹 e）横向裂纹

对于划痕而言，横向载荷的作用增加了裂纹扩展机制的复杂性。图 2-2 为钝压头和锐压头接触划擦脆性材料的裂纹扩展模式示意图。钝压头与工件表面接触产生的划痕如图 2-2a 所示，划痕裂纹由多个圆锥形裂纹叠加形成，表面产生了鱼鳞状裂纹。锐压头与工件表面接触产生的划痕如图 2-2b 所示，划痕裂纹由中位裂纹、径向裂纹和横向裂纹组成。中位裂纹和横向裂纹在压头下方塑性区底部成核并向外扩展，径向裂纹与划痕方向呈一定的角度向外扩展。

除了压头形状外，工件材料的微观组织结构对于划痕裂纹也有明显的影响。例如在晶粒较粗的多晶材料中，材料内部缺陷较多，从而容易形成多种微裂纹，如图 2-3 所示。许多微裂纹的相互交错传播抑制了大裂纹的产生，从而形成了准塑性开裂现象。此外，对于其他材料而言，晶粒结合强度和基体材料强度之间的差异同样会导致裂纹扩展机制的改变，从而形成沿晶断裂、穿晶断裂的复杂的裂纹扩展现象。

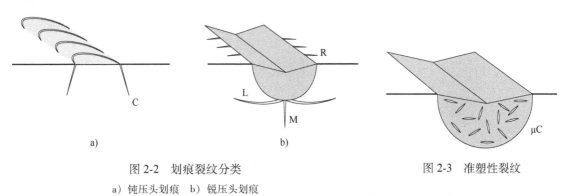

图 2-2　划痕裂纹分类　　　　　　　　　图 2-3　准塑性裂纹

a）钝压头划痕　b）锐压头划痕

2.2.2　压划痕应力场模型

早在 1881 年，赫兹就受到硬度物理意义问题的启发，研究了两物体的弹性接触问题，并提出了描述球形压头接触区域和下压力映射的解析模型。胡贝尔（Huber）扩展了赫兹分析，得出了这种形式的完整应力场解析模型。1885 年，布欣尼奇（Boussinesq）首先提出了点载荷作用各向同性材料的应力场解析模型。1950 年，希尔（Hill）利用球形孔穴膨胀和柱形孔穴膨胀分析得到了弹性阻力，建立了连续介质侵彻理论的基础模型，为塑性应力下的材料响应理论奠定了基础。1966 年，汉密尔顿（Hamilton）和古德曼（Goodman）等人建立了考虑法向摩擦力作用的应力场解析模型。1973 年，约翰逊（Johnson）等人建立了考虑切向摩擦力作用的应力解析模型，至此不同接触形式的应力解析模型考虑因素逐渐全面。1982 年，约菲（Yoffe）提出在压头下方由于弹塑性的失调，在弹性半空间区域产生了一个局部的塑性应力场。1992 年，安（YAhn）扩展了 Yoffe 的模型得到了划痕卸载过程中塑性区引起的残余应力场，即 Blister 应力场，同时明确提出刻划过程中的完整应力场是法向集中载荷产生的 Boussinesq 应力场、切向力产生的 Cerutti 应力场、残余应力产生的 Blister 应力场的叠加，并指出横向裂纹主要由 Blister 应力场导致，中位裂纹由竖直向下的集中接触应力引起，而裂纹扩展是由某个具体位置上某个方向的拉伸主应力决定的。至此，现代划痕应力场模型基本形成。

压痕应力模型主要是用尖锐压痕器作用在陶瓷工件表面来模拟磨粒加工陶瓷工件的情况，通过分析裂纹的产生条件、种类等来研究陶瓷的磨削机理。在最初的研究中，中位裂纹的大小是用解决表面点载荷弹性应力场的布欣尼奇方法预测的，并且大多数都是研究陶瓷材料在四面体维氏压头作用下的响应。压痕硬度试验中，压痕与陶瓷表面之间作用关系可简化为半空间体在边界上承受法向集中力的空间问题，如图 2-4 所示，根据弹性理论，这是一个空间轴对称问题。陶瓷材料的泊松比为 ν，以载荷 P 的作用线为对称轴，应力分量仅是圆柱

坐标中 r、z 的函数，不随角度变量 θ 而改变。

建立求解的边界条件及平衡条件，选择位移函数以及位移势函数，利用布欣尼奇方法可得到如下解：

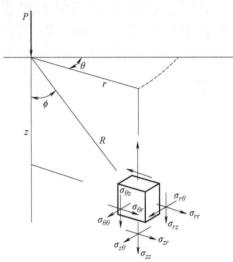

$$\sigma_{rr} = \frac{P}{\pi R^2}\left[\left(\frac{1-2\nu}{4}\right)\sec^2\frac{\phi}{2} - \frac{3}{2}\cos\phi\sin^2\phi\right]$$

$$\sigma_{\theta\theta} = \frac{P}{\pi R^2}\left[\left(\frac{1-2\nu}{2}\right)\left(\cos\phi - \frac{1}{2}\sec^2\frac{\phi}{2}\right)\right]$$

$$\sigma_{zz} = \frac{P}{\pi R^2}\left[-\frac{3}{2}\cos^3\phi\right] \tag{2-1}$$

$$\sigma_{rz} = \frac{P}{\pi R^2}\left[-\frac{3}{2}\cos^2\phi\sin\phi\right]$$

$$\sigma_{r\theta} = 0$$

$$\sigma_{\theta z} = 0$$

图 2-4 理想点的压痕应力场

按照式（2-1），在接触点 $R \to 0$ 处，应力趋于无限大，此时的弹性解不再适用。因为高度的应力集中，尖锐的维氏压头与陶瓷材料的接触表面将产生局部不可逆塑性变形。定义压痕接触区域的特征尺寸为 a，法向集中力 P 均匀分布于整个压痕区域，为便于求解，定义压痕接触变形区表面所承受平均接触压力 P_0 为

$$P_0 = \frac{P}{\alpha\pi a^2} \tag{2-2}$$

式中　α——与压头几何形状有关的无量纲常数；

　　　a——压痕特征尺寸，一般为压痕对角线半长。

这样，不用必须考虑材料塑性变形区域的应力状况，略去接触区内的小范围非线性区，将特征式（2-2）代入式（2-1），便得到维氏压头作用下陶瓷表面理想弹性压痕应力场的应力状态。根据圣维南（St. Venant）原理，在 $R \gg a$ 区域，上述方法得到的弹性解是有效的。根据式（2-1）和式（2-2），影响压痕应力场应力状态的主要因素有：压痕条件、坐标位置和弹性模量。对于某一具体陶瓷材料压痕过程，弹性应力场中某一确定点的应力分量仅仅是坐标的函数。选取 R、θ 和 ϕ 表示应力场中各点位置，则式（2-1）可以写成如下形式：

$$\frac{\sigma_{ij}}{P_0} = \alpha\left(\frac{a}{R}\right)^2 f_{ij}(\phi, \theta) \tag{2-3}$$

根据式（2-1）~式（2-3），可按下式计算出压痕应力场中任意一点的主应力值：

$$\sigma_{11} = \frac{\sigma_{rr}+\sigma_{zz}}{2} + \sqrt{\left(\frac{\sigma_{rr}-\sigma_{zz}}{2}\right)^2 + \sigma_{rz}^2}$$

$$\sigma_{22} = \sigma_{\theta\theta} \tag{2-4}$$

$$\sigma_{33} = \frac{\sigma_{rr}+\sigma_{zz}}{2} - \sqrt{\left(\frac{\sigma_{rr}-\sigma_{zz}}{2}\right)^2 + \sigma_{rz}^2}$$

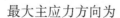

最大主应力方向为

$$\tan\varphi = \frac{\sigma_{11} - \sigma_{rr}}{\sigma_{rz}} \tag{2-5}$$

式中　φ——最大主应力方向与坐标轴 r 的夹角。

当 $\mu = 0.25$ 时，绘制三种主应力 σ_{11}、σ_{22} 和 σ_{33} 的等值线图（图 2-5~图 2-7），从中可以看出 σ_{11} 和 σ_{33} 都是关于载荷法向对称的。且 σ_{11} 恒为拉应力，σ_{33} 恒为压应力，而 σ_{22} 则是经过一个跃迁由拉应力变成压应力。

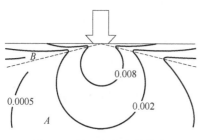

图 2-5　第一主应力等值线

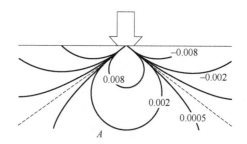

图 2-6　第二主应力等值线

上述弹性解可以准确描述远离塑性变形区域的应力状态，但不适合描述压痕塑性变形区域附近的应力场。维氏压头与陶瓷材料的弹/塑性接触状态，决定了压痕下方存在不可恢复的塑性变形区。因此，需要引入塑性理论来建立弹/塑性压痕模型，如图 2-8 所示，锥角为 2φ 的维氏压头在载荷 P 的作用下压入材料表面，压痕特征尺寸为 a，直接与压头接触的材料便产生一个刚性"塑性核"，其特征尺寸与压痕特征尺寸相当。随着载荷的增大，此刚性"塑性核"将应力传给周围材料，使后者发生塑性变形，形成一个包含"塑性核"的理想塑性区域，即图示的阴影部分。由于压痕引起了材料的不可逆塑性变形 ΔV，塑性区域与弹性边界的弹塑性失配产生了残余应力，从而在塑性变形区之外的弹性部分将导致一个残余应力场。然而由于塑性核的存在，应力场的求解非常困难。因此，为了简化计算，在以后的分析中将弹/塑性应力场简化成两个独立的应力场叠加来分析，它们分别是：压痕载荷 P 引起的理想弹性应力场和塑性变形导致的残余应力场。

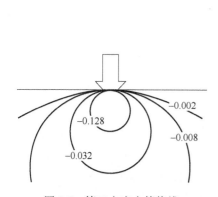

图 2-7　第三主应力等值线

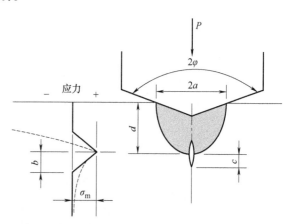

图 2-8　中位裂纹成核模型

划痕应力场由于切向力的作用导致其应力分析更为复杂。目前，理想的划痕过程及非弹性变形区示意图如图 2-9 所示。压头受到沿 z 向的法向载荷 P 和沿 x 向的切向载荷 Q 的共同作用。压头与工件的接触作用导致材料出现了表面及亚表面损伤，材料嵌入塑性区决定了残余应力的大小。中位裂纹在塑性区底部萌生并垂直于工件表面向内部扩展，因此，中位裂纹决定了划痕损伤层厚度。塑性区边界产生的横向裂纹和径向裂纹交互融合共同实现了材料的脆性去除。压头下方塑性区可以被简化为半圆柱形，塑性区半径 b 可以表达为

$$b = a \left[\frac{3(1-2\nu)}{5-4\nu} + \frac{2\sqrt{3}}{\pi(5-4\nu)} \left(\frac{E}{H} \right)^{4/3} \cot\varphi \right]^{\frac{1}{2}} \tag{2-6}$$

式中　ν——泊松比；

　　　φ——压头顶角的一半；

　　　a——划痕宽度的一半。

划痕应力场由 Boussinesq 应力场、Cerutti 应力场和残余应力产生的 Blister 应力场共同决定。因此，它可以表示为

$$\sigma_{ij} = k_0 (\alpha_{ij} + \nu\beta_{ij}) + k_2 \gamma_{ij} \tag{2-7}$$

式中　k_0——加载条件，加载时为 1，卸载时为 0；

　　下标 ij——应力分量方向。

残余应力场强度 k_2 可以表达为

$$k_2 = \frac{1.09H}{E} \frac{3\lambda^2}{4\pi^2(1-2\nu)(1+\nu)} \frac{E}{H} \cot\varphi \tag{2-8}$$

式中　λ——与磨粒形状有关的无量纲几何参数：对于轴对称形状的压头，$\lambda = 1$；对于

　　　Vickers 压头，$\lambda = \sqrt{\pi/2}$；对于 Berkovich 压头，$\lambda = \sqrt{\pi/\sqrt{3}}$。

集中载荷作用下的 Boussinesq 应力场在笛卡儿坐标系下可以表达为

$$\begin{cases} \alpha_{xx}(x,y,z) = \dfrac{P}{2\pi} \left\{ \dfrac{1-2\nu}{r_{xy}^2} \left[\left(1 - \dfrac{z}{\rho} \right) \dfrac{x^2-y^2}{r_{xy}^2} + \dfrac{zy^2}{\rho^3} \right] - \dfrac{3zx^2}{\rho^5} \right\} \\[3mm] \alpha_{yy}(x,y,z) = \dfrac{P}{2\pi} \left\{ \dfrac{1-2\nu}{r_{xy}^2} \left[\left(1 - \dfrac{z}{\rho} \right) \dfrac{y^2-x^2}{r_{xy}^2} + \dfrac{zx^2}{\rho^3} \right] - \dfrac{3zy^2}{\rho^5} \right\} \\[3mm] \alpha_{xy}(x,y,z) = \dfrac{P}{2\pi} \left\{ \dfrac{1-2\nu}{r_{xy}^2} \left[\left(1 - \dfrac{z}{\rho} \right) \dfrac{xy}{r_{xy}^2} - \dfrac{xyz}{\rho^3} \right] - \dfrac{3xyz}{\rho^5} \right\} \\[3mm] \alpha_{zz}(x,y,z) = -\dfrac{3P}{2\pi} \dfrac{z^3}{\rho^5} \\[3mm] \alpha_{yz}(x,y,z) = -\dfrac{3P}{2\pi} \dfrac{yz^2}{\rho^5} \\[3mm] \alpha_{xz}(x,y,z) = -\dfrac{3P}{2\pi} \dfrac{xz^2}{\rho^5} \end{cases} \tag{2-9}$$

式中　$r_{xy} = x^2 + y^2$，$\rho^2 = x^2 + y^2 + z^2$——分别为载荷到 XY 平面场点的距离和空间总距离；

　　　ν——泊松比。

切向载荷引起的 Cerruti 应力场可以表达为

$$
\begin{cases}
\beta_{xx}(x,y,z) = -\dfrac{P}{2\pi}\left\{\dfrac{3x^3}{\rho^5} - (1-2\nu)\left[\dfrac{x}{\rho^3} - \dfrac{3x}{\rho(\rho+z)^2} + \dfrac{x^3}{\rho^3(\rho+z)^2} + \dfrac{2x^3}{\rho^2(\rho+z)^3}\right]\right\} \\[3mm]
\beta_{yy}(x,y,z) = -\dfrac{P}{2\pi}\left\{\dfrac{3xy^2}{\rho^5} - (1-2\nu)\left[\dfrac{x}{\rho^3} - \dfrac{x}{\rho(\rho+z)^2} + \dfrac{xy^2}{\rho^3(\rho+z)^2} + \dfrac{2xy^2}{\rho^2(\rho+z)^3}\right]\right\} \\[3mm]
\beta_{xy}(x,y,z) = -\dfrac{P}{2\pi}\left\{\dfrac{3x^2y}{\rho^5} + (1-2\nu)\left[\dfrac{y}{\rho(\rho+z)^2} - \dfrac{x^2y}{\rho^3(\rho+z)^2} - \dfrac{2x^2y}{\rho^2(\rho+z)^3}\right]\right\} \\[3mm]
\beta_{zz}(x,y,z) = -\dfrac{3P}{2\pi}\dfrac{xz^2}{\rho^5} \\[3mm]
\beta_{yz}(x,y,z) = -\dfrac{3P}{2\pi}\dfrac{xyz}{\rho^5} \\[3mm]
\beta_{xz}(x,y,z) = -\dfrac{3P}{2\pi}\dfrac{x^2z}{\rho^5}
\end{cases}
\tag{2-10}
$$

除了压头载荷引起的应力场外，在弹性区还存在由于非弹性区引起的变形失配而产生的应力场，被称为残余应力场。残余应力场可以表达为

$$
\begin{cases}
\gamma_{xx}(x,y,z) = 2P\left\{-\dfrac{2\nu(y^2-z^2)}{(y^2+z^2)^2} + \dfrac{x}{(y^2+z^2)^2\rho^5}\begin{pmatrix}2\nu x^4y^2 - 2x^2y^4 + 6\nu x^2y^4 - \\ 2y^6 + 4\nu y^6 - 2\nu x^4z^2 - 4x^2y^2z^2 + 2\nu x^2y^2z^2 - \\ 3y^4z^2 + 6\nu y^4z^2 - 2x^2z^4 - 4\nu x^2z^4 + z^6 - 2\nu z^6\end{pmatrix}\right\} \\[6mm]
\gamma_{yy}(x,y,z) = 2P\left\{-\dfrac{2y^2(y^2-3z^2)}{(y^2+z^2)^3} + \dfrac{x}{(y^2+z^2)^3\rho^5}\begin{pmatrix}2x^4y^4 + 6x^2y^6 - 2\nu x^2y^6 + 4y^8 - 2\nu y^8 - 6x^4y^2z^2 - \\ 7x^2y^4z^2 - 6\nu x^2y^4z^2 - 2y^6z^2 - 8\nu y^6z^2 - 12x^2y^2z^4 - \\ 6\nu x^2y^2z^4 - 15y^4z^4 - 12\nu y^4z^4 + x^2z^6 - 2\nu x^2z^6 - \\ 8y^2z^6 - 8\nu y^2z^6 + z^8 - 2\nu z^8\end{pmatrix}\right\} \\[8mm]
\gamma_{zz}(x,y,z) = 2P\left\{-\dfrac{2z^2(z^2-3y^2)}{(y^2+z^2)^3} + \dfrac{xz^2}{(y^2+z^2)^3\rho^5}\begin{pmatrix}6x^4y^2 + 15x^2y^4 + 9y^6 - 2x^4z^2 + 10x^2y^2z^2 + \\ 12y^4z^2 - 5x^2z^4 - 3y^2z^4 - 6z^6\end{pmatrix}\right\} \\[6mm]
\gamma_{xy}(x,y,z) = 2P\left\{-y\dfrac{2(1-\nu)x^2 + 2(1-\nu)y^2 - z^2 - 2\nu z^2}{\rho^5}\right\} \\[4mm]
\gamma_{yz}(x,y,z) = 2P\left\{-4yz\dfrac{(y^2-z^2)}{(y^2+z^2)^3} + \dfrac{xyz}{(y^2+z^2)^3\rho^5}\begin{pmatrix}4x^4y^2 + 10x^2y^4 + 6y^6 - 4x^4z^2 + 3y^4z^2 - \\ 10x^2z^4 - 12y^2z^4 - 9z^6\end{pmatrix}\right\} \\[6mm]
\gamma_{xz}(x,y,z) = 2P\left\{-z\dfrac{(2x^2+2y^2-z^2)}{\rho^5}\right\}
\end{cases}
\tag{2-11}
$$

根据划痕应力场的空间应力分布，划痕应力张量矩阵 $\boldsymbol{\sigma}_{ij}$ 可以表达为

$$
\boldsymbol{\sigma}_{ij} = \begin{bmatrix} \sigma_{xx} & \tau_{xy} & \tau_{xz} \\ \tau_{xy} & \sigma_{yy} & \tau_{yz} \\ \tau_{xz} & \tau_{yz} & \sigma_{zz} \end{bmatrix}
\tag{2-12}
$$

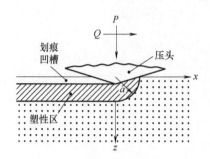

图 2-9　划痕过程及非弹性变形区示意图

划痕过程中的应力可以分为引发材料体积变化和材料形状变化的两种应力，分别为决定体积变化的应力球张量 $\sigma_{\mathrm{m}}\delta_{ij}$ 和决定材料形状变化的应力偏张量 S_{ij}。由此，划痕应力张量矩阵 $\boldsymbol{\sigma}_{ij}$ 可以被分解为

$$\boldsymbol{\sigma}_{ij} = \begin{bmatrix} \sigma_{\mathrm{m}} & 0 & 0 \\ 0 & \sigma_{\mathrm{m}} & 0 \\ 0 & 0 & \sigma_{\mathrm{m}} \end{bmatrix} + \boldsymbol{S}_{ij} = \begin{bmatrix} \sigma_{xx} & 0 & 0 \\ 0 & \sigma_{yy} & 0 \\ 0 & 0 & \sigma_{zz} \end{bmatrix} + \begin{bmatrix} \sigma_{xx}-\sigma_{\mathrm{m}} & \tau_{xy} & \tau_{xz} \\ \tau_{xy} & \sigma_{yy}-\sigma_{\mathrm{m}} & \tau_{yz} \\ \tau_{xz} & \tau_{yz} & \sigma_{zz}-\sigma_{\mathrm{m}} \end{bmatrix} \quad (2\text{-}13)$$

式中　σ_{m}——平均正应力，又被称为静水压力；

　　　S_{ij}——应力偏张量。

应力张量的最大主应力往往决定裂纹萌生位置，常通过计算应力偏张量的不变量获得。应力偏张量的不变量可以表达为

$$J_1' = S_{xx} + S_{yy} + S_{zz} = \boldsymbol{S}_{ij} = 0$$

$$J_2' = \frac{1}{2}\boldsymbol{S}_{ij}\boldsymbol{S}_{ij} = \frac{1}{2}(S_1^2 + S_2^2 + S_3^2) = -(S_{xx}S_{yy} + S_{yy}S_{zz} + S_{zz}S_{xx}) + S_{xy}^2 + S_{yz}^2 + S_{zx}^2$$

$$= \frac{1}{6}\left[(\sigma_{xx}-\sigma_{yy})^2 + (\sigma_{yy}-\sigma_{zz})^2 + (\sigma_{zz}-\sigma_{xx})^2 + 6(\tau_{xy}^2 + \tau_{yz}^2 + \tau_{zx}^2)\right] \quad (2\text{-}14)$$

$$J_3' = |\boldsymbol{S}_{ij}| = S_1 S_2 S_3 = (\sigma_{xx}-\sigma_{\mathrm{m}})(\sigma_{yy}-\sigma_{\mathrm{m}})(\sigma_{zz}-\sigma_{\mathrm{m}}) + 2\tau_{xy}\tau_{yz}\tau_{zx}$$

$$-(\sigma_{xx}-\sigma_{\mathrm{m}})\tau_{yz}^2 - (\sigma_{yy}-\sigma_{\mathrm{m}})\tau_{xz}^2 - (\sigma_{zz}-\sigma_{\mathrm{m}})\tau_{xy}^2$$

根据应力不变量，应力张量的主应力可以表达为

$$\sigma_1 = \sigma_{\mathrm{m}} + S_1 = \frac{1}{3}(\sigma_{xx} + \sigma_{yy} + \sigma_{zz}) + \frac{2}{\sqrt{3}}\sqrt{J_2'}\cos\left(\alpha_J - \frac{\pi}{3}\right)$$

$$\sigma_2 = \sigma_{\mathrm{m}} + S_2 = \frac{1}{3}(\sigma_{xx} + \sigma_{yy} + \sigma_{zz}) + \frac{2}{\sqrt{3}}\sqrt{J_2'}\cos\left(\alpha_J + \frac{\pi}{3}\right) \quad (2\text{-}15)$$

$$\sigma_3 = \sigma_{\mathrm{m}} + S_3 = \frac{1}{3}(\sigma_{xx} + \sigma_{yy} + \sigma_{zz}) - \frac{2}{\sqrt{3}}\sqrt{J_2'}\cos(\alpha_J)$$

式中　α_J——应力特征角，且满足 $0 \leqslant \alpha_J \leqslant \dfrac{\pi}{3}$。$\alpha_J$ 可以表达为

$$\alpha_J = \frac{1}{3}\arccos\left(-\frac{3\sqrt{3}}{2}\frac{J_3'}{(\sqrt{J_2'})^3}\right)$$

由此，划痕主剪应力可以表达为

$$\tau_1 = \frac{\sigma_2 - \sigma_3}{2} = \sqrt{\frac{J_2'}{3}} \left[\cos\left(\alpha_J + \frac{\pi}{3}\right) + \cos\alpha_J \right] = \sqrt{J_2'} \cos\left(\alpha_J + \frac{\pi}{6}\right)$$

$$\tau_2 = \frac{\sigma_3 - \sigma_1}{2} = \sqrt{\frac{J_2'}{3}} \left[-\cos\alpha_J - \cos\left(\alpha_J - \frac{\pi}{3}\right) \right] = -\sqrt{J_2'} \cos\left(\alpha_J + \frac{\pi}{6}\right) \qquad (2\text{-}16)$$

$$\tau_3 = \frac{\sigma_1 - \sigma_2}{2} = \sqrt{\frac{J_2'}{3}} \left[\cos\left(\alpha_J - \frac{\pi}{3}\right) - \cos\left(\alpha_J + \frac{\pi}{3}\right) \right] = \sqrt{J_2'} \sin\alpha_J$$

主应力方向向量 l_i、m_i、n_i 分别可以表达为

$$l_i = \frac{\left| \tau_{xy}\tau_{xz} - \tau_{yz}(\sigma_{yy} - \sigma_i) \right|}{\sqrt{\left[\tau_{xy}\tau_{yz} - \tau_{xz}(\sigma_{yy} - \sigma_i) \right]^2 + \left[\tau_{xy}\tau_{xz} - \tau_{yz}(\sigma_{xx} - \sigma_i) \right]^2 + \left[(\sigma_{xx} - \sigma_i)(\sigma_{yy} - \sigma_i) - \tau_{xy}^2 \right]^2}}$$

$$m_i = \frac{\tau_{xy}\tau_{xz} - \tau_{yz}(\sigma_{xx} - \sigma_i)}{\sqrt{\left[\tau_{xy}\tau_{yz} - \tau_{xz}(\sigma_{yy} - \sigma_i) \right]^2 + \left[\tau_{xy}\tau_{xz} - \tau_{yz}(\sigma_{xx} - \sigma_i) \right]^2 + \left[(\sigma_{xx} - \sigma_i)(\sigma_{yy} - \sigma_i) - \tau_{xy}^2 \right]^2}} \qquad (2\text{-}17)$$

$$n_i = \frac{(\sigma_{xx} - \sigma_i)(\sigma_{yy} - \sigma_i) - \tau_{xy}^2}{\sqrt{\left[\tau_{xy}\tau_{yz} - \tau_{xz}(\sigma_{yy} - \sigma_i) \right]^2 + \left[\tau_{xy}\tau_{xz} - \tau_{yz}(\sigma_{xx} - \sigma_i) \right]^2 + \left[(\sigma_{xx} - \sigma_i)(\sigma_{yy} - \sigma_i) - \tau_{xy}^2 \right]^2}}$$

划痕等效应力可以表达为

$$\overline{\sigma} = \sqrt{3J_2'} = \sqrt{\frac{1}{2}\left[(\sigma_{xx} - \sigma_{yy})^2 + (\sigma_{yy} - \sigma_{zz})^2 + (\sigma_{zz} - \sigma_{xx})^2 + 6(\tau_{xy}^2 + \tau_{yz}^2 + \tau_{zx}^2) \right]} \qquad (2\text{-}18)$$

2.2.3 压划痕裂纹扩展模型

1. 裂纹的断裂判据

压划痕断裂判据源于当代断裂力学奠基人格里菲斯（Griffith）的能量平衡理论。

如图 2-10 所示，以一种最简单的情况为例，在一个弹性体的外边界上作用一个外加载荷 P，此时系统的总内能为 U_A。若在弹性体中引入一条长度为 $2c$ 的裂纹，则弹性体的状态如图 2-10b 所示。相比于图 2-10a，图 2-10b 中系统的总内能将发生如下变化：

1）新裂纹的引入导致新表面的形成，从而系统的表面能增大 U_S。

2）在外加载荷的作用下，弹性体的形状将发生变化，即外加载荷对弹性体做功，记为 W。

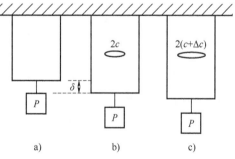

图 2-10 Griffith 裂纹扩展条件的导出

3）裂纹使得弹性体的弹性应变能增加 U_E。

由此，根据能量守恒原理，系统的总内能可以表达为

$$U_B = U_A + (U_E - W) + U_S \qquad (2\text{-}19)$$

若在外加载荷作用下图 2-10b 中裂纹扩展一小段距离 Δc，则系统的总内能可以表达为

$$U_C = U_B + \frac{dU_B}{dc}\Delta c \qquad (2\text{-}20)$$

根据断裂力学理论，系统只有在能量降低时自发进行。因此，外力作用下裂纹发生微小扩展的充要条件为

$$\frac{dU_B}{dc} \leqslant 0 \qquad (2\text{-}21)$$

则式（2-21）即为预测裂纹扩展的能量平衡准则。

建立断裂平衡理论之后，Griffith 意识到当裂纹系统处于平衡状态时，裂纹尖端的最大拉应力应该等于陶瓷材料的理论断裂强度。然而实际固体材料极少数可以达到其理论断裂强度。Griffith 通过不同材料强度试验证明了典型的脆性固体中必然包含相当数量不同大小的结构缺陷。这些缺陷都近似于裂纹存在而导致脆性固体在低应力水平下产生断裂。

根据 Griffith 能量理论，$(U_E - W)$ 通常称为系统机械能。由此可以定义机械能释放率：

$$G = -\frac{d(U_E - W)}{dc} \qquad (2\text{-}22)$$

根据能量平衡准则，将式（2-22）代入式（2-21），得到

$$G = -\frac{d(U_E - W)}{dc} \geqslant \frac{dU_S}{dc} \qquad (2\text{-}23)$$

由此可以用临界参数 G_C 表示裂纹扩展判据：

$$G_C = \frac{dU_S}{dc} \qquad (2\text{-}24)$$

则得到 Griffith 裂纹扩展判据可以表达为

$$G \geqslant G_C \qquad (2\text{-}25)$$

由此，临界参数 G_C 是一个仅与裂纹系统本身有关的参数，即可以看作低于裂纹扩展的阻力。

上述推导是针对单位厚度试样进行的。在一般情况下，机械能释放率应该被定义为裂纹扩展过程中，系统释放机械能对开裂面积 A 的导数。因此，机械能释放率 G 和临界参数 G_C 分别可以表示为

$$G = -\frac{d(U_E - W)}{dA}$$

$$G_C = \frac{dU_S}{dA} \qquad (2\text{-}26)$$

陶瓷材料另一个普遍应用的断裂判据就是应力场强度 K。一般来说材料在外加力的作用下会产生三种扩展类型：张开型、滑开型和撕开型。如图 2-11 所示，张开型裂纹（Ⅰ型裂纹）是在正交拉应力的作用下，沿着拉应力方向产生的张开型位移；滑开型裂纹（Ⅱ型裂纹）是在平行于裂纹面、与裂纹尖端线垂直的剪应力作用下，裂纹面沿剪应力作

用方向产生的相对滑动；撕开型裂纹（Ⅲ型裂纹）是在平行于裂纹面且平行于裂纹尖端线的剪应力作用下，裂纹面沿剪应力作用方向产生的相对滑动。其中Ⅰ型裂纹在陶瓷材料中最为常见。

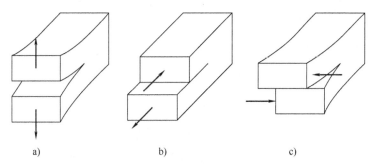

图 2-11　裂纹扩展的三种基本类型

a）张开型　b）滑开型　c）撕开型

假设在不受力的情况下裂纹尖端是完全锐利的，而且承载的任何阶段裂纹表面都不受应力作用。如图 2-12 所示，对于长度为 $2c$ 的Ⅰ型裂纹而言，以裂纹尖端为原点，Irwin 根据 Westergaard 方法导出的裂纹尖端附近区域任意一点 $A(r, \theta)$ 处的应力分量为

$$
\begin{cases}
\sigma_{xx} = \dfrac{K_{\mathrm{I}}}{\sqrt{2\pi r}} \cos\left(\dfrac{\theta}{2}\right)\left[1 - \sin\left(\dfrac{\theta}{2}\right)\sin\left(\dfrac{3\theta}{2}\right)\right] \\[2mm]
\sigma_{yy} = \dfrac{K_{\mathrm{I}}}{\sqrt{2\pi r}} \cos\left(\dfrac{\theta}{2}\right)\left[1 + \sin\left(\dfrac{\theta}{2}\right)\sin\left(\dfrac{3\theta}{2}\right)\right] \\[2mm]
\sigma_{xy} = \dfrac{K_{\mathrm{I}}}{\sqrt{2\pi r}} \cos\left(\dfrac{\theta}{2}\right)\cos\left(\dfrac{3\theta}{2}\right)\sin\left(\dfrac{\theta}{2}\right)
\end{cases}
\tag{2-27}
$$

相应的位移分量为

$$
\begin{cases}
\mu_x = \dfrac{K_{\mathrm{I}}}{\mu(1+\nu')}\sqrt{\dfrac{r}{2\pi}}\cos\left(\dfrac{\theta}{2}\right)\left[(1-\nu') + (1+\nu')\sin^2\left(\dfrac{\theta}{2}\right)\right] \\[2mm]
\mu_y = \dfrac{K_{\mathrm{I}}}{\mu(1+\nu')}\sqrt{\dfrac{r}{2\pi}}\sin\left(\dfrac{\theta}{2}\right)\left[2 - (1+\nu')\cos^2\left(\dfrac{\theta}{2}\right)\right]
\end{cases}
\tag{2-28}
$$

式中　μ——材料剪切模量；

　　　K_{I}——Ⅰ型裂纹应力强度因子；

　　　ν'——泊松比的函数，在平面应力条件下 $\nu' = \nu$，在平面应变条件下 $\nu' = \nu/(1-\nu)$。

应力强度因子 K 决定裂纹尖端应力场大小，它是外加应力 σ_{a} 和裂纹尺寸 c 的函数。因此，其取值取决于裂纹构件的几何特征和承载方式，其通式可以表达为

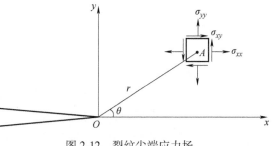

图 2-12　裂纹尖端应力场

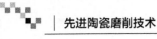
$$K = Y\sigma_a\sqrt{c} \tag{2-29}$$

式中　Y——比例因子，表示裂纹系统的几何形状。

对于一个裂纹系统而言，裂纹扩展能量释放率和应力场强度有关。以单位厚度平板中央裂纹为例，裂纹 y 向应力为

$$\sigma_{yy}\big|_{\theta=0} = \frac{K_I}{\sqrt{2\pi x}} \tag{2-30}$$

裂纹张开的位移分量 μ'_y 可以表达为

$$\mu'_y = \frac{2K_I}{\mu(1+\nu')}\sqrt{\frac{\Delta c - x}{2\pi}} \tag{2-31}$$

假想在 OA 裂纹面上施加一个使得裂纹闭合的应力 σ'_{yy}，考虑材料为线弹性，σ'_{yy} 所做的功在数值上等于弹性应变能的改变，由此

$$\Delta U_E = 2\left(\frac{1}{2}\int_0^{\Delta c}\sigma'_{yy}\mu'_y\,dx\right) = \int_0^{\Delta c}\sigma'_{yy}\mu'_y\,dx \tag{2-32}$$

根据能量释放率的定义，可以得到

$$G = -\left(\frac{dU_E}{dA}\right) = -\lim_{\Delta c\to 0}\left[\frac{1}{\Delta c}\int_0^{\Delta c}\sigma'_{yy}\mu'_y\,dx\right] = \lim_{\Delta c\to 0}\left[\frac{1}{\Delta c}\int_0^{\Delta c}\frac{K_I}{\sqrt{2\pi x}}\frac{2K'_I}{\mu(1+\nu')}\,dx\right] \tag{2-33}$$

当 $\Delta c\to 0$ 时，$K_I = K'_I$，因此，上式可以简化为

$$G = \frac{2K_I}{\mu(1+\nu')}\lim_{\Delta c\to 0}\int_0^{\Delta c}\sqrt{\frac{\Delta c - x}{x}}\,dx = \frac{2K_I^2}{\mu(1+\nu')}\lim_{\Delta c\to 0}\frac{1}{2\pi\Delta c}\frac{\pi\Delta c}{2} = \frac{2K_I^2}{\mu(1+\nu')} = \frac{K_I^2}{E'} \tag{2-34}$$

故平面应力条件下

$$G = \frac{K_I^2}{E'} \tag{2-35}$$

平面应变条件下

$$G = \left(\frac{1-\nu^2}{E}\right)K_I^2 \tag{2-36}$$

能量释放率与应力强度因子 K 之间具有等效性，因此通过临界能量判据也能得出一个应力场强度的裂纹扩展判据，即

$$K \geqslant K_c \tag{2-37}$$

式中　K_c——相对于裂纹系统能够承受的应力强度极限值，即当外加应力超过该极限值时，裂纹发生扩展。特别是对于I型裂纹，相应临界应力强度因子 K_{IC} 即断裂韧度。

2. 中位裂纹成核机制

压划痕裂纹扩展研究工作旨在解决接触应力作用下裂纹的成核和生长机制问题。在机械加工中，磨粒与陶瓷表面的相互作用会在陶瓷材料内部产生微裂纹。磨粒和维氏压头都具有尖锐锥角，在与陶瓷表面接触的情况下，陶瓷材料将产生压痕裂纹。显然，对于压痕裂纹的研究首先应确定压痕应力场中的裂纹如何形成、在何处形成，继而研究压痕裂纹如何生长扩展，以及裂纹扩展的驱动力等。因为涉及弹/塑性压痕应力场问题，陶瓷压痕裂纹的求解变

得非常复杂，有关陶瓷的压痕裂纹的成核机制还没有形成一致的观点，其中常见的有中位裂纹成核机制和位错塞积模型。

中位裂纹成核模型如图 2-8 所示：维氏压头以载荷 P 压入材料表面，压头下方材料产生塑性变形。压痕特征尺寸为 a，根据式 (2-2)，塑性压痕平均接触压力为

$$P_0 = \frac{P}{\alpha\pi a^2} = H_v = 常数 \tag{2-38}$$

式中　α——无量纲因子，对于维氏压头，$\alpha = 2\pi$；

　　H_v——维氏硬度。

可以看出上式同时表达了材料的维氏硬度 H_v。

弹塑性应力场的解析求解非常复杂，为此采用了承受内部压力球体问题的 Hill 解描述压痕弹/塑性边界附近的应力分布情况。如图 2-8 中虚线所示，最大拉应力产生于弹/塑边界处，在塑性变形区域内，逐渐远离弹/塑性边界则应力开始变小，直至变为压应力；在弹性变形区域内，随着接触区域的远离，拉应力逐渐减小至零。为简化计算，将虚线的应力分布近似表示为图 2-8 中实线所示的线性分布，图中 σ_m 为弹/塑性边界处的最大拉应力，d 为塑性压痕的深度，b 为拉应力的作用范围。最大拉应力 σ_m 与塑性压痕平均接触压力 P_0 存在比例关系，即最大拉应力 σ_m 与硬度的比例关系：

$$\sigma_m = \theta H_v \tag{2-39}$$

式中　θ——无量纲因子，$\theta \approx 0.2$。

同样，拉应力作用范围 b 与特征尺寸 a 存在比例关系：

$$b = \eta a = \sqrt{(\eta^2/\alpha\pi H_v)P} \tag{2-40}$$

式中　η——无量纲因子，$\eta \approx 1$。

材料内部存在各类裂纹源，在应力作用下裂纹源将形成裂纹。对于弹/塑性边界处的裂纹源，因为受到最大的拉应力，具备产生裂纹的趋势。图中实线所示的线性分布应力可表示为

$$\sigma(r) = \begin{cases} \sigma_m(1 - r/b) & (r < b) \\ 0 & (r \geq b) \end{cases} \tag{2-41}$$

对于弹/塑性边界处的一个特征尺寸为 c 的饼状裂纹，在外加应力作用下的应力强度因子 K_I 为

$$K_I = \frac{2}{\sqrt{\pi c}} \int_0^c \frac{r\sigma(r)\,\mathrm{d}r}{\sqrt{c^2 - r^2}} \tag{2-42}$$

将式 (2-41) 代入式 (2-42)，则有

$$K_I = \begin{cases} 2\sigma_m\sqrt{\dfrac{c}{\pi}}\left[1 - \dfrac{1}{2}\sqrt{1 - \dfrac{b^2}{c^2}} - \dfrac{1}{2}\left(\dfrac{c}{b}\right)\arcsin\left(\dfrac{b}{c}\right)\right] & (c > b) \\ 2\sigma_m\sqrt{\dfrac{c}{\pi}}\left(1 - \dfrac{\pi c}{4b}\right) & (c \leq b) \end{cases} \tag{2-43}$$

根据裂纹扩展规则，当 $K_I \geq K_{IC}$（K_{IC} 为材料的断裂韧度）时，弹/塑性边界处的潜在

裂纹源生成裂纹。将式（2-39）、式（2-40）代入式（2-43）中，并令式（2-43）中的 $K_1 = K_{\mathrm{IC}}$，便可得到裂纹形成的临界条件。为便于简化表达，选择两个替代参数 P_1 和 C_1：

$$\begin{cases} P_1 = \left(\dfrac{16\eta^2\theta^4 H_{\mathrm{v}}^3}{\alpha\pi^3 K_{\mathrm{IC}}^4} \right) P \\[3mm] C_1 = \left(\dfrac{2\theta H_{\mathrm{v}}}{\sqrt{\pi}K_{\mathrm{IC}}} \right)^2 c \end{cases} \tag{2-44}$$

则式（2-43）的裂纹形成临界条件为

$$\begin{cases} \sqrt{C_1}\left[1 - \dfrac{1}{2}\sqrt{1 - \dfrac{P_1}{C_1^2}} - \dfrac{1}{2}\left(\dfrac{C_1}{\sqrt{P_1}} \right)\arcsin\left(\dfrac{\sqrt{P_1}}{C_1} \right) \right] = 1 \\[3mm] \sqrt{C_1}\left(1 - \dfrac{\pi C_1}{4\sqrt{P_1}} \right) = 1 \end{cases} \tag{2-45}$$

其中上面的式子是当 $C_1 > P_1^{1/2}$ 时得出的，下面的式子则是当 $C_1 \leqslant P_1^{1/2}$ 时得出的。根据式（2-45），可以绘出参数 P_1 和 C_1 的关系曲线，如图 2-13 所示，并由此确定出参数 P_1 的最小值及其对应的 C_1 值：

$$\begin{cases} C_1^* = 2.250 \\ P_1^* = 28.11 \end{cases} \tag{2-46}$$

根据式（2-44）和式（2-46），可以确定出弹/塑性边界处中位裂纹生成的临界载荷 P^* 和临界中位裂纹长度 c^* 为

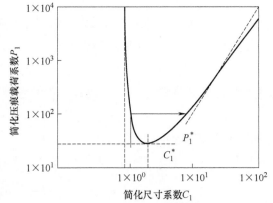

图 2-13　P_1 和 C_1 的关系曲线

$$\begin{cases} P^* = \left(\dfrac{54.47\alpha}{\eta^2\theta^4} \right)\left(\dfrac{K_{\mathrm{IC}}}{H_{\mathrm{v}}} \right)^3 K_{\mathrm{IC}} \\[3mm] c^* = \left(\dfrac{1.767}{\theta^2} \right)\left(\dfrac{K_{\mathrm{IC}}}{H_{\mathrm{v}}} \right)^2 \end{cases} \tag{2-47}$$

3. 位错塞积模型

压痕裂纹的位错塞积模型对于上述问题给出了另外一种解答。根据 Stroh 位错塞积理论和 Cottrell 位错反应理论，建立了压痕裂纹的位错塞积模型。模型假定材料的剪切变形主要影响裂纹的成核，压痕裂纹的成核基于两个交叉滑移面位错的相互作用，或者一个滑移面在另一个滑移面的位错堆积作用。图 2-14 所示为压痕微裂纹的成核过程。在特征尺寸塑性区域内材料发生塑性流动，滑移带与弹/塑性边界相交，位错运动受到阻碍，相继释放出来的位错将受到来自前端的斥力而不能继续前进，最终在障碍边界形成一个位错塞积群。于是，在弹/塑性边界形成应力集中，位错塞积群前端应力场中的拉应力分量作用在与塞积面倾斜的平面上，当满足某一临界条件时，便产生微裂纹。因为陶瓷材料的脆性，常常是滑移面上的剪应力尚未使端部位错向前运动，高度应力集中便通过裂纹成核而释放，形成微裂纹。

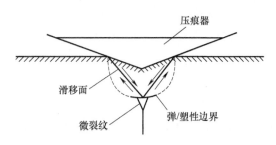

图 2-14　压痕微裂纹的成核过程

建立裂纹成核的位错塞积模型，可以计算出压痕裂纹生成的临界载荷 P^* 为

$$P^* = 855\left(\frac{K_{IC}}{H_v}\right)^3 K_{IC} \qquad (2\text{-}48)$$

尽管上述两种模型的原理有所不同，临界载荷却有相似的形式，所不同的仅仅是系数的取值。这样可以将两式的压痕中位裂纹生成临界载荷 P^* 统一表示为

$$P^* = \lambda_0\left(\frac{K_{IC}}{H_v}\right)^3 K_{IC} \qquad (2\text{-}49)$$

式中　　λ_0——无量纲常数。

以上分析从原理上解释了工程陶瓷材料磨削加工中，中位裂纹的产生是存在临界磨削力的，并且与 $(K_{IC}/H_v)^3 K_{IC}$ 具有线性关系，这在很多研究中都已经得到了证明。并且利用比值 H_v/K_{IC} 作为材料的脆性因子 B，可以反映材料裂纹产生的难易程度，压痕裂纹载荷临界值随着 B 的升高而降低。由于中位裂纹的产生会降低工件的强度，并且对于一种性能已知的陶瓷材料可以确定出产生中位裂纹时作用在它表面上的临界法向力，因此可以在不产生中位裂纹的情况下对陶瓷进行磨削加工。

然而通过进一步的研究发现在尖锐压痕系统中会产生三种裂纹：径向裂纹（巴氏裂纹）、中位裂纹以及侧向裂纹。和中位裂纹一样，径向裂纹、侧向裂纹的产生也有其临界载荷，并且均是在拉应力最大处（弹/塑性边界处）产生的，临界载荷的形式也非常相似，可由下式表示：

$$\Omega(\delta) = P^* H_v^3 / K_{IC}^4 \qquad (2\text{-}50)$$

式中　　P^*——各种裂纹的临界载荷；

$\Omega(\delta)$——系数，对于不同的裂纹取值是不同的。

由上面的分析可知中位裂纹的产生是由于弹/塑性边界处具有裂纹源即存在机械加工或制造时留下的缺陷，或者是由于位错塞积原因。而径向裂纹的产生则主要是由于工件表面存在缺陷，并且它的临界载荷的大小是受材料表面质量及其断裂韧度、硬度的影响而变化的。一般情况下该临界载荷小于产生中位裂纹的临界载荷，并且材料表面质量越好临界载荷越大，但是当材料具有比较高的断裂韧度和硬度时该临界载荷比较小。而侧向裂纹则是由于压痕应力场中的残余应力场的存在而产生的，由于存在残余应力场，当载荷除去后，弹/塑性边界就会产生促使侧向裂纹生成的驱动力，进而生成侧向裂纹，并且也产生于弹/塑性边界，

裂纹的方向平行于工件表面，该临界载荷 P_1^* 为

$$P_1^* = \xi(K_{IC}^4/H_v^3)f(E/H_v) \qquad (2\text{-}51)$$

式中　　ξ——无量纲常数；

$f(E/H_v)$——衰减函数，这里 $\xi f(E/H_v) \approx 2 \times 10^5$。

　　三种临界载荷均是随着加工条件和材料质量等有所变化的，因此只能近似估计其大小。并且由于侧向裂纹的作用就是实现材料的脆性去除，因此对于某种特定的材料，也可以近似估计产生侧向裂纹的临界载荷的大小，进而在低于此载荷的工况下磨削陶瓷材料，实现塑性加工。

　　在压划痕系统中会产生径向裂纹（巴氏裂纹），如图 2-15 所示，其形状与图 2-5 中的 B 部分的等应力线形状相似，并且在弹/塑性边界处产生，可知其产生的原因除了表面有缺陷之外就是此处存在较大的拉应力，产生的微裂纹会进而扩展为上述等应力线的形状。而由图 2-5 和图 2-6 可以看出，两个主应力 σ_{11} 和 σ_{22} 均在压头正下方具有极大值，相应地，压头正下方的陶瓷材料就受到最大拉应力。在拉应力作用下，陶瓷材料内部形成的压痕微裂纹便会扩展而产生宏观裂纹。并且由图 2-5 中的 A 部分以及图 2-6 中的 A 部分还可以看出，其等应力线的形状为圆形，由此生成的裂纹呈圆形，称为硬币形裂纹（penny-shaped crack），即中位裂纹最终会成为硬币形状（图 2-16）。一般情况下，首先产生的是径向裂纹，然后随着载荷的增大产生中位裂纹，然而随着载荷的去除，裂纹进一步扩展，中位裂纹会扩展到材料表面；径向裂纹可以向材料内部扩展；或者中位裂纹与径向裂纹在扩展中连通，最终形成如图 2-17 所示的半硬币形裂纹，故该裂纹系统又称为中位/径向裂纹系统（median/radial crack system）。

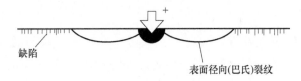

图 2-15　径向（巴氏）裂纹示意图

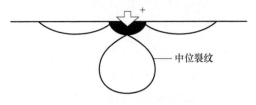

图 2-16　中位裂纹示意图

　　上面讨论的只是裂纹最终扩展成的几何形状，下面将讨论在平衡条件下外加载荷与各种裂纹长度的关系。如图 2-18 所示，锥角为 2φ 的维氏压头在载荷 P 作用下压入材料表面，压痕特征尺寸为 a，阴影所示塑性区特征尺寸为 d。此图是简化的中位/径向裂纹系统，因为它们最终会成为半硬币形，因此中位裂纹长度 c 也是图 2-15 所示的径向裂纹的长度。把

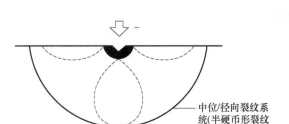

图 2-17 中位/径向裂纹系统

图 2-18a 所示的应力场 σ_{ep} 分解成图 2-18b 中压痕载荷 P 引起的理想弹性应力场 σ_{e} 和图 2-18c 中塑性变形导致的残余应力场 σ_{r}。这样，弹/塑性应力场中任一点的应力状态可以表示为：$\sigma_{\mathrm{ep}} = \sigma_{\mathrm{e}} + \sigma_{\mathrm{r}}$。相应的弹/塑压痕应力场中裂纹前端的应力强度因子 K_{I} 可以表示为

$$K_{\mathrm{I}} = K_{\mathrm{e}} + K_{\mathrm{r}} \tag{2-52}$$

式中　K_{e}——理想弹性应力场中裂纹前端的应力强度因子；

K_{r}——残余应力在裂纹前端引起的应力强度因子。

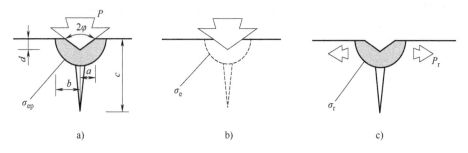

图 2-18　弹/塑性压痕应力场

当 K_{I} 达到或超过陶瓷材料的断裂韧度 K_{IC} 时，满足弹/塑性压痕应力场中的裂纹生长条件，裂纹开始生长，图 2-18a 所示的压痕裂纹系统的平衡条件是

$$K_{\mathrm{I}} = K_{\mathrm{e}} + K_{\mathrm{r}} = K_{\mathrm{IC}} \tag{2-53}$$

这样，分别求解出 K_{e} 和 K_{r} 代入上式，便可求解出弹/塑性压痕应力场内压痕裂纹的平衡条件，从而确定出压痕载荷与平衡裂纹长度之间的关系。显然，上述关系的建立有助于分析陶瓷材料的磨削加工过程。

K_{e} 和 K_{r} 的求解方法并不唯一，但解的表达形式基本类似。残余应力在裂纹前端引起的应力强度因子 K_{r}，可按下述方法求解。图 2-18 中，令不可逆的压痕体积为 ΔV，塑性区体积为 V，则材料的体积应变 θ 为

$$\theta = \frac{\Delta V}{V} \propto \left(\frac{a}{d}\right)^3 \cot\varphi \tag{2-54}$$

弹/塑性边界上的残余应力 σ_{r} 为

$$\sigma_{\mathrm{r}} = k\theta = \frac{E}{3(1-2\nu)} \frac{\Delta V}{V} \tag{2-55}$$

式中　k——体积弹性模量；

　　　E——弹性模量；

　　　ν——泊松比。

当 $c \gg b$ 时，即当裂纹扩展完成时，塑性区可以看作一个点，P_r 可以看作由此点出发导致压痕裂纹开裂的驱动力，根据残余应力便可以确定出残余载荷 P_r 为

$$P_r = \sigma_r b^2 \tag{2-56}$$

对于硬币形压痕裂纹，应力强度因子 K_r 可以表示成如下形式：

$$K_r = \frac{f(\phi)P_r}{c^{3/2}} \tag{2-57}$$

式中　$f(\phi)$——关于角度的函数，变化非常缓慢，在压头正下方时取最小值，在接近表面时取得最大值。将式（2-54）、式（2-55）代入式（2-56），与式（2-57）联立可得

$$K_r = \frac{\chi_r P}{c^{3/2}} \tag{2-58}$$

式中　χ_r——推导过程中的一个简化公式，与材料性能、压头形状、裂纹位置等有关，并且可以近似表示成

$$\chi_r \approx f(\phi)(a/b)(E/H_v)\cot\varphi \tag{2-59}$$

同样，应力强度因子 K_e 可以表示成类似的形式：

$$K_e = \frac{\chi_e P}{c^{3/2}} \tag{2-60}$$

式中　χ_e——推导过程中的一个简化公式。

将式（2-58）、式（2-60）代入式（2-53）可以得到平衡条件下载荷与压痕裂纹尺寸之间的关系：

$$P = \frac{K_{IC} c^{3/2}}{\chi_e + \chi_r} \tag{2-61}$$

式（2-61）表明了比例关系 $P \propto c^{3/2}$，可以看出压痕中位/径向裂纹尺寸随着压痕载荷的增大而增大，并且其临界载荷和临界尺寸也满足此比例关系。

以上考虑的是定点压头作用下中位/径向裂纹的长度和载荷的关系，但是一个有效磨粒不仅承受定点压痕那样的法向载荷，还要承受运动方向上的切向载荷，所以这一影响也应该予以考虑。与布欣尼奇（Boussinesq）法相类似，由法向力 P 和切向力 P^τ 共同作用于材料表面某点所产生的弹性应力场可用米歇尔（Michell）方法建立模型如下：

$$\sigma_{ij} = \frac{P}{\pi r^2}[f_{ij}(\theta, \psi)]_{\lambda, \mu} + \frac{P^\tau}{\pi r^2}[g_{ij}(\theta, \psi)]_{\lambda, \mu} \tag{2-62}$$

式中　λ、μ——勒穆（Lame）弹性常数；

　　　r、θ、ψ——极坐标。

切向力将使接触点运动方向上产生法向拉应力，这会促使移动面中位裂纹的扩展。这一

原理说明了为什么试件横磨时强度的降低要比纵磨时大。

同定点压痕一样,运动压头也能产生局部塑性变形。与定点压痕所不同的是,法向接触压力与接触形式和压头的几何形状有关。中位裂纹的长度可用近似平面应力塑性分析来预测。经过试验研究,当载荷较低时,P 和 c 的比例关系与定点压痕的弹性状态一致,说明此时残余应力影响不明显。而在载荷较高时,运动压头的残余应力成为主要因素。对运动压头的弹塑性分析得到载荷与裂纹长度的关系为 $P \propto c^{1/2}$,而单磨粒和多磨粒磨削试验数据表明 $P \propto c^{6/5}$。但在相同法向载荷下,多磨粒磨削的裂纹深度仅为单磨粒磨削的一半。理论计算与试验结果的不同可能是由于进行划痕试验的压头要比正常磨粒锋利,另一个可能是多磨粒磨削中邻近划痕所产生裂纹间的相互作用使应力强度因子降低。

由单磨粒和多磨粒磨削造成的强度降低往往导致加工失败,而这种失败正起源于以上这些原因所造成的裂纹扩展。运动压头(划痕)和多磨粒磨削中载荷与裂纹大小的关系为 $P \propto c^n$,其中 $1/2 < n < 3/2$。

由上面的分析可知,当载荷除去后会产生残余应力,并且当载荷超过某一临界载荷之后,压痕残余应力将会促使侧向裂纹的产生,说明了残余应力在压痕试验过程中起着重要作用。实际上在试验后期,残余应力提供材料裂纹扩展的驱动力,最终导致半硬币形裂纹的充分长大和侧向裂纹向表面扩张,从而导致材料的横向破裂去除。并且在陶瓷材料断裂韧度测试中,压痕法比一般方法如双扭曲法及悬臂梁法所测得的值要低 30%,说明了残余应力对压痕试验过程的影响。在图 2-19 所示的弹/塑性压痕应力场中,维氏压头撤除后,因为接触区域不可逆塑性变形的存在,在弹/塑性边界上形成残余应力 σ_r,并且可知残余应力在材料表面法向上形成一个集中力 P_r。在残余驱动力的作用下,距离材料表面深度 h 处产生侧向裂纹,其特征尺寸为 c_l。侧向裂纹以上的陶瓷材料将受到残余应力的作用,侧向裂纹前端的应力强度因子 K_I 可表示为

$$K_I = \frac{\left[\dfrac{A}{2\pi(1-\nu^2)}\right]^{1/2} P_r}{h^{3/2}} \tag{2-63}$$

式中　A——无量纲几何常数;

　　　ν——泊松比。

平衡条件下压痕载荷与侧向裂纹尺寸 c_l 之间的关系为

$$c_1 = c^L \left[1 - \left(\frac{P_0}{P}\right)^{1/4}\right]^{1/2} \tag{2-64}$$

其中

$$c^L = \left\{\left(\frac{\xi_L}{A^{1/2}}\right)(\cot\varphi)^{5/6}\left[\frac{(E/H_v)^{3/4}}{K_{IC}H_v^{1/4}}\right]\right\}^{1/2} P^{5/8}$$

$$P_0 = \left(\frac{\xi_0}{A^2}\right)(\cot\varphi)^{-2/3}\left(\frac{K_{IC}^4}{H_v^3}\right)\frac{E}{H_v}$$

式中　ξ_L、ξ_0——无量纲常数。

在大载荷情况下($P \gg P_0$),由式(2-64)可得到载荷与侧向裂纹间的比例关系:

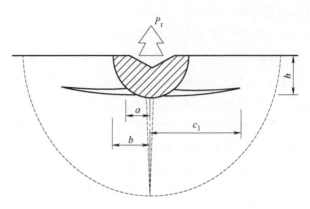

图 2-19　压痕侧向裂纹示意图

$c_1 \propto P^{5/8}$。由此可知，侧向裂纹尺寸是随着压痕载荷的增加而增大的。

综上所述，陶瓷材料在加载情况下会产生径向裂纹和中位裂纹，随着载荷的去除，裂纹进一步扩展，进而生成中位/径向裂纹系统，并在残余应力的驱动下产生侧向裂纹。其中中位裂纹会引起材料强度的降低，而侧向裂纹则起到脆性去除材料的作用。因此在磨削陶瓷时可以控制载荷，在不产生中位裂纹即不引起材料强度降低的情况下加工陶瓷，还可以在不产生横向裂纹的情况下加工陶瓷实现塑性去除。由于分析了载荷和裂纹长度之间的关系，还可以通过控制载荷大小来控制裂纹长度，进而实现经济有效的陶瓷磨削加工。

2.3　压划痕仿真技术

陶瓷等硬脆材料的磨削加工过程是一个多因素非线性耦合作用的复杂过程。在磨削加工过程中，由于砂轮表面磨粒分布随机、磨粒形状不规则以及砂轮转速较快等原因，导致材料去除过程极其复杂，难以监测砂轮与工件的状态变化，不利于提高加工质量和加工效率。

随着计算机技术的飞速发展，借助计算机仿真的数值模拟技术越来越成为压划痕领域的研究方法。数值模拟技术通过建立逼真的虚拟环境来模拟实际压划痕过程，对作用区域的力、温度、表面和亚表面质量进行仿真，在划擦层面分析不同工艺条件对加工过程的影响，并有助于理解磨削层面诸多现象的本质和重要物理量的变化规律。因此，利用仿真分析方法佐证划痕应力场模型、裂纹扩展模型等理论模型，并进一步指导压划痕试验的具体开展是必不可少的。

总的来说，压划痕仿真技术主要包括分子动力学（Molecular Dynamics，MD）仿真、光滑粒子束（Smoothed Particle Hydrodynamics，SPH）仿真和有限元（Finite Element，FE）仿真三类方法。分子动力学仿真的核心是计算系统粒子的运动规律和运动轨迹，利用统计学原理得出系统相应的宏观物理特性。光滑粒子束仿真是用离散的粒子来描述宏观连续分布的流体，每个粒子携带其所在位置的流体的各种性质。有限元仿真是用较简单的问题代替复杂问题后再求解，将求解域视为若干小的互连单元，对每一单元假定近似解后推导全域的满足条件，从而得到问题的解。

下面将依次介绍各种压划痕仿真技术。

2.3.1 分子动力学压划痕仿真

分子动力学仿真是分子模拟的重要方法之一，该方法主要是依靠牛顿力学来模拟分子体系的运动，通过在由分子体系的不同状态构成的系统中抽取样本来计算体系的构型积分，并以构型积分的结果为基础进一步计算体系的其他宏观性质。

分子动力学仿真的准确度主要依赖于分子间作用势是否精确，以及模拟中抽样量是否足够。随着分子间势函数研究的进展和计算机能力的大幅提高，分子动力学模拟得到了广泛应用。由于该方法不仅可以得到原子的运动轨迹，还可以观察到原子运动过程中各种微观细节，因此，在材料加工领域，它可以模拟材料结构、分析材料性质、预测材料行为、验证试验结果等，是对陶瓷材料压划痕理论计算和试验研究的有力补充。

1. 基本原理

分子动力学仿真实际上就是确定系统中各微粒的运动规律，只要确定了每个粒子的位置和速度，就能完整地描述系统的状态。这实际上隐含了两个基本假设：

1）每个粒子的运动都遵循经典牛顿运动方程。

2）粒子之间的相互作用可以叠加。

一个物理体系必定是具有一定能量的，表示这种能量的方法有很多，通过构成体系的微观粒子的力学量表示体系的能量，就叫作这个体系的哈密顿量，一般用 H 表示。根据牛顿运动定律，对于 N 个原子相互作用组成的体系，其哈密顿量可以表示为

$$H = \sum_i \frac{P_i^2}{2m_i} + U(r_1, r_2, \cdots, r_N) \tag{2-65}$$

$$\dot{r}_i = \frac{\partial H}{\partial P_i} = \frac{P_i}{m_i} \tag{2-66}$$

$$\dot{P}_i = -\frac{\partial H}{\partial r_i} = -\frac{\partial U}{\partial r_i} = F_i \tag{2-67}$$

式中 P_i——原子的动量；

       m_i——原子的质量；

       r_i——原子的位置；

       $\dot{r}_i$——原子的速度；

       F_i——原子所受周围原子的合力；

       U——势能函数。

确定系统初值，粒子的初始位置和初始速度分别为

$$r_i|_{t=0} = r_i(0) \tag{2-68}$$

$$\dot{r}_i|_{t=0} = \dot{r}_i(0) \tag{2-69}$$

通过对式（2-65）的求解，便可得到系统中原子的运动轨迹。此外，为了更精确地模拟

原子实际运动，一般会对原子位置和速度施加各种约束，如施加外部载荷、控制温度等，还可以通过对哈密顿量的改变来实现不同类型的分子动力学过程。

2. 分子间作用势

上述基本原理只考虑了式（2-65）中的动能项，动能项不存在超参数选择问题，而势能项往往是人工选取的，因此后者的精确性直接决定了模拟结果的准确程度。另一方面，势能项太过复杂又会导致运算速率的下降。因此，合理选择势能函数对分子动力学的结果有着很大的影响。

在分子动力学中，势函数通常来源于试验拟合或半经验解法。通过人工拟合且经过验证的势函数，因其计算量相对较小，也可以应用于较大规模的经典分子动力学模拟。但是，这种势函数在不同体系中的经验参数可能会存在差异。随着势函数研究的发展，从对势到多体势，势函数的形式也逐渐丰富起来，只有选择合适的势函数才能兼顾准确度和效率，起到事半功倍的效果。这里，对几种较为常见的势函数进行简单介绍，供读者选取。

（1）对势函数

1）LJ势：LJ势是一个经典的对势，由 John Edward Lennard-Jones 于 1931 年提出。其解析式较为简单，用来描述惰性原子间相互作用非常精确，还可以采用各原子间势能的加和来表示 CO_2 一类的分子晶体。LJ势的基本形式为

$$U(r) = 4\varepsilon \left[\left(\frac{\sigma}{r} \right)^{12} - \left(\frac{\sigma}{r} \right)^{6} \right] \tag{2-70}$$

式中　r——原子间距离；

　　　ε——势阱深度；

　　　σ——势能为 0 时的平衡距离。

2）Morse势：Morse势是 Philip M. Morse 在解决双原子分子振动谱的量子力学问题时提出的，常用来构造多体势的对势部分，其形式如下：

$$U(r) = D_0 \left\{ \exp \left[-2\alpha(r-r_0) \right] - 2\exp \left[-\alpha(r-r_0) \right] \right\} \tag{2-71}$$

式中　D_0——内聚能；

　　　α——弹性系数；

　　　r_0——原子间平衡距离。

（2）EAM势　　EAM势是 Daw 和 Baskes 提出的一种能够较为准确计算金属能量的方法。该方法把金属晶体的总势能分成两个部分：一部分是原子核间的对势，另一部分是原子核镶嵌在电子云中的嵌入能。系统的总势能表达为

$$U = \sum_i F_i(\rho_i) + \frac{1}{2} \sum_{j \neq i} \phi_{ij}(r_{ij}) \tag{2-72}$$

式中　F_i——嵌入能，是电子云密度 ρ_i 的函数；

　　　ϕ_{ij}——原子间的对势；

　　　r_{ij}——原子间的距离，构成对势和镶嵌式的函数形式都可以根据经验选取。

（3）AIREBO势　　AIREBO势是一种专用于碳氢原子体系的反应经验键序势函数，增加

了长程作用项和键键扭转项，具体表达形式为

$$E = \frac{1}{2} \sum_{j} \sum_{j \neq i} \left[E_{lj}^{REBO} + E_{ij}^{LJ} + \sum_{k \neq i,j} \sum_{l \neq i,j,k} E_{kijl}^{TORSION} \right] \tag{2-73}$$

$$\overline{E}_{ij}^{REBO} = \sum_{i} \sum_{j(>i)} \left[V^R(r_{ij}) - b_{ij} V^A(r_{ij}) \right] \tag{2-74}$$

式中 $V^R(r_{ij})$——两原子间排斥作用；

      $V^A(r_{ij})$——两原子间吸引作用；

      b_{ij}——键序函数；

      r_{ij}——原子间距离。

3. 边界条件

除了动能项和势能项以外，边界条件也会对分子动力学模拟造成影响。

分子动力学模拟中的边界条件分为非周期性和周期性两种。在非周期性边界条件中，根据设定不同，粒子飞越边界后会被删除；在周期性边界条件中，粒子在飞越边界后会从相反的另一面回到模型之中。前者不会与边界存在能量或物质的交换，后者在边界处原子的受力比较全面，可以消除边界效应。

因此，在模拟不同对象时，所选的边界条件会有所不同。在模拟一维纳米线时，需要将长度方向设置为周期性边界条件；当模拟二维材料时，需要将平面方向设为周期性边界条件；当模拟大尺寸材料时，需要在三个维度上都选择周期性边界条件。此外，如果模型足够大，平面方向的尺寸远远大于厚度尺寸，也可以采用非周期性边界条件。

分子动力学仿真的发展依赖于电子计算机的发展。20 世纪 60 年代，Alder 和 Wainwright 首先提出了一种精确计算相互作用的经典粒子行为的方法，他们对约 100 个代表分子的硬球组成的简单系统的玻尔兹曼函数的行为、自扩散系数、碰撞速率和速度自相关等问题进行了讨论，并随着时间的推移跟踪系统的状态，这被认为是历史上第一次分子动力学仿真。

20 世纪 70 年代，分子动力学模拟方法逐渐得到了完善。通过涨落耗散理论、密度泛函理论等新理论的引入，融合凝聚态物理学、统计物理学等学科，经典的分子动力学算法得到了长足的发展。到了 20 世纪 80 年代末期，分子动力学的理论研究体系已经基本完善。90 年代后，计算机硬件、超算设备等的发展升级，使得大规模的分子动力学计算成为可能。分子动力学逐渐被应用到生物医药、化学化工、物理材料等研究领域，分子动力学应用范围得到了进一步扩展。

20 世纪末，美国劳伦斯伯克利国家实验室的 Ikawa 等人研究了金刚石刀具纳米加工单晶铜，自此以后，分子动力学开始进入机械加工仿真领域。在微纳加工领域，分子动力学方法相较于常用的有限元方法计算尺度较小，研究对象为原子结构的演变过程，并揭示其深层变形机理。例如，可以利用分子动力学对单晶金纳米压痕过程进行仿真，研究压头倾斜对纳米硬度的影响，从微观原子角度（如金原子堆积行为）揭示宏观材料去除机理（如表面大面积断层和局部滑动）。

学者们还针对单晶硅、多晶硅和铁碳化合物采用不同的工艺进行纳米压痕，分析在压痕

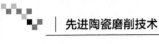

过程中的相变行为，并且通过位错分析等方法对纳米压痕中不同的变形程度和方式给出合理解释。另一方面，针对矩形和方形的金刚石磨粒，采用不同前倾角（10°、-10°和20°），研究了两颗磨粒多道划痕时晶粒形态和取向对切屑的形成、磨削力和磨削温度的影响。

国内对分子动力学仿真研究起步最早的研究团队是天津大学和哈尔滨工业大学。从1997年开始，天津大学的房丰洲团队开始利用分子动力学研究纳米加工，侧重于对单晶锗、单晶硅和非晶合金等的纳米压痕仿真，研究了衬底在压痕过程中的变形行为，并探讨了压痕深度、加载速度、压痕半径、压痕温度和压痕与纳米材料的相互作用对压痕过程的影响。模拟结果表明，压力诱导相变代替位错辅助塑性是单晶锗薄膜在纳米压痕过程中的主要变形机制。非晶合金工件的材料去除主要是在纳米尺度上的挤压，而不是在宏观尺度上的剪切。哈尔滨工业大学的梁迎春团队主要致力于纳米加工过程中的亚表面损伤研究，通过分析加工过程中的单原子势能曲线，得出原子的变形程度，进而定量计算出亚表面变形层深度。

2.3.2　光滑粒子束压划痕仿真

光滑粒子束（Smoothed Particle Hydrodynamics，SPH）方法，是一种无网格拉格朗日粒子法，通过一系列带有信息的粒子来描述系统的状态，这些粒子包含许多材料信息，并按守恒方程保持规律性运动。由于是无网格方法，当发生极端变形时，SPH方法不会产生诸如网格畸变等棘手问题，因此与传统网格法有限元方法相比，SPH方法在大变形仿真计算领域具有显著的优势。SPH方法最初于1977年提出，用于三维开放空间的天体物理学领域的研究工作，主要针对高速粒子对空间设备的冲击问题，用于模拟碰撞中的大变形及载荷问题分析，而后扩展至冲击模拟、磁流体动力学及热传导等问题。

SPH的核心方法如下：

1）离散问题域，即用一系列携带信息的离散粒子表示问题域，并确保求解稳定性。

2）核近似法，通过光滑作用保证计算的稳定性。

3）应用粒子近似法提高系统计算的效率。

4）在每一个时间步内进行粒子近似过程，确保积分精度及稳定数值解。

5）利用粒子近似法获得仅与时间相关的离散化常微分方程（ODES）。

6）选取适合时间步长求解ODES，获得随时间变化的场变量。

传统的SPH方法最初是为流体力学问题而开发的，其中的控制方程是包含密度、速率、能量等场变量的偏微分方程。方程的构造常按两个关键步骤进行：核近似和粒子近似。

第一步为核近似，是基于所选取的光滑核函数产生的。核函数 $f(x)$ 可表示为

$$f(x) = \int_{\Omega} f(x')\delta(x-x')\,\mathrm{d}x' \tag{2-75}$$

式中　$\delta(x-x')$——狄拉克函数，表达式如下：

$$\delta(x-x') = \begin{cases} 1, & x=x' \\ 0, & x\neq x' \end{cases} \tag{2-76}$$

Ω 为包含 x 的积分体积，x 表示任意粒子的坐标。若用光滑核函数 $W(x-x',h)$ 替代

$\delta(x-x')$，则可获得核近似方程表达式：

$$\langle f(x) \rangle = \int_{\Omega} f(x') W(x - x', h)\,\mathrm{d}x' \tag{2-77}$$

另外一种常用的光滑核函数为

$$W(x,h) = \frac{1}{h(x)^d} \theta(x) \tag{2-78}$$

第二步为粒子近似，就是用一组具有质量及独立空间的粒子表示问题域，然后估计这一组粒子上的场变量。具有表面 S 的二维问题域 Ω 如图 2-20 所示，支持域为半径为 κh_i 的圆，W 为对粒子 i 进行求解的光滑函数。

在粒子 i 处的函数的近似式可表示如下：

$$\langle f(x_i) \rangle = \sum_{j=1}^{N} \frac{m_j}{\rho_j} f(x_i) W_{ij} \tag{2-79}$$

下面简要介绍 SPH 方法的关键技术：

（1）光滑核函数选取 在 SPH 方法中，光滑函数是一种近似形式，光滑长度的确定不仅影响计算的时间，对于计算精度同样有很大影响。由于材料在变形过程中会导致粒子所在影响域的变化，因此需要在计算过程中对光滑长度进行调整。

（2）邻域搜索 在求解域中，粒子间相互作用离散分布在整个域内，若粒子总数为 n，在未采用邻域搜索的技术条件下，每个粒子间距离比较需要进行 $n-1$ 次，统计需比较 $n(n-1)$ 次。

在对某粒子进行计算的过程中，在每一个时间步长内，通

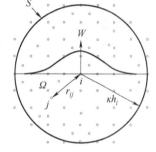

图 2-20 SPH 问题域

过将问题域划分为若干个半径为 $2h$ 的子求解域，再对每个粒子进行主、子区域及相邻区域的搜索。这种算法明显地缩短了计算时间，节约了计算内存。

（3）边界条件的处理 SPH 方法最初应用在无边界条件的限制领域内，随后扩展到一些有边界的工业模拟中。对于有限元方法，在不影响离散模型稳定性的前提下，试件可以适当定义并施加边界条件；在有限差分法中，由于区域是比较规则的，所以已经有了适当的方法来处理边界条件。无论是有限元法还是有限差分法，边界条件的实现是简单明了的。相反，在分子动力学方法和光滑粒子束方法中，边界条件并非简单地基于网格的数值模型施加，并且后者是一种连续尺度粒子法，需要直接计算压力等边界上的场变量。因此，固体边界的处理更加困难。

SPH 方法采用虚粒子来处理边界，此方法不但可以模拟固体边界，还能有效地防止粒子的非物理渗透。为了更有效地防止流体颗粒穿透固体壁，虚粒子按照边界位置可以分为两类，分别是位于固体边界上的虚粒子（Ⅰ型）和位于边界以外的虚粒子（Ⅱ型），如图 2-21 所示。Ⅰ型虚粒子通常比流体粒子更密集地分布在固体边界上，Ⅱ型虚粒子通常是通过在固体边界上反射真实的流体粒子来获得。其中，Ⅰ型虚粒子接近流体域，产生排斥力，防止内部粒子穿透边界。

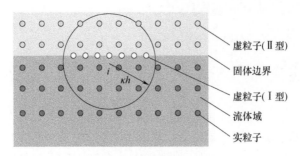

图 2-21　边界条件的处理

对于一个流体粒子，粒子靠近固体边界，所有相邻粒子在其影响区域内可分为三个子集。

I(i)：所有内部粒子是实粒子的邻域；

B(i)：所有边界粒子是 I 型虚粒子的邻域；

E(i)：所有的外部粒子是 II 型虚粒子的邻域。

虽然传统 SPH 方法在大变形问题中应用较多，但近几年来，许多学者将 SPH 方法应用到划痕仿真中并取得了理想的研究结果。

利用 LS-DYNA 软件进行模拟，SPH 切削模型可以适用于连续集中剪切的切屑形成分析，预测连续的剪切碎屑形成区域并正确估计切削力值。此外，还可采用 SPH 方法分析划痕过程中材料的应力应变行为、仿真划痕速率、划痕深度等因素对压头划痕过程的影响，从而获得划痕参数对法向力和切削力的影响规律。SPH 方法还可以与有限元等其他仿真分析方法结合，学者用两者结合的方法建立了 SiC 仿真模型，模拟了单个不同形状的金刚石磨粒的划痕过程，发现了单晶 SiC 划痕过程中的三种去除方式：塑性变形模式、韧脆转变临界模式和脆性去除模式。研究发现圆锥压头尖端半径对材料的力学行为有影响：尖端半径越大，材料延性至脆性转变的持续时间越长，法向力与切向力的波动越大，但两者比值变化很小。在立方八面体、立方角、八面体及四面体划痕过程中，由于接触线长且面积较大，法向力和切向力显示出较大波动。

2.3.3　有限元压划痕仿真

有限元是一种数值方法，它的基本思想是：将连续的变形固体离散成有限个单元组成的结构体，这些单元体之间通过节点连接并传递位移、力等物理量，同时利用变分原理，建立联系节点位移和节点载荷的代数方程组，得到作为未知数的节点位移，从而再求得各单元内的其他物理量。在大部分有限元法中，为了计算力、应变和位移，把材料视作理想地划分为有限个以节点相互连接的单元。

有限元的具体分析步骤如下：

（1）将结构理想化和离散化　理想化的目的是将真实结构简化为力学模型。为此必须引入一些假设，例如用平面代替曲面、用等厚度代替变厚度、用无锥度代替有锥度等将几何形状理想化，同时还要添加边界条件和一些近似结构将内部的连接情况理想化。此外，对载荷做某些简化。然后将理想化的模型结构离散化。离散化是将要分析的物体分割成有限个单元体，在单元指定位置设置节点，使相邻单元的有关参数具有一定的连续性，并且构成一个单元的集合体，以代替原来的结构。为了有效地逼近实际中的连续体，在单元划分时需要考虑单元的性质、划分方式以及单元的数目。

（2）选择位移模式，得到位移函数和相应的形状函数　各单元在节点力的作用下所产生的内部各节点的位移称为内位移，描述内位移的函数叫作位移函数。形状函数的含义是：当单元的一个节点位移为单元值，其他节点的位移为零时，单元内位移的分布规律。也就是说形状函数反映了单元的位移分布状态。

（3）单元力学特性分析

1）利用几何方程推导出单元应变表达式：

$$\{\varepsilon\} = [B]\{\delta\}^e \tag{2-80}$$

式中　$\{\varepsilon\}$——单元内任意一点的应变向量；

$\quad\quad[B]$——单元应变矩阵；

$\quad\quad\{\delta\}^e$——单元内任意一点的应力向量。

2）利用本构方程推导出单元应力的表达式：

$$\{\delta\} = [D][B]\{\delta\}^e \tag{2-81}$$

式中　$\{\delta\}$——单元内任意一点的应力向量；

$\quad\quad[D]$——单元弹性矩阵。

3）利用变分原理，建立节点与位移之间的关系：

$$\{F\}^e = [k]^e\{\delta\}^e \tag{2-82}$$

式中　$\{F\}^e$——单元载荷向量；

$\quad\quad[k]^e$——单元刚度矩阵，其表达式为

$$[k]^e = \iiint\limits_{\Omega} [B]^T[D][B]\mathrm{d}x\mathrm{d}y\mathrm{d}z \tag{2-83}$$

式中　Ω——整个单元体积。

4）构建结构平衡方程：第一，把各个单元的刚度矩阵集合成整个结构的整体刚度矩阵；第二，把各个单元的节点力矩阵集合成总的载荷矩阵，常用的方法有直接刚度法。集合刚度矩阵的前提是相邻单元在公共节点处的位移相等，最后得到整个结构的方程为

$$\{F\} = [k]\{\delta\} \tag{2-84}$$

式中　$\{F\}$——结构载荷向量；

$\quad\quad[k]$——整体刚度矩阵；

$\quad\quad\{\delta\}$——结构位移向量。

5）求解未知节点和单元应力：利用有限元方法模拟划痕过程一般应用在微米尺度上，目的是揭示材料的微观力学行为。早在 1968 年有限元方法就被用于实现弹塑性材料的非线性计算，后来随着计算机技术的成熟，有限元方法被广泛应用于划痕仿真研究中。以下是近

年来在有限元仿真压划痕领域的一些研究进展。

学者们利用有限元方法建立复合材料划痕模型,讨论了不同涂层厚度条件下划痕速率对材料的变形损伤及摩擦因数的影响,揭示了划痕速率增加会同时导致材料的塑性变形和摩擦因数的减小。采用玻氏压头对不同倾斜状态下的铝材料进行了划痕过程仿真,研究了压头倾斜对划痕过程的影响,并得出了与垂直状态相比,压头偏转对摩擦因数的影响。此外,有限元仿真还可应用在单颗磨粒滑擦切屑生成时温度分布仿真、冷却液喷嘴流体仿真中,以及用来分析单颗磨粒与弹性工件表面的正常接触与滑动接触应力。

表 2-1 列出了分子动力学(MD)、光滑粒子束(SPH)和有限元(FE)三种压划痕仿真方法的横向对比。在进行实际压划痕仿真时,需要根据材料属性、载荷条件和适用尺度选择合适的仿真技术。

表 2-1 压划痕仿真方法对比

方法	分子动力学(MD)	光滑粒子束(SPH)	有限元(FE)
操作难度	较困难,边界条件施加过程复杂	简单,边界条件可通过软件添加	简单,边界条件可通过软件添加
计算量	大	小	小
材料种类	少,多用于单晶体材料	多	多
分析尺度	纳米-微米	微米-宏观	微米-宏观
结果输出	位错、相变、网格的应力应变等	应力、应变等	应力、应变等

2.3.4 其他压划痕仿真分析方法

1. 耦合仿真分析方法

总的来说,目前所用到的压划痕过程仿真方法大致可分为两类:物理过程仿真方法(分子动力学法、运动学仿真方法、特征法、有限元法、离散元法)和以试验为依据的过程仿真方法(回归方法、人工神经网络法以及基于模型的规则法)。其中,有限元法作为目前主要的数值模拟工具,已被广泛应用于分析和研究金属塑性加工过程领域的金属流动特性。对于脆性材料加工过程仿真,单纯用有限元法来模拟则有很大的局限性,这是由于在磨屑形成过程中,材料的去除要经历由弹塑性变形到脆性断裂的阶段,且由于脆性会导致在这个过程中工件材料上产生大量的微裂纹,因此计算精度就取决于网格划分的质量及材料失效判据的参数的选取。

如前所述,SPH 方法不会受到尺度的限制,因此不需要考虑微观状态下作用势的问题。虽然解的精度也依赖于质点的排列,但它对点阵排列的要求远远低于对网格的要求。由于质点之间不存在网格关系,因此它可避免极度大变形时网格扭曲而造成的精度破坏等问题,并且也能较为方便地处理不同介质的交界面。与无网格法相比,有限元法在计算连续介质的力学变形问题时具有更高的计算效率,而无网格法在模拟大变形、不连续介质的动力学问题时有较大的优势。因此，将两种方法进行耦合不仅可以解决单纯使用有限元法造成的网格过度扭曲问题，还可以大大提高单纯使用 SPH 法的计算效率。

学者们已经采用有限元法和光滑粒子束的耦合方法，进行了单颗立方氮化硼磨粒切削过程的微观力学仿真，从微观角度分析了 CBN 单颗磨粒的切削成屑机理。切削过程中，切削层材料将以塑性方式去除，因此仿真模型的切削层部分采用 SPH 粒子建模，以应对材料的塑性变形及分离行为。而对磨粒及工件结构变形较小的区域则采用了有限元网格建模。

综合仿真与试验结果得出结论：磨粒的推挤使工件材料发生弹塑性变形而隆起，当磨粒的切削作用占主导地位时，处于塑性状态的工件材料发生剪切滑移而形成磨屑；磨粒刃边强度低、应力集中，易于发生磨耗及微破碎磨损而使磨粒钝化；增大磨刃前角，磨粒的耕犁作用减弱而切削作用增强，易于形成切屑。

此外，将有限元法与光滑粒子束进行耦合，进行了单颗圆锥形金刚石磨粒切削玻璃的三维仿真，指出工件表面产生粉末化磨屑，沟槽的实际宽度比磨粒的切削宽度大，切削后工件表面存在残留裂纹。

图 2-22 所示为 SPH 质点与有限元网格的耦合示意图，其中上面部分为 SPH 质点，下面部分为有限元网格。对两个部分的接触做如下设置：a）磨粒的网格与 SPH 质点的接触，通过罚函数约束来实现力学参数的传递；b）小变形区域网格与 SPH 质点的接触，通过定义节点-表面接触类型中的固连断开接触将 SPH 质点约束在有限元网格上。固连断开接触的失效准则为

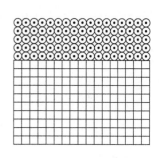

图 2-22 SPH 质点与
有限元网格的耦合

$$\left(\frac{|f_{\mathrm{n}}|}{f_{\mathrm{n,fail}}}\right)^{m_1}+\left(\frac{|f_{\mathrm{s}}|}{f_{\mathrm{s,fail}}}\right)^{m_2}\geqslant 1 \tag{2-85}$$

式中　f_{n}——法向力；

　　　f_{s}——切向力；

　　$f_{\mathrm{n,fail}}$——法向失效力；

　　$f_{\mathrm{s,fail}}$——切向失效力；

　　　m_1——法向力指数；

　　　m_2——切向力指数。

研究者分析了工件材料在切削过程中从弹塑性变形到脆性断裂的过程，比较分析了两种方法磨削力的变化曲线。磨削过程中，在工件材料处于弹塑性变形阶段，两种方法模拟结果较相近，而到了脆性断裂阶段，由于网格出现畸变造成有限元算法产生了巨大的误差，从而验证了耦合算法在加工过程仿真的可行性和优越性，并为进一步实现单颗磨粒加工脆性材料过程仿真提供了新的途径和思路。

2. 以试验为依据的深度学习方法

深度学习是机器学习领域中的一个重要分支，其模型通常具有深层的网络结构，能够实现对输入数据的自适应表征学习。近些年，深度学习已在机器视觉与自然语言处理等领域中

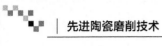

获得广泛应用并取得了很好的成绩，在材料压划痕技术领域，结合有限元等比较成熟的仿真分析方法，基于深度学习展开探索同样极具研究价值。

深度学习方法一般基于神经网络，后者对于各个变量之间复杂的、不确定的以及非线性关系的强大处理能力，为研究材料压划痕响应提供了有效方法。神经网络已经被用来预测五边形截面悬臂梁的小尺度断裂韧度并且与回归树的方法进行了对比，结果表明神经网络可以更简单地得到更准确的预测结果。神经网络还能被应用到压痕方法中，通过压痕结果逆分析得到可以预测材料力学性能的多保真度神经网络模型。此外，相关学者基于有限元仿真结果构造神经网络，分析出 Ti-6Al-4V 微纳米划痕过程中划痕深度与剪切摩擦因数无关，剪切摩擦因数与耕犁摩擦因数呈正相关的结论。

从整体来说，压划痕问题就是通过材料力学性能和加载工况确定材料的划痕响应，属于多输入多输出的回归问题。由于经典多输出多层感知器（MLP）神经网络具备高度的并行处理、高度的非线性全局作用和良好的容错性等优点，且具有良好的处理多输入多输出回归问题的能力，基于有限元数据训练 MLP 神经网络来预测材料的压划痕响应成为可能。

MLP 神经网络分为三部分：输入层、隐藏层和输出层。每层由许多神经元组成，采用 MP 模型（McCulloch-Pitts Model）来描述神经元行为。神经元从上一层的所有神经元接收带权重的信号，并将收到的总输入与阈值进行比较，然后通过激活函数输入下一层的所有神经元，但输入到输出层的神经元是没有激活函数的。给定 MLP 神经网络训练需要的数据集，权重和阈值可以通过学习寻找到近似最优值。基于训练后的 MLP 神经网络，输入已知材料的塑性参数 (σ_y, n) 和划痕工况 (F_n, μ_a)，可以预测出划痕响应 (w, d, F_t)。

在工程应用中，获取大量可靠的数据是深度学习的难点也是关键之一。考虑到用试验的方法获得神经网络训练所需的数据集非常耗时且成本巨大，可以采用有限元仿真等较为成熟的仿真方法获取划痕测试数据集。

超参数是指在训练机器学习模型之前必须设定的参数，常见的超参数包括隐藏层层数、隐藏层单元个数、学习率以及优化算法等。这些参数通常用于控制模型的复杂度，以及模型在训练过程中的行为。在设计神经网络时，通常会设定多个隐藏层，并且每层的单元数可以不同。一般来说，隐藏层的单元数越多，模型的表示能力就越强，但同时也会增加训练的复杂度和运算量。因此，在设计神经网络时，需要权衡模型的表示能力和训练复杂度，合理设定隐藏层的单元数。学习率控制着模型在训练过程中权值和偏差的更新幅度。Adam、RMSprop 和 SGD 是 3 种常见的优化算法。Adam 是通过梯度和动量来调整学习率，RMSprop 通过梯度的平方值来调整学习率，SGD 只通过梯度来调整学习率。MLP 神经网络经过若干超参数组合的搜索后，在验证集上对模型进行优劣判断，获得最优的超参数选择。最后将未被学习过的数据输入已经训练好的 MLP 神经网络中，将预测值与实际值进行比较，用决定系数来衡量 MLP 回归的好坏。常见的决定系数如：

$$R^2 = \frac{\sum (\hat{y} - \bar{y})^2}{\sum (y - \bar{y})^2} \tag{2-86}$$

已经有采用有限元仿真与经典多输出多层感知器（MLP）神经网络的方法，有助于建立划痕输入参量（材料的屈服应力、应变硬化指数、界面摩擦因数以及划痕过程中施加的法向加载力）与划痕响应（表观深度、划痕宽度以及划痕切向力）之间的关系。通过选取切向力、表观深度和划痕宽度来评价划擦性能。训练的神经网络建立起不同材料力学性能（屈服应力和应变硬化指数）、划痕工况（界面摩擦因数和法向力）与划痕响应（切向力、表观深度和划痕宽度）之间的关系。采用 960 组金属材料划痕仿真数据集训练的 MLP 神经网络预测结果与有限元仿真结果吻合较好。采用 304 不锈钢、黄铜和 18CrNiMo7-6 合金钢的划痕试验对 MLP 神经网络进行了试验验证。结果表明：MLP 神经网络预测的划痕响应与试验中获得的结果较为接近。

2.4 压划痕试验技术

为了了解先进陶瓷材料在磨料磨损和研磨过程中的基本变形和断裂特征，可以通过单磨粒和样品之间相互作用的压痕和划痕试验进行研究。

2.4.1 压痕试验技术

在过去几十年，针对硬脆材料的压痕/划痕试验通常依附于精密加工机床，或者基于尖端技术的微纳米压痕/划痕加工装置（如纳米压痕仪、原子力显微镜等）。对于采用精密机床的试验方法，为模拟磨粒对材料的切割作用，通常需要在精密机床上搭建刀具系统。这种方法的优势是显而易见的：能够实现较高的划擦速度，同时允许添加关键传感器部件（如测力仪、声发射仪等），以便更详细地阐明加工过程的不同现象（如材料的相变、开裂等）。同样地，缺点也很明显：某种程度上类似于真实机床的设置导致刀具对工件的切削仍然处于宏观水平，且难以消除真实机床设置带来的干扰（如振动），并不能真实地解析单一因素对材料去除机理的影响。基于尖端技术的试验装置如纳米压痕仪内部集成了更为先进的传感系统（如力、位移等），可达到纳米级的分辨率。但是，纳米压痕仪通常仅能实现较为简单的加载曲线，对于复杂的加载要求往往无能为力，并且平台的运动范围有限，加载深度不足（处于微观尺度）。

2.4.2 划擦试验技术

划痕测试是一种合适的方法，可以提供关于材料变形和损伤过程的更基本的信息，并可以用来模拟磨料和工件之间的相互作用。相对于实际砂轮加工过程来说，划痕试验是一种实际磨削过程的简化，可以排除非必要的磨粒及切屑的干扰。特别是通过渐进加载的划痕试验，即随着划痕距离的增加而增加载荷，对于分析单个划痕中变形和损伤变化的临界点非常有效，广泛应用于研究陶瓷和玻璃等硬脆材料的变形、断裂和去除机制。因此，划痕试验法成为研究硬脆材料去除机理的主要研究方法，对了解硬脆材料相关性能具有重要的指导意义。

目前，对单个或多个磨粒的划擦试验使用的主要方法包括直线划痕、回转划痕和单摆划痕技术等。其中直线划痕主要特点是低速、短程，而单摆式划痕具有高速、变切深的特点。各种方法的试验原理如图 2-23 所示。

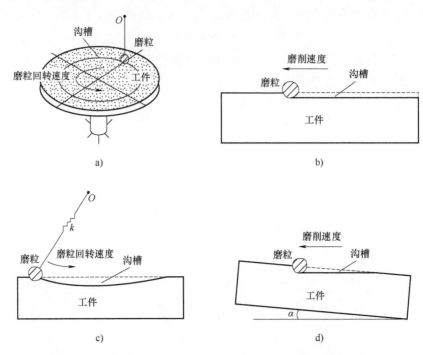

图 2-23　常用单颗磨粒切削加工试验原理图
a）球-盘回转式　b）直线式　c）单摆式　d）楔形式

1. 显微划擦技术

显微划擦技术是指凭借精密微动平台高分辨率的运动精度，实现纳米量级切削深度的划擦方法，通常在原子力显微镜（Atomic Force Microscope，AFM）、纳米压痕仪（Nanoindenter）等精密仪器上实现。凭借精密位移平台运动精度的优势，显微划擦技术能够精确地控制划擦载荷或划擦深度，实现工件材料的纳米划擦试验，并通过试验装置中的力传感器采集试验过程中的划擦载荷信号。如 Nano Indenter G200 纳米压痕仪，其最大划擦速度为 $0.05\mu m/s \sim 2.5mm/s$，最大划痕距离为 $100mm$，最大划痕深度为 $500\mu m$。其主要优点在于它的超高定位精度，其定位精度可达 $2nm$，同时可直接输出划痕过程中微观量级的受力情况以及其三维形貌特征，包括残留深度、凸出高度、划痕宽度和深度等，以便于分析材料的变形情况。纳米压痕仪的压头主要是 Berkovich 压头，目前较为常用的试验方法如图 2-24 所示。图 2-24a 为单磨粒定切深划擦方法，图 2-24b 为顺序多磨粒定切深划擦方法，图 2-24c 为同步多磨粒定切深划擦方法，图 2-24d 为将工件倾斜一定角度的单磨粒变切深划擦方法。然而，受精密位移平台的限制，该方法下的划擦速度通常较低，仅为 $\mu m/s$ 量级，远小于 m/s 量级的实际磨削速度。已有文献报道先进陶瓷材料变形机理受切削速度影响显著，因此，有必要在高速切削条件下开展纳米划擦试验。

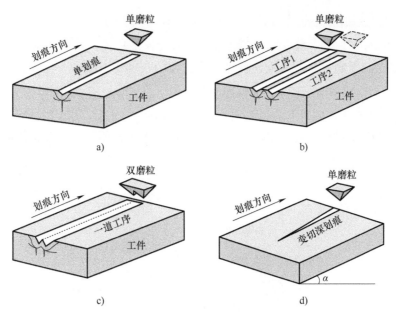

图 2-24　纳米压痕仪的主要使用方法

a）单磨粒定切深划擦方法　b）顺序多磨粒定切深划擦方法

c）同步多磨粒定切深划擦方法　d）单磨粒变切深划擦方法

2. 回转式划擦技术

回转式划擦技术的试验装置结构布局与传统的车床结构相似，如图 2-23a 所示，该方法的基本原理是通过刀具的纳米量级进给运动和高速的工件回转运动实现高速单点纳米划擦。为了避免高速切削条件下的重复划擦，刀具在增加切削深度的同时沿工件表面径向进给，在工件表面留下切深渐变的螺旋形划痕。

考虑到先进陶瓷材料超精密磨削机理研究所需的纳米切削高速单点划擦试验，回转式划擦的局限性主要表现在以下两方面：

1）为了保证划擦具有较高的线速度，刀具需要在较大的径向位置处划擦，工件的高速回转导致划痕长度过大，这会引入两个新的问题：一方面需要投入大量的工作使用 SEM、AFM 等设备分析划痕表面；另一方面金刚石刃尖快速磨损，许多学者还通过此方法观测分析了金刚石刀具切削时的磨损状态和磨损机制。

2）在主轴高速旋转的条件下，综合考虑电主轴旋转过程中的端面跳动和待划擦工件的表面轮廓，在纳米量级下难以控制切削深度，不可预知的切削深度变化和较长的切削路径使得在后期数据处理过程中难以判断某一加工位置的准确力信号。

3. 单摆式划擦技术

单摆式划擦方法如图 2-25 所示，划擦刀具安装在单摆末端，通过单摆的高速回转运动和进给运动可以实现划擦深度由浅入深再变浅的高速单点划擦。单摆式划擦方法的结构简单，具有回转运动机构的机床均可实现单摆式划擦试验。

单摆式划擦方法的优点在于能够实现与磨削速度相仿的 m/s 量级的划擦速度。然而对于分析先进陶瓷材料超精密磨削机理的单颗粒划擦试验而言，可能存在以下两方面问题：首先，单摆式划擦法采用的划擦工具与切削刀具的几何形状类似，刀具的圆角半径较大，远远大于磨削的磨粒尺寸，微米量级尺寸的磨粒在切入深度达到最大值时可能发生破碎；其次，受单摆几何结构的限制，划痕表面延性域切削阶段的长度相对较小，且取决于摆线的半径，如图 2-23c 所示。当切削速度提高到 m/s 量级时，由于力传感器的自然频率有限，难以在有限的划痕距离上采集到足够的力数据。而对于给定的切削深度，除非改变摆线半径，否则很难改变延性域阶段的划痕长度。例如，对于最大切削深度为 100nm 的划痕，为了保证力传感器能够采集到足量的力信号，需要划擦的长度不低于 1mm，则对应的摆线半径应扩大到 5m 以上。

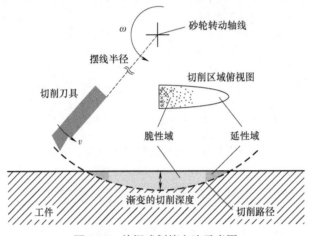

图 2-25　单摆式划擦方法示意图

4. 其他划擦技术

（1）高速次摆线连续划擦试验方法　林彬等人提出了高速次摆线连续划擦试验方法，用于研究硬脆材料高速划擦时的材料去除机理。该方案的基本原理是采用自制的金刚石刀具，将刀具固定在机床主轴上，通过提高主轴转速来获取较大的切削速度。试验过程中工件被固定，仅金刚石刀具旋转且保持垂直进给运动，这样获得的运动轨迹则为竖直方向上的螺旋线。装置示意图如图 2-26 所示。

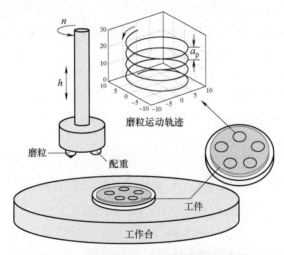

图 2-26　高速次摆线连续划擦试验示意图

（2）微凸晶圆高速划擦方法　黄宁等人提出了一种单颗粒高速纳米划擦的新方法，其基本原理如图 2-27 所示。晶圆的回转运动提供了划擦所需的相对运动，其新颖之处在于，沿晶圆表面划擦路径构造了界面轮廓呈弧形曲线的微凸结构，金刚石磨粒在整个过程中保持不动，晶圆每回转一周，刀具以步进的方式快速向下进给，直至划擦试验完成。此方法通过设计微凸结构的几何形貌，一方面可以增加延性域加工阶段，保证力信号的采集；另一方面，划痕的长度由微凸结构的形貌和划擦深度决定，不再受单摆运动轨迹的限制。此方法通过控制微凸结构的曲率可以保证划擦试验能够以指定的划擦深度在预期的划擦长度内完成。此外，当划擦深度降低至纳米量级时，主轴的跳动和工件表面的形貌误差不可避免地影响试验的划擦深度，而微凸结构将划擦区域限定在微小区域内，极大地降低了划擦设备中的旋转轴对端面跳动的要求。

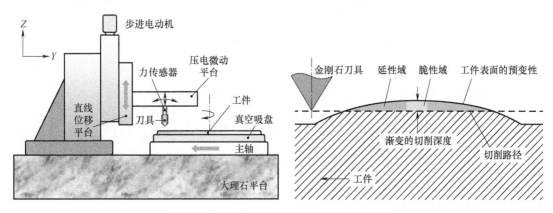

图 2-27　单颗粒高速纳米划擦新方法原理图

（3）角度调整仪变切深划擦法　为实现高精度纳米量级变切深控制，需要将试样调整一定角度，为达到此目的，使用角度调节装置，如图 2-28 所示，通过转动旋钮调节工件的平面倾斜角度，得到了内螺纹结构的两种垂直分布。上下角规之间的角度差 β 就是工件的倾斜角。因此，它具有以下关系：

$$h_m = l_w \sin\beta \tag{2-87}$$

式中　h_m——最大划擦距离；

　　　l_w——工件长度。

以下关系存在于划擦轨迹上的任何点：

$$x = v_s t \tag{2-88}$$

$$h_x = x\tan\beta \tag{2-89}$$

式中　x——点与初始插入位置之间的距离；

　　　v_s——划擦速度；

　　　t——划擦时间；

　　　h_x——对应于该点的划擦深度。

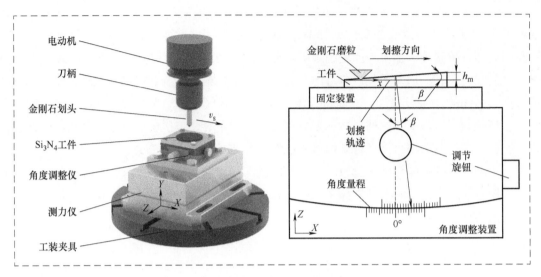

图 2-28　变切深划擦角度调节装置

参 考 文 献

［1］ALDER B J，WAINWRIGHT T E. Studies in Molecular Dynamics. I. General Method ［J］. Journal of Chemical Physics，1959，31（2）：459-466.

［2］IKAWA N，SHIMADA S，TANAKA H. Minimum Thickness of Cut in Micromachining ［J］. Nanotechnology，1992，3（1）：6-9.

［3］GOEL S，LUO X，REUBEN R L. Molecular Dynamics Simulation Model for the Quantitative Assessment of Tool Wear during Single Point Diamond Turning of Cubic Silicon Carbide ［J］. Computational Materials Science，2012，51（1）：402-408.

［4］CHAVOSHI S Z，GOEL S，LUO X C. Influence of Temperature on the Anisotropic Cutting Behaviour of Single Crystal Silicon：A Molecular Dynamics Simulation Investigation ［J］. Journal of Manufacturing Processes，2016，23：201-210.

［5］KARKALOS N，MARKOPOULOS A. Modeling Nano-Metric Manufacturing Processes with Molecular Dynamics Method：A Review ［J］. Current Nanoscience，2017，13（1）：3-20.

［6］KARKALOS N，MARKOPOULOS A，MANOLAKOS D. Cutting Speed in Nano-Cutting as MD Modelling Parameter ［J］. International Journal of Manufacturing，Materials and Mechanical Engineering，2016，6（1）：1-13.

［7］MARKOPOULOS A，KARKALOS N，PAPAZOGLOU E. Meshless Methods for the Simulation of Machining and Micro-machining：A Review ［J］. Archives of Computational Methods in Engineering：State of the Art Reviews，2020，27（3）：831-853.

［8］MARKOPOULOS A P，SAVVOPOULOS I K，KARKALOS N，et al. Molecular Dynamics Modeling of A Single Diamond Abrasive Grain in Grinding ［J］. Frontiers of Mechanical Engineering，2015，10（2）：168-175.

［9］QIU C，ZHU P Z，FANG F Z，et al. Study of Nanoindentation Behavior of Amorphous Alloy Using Molecular Dynamics ［J］. Applied Surface Science：A Journal Devoted to the Properties of Interfaces in Relation to the

Synthesis and Behaviour of Materials, 2014, 305: 101-110.

[10] ZHU P Z, FANG F Z. Molecular Dynamics Simulations of Nanoindentation of Monocrystalline Germanium [J]. Applied Physics A, 2012, 108 (2): 415-421.

[11] ZHU P Z, QIU C, FANG F Z, et al. Molecular Dynamics Simulations of Nanometric Cutting Mechanisms of Amorphous Alloy [J]. Applied Surface Science, 2014, 317: 432-442.

[12] GUO Y B, LIANG Y C, CHEN M J, et al. Molecular Dynamics Simulations of Thermal Effects in Nanometric Cutting Process [J]. 中国科学: 技术科学 (英文版), 2010, 53 (3): 870-874.

[13] LIANG Y C, CHEN J X, CHEN M J, et al. Three-dimensional Molecular Dynamics Simulation of Nanostructure for Reciprocating Nanomachining Process [J]. Journal of Vacuum Science & Technology, B. Microelectronics and Nanometer Structures, 2009, 27 (3): 1536-1542.

[14] CHEN J X, LIANG Y C, BAI Q S, et al. Researching Nanometric Cutting of Copper Based on Molecular Dynamics [J]. Journal of Computational and Theoretical Nanoscience, 2008, 5 (8): 1485-1489.

[15] LIANG Y C, WANG Z G, CHEN M J. Potential Analysis in Nanoturning of Single Crystal Silicon Using Molecular Dynamics [J]. Advanced Materials. Research, 2011, 239-242: 3236-3239.

[16] PEN H M, LIANG Y C, LUO X C, et al. Multiscale Simulation of Nanometric Cutting of Single Crystal Copper and Its Experimental Validation [J]. Computational Materials Science, 2011, 50 (12): 3431-3441.

[17] Lucy L B. A Numerical Approach to the Testing of the Fission Hypothesis [J]. The Astron Journal, 1977, 8 (12): 1013-1024.

[18] LIMIDO J, ESPINOSA C, et al. SPH Method Applied to High Speed Cutting Modeling [J]. Mechanical Sciences, 2007, 49: 898-908.

[19] GUO Z, TIAN Y, LIU X, et al. Modeling and Simulation of the Probe Tip Based Nanochannel Scratching [J]. Precision Engineering, 2017, 49: 136-145.

[20] DUAN N, YU Y, WANG W, et al. SPH and FE Coupled 3D Simulation of Monocrystal SiC Scratching by Single Diamond Grit [J]. International Journal of Refractory Metals & Hard Materials, 2016, 64: 279-293.

[21] KERMOUCHE G, ALEKSY N, LOUBET J L, et al. Finite Element Modeling of the Scratch Response of a Coated Time-dependent Solid [J]. Wear, 2009, 267 (11): 1945-1953.

[22] SHI C, ZHAO H, HUANG H, et al. Effects of Probe Tilt on Nanoscratch Results: An Investigation by Finite Element Analysis [J]. Tribology International, 2013, 60 (7): 64-69.

[23] KLOCKE F, BECK T, HOPPE S, et al. Examples of FEM Application in Manufacturing Technology [J]. Journal of Materials Processing Technology, 2002, 120 (1-3): 450-457.

[24] ANANTHA B S, DANCKERT J, FAURHOLDT T. Finite Element Analysis of Stresses Due to Normal and Sliding Contact Conditions on an Elastic Surface [C]. Fourth European LS-DYNA Users Conference, Germany, 2003: 21-34.

[25] 宿崇, 丁江民, 许立, 等. 单颗立方氮化硼磨粒切削特性及工件材料变形行为的微观力学分析 [J]. 兵工学报, 2012, 33 (04): 425-431.

[26] 段念, 王文珊, 于怡青, 等. 基于 FEM 与 SPH 耦合算法的单颗磨粒切削玻璃的动态过程仿真 [J]. 中国机械工程, 2013, 24 (20): 2716-2721.

[27] LIU X, ATHANASIOU C E, PADTURE N P, et al. A Machine Learning Approach to Fracture Mechanics Problems [J]. Acta Materialia, 2020, 190: 105-112.

［28］LU L，DAO M，KUMAR P，et al. Extraction of Mechanical Properties of Materials through Deep Learning from Instrumented Indentation ［J］. Proceedings of the National Academy of Sciences of the United States of America，2020，117（13）：7052-7062.

［29］XIE H B，WANG Z J，QIN N，et al. Prediction of Friction Coefficients during Scratch Based on an Integrated Finite Element and Artificial Neural Network Method ［J］. Journal of Tribology，2020，142（2）：1-13.

［30］秦瑾鸿，张建伟，李元鑫，等. 基于机器学习的金属材料划痕响应预测 ［J］. 摩擦学学报，2023，43（12）：1445-1452.

［31］黄宁. 考虑弹塑性变形特征的单晶硅超精密磨削表面质量预测 ［D］. 大连：大连理工大学，2021.

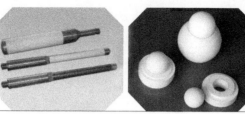

第 3 章

先进陶瓷材料的磨削原理

3.1 先进陶瓷磨削技术概述

在先进陶瓷加工中，使用金刚石工具（主要是砂轮）的磨削加工是目前最常用的加工方法。然而，陶瓷材料的高硬度和高脆性使其很难加工，被磨陶瓷元件大多会产生并包含各种类型的表面/亚表面损伤，诸如：变形层、表面/亚表面微裂纹、材料粉末化、模糊表面、相变区域、残余应力等。高性能陶瓷高效磨削加工的根本目标，就是在保持材料表面完整性和尺寸精度的同时获得最大的材料去除率。然而，通过采用大的材料去除率降低加工成本，又主要受到那些将导致陶瓷元件强度损失的表面/亚表面损伤的限制。

要实现对陶瓷材料的低损伤、高效率磨削，就必须对陶瓷材料的磨削机理有清楚的认识，因此对陶瓷的磨削过程进行全面深入的研究是非常必要的。经过多年的研究，国内外学者在陶瓷磨削的材料去除机理、磨削加工损伤和强度损失的定性定量分析、磨削过程控制、磨削过程砂轮和加工工艺参数选择和优化、机床工具刚度对陶瓷磨削过程的影响、砂轮修整技术的发展等方面取得了许多有价值的结论。其中最早的研究是由英国萨塞克斯大学的 Lawn 和澳大利亚新南威尔士大学的 Swain 在 1975 年进行的。他们通过建立压痕断裂力学模型来模拟陶瓷磨削过程，进而研究陶瓷的磨削机理，提出了应力强度因子的概念，研究指出：陶瓷材料的去除机理通常为裂纹扩展和脆性断裂，而当材料硬度降低、压痕半径小时，摩擦剧烈，并且当载荷比较小时，就会出现塑性变形。1987 年，日本庆应义塾大学的 Inasaki 进一步提出，陶瓷材料以不同的方式被去除依赖于材料上缺陷的大小和密度，诸如裂纹、裂缝和应力场的大小。海野邦昭也指出陶瓷材料的去除机理受高温强度的影响。1988年，美国北卡罗来纳州立大学的 Bifano 通过各种脆性材料在精密磨床 Pegasus 上的切入式磨削试验，证实了陶瓷材料的塑性去除机理，并提出了陶瓷材料的延性域磨削的概念。1989年，美国麻省理工学院的 Malkin 提出了另外一种研究陶瓷磨削机理的方法，即加工观察法。1994 年日本庆应义塾大学的 Rentsch 首次将分子动力学方法用于磨削机理的研究，得出了磨削过程的仿真结果并用来阐述磨削中磨屑堆积的现象，指出了磨削过程仿真与切削过程仿真的异同点。1996 年，Malkin 对陶瓷磨削机理进行了综述，认为深入研究磨削机理是陶瓷材

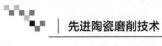

料实现低成本高效率磨削的基础，具体的研究方法概括为压痕断裂力学法和加工观察法。压痕断裂力学模型是建立在理想化的裂纹系统和由压头所产生的变形的基础上的，该方法将磨粒和工件间的相互作用，用理想的小范围内的压痕表示，分析应力、变形及材料去除的关系；而加工观察法包括磨削力的测定、加工表面形貌与磨屑的显微观察。两者均为陶瓷材料磨削机理的研究提供了重要的帮助。1999年，德国凯泽斯劳滕大学的 Warnecke 将有限元方法应用到磨削机理的研究当中，并指出：在磨削新型陶瓷和硬金属等硬脆材料时，磨削过程及结果与材料去除机理紧密相关。而材料去除机理是由材料特性、磨料几何形状、磨料切入运动，以及作用在工件和磨粒上的机械及热载荷等因素的交互作用决定的。

国内对陶瓷磨削机理也进行了深入的研究。1986年，在我国"七五"攻关计划中，将陶瓷发动机研制列入国家重点攻关计划，天津大学、清华大学、建筑材料科学研究院成为我国最早从事陶瓷加工技术研究的单位，至1988年成功地完成了陶瓷气门、陶瓷缸盖底板、陶瓷针阀、陶瓷活塞顶等多种陶瓷汽车零部件加工研制任务，为我国陶瓷加工技术的发展和加工理论的建立奠定了坚实的基础。1988年，天津大学利用普通砂轮磨削赛隆（Sialon）陶瓷和 ZrO_2 陶瓷，实现了镜面磨削。1991年，东北大学郑焕文、蔡光起教授对含钼金属陶瓷进行磨削试验，通过测定比磨削力、磨削能和磨削比，以及使用扫描电子显微镜（SEM）对陶瓷表面和磨削区域进行观察，探索了金属陶瓷材料的去除机理。自2000年，陶瓷精密加工技术开始改善，出现了特种加工技术和复合加工技术，研究者开始关注通过改进传统机械加工技术来提高工业陶瓷的加工质量及效率，特种加工技术如电火花加工、激光加工、超声加工和微波加工等开始应用于陶瓷材料的加工。自2010年，复合加工技术如水射流辅助激光精密加工、电解电火花复合加工技术和高温化学腐蚀加工技术开始应用，复合磨削加工技术如超声辅助磨削、激光预热辅助磨削、电火花磨削加工和振动辅助磁力研磨等技术得到发展。研究者开始关注磨削过程中的应变率效应，发现增大磨削应变率可以有效改善工程陶瓷加工质量。2020年，工业陶瓷精密加工技术的研究现状表明，特种加工技术和复合加工技术在提高工业陶瓷加工效率和保证产品表面完整性方面发挥了积极作用。研究者继续探索新的磨削技术和材料去除机制，以优化磨削工艺参数，提高加工精度和效率。这些进展显示了陶瓷磨削技术在提高加工效率、改善工件表面质量、降低加工成本等方面的持续发展。随着新材料的开发和新技术的应用，陶瓷磨削技术将继续朝着更高精度、更高效率和更低成本的方向发展。

3.2 先进陶瓷磨削砂轮选择与修整

3.2.1 金刚石砂轮的种类

金刚石，又称钻石。早期的拉丁文名称 adamas 与中文"金刚石"一词同义，原意是"无敌的，不可征服的"。金刚石是目前已知工业应用的最硬的物质，是地球上的一种罕见的矿物。金刚石的莫氏硬度为10级，维氏硬度可达100GPa，努氏硬度可达90GPa以上。金刚石磨具是以金刚石为主要磨料制成的一类磨具，具有砂轮、修整滚轮、磨石、锯片、砂盘、砂纸、研磨膏等不同形式。金刚石磨料具有硬度高、强度大、耐磨性能好等力学特性，因此不仅磨削效率高，磨削力小，磨削温度较低，磨具消耗少，使用寿命长，而且可避免工件表面的烧伤和开裂，磨削质量好，加工精度高，因此降低了加工成本，减少了能源消耗，改善了工人的劳动条件。金刚石磨具与普通磨具相比，具有明显的优越性，既能胜任其他类型磨具无法解决的难加工材料的加工问题，又为开发新材料、新工具、新装备提供了有利条件。金刚石砂轮，因其优良的磨削性能，已广泛用于磨削领域的各个方面。金刚石砂轮是磨削硬质合金、玻璃、陶瓷、宝石等高硬脆材料的特效工具，它是通过结合剂把金刚石磨粒结合在一起而制成的。按照结合剂类别划分，金刚石砂轮有金属结合剂金刚石砂轮、树脂结合剂金刚石砂轮和陶瓷结合剂金刚石砂轮三大类。

1. 金属结合剂金刚石砂轮

金属结合剂砂轮因其结合强度高、成型性好、使用寿命长等显著特性而在生产中得到了广泛的应用。金属结合剂金刚石砂轮按制造方式不同主要有：电镀金属结合剂金刚石砂轮、烧结金属结合剂金刚石砂轮和钎焊金属结合剂金刚石砂轮。

（1）电镀金属结合剂金刚石砂轮　电镀金属结合剂金刚石砂轮是指用电镀的方法将金刚石沉积在金属镀层中，金刚石不参与任何化学反应。这种复合镀层的组合形式主要有：金刚石/Ni、金刚石/Ni_2Co、金刚石/Ni_2Co_2Mn 等。当金属离子不断在阴极表面析出时，微粒逐步进入阴极表面，继而被沉积的金属所埋入，经过上砂、增厚等步骤，最终将金刚石固定在基体上，并形成具有锋利工作面的复合镀层，成为电镀金属结合剂金刚石砂轮。

电镀金刚石砂轮具有如下优点：

1）电镀工艺简单，投资少，制造方便。

2）无须修整，使用方便。

3）单层结构决定了它可以达到很高的工作速度，目前国外已实现工作速度高达 $250 \sim 300 m/s$。

4）虽然只有单层金刚石，但也能满足一定的使用寿命要求。

5）对于精度要求较高的滚轮和砂轮，电镀是唯一的制造方法。正是由于这些优势，电镀砂轮在高速、超高速磨削中占据着无可争议的主导地位。

但电镀金刚石砂轮也存在明显的缺陷：单层金刚石电镀砂轮由于工作层很薄，所以其使用寿命与其他金刚石砂轮相比明显较短；在镀层金属与基体及磨料的结合面上并不存在牢固的化学冶金结合，磨料实际上只是被机械包埋镶嵌在镀层金属中，因而把持力小，金刚石颗粒在负荷较重的高效磨削中易脱落（或镀层成片剥落）而导致整体失效；为增加把持力就必须增加镀层厚度，其结果是磨粒裸露高度和容屑空间减小，砂轮容易发生堵塞，散热效果差，工件表面容易发生烧伤。目前国内的电镀砂轮制造尚未实现按加工条件的要求而优化设计出砂轮的最佳形貌，单层电镀金刚石砂轮的这些固有弊端必然会大大限制它在高效磨削中的应用。

（2）烧结金属结合剂金刚石砂轮　烧结金属结合剂金刚石砂轮是以金刚石为主要磨料，以金属粉末为结合剂，经过压制成型、烧结以及必要的加工而制成的一类砂轮。烧结金属结

合剂，按其基本成分，大致可分为铜基合金结合剂、钴镍合金结合剂、铁基结合剂、硬质合金基结合剂等。铜基合金结合剂中以青铜结合剂最为常用。而且，现在的青铜不再局限于传统的锡青铜，而是发展到铜与铝、铍、硅、锰、钛、镉、镁、铬等元素形成的二元合金或以这些元素为主要合金元素的铜合金。

烧结金属结合剂，其结合强度高、硬度高、耐高温、导热性和耐磨性好、磨具工作面形状保持性好、使用寿命长，可承受较大的负荷，但自锐性差、磨削效率低，而且砂轮在使用过程中也很难修整。因砂轮在烧结过程中不可避免地存在着收缩及变形，且砂轮修整比较困难，所以其制造精度比电镀金属结合剂砂轮难以保证。此外，由于砂轮的制造工艺决定了其表面形貌是随机的，各磨粒的几何形状、分布及切削刃所处的高度不一致，因此磨削时只有少数较高的切削刃磨到工件，限制了磨削质量和磨削效率的进一步提高。

（3）钎焊金属结合剂金刚石砂轮　钎焊金属结合剂金刚石砂轮是以金属合金钎料为结合剂，通过高温钎焊方法实现金刚石与钢基体结合而制成。单层钎焊金刚石砂轮是为了充分发挥金刚石的作用以及设法增大结合剂对金刚石的把持力，提高砂轮的结合强度而诞生的。国外从 20 世纪 90 年代初开始用高温钎焊工艺开发单层高温钎焊金刚石砂轮，此后国内也开展了一系列研究。目前有加 Cr 银基钎料单层钎焊金刚石砂轮、Ni-Cr 合金单层钎焊金刚石砂轮、单层高温钎焊镀膜金刚石砂轮等种类。

加 Cr 银基钎料单层钎焊金刚石砂轮是利用高频感应钎焊方法，用添加有 Cr 的 Ag-Cu 合金作为钎料，在 780℃ 的空气中钎焊 35s，自然冷却，实现金刚石与钢基体间的牢固连接。该工艺的优点是钎焊温度低，对金刚石的损伤小；缺点是银基钎料的熔点较低，耐磨削高温性能较差，在高效重负荷磨削中的应用受到限制。

Ni-Cr 合金单层钎焊金刚石砂轮是用 Ni-Cr 合金片或粉状钎料单层钎焊砂轮，用陶瓷块压住金刚石磨粒，然后在真空高频感应机上钎焊 30s，钎焊温度为 1080℃；或者在氩气保护辐射加热炉内进行钎焊，适当控制钎焊温度、保温时间和冷却速度。这种工艺的优点是：Ni-Cr 合金本身的强度高，钎焊后可获得比银基合金钎焊更高的结合强度；Ni-Cr 合金熔点高，耐高温性能好。但它仍有一定的局限性，因钎焊温度高（1080℃），易造成金刚石热损伤而降低金刚石的强度，采用真空条件或氩气保护进行钎焊可尽量减小金刚石的热损伤和氧化。

单层高温钎焊镀膜金刚石砂轮是为减少钎焊过程中金刚石的热损伤和改善金刚石与结合剂的结合状态而发展的一类产品。由于金刚石的热稳定性差，800℃ 时就会发生石墨化转变，所以较高的钎焊温度势必会造成金刚石的热损伤而使金刚石强度下降；同时结合剂中的有害元素会使金刚石腐蚀和石墨化。因此，为了解决这个问题，人们尝试在金刚石表面先镀上一层活性金属及其合金后再进行钎焊。超硬磨料的镀覆技术主要有化学气相沉积、离子镀、热蒸镀、真空微蒸发镀等。化学气相沉积 Cr、真空微蒸发镀 Ti 等可有效改善金刚石的表面性能。在钎焊过程中，凭借镀层的中介作用，除了更易实现金刚石与结合剂间的强力冶金化学结合外，由于镀层对热空气中氧的阻隔作用而使金刚石表面的碳原子与氧的反应速度大大降低，同时镀层中的强碳化物形成元素与金刚石表面的碳原子反应生成碳化物，封闭了金刚石表面的悬键，增大了氧化反应的阻力，从而抑制了结合剂中的 Fe、Co、Ni 等元素对金刚石的腐蚀和金刚石本身的石墨化过程，使钎焊后的磨料仍能保持原来的强度和晶型。磨削试验表明，由于镀膜金刚石与结合剂之间有良好的浸润性，有效地避免了磨粒的脱落，大大改善了砂轮的磨削性能，实现了砂轮寿命和加工效率的大幅度提高。但应指出，由于镀膜金刚石与结合剂间存在着适应性问题，因此只有合适的结合剂和工艺才能使镀膜金刚石达到最佳的物理力学性能。

已有的研究表明，单层高温钎焊金刚石砂轮能克服电镀砂轮的缺点，可以实现金刚石、结合剂（钎焊合金材料）、金属基体三者之间的化学冶金结合，具有较高的结合强度，仅需将结合层厚度维持在磨粒高度的 20%～30% 就能在大负荷高速高效磨削中牢固地把持住磨粒，使钎焊砂轮的磨粒裸露高度可达 70%～80%，因而增大了容屑空间，砂轮不易堵塞，磨料的利用更加充分。在与电镀砂轮相同的加工条件下，单层高温钎焊金刚石砂轮的磨削力、功率损耗、磨削温度更低，意味着可达到更高的工作速度，这在 300～500m/s 及以上的超高速磨削中有着特殊的意义。

国内外对单层高温钎焊砂轮的研究虽已取得了较好的试验结果，但其制造工艺还有待于进一步完善。目前存在的问题主要表现为：一是采用何种钎料和钎焊工艺才能使金刚石结合界面上产生具有较高结合强度的化学冶金结合；二是结合剂层适宜的厚度与均匀性的控制；三是磨料合理有序的排布。对于提高金刚石与钎料结合强度来说，其关键是钎焊过程中金刚石、钎料、金属基体三者间能够产生化学冶金结合，因此合金钎料中应含有强碳化物形成元素（如 Ti、Cr、V 等），并争取在较低的温度下进行钎焊，尽量减小对金刚石的损伤。研制合理的钎料合金配方是开发单层钎焊砂轮应首先解决的问题。在工业化生产钎焊砂轮过程中，严格控制结合剂层的厚度及均匀性十分必要。钎焊前应对金属基体表面进行去氧化膜处理，对金刚石和钎料应去油去污。钎料中含有强碳化物形成元素并添加适量的 B 和 Si 可降低钎料熔点，提高钎料的流动性和浸润性；采用粉状钎料，在真空条件（或惰性气体保护）下进行钎焊。钎焊前磨料的有序排布和钎料布料厚度的一致性对提高钎焊后结合剂层厚度的均匀性亦十分重要。砂轮工作面上磨料的合理有序排布一直是磨具行业追求的目标，并有望在单层金刚石砂轮上实现。

2. 树脂结合剂金刚石砂轮

树脂结合剂金刚石砂轮是指采用树脂作为结合相将金刚石磨料结合起来而制备的砂轮。常用树脂结合剂有酚醛树脂、改性酚醛树脂、聚酰亚胺树脂、双马来酰亚胺树脂等热固性树脂材料。其制造工艺为以人造金刚石磨粒和热固性树脂为主要原料，添加适当的填料，经过配料、混合、热压成型、固化、机械加工等工序，最终得到具有不同形状、适应不同要求的砂轮。

树脂结合剂具有较高的强度、一定的弹性、较好的抛光作用、高温下结合剂易烧毁等特点，因此树脂结合剂金刚石砂轮具有磨削力和磨削热小、自锐性好、不易堵塞、不易烧伤工件、磨具易修整、磨削效率高、加工表面粗糙度低等优点，而且制造工艺和设备简单，容易成型复杂形状砂轮，生产周期短，对金刚石磨料质量要求较低，生产成本低。但其耐热性差、磨耗快、使用寿命较短。

树脂结合剂磨具是金刚石磨具中目前用量较大的一类。这类磨具适合加工硬而脆的材

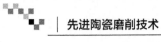
料，广泛应用于加工硬质合金、陶瓷、玛瑙、光学玻璃、半导体材料、石材和耐磨铸铁等。

3. 陶瓷结合剂金刚石砂轮

陶瓷结合剂金刚石砂轮是以金刚石为主要磨料，以陶瓷结合剂为结合相，适当加入一定的辅助材料，经过配料、混合、成型、烧成、机械加工等过程，制得具有一定形状和良好磨削性能的一类磨具产品。陶瓷结合剂金刚石砂轮一方面具有超硬材料磨具共同的特点，磨料硬度高，磨粒锋利，与普通磨料磨具相比，其磨削能力强、磨削温度低、磨具磨损小、使用寿命长。另一方面，它具有陶瓷结合剂磨具的典型优点：硬度高，刚性好，耐磨性好，磨削时磨具的形状保持性好，加工出来的零件尺寸精度高；磨具中有较多的气孔，有利于容屑、排屑和冷却，磨削时不易堵塞、不易烧伤工件；磨具整体自锐性好，修整间隔的时间长，修整时也比较容易，修整维护费用适中；耐热性、耐水性、耐油性、耐酸碱性均较好，适应在较广的冷却液条件下磨削。因此，陶瓷结合剂金刚石砂轮在国内外的使用日益增多。陶瓷结合剂金刚石砂轮主要应用于金刚石刀具、立方氮化硼刀具、硬质合金、金属陶瓷、铁氧体、铸铁、宝石、普通陶瓷及新型工程陶瓷材料的磨削和加工。

3.2.2 金刚石砂轮的特征及表示方法

1. 金刚石磨料

金刚石分天然金刚石和人造金刚石两类。由于天然金刚石资源短缺、价格昂贵，所以除了高质量的金刚石修整工具以外，大多数砂轮使用人造金刚石制作。按照金刚石生长结晶的完整性和金刚石的单颗粒抗压强度和冲击韧性，人造金刚石也被分成不同的品级和品种牌号。我国之前的国家标准 GB/T 23536—2009 将其分为 RVD、MBD、SCD、SMD 等系列品种，现行的国家标准 GB/T 23536—2022 对人造金刚石品种代号进行了修订，具体见表 3-1。

表 3-1　人造金刚石品种代号及推荐用途

品种	代号	推荐用途					
		树脂结合剂磨具	陶瓷结合剂磨具	金属结合剂磨具（含电镀）	锯切、钻进工具（含电镀）	钎焊制品	修整工具
单晶（16/18-325/400）	D05	√	×	×	×	×	×
	D10	√	√	×	×	×	×
	D20	√	√	√	√	×	×
	D30	×	√	√	√	√	×
	D40	×	√	√	√	√	×
	D50	×	×	√	√	√	×
	D60	×	×	√	√	√	√
	D70	×	×	√	√	√	√
	D80	×	×	√	√	√	√
	D90	×	×	×	√	√	√

（续）

品种	代号	推荐用途					
		树脂结合剂磨具	陶瓷结合剂磨具	金属结合剂磨具（含电镀）	锯切、钻进工具（含电镀）	钎焊制品	修整工具
微粉	MD	精密磨削和切割、研磨、抛光工具，聚晶复合材料					
纳米粉	ND	抛光工具，聚晶复合材料					
大单晶	LD	修整工具，拉丝模具、刀具					

注：推荐用途中"√"表示推荐，"×"表示不推荐。

为了提高结合剂与金刚石的结合强度，提高磨料的利用率，人们采用不同方法对金刚石磨粒进行表面涂层处理，如在金刚石表面镀 Ni、Ti、Cu、Cr、W 等，其代号通常为在品级代号的基础上加镀层材料分子式，例如品级 D10 的人造金刚石表面镀铜的代号为 D10Cu。金刚石磨粒进行表面涂层处理在树脂结合剂磨具中取得了明显的效果，在部分金属结合剂磨具中也取得了一定效果。但涂层磨料也有使用局限性，在陶瓷结合剂磨具中没有取得好的效果，有时甚至使磨具性能变差。

2. 金刚石的粒度

我国国家标准 GB/T 6406—2016 将人造金刚石磨粒划分为 22 个粒度（见表 3-2），GB/T 35477—2017 将金刚石微粉分为 19 个粒度（见表 3-3）。

表 3-2　金刚石粒度尺寸对照表

粒度标记	颗粒尺寸/μm	粒度标记	颗粒尺寸/μm
16/18	1280~1010	80/100	197~151
18/20	1080~850	100/120	165~127
20/25	915~710	120/140	139~107
25/30	770~600	140/170	116~90
30/35	645~505	170/200	97~75
35/40	541~425	200/230	85~65
40/45	455~365	230/270	75~57
45/50	384~302	270/325	65~49
50/60	322~255	325/400	57~41
60/70	271~213	400/500	49~32
70/80	227~181	500/600	41~28

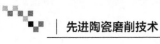

表 3-3　金刚石微粉粒度对照表

粒度标记	颗粒尺寸/μm	粒度标记	颗粒尺寸/μm
M50/70	50～70	M5/10	5～10
M40/60	40～60	M4/8	4～8
M35/55	35～55	M3/6	3～6
M30/40	30～40	M2/4	2～4
M25/35	25～35	M1/2	1～2
M20/30	20～30	M0.5/1	0.5～1
M15/25	15～25	M0/1	0～1
M10/20	10～20	M0/0.5	0～0.5
M8/16	8～16	M0/0.25	0～0.25
M6/12	6～12		

3. 结合剂

为了说明金刚石砂轮结合剂的种类，采用不同的符号表示不同的结合剂种类。以 V 表示陶瓷结合剂，以 B 表示树脂结合剂，以 M 表示金属结合剂，以 Me 表示电镀结合剂。

4. 金刚石砂轮的浓度

金刚石砂轮的浓度是指金刚石砂轮工作层中单位体积内金刚石磨料的含量。具体浓度与磨料含量之间的关系见表 3-4。

表 3-4　金刚石浓度与磨料含量对照表

浓度（%）	单位体积中金刚石含量/（g/cm³）	金刚石在工作层中所占体积（%）
25	0.22	6.25
50	0.44	12.50
75	0.66	18.75
100	0.88	25.00
125	1.10	31.25
150	1.32	37.50
175	1.54	43.75
200	1.76	50.00

表中金刚石的密度按 $3.52g/cm^3$ 计算。一般随着金刚石浓度提高，砂轮的磨削比增大，砂轮的使用寿命越长，当然，砂轮的成本亦相应增加。

5. 金刚石砂轮的硬度

金刚石砂轮的硬度是指结合剂把持磨粒的能力，而不是金刚石磨粒本身的硬度。砂轮的硬度与磨粒本身的硬度无关。影响砂轮硬度的主要因素是结合剂的种类、性质和结合剂用量、成型密度与热处理工艺等。砂轮硬度的高低和硬度均匀性及稳定性对磨削加工效率、加工精度，以及砂轮使用寿命都有很大影响。国内外尚未对金刚石砂轮硬度做出统一规定，国内外生产厂家都是根据各自经验与用户使用情况进行控制。

6. 金刚石砂轮的形状

我国国家标准将金刚石砂轮的形状划分为 50 多种，主要有平形砂轮、双斜砂轮、单斜边砂轮、筒形砂轮、杯形砂轮、碗形砂轮、薄片砂轮等。工作层磨料层的断面形状也多达 30 种。具体形状及代号可参考国家标准 GB/T 41403—2022。国外一些公司的产品，个别形状和代号与我国略有不同。

7. 金刚石砂轮的标记方法

金刚石砂轮的特征标记一般由形状代号、尺寸、磨料、粒度、结合剂、浓度等内容组成，并按顺序排列，如示例所示：

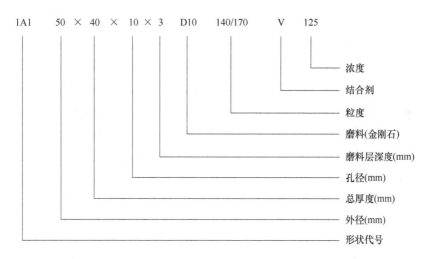

3.2.3　金刚石砂轮的选择

金刚石砂轮因金刚石在 700~800℃时容易碳化，并与铁族元素发生作用，因此不适于磨削铁族材料。金刚石砂轮比用碳化硼、碳化硅、刚玉等一般磨粒制成的砂轮刃角锋利、磨耗小、寿命长、生产率高、加工质量好，是磨削硬质合金、光学玻璃、陶瓷、宝石和石材等硬度高脆性大的非金属材料的首选理想磨具。但其价格较贵，因而在使用和选择上更应仔细和全面考虑金刚石砂轮的磨料种类、粒度、硬度、浓度、结合剂、砂轮形状与尺寸等因素。

1. 应根据砂轮的特定用途和工件的加工工艺要求选择结合剂的种类

前面已经介绍，金刚石砂轮的结合剂有树脂、陶瓷、烧结金属、电镀金属和钎焊金属等。不同结合剂的金刚石砂轮，磨削特性不同，应根据具体磨削情况合理选择。金属结合剂强度高，形状保持性好，但自锐性差、易堵塞、不易修整，一般用于磨削负荷大、磨削速度高、磨削粗糙度要求不太高的场所，如烧结金属结合剂砂轮用于切断开槽、切入磨削、光学曲线磨床的成型磨等；电镀砂轮适于高速磨削和复杂形状工件的成型磨削，以及切割开槽；钎焊金属结合剂砂轮适于高效率、超高速磨削。至于超细粒度的烧结金属结合剂金刚石砂轮和细粒度电镀金属结合剂金刚石砂轮用于工程陶瓷低粗糙度精密磨削，则是金属结合剂金刚石砂轮的特例。树脂结合剂砂轮有一定的韧性和弹性，有抛光作用，适合用于磨削冲击载荷

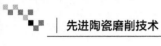
较大和表面粗糙度要求较高的场合，如切割开槽、刀具及量具刃磨、表面不平整工件的磨削及抛光等；陶瓷结合剂砂轮的磨粒凸出性较好，磨削效率高，形状保持性好，易于修整，砂轮使用寿命长，并因陶瓷结合剂本身有良好的化学稳定性，耐热、耐油、耐酸碱的侵蚀，可适应各种磨削液，磨削成本低，因而目前已成为高效、高精度磨削的首选磨具，其使用范围和应用量近年来迅速扩大，但其脆性较大，不太适合用于冲击载荷太大的场合。

2. 应根据砂轮的特定用途和结合剂的种类选择磨料的品级和型号

前面已述及，不同牌号的磨料，因制造工艺不同，其晶体形态、颗粒形状不同，其强度、热稳定性和破碎特性也不同。磨料的这些性质对砂轮的制造和使用性能都有较大的影响，应根据结合剂种类、工件材料和磨削方式，选择不同的磨料。磨削负荷大、磨削加工余量大、砂轮使用寿命要求高的情况，应选择结晶完整、强度高、抗冲击破碎能力强的品级较高的金刚石。另外，从磨料的利用率和使用经济性角度考虑，结合剂结合强度高、对磨料把持力强的结合剂，可以选择品级较高的金刚石。制造工艺对磨料热稳定性要求较高的情况（如陶瓷结合剂、烧结金属结合剂及钎焊金属结合剂），应选择品级较高的金刚石磨料。

3. 应根据工件粗糙度要求、磨削生产率要求等因素综合考虑选择金刚石的粒度

粒度直接影响加工效率、加工精度和表面粗糙度。细粒度适用于精磨，可获得较低的表面粗糙度和较高的表面加工精度；粗粒度适用于粗磨，可使用较大的磨削深度，从而获得较高的磨削效率。在满足粗糙度要求的前提下，应尽量选择粗粒度以提高效率。金刚石粒度选择可参考表 3-5。

表 3-5 不同磨削工序金刚石粒度选择参考范围

磨削工序	选用粒度范围
粗磨	80/100～100/120
半精磨	120/140～170/200
精磨	200/230～500/600
研磨、抛光	M50/70～M0/0.25

与普通磨料砂轮相比，要达到同样的表面粗糙度，金刚石砂轮的粒度选择应细 2~3 个粒度号。

4. 应根据工件的材料性质和加工要求来综合考虑砂轮硬度的选择

砂轮的硬度等级表示结合剂对磨料把持力的大小，即磨粒从砂轮表面脱离的难易程度。结合剂对磨料把持力大，磨粒从砂轮表面脱离的难度大，则砂轮的硬度高；反之，若结合剂对磨料把持力小，磨粒容易从砂轮表面脱离，则砂轮的硬度低。砂轮硬度与磨削性能之间有表 3-6 所示的基本关系。

表 3-6 砂轮硬度与磨削性能的基本关系

磨削性能	硬度小	硬度大
切削性能	自由切削	磨削能力较差

（续）

材料去除速率	较高	较低
磨削压力	较低	较高
磨削比	较低	较高
砂轮寿命	较短	较长
磨削温度	较低	较高

砂轮硬度的合理选择，是保证磨削质量的重要前提。若砂轮硬度太高，磨钝的磨粒不及时脱落，就会使砂轮太钝，从而会产生大量的热量，烧伤工件，使磨削过程不能顺利进行；砂轮硬度太低，则会使磨粒脱落过快而不能充分发挥作用，造成砂轮使用寿命短，使用经济性不佳，同时会因砂轮形状保持性不好而影响工件加工精度。砂轮的硬度应主要依据加工工件材料的力学性能（特别是被加工工件材料的硬度）和加工方式等因素来进行选择，大致原则可参考表 3-7。

表 3-7 砂轮硬度选择原则与磨削

磨削加工条件	硬度小些好	硬度大些好
磨削接触面	大	小
磨粒粒度	细	粗
工件硬度	较大	较小
磨削工序	粗磨	精磨、成型磨
砂轮磨削速度	高	低
干磨/湿磨	干磨	湿磨
其他	工件对热敏感	工件尺寸公差要求高

5. 应根据使用砂轮的粒度、结合剂、形状、加工方法、生产效率及砂轮寿命的要求选择浓度

高浓度金刚石砂轮保持砂轮形状的能力强、磨削比高、砂轮寿命长，但由于参加磨削的磨粒多，会造成磨削力较大、磨削热较多，同时砂轮成本也较高；过高的金刚石浓度，可能会使金刚石磨粒未能充分利用就脱落，从而导致金刚石利用率不高；低浓度砂轮磨削时，磨削力较小，金刚石的利用率较高，但砂轮形状保持性较差，砂轮寿命较短。因此，金刚石砂轮的浓度应根据需要酌情选取。一般而言，磨削加工量大、加工效率要求高时，浓度应选得高一些；成型磨削、沟槽磨削等对砂轮形状保持性要求高的，浓度应选得高一些；而磨粒粒度细、磨削加工量较小的，金刚石的浓度应选得低一些。金刚石的浓度选择也与结合剂的结合力大小有关。结合剂强度越高，其最佳浓度范围也相应越高。几种结合剂金刚石砂轮常用金刚石浓度范围见表 3-8。目前，高速高效磨削均采用较高浓度，如陶瓷结合剂金刚石砂轮，浓度一般选择 125% 以上。

表 3-8　几种结合剂金刚石砂轮常用金刚石浓度范围

结合剂类型	金刚石浓度（%）
树脂结合剂	50~125
烧结金属结合剂（青铜结合剂）	75~100
电镀金属结合剂	200
陶瓷结合剂	75~200

6. 应按照工件的形状、尺寸、加工要求和机床条件对砂轮的形状、尺寸进行合理的选用

工件材料不同、加工要求不同，则加工工艺不同，对砂轮的性能要求也会有所不同。机床不同，加工方式不同，则对砂轮的形状、尺寸要求也会有区别。一般来说，平形砂轮常用于平面或圆柱面的大面积磨削，杯形、碗形、碟形砂轮多用于刀具的刃磨，光学磨边砂轮和筒形砂轮用于光学玻璃的磨削加工。

3.2.4　金刚石砂轮的修整

3.2.4.1　金刚石砂轮修整的目的

在砂轮磨削过程中，由于磨削力和磨削热的作用，砂轮会发生磨损。砂轮磨损的形式主要有机械磨损、化学磨损和黏附磨损三种形式。砂轮表面上磨粒的磨损，会使砂轮变钝，同时也会使砂轮几何形状和尺寸精度变差，从而造成磨削力增大、磨削热增加，并引起振动、噪声，进而导致工件产生裂纹、烧伤、粗糙度增大，严重影响工件的加工效率、加工几何精度和表面质量。为了使砂轮继续正常磨削工作，必须对砂轮定期进行修整。金刚石砂轮虽然比其他磨料的砂轮耐用度好，但使用一段时间后，也会由于磨料失去锐角而变钝，或者磨屑嵌塞缝隙而使砂轮变钝，或者因磨损使砂轮的形状和尺寸精度变差，这时若继续使用就会使砂轮切削能力降低、磨削效率降低、磨削热增加，造成工件变形甚至开裂，工件表面粗糙度明显变差，加工工件精度不能满足加工要求。因此，也应该及时加以修整。修整的目的是使砂轮恢复必需的几何形状精度和良好的磨削状态。砂轮修整在磨削中占有非常重要的地位，是保证砂轮充分发挥优良磨削性能的必要手段。

3.2.4.2　金刚石砂轮的修整过程与基本方法

金刚石砂轮的修整，通常分为整形和修锐两个工序。修整是整形和修锐的总称。整形是对砂轮进行微量切削，使其达到所要求的几何形状和尺寸精度，并使磨料尖端微细破碎，形成微刃；修锐是去除磨粒间的结合剂，使磨粒间有一定的容屑空间，并使磨粒突出结合剂之外，形成切削刃，使砂轮具有锋利的磨削状态。整形和修锐两个过程的要求不太相同。有时，砂轮的整形和修锐可以同时实现，但许多时候则需要先后分步进行。

对于多气孔陶瓷结合剂金刚石砂轮，由于结合剂为疏松型，通常整形和修锐可一次完成；而对于结合剂为密实型的砂轮（如树脂、金属结合剂），则整形和修锐须分别进行。

金刚石砂轮整形的方法较多，常用的有车削整形法、滚压整形法、磨削整形法等。近年来又出现了电加工整形法、激光整形法。电加工整形法只能用于金属结合剂砂轮，主要有电解法、电火花法等。但目前大量使用和最有效的金刚石砂轮整形方法还首推磨削修整法。

修锐方法很多，一般可使用机械法（如用刚玉块切入修锐、液压喷射修锐法）或电加工法。后者多用于金属结合剂的砂轮，将砂轮作为阳极通过电火花或电解法将金属结合剂蚀除；若在结合剂中加入石墨粉，此法也适用于树脂、陶瓷结合剂砂轮。

3.2.4.3　金刚石砂轮的基本整形方法

1. 金刚石笔整形法

金刚石笔分为单点金刚石笔和多点金刚石笔。单点金刚石笔一般是采用天然或人造的大颗粒金刚石焊接到金属基体上而制得。烧结体多点金刚石笔一般是采用粗粒度的金刚石和金属结合剂烧结而成。采用金刚石笔修整砂轮实际上是仿效车削的方法来修整砂轮。当一般磨料的砂轮变钝时用金刚笔加以修整都能够实现。而金刚石砂轮中起磨削作用的也是金刚石，若用金刚石笔修整，金刚石笔是静止的，金刚石砂轮却是高速旋转的，金刚石笔的磨损更严重，因此采用普通砂轮修整用的金刚石笔修整金刚石砂轮时不易达到预期的修整效果。采用金刚石笔修整金刚石砂轮时，一方面对金刚石笔的质量有更高的要求，对金刚石笔的支撑系统的刚性要求也更高；另一方面对修整砂轮的种类有限制，金刚石笔只能在一定程度上修整陶瓷结合剂或树脂结合剂金刚石砂轮，且修整时金刚石砂轮应低速旋转，进刀量和进给速度也应该特别小，以避免金刚石笔的快速磨损。这种方法修整的砂轮表面光滑，磨削性能较差，形状及尺寸精度较低。用这种方法修整后，一般需要经进一步修锐处理，否则很难取得好的使用效果。对于金刚石砂轮而言，这种方法只在没有其他修整条件时才使用。

2. 普通磨料修整轮修整法

利用普通磨料砂轮、砂块等对金刚石砂轮进行磨削修整，是应用比较广泛的修整方法。

修整器的磨削修整能力与其使用方式有关。尽管普通磨料的硬度低于金刚石，但普通磨料修整轮对金刚石砂轮的修整效果比金刚石笔的修整效果还好。在普通磨料中，绿色碳化硅的硬度最高，所以一般选用绿色碳化硅修整轮作为金刚石砂轮的修整轮，并且保证修整轮的速度高于金刚石砂轮的转速。绿色碳化硅对金刚石砂轮的修整，严格地说不是绿色碳化硅砂轮磨锐了金刚石砂轮的金刚石微粒，而更多的是清除了金刚石微粒缝隙中的杂物，也磨掉了一些组成金刚石砂轮的结合剂材料，再加上两个砂轮之间面对面的转动和挤压，迫使一些已裸露突出基体变钝的金刚石微粒脱落，达到修整的目的。该方法也可用于砂轮修锐。

普通磨料砂轮修整一种方法是采用砂轮外圆对磨修整，如图 3-1 所示。修整时，修整砂轮的轴线与金刚石砂轮的轴线平行。这种修整方法的修整效率及质量均较好。但由于普通磨料修整砂轮磨损量大，该方法相对于金刚石砂轮磨损很快，因此，易造成修整后的金刚石砂轮出现锥形、中凸、中凹，圆柱度不好。

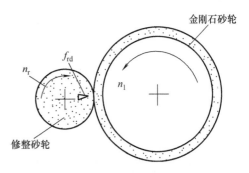

图 3-1　普通磨料修整砂轮外圆对磨修整金刚石砂轮

另一种方法是采用杯形绿色碳化硅砂轮磨削修整。这种方法是由日本东北大学庄司克雄教授提出的，他所领导的研究室在这一方面做了大量富有成效的研究。图 3-2a 为修整器的结构图，图 3-2b 为修整时的运动关系。杯形砂轮由电动机通过带轮驱动，整个修整器可以安装在平面磨床的磁力工作台上。修整时，杯形修整砂轮的轴线与被修整砂轮的轴线垂直，杯形修整砂轮沿被修整砂轮圆周的切线方向做往复进给运动，并在每一往复进给中，当杯形修整轮与被修整砂轮脱开时，进行一定量的进刀。此类修整器已发展成为具有自动往复进给功能的独立装置，可在各种磨床上修整陶瓷结合剂、金属结合剂等各种金刚石砂轮。这种修整方法在修整质量和效率上比一般的普通砂轮磨削修整法都有较大的提高，但杯形修整轮的损耗也是较大的。

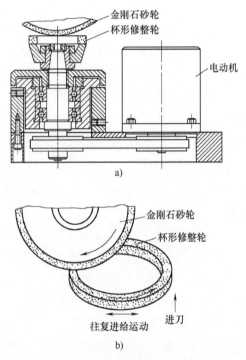

图 3-2　杯形砂轮修整装置示意图

a）修整器结构　b）修整时的运动关系

普通磨料砂轮作为修整砂轮，整形精度稍差，但被修整砂轮锋利，磨削性能好。此法适用于形状精度要求不很高或对砂轮的磨削能力有要求的砂轮修整。

3. 金刚石滚轮修整法

金刚石滚轮是使用烧结或电镀的方法将金刚石磨粒粘结到金属轮基表面上制成的一种砂轮。和单粒金刚石笔切削式修形不同，金刚石滚轮的修形有切入磨削方式和往复磨削方式两种，如图 3-3 所示。修整滚轮和砂轮一样由电动机单独驱动，可以无级调速和正反转，满足滚轮对被修整砂轮顺向修整（滚轮与被整形砂轮接触点速度方向相同）和逆向修整（滚轮与被整形砂轮接触点速度方向相反）的要求。金刚石滚轮是一种新型的修整工具。用金刚

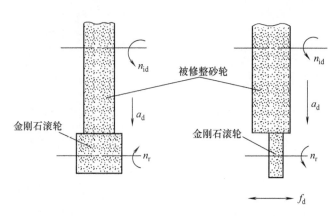

图 3-3　金刚石滚轮的整形方式示意图

石滚轮修整，可避免修整工具磨损过快而影响型面精度的情况，并可获得较好的砂轮形貌。金刚石滚轮修整砂轮具有几个优点：修整时间短，一般在几秒钟内就可完成修整；能完成一些仿形修整无法完成的复杂型面的修整；滚轮精度保持性好，不仅能修整具有精密形状和尺寸公差的复杂型面，还可以在长时间内保证大批量生产零件的质量稳定性。金刚石滚轮在修整金刚石砂轮上所表现出的这一系列优点，使得在国内外的成型磨削中用金刚石滚轮修整砂轮已成为一种主要工艺手段。

用金刚石滚轮修整砂轮时，影响修整质量的因素很多，如修整参数（修整切入速度、修整深度、修整速比、无进给光修转数）、砂轮特性及修整工具特性（金刚石浓度和粒度）等。

通过改变修整参数可以获得适于粗磨和精磨的砂轮表面状态。粗磨时，采用顺向修整法，修整速比可取为 0.5 以上，这样可获得锋利的砂轮表面状态；精磨时，可采用逆向修整，以获得良好的表面粗糙度。实际生产中，一般都采用顺修，不用逆修。另外，用于粗磨的砂轮可采用粗粒度、低浓度的金刚石滚轮进行修整；用于精磨的砂轮可采用细粒度、高浓度的金刚石滚轮进行修整。金刚石滚轮修整装置的进给精度也要高，每次进给量应控制在微米级。

4. 软钢磨削整形法

软钢磨削整形法有单滚轮法和双滚轮法，其工作原理如图 3-4 所示。双滚轮法是用两个软钢滚轮，修整时两个滚轮的转向相同，但转速不等。如果被修整砂轮的线速度为 v_{sd}，那么一个软钢滚轮的线速度为 $v_{sd}+v$，另一个软钢滚轮的线速度为 $v_{sd}-v$。这样就在被修正砂轮的切向形成大小相等、方向相反的两个修整力，不会产生附加干扰力矩，能保持整形过程的平稳，提高整形的质量。

利用软钢磨削法可以整形，也可以修锐。但由于整形时磨粒脱落较多，因此不宜用此法修整型面精度要求较高的砂轮。

5. 电火花整形法

电火花整形法则是利用旋转砂轮与工具电极之间产生脉冲火花放电的电腐蚀现象来蚀除

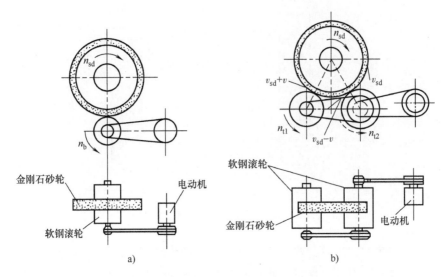

图 3-4　软钢磨削整形法工作原理示意图

a）单滚轮法　b）双滚轮法

砂轮表面的金属结合剂。在电火花整形过程中，电火花脉冲放电形成的放电凹坑相互重叠，逐渐将砂轮修整到所需形状，其加工力小，适用于小直径和极薄砂轮的修整，如配以高精度电极和合理的放电参数，可方便地实现对成型砂轮的快速、高精度整形。

3.2.4.4　金刚石砂轮的基本修锐方法

1. 滚压法修锐法

用碳化硅、刚玉、硬质合金、钢、铸铁等制成修整滚轮，与金刚石砂轮在一定压力下进行自由对滚，修整轮无动力，为自由滚动，在挤压作用下使结合剂破裂脱落形成容屑空间，并使金刚石磨粒表面崩碎形成微刃。该法修整效率低，只能用于修锐。修锐时压力较大，要求修锐使用的磨床具有较高的刚度。

2. 游离磨料挤轧修锐法

游离磨料挤轧修锐装置如图 3-5 所示。在以无差速对滚的钢制修整轮和金刚石砂轮中间，利用压缩空气加入碳化硅或刚玉磨料，依靠游离磨料挤轧作用，使结合剂破裂脱落以致

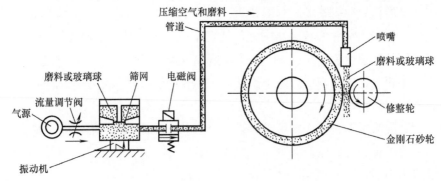

图 3-5　游离磨料挤轧修锐装置示意图

金刚石磨粒突出结合剂表面，形成锋利切削刃。这种方法的修锐效果较好，但效率不高，安全防护也有问题。

3. 刚玉块切入修锐法

刚玉块切入修锐法不能修锐金属结合剂金刚石砂轮。该方法刚玉块以一定压力始终与金刚石砂轮接触，破碎的刚玉磨粒对砂轮的树脂结合剂进行切削，使钝化的金刚石磨粒失去结合剂的支持而脱落，露出新的切削刃。图 3-6 为刚玉块切入修锐示意图。

4. 磨石修锐法

该方法亦不能修锐金属结合剂金刚石砂轮。当被修锐的金刚石砂轮以一定的磨削用量磨削磨石时，磨石上的磨料切除树脂结合剂，使磨粒从结合剂中露出一定的高度，形成新的磨削刃和容屑空间。该方法简单易行，但不能形成足够大的容屑空间，因而所修的砂轮不能满足大切削量磨削的要求。图 3-7 为磨石修锐示意图。

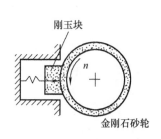

图 3-6　刚玉块切入修锐示意图

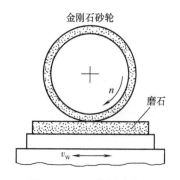

图 3-7　磨石修锐示意图

5. 磨削修锐法

原理和过程与前文提及的磨削整形法相同。

6. 喷射修锐法

喷射修锐法有液压喷射法和气流喷射法两种。液压喷射修锐法（见图 3-8）是通过高压泵输出的磨削液进入漩涡室形成低压，从边孔吸入碳化硅或刚玉游离磨粒，与磨削液混合后，通过陶瓷喷嘴高速喷射到被修砂轮表面上，从而修锐砂轮。修锐效果与混合液种类、流量、喷射压力和喷嘴角度等有关。喷嘴角度 α 一般不大于 $10°$，喷嘴离砂轮表面的距离 h 应尽量小。这种修锐方

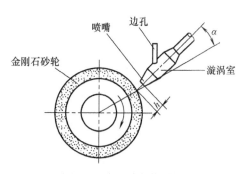

图 3-8　液压喷射修锐法

法修锐时间短、效率高、修后砂轮锋利、精度高、修锐质量好，但要注意安全防护。

气流喷射修锐法（见图 3-9）是用压缩空气将碳化硅、刚玉磨料或玻璃珠高速喷射到被修砂轮表面，去除部分结合剂，从而达到修整砂轮的目的。其修锐效果与磨料粒径和喷射压力有关。喷嘴安装比较重要，一般 $\alpha = 5° \sim 15°$，h 尽可能小一些。这种修锐方法修锐效果好、效率高，但也要注意安全防护。

7. 激光修锐法

激光修锐法是利用能量密度很高的激光束照射到被修金刚石砂轮表面上，在短时间内将能量聚集在微小区域上瞬时加热，从而将结合剂熔化或去除，达到砂轮修整的目的。选择适当的能量密度，就可以使结合剂熔化成一定大小的容屑空间，而金刚石磨粒损伤较小，只是部分被去除。该方法既可以修锐树脂结合剂金刚石砂轮，也可以修锐金属结合剂

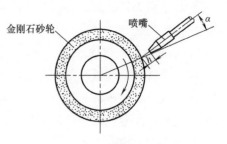

图 3-9 气流喷射修锐法

金刚石砂轮和陶瓷结合剂砂轮。采用激光修整砂轮是一种新型的砂轮修整技术。激光修锐法与其他方法比较，能在短时间内将高能量投射到极微小区域，而对加工部位以外的区域影响极小。另外，激光修锐是非接触修锐，无机械作用力，无修整工具的消耗，不受砂轮材料的限制，热影响区小，超硬磨料砂轮的修整损耗小，修整效率高，容易实现自动化，可实现高精度、高效率及在线修整，是一种很有前途的砂轮整形和修锐技术。但该方法的激光光源价格较贵，同时还要注意激光对金刚石磨料的损伤。

8. 超声波振动修锐法

超声波振动修锐装置主要由超声波发生器、换能器、振幅放大杆和薄钢板等组成。修整时将超声波振动修锐装置调整到谐振状态，然后注入混合磨料。当修整磨粒通过砂轮与修整元件之间时，利用修整元件传递的能量，有效地去除金刚石砂轮表面的结合剂，使金刚石磨粒突出砂轮表面，从而达到修锐的目的。图 3-10 为超声波振动修锐装置示意图。

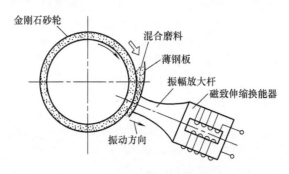

图 3-10 超声波振动修锐装置示意图

9. 电解修锐法

电解修锐法仅适合金属结合剂金刚石砂轮的修整。电解修锐法修整时金刚石磨粒基本不脱落。该法虽修锐效果较好，但修锐设备复杂、昂贵。另外，若电解参数选择不当，电解过程中结合剂会局部溶解腐蚀，使结合剂强度减弱，缩短砂轮寿命。图 3-11 为电解修锐法示意图。

10. 在线电解修锐法

在线电解修锐法（Electrolytic In-process Dressing，ELID）同样仅适合金属结合剂金刚石砂轮的修整，要求结合剂具有良好的导电性和电解性，同时结合剂中元素的氧化物或氢氧化物不导电，目前主要用于铁类结合剂金刚石砂轮的修整。在线电解修锐法在电解修锐开始

时，由于电解液的作用，铁类结合剂金刚石砂轮的表面结合剂部位将被电解，产生铁离子，铁离子在磨削液中将因化学作用形成氢氧化铁或氧化铁。这种新生成的物质被堆积在砂轮表面，从而在砂轮表面逐渐形成一层具有绝缘性的氧化物薄膜，薄膜的存在阻碍或减缓了砂轮结合剂的进一步电解，此为初期修整。但随着磨削过程的进行，砂轮表面逐渐磨损，原来堆积在砂轮表面的绝缘性薄膜逐渐剥落，砂轮导电性开始恢复，又继续开始砂轮表面的电解过程。周而复始，利用在线电解作用来连续修整砂轮，从而获得恒定的磨粒突出高度，保持砂轮的锋利度。

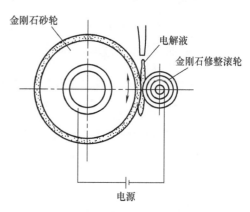

图 3-11　电解修锐法示意图

　　该方法的优点是，借助砂轮表面生成的绝缘层的动态平衡，可实现自适应控制的最佳磨削过程，同时砂轮表面在磨削过程中可始终保持最佳的显微起伏状态；其缺点是修整装置需要一套专用的直流电源，该电源装置较贵，另外由于修整装置中电刷的磨损，亦造成电流供给的不稳定，从而影响砂轮的修整效果。

　　ELID 方法成功地实现了稳定性磨削和低应力磨削，解决了超细粒度金刚石砂轮的修锐问题和细粒度砂轮易堵塞的问题，较好地解决了工程陶瓷的镜面超精高效加工问题。ELID 磨削可用于平面磨削、外圆磨削、曲面磨削及成型磨削等多种磨削方式（见图 3-12）。

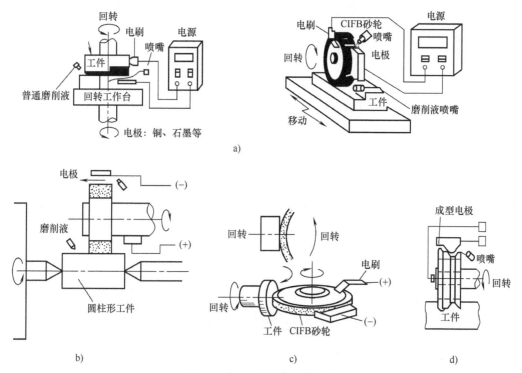

图 3-12　ELID 的几种磨削方式

3.3 先进陶瓷磨削表面的形成过程

3.3.1 陶瓷材料的破碎去除机理

根据压痕断裂力学分析，侧向裂纹向自由表面的扩展以及塑性变形区内材料的流动去除，构成陶瓷材料磨削过程中的材料去除方式。应用此种方法进行深入研究，发现在磨粒加工过程中也存在陶瓷材料的破碎去除方式。相关学者应用复合型裂纹的应变能密度判据和裂纹的分叉理论建立了陶瓷磨削加工中的破碎去除机理。破碎一般指在应力作用下，已有的裂纹源在材料内扩展，从而将材料分成若干小块的断裂过程，形成材料从整体上的分离，从而被去除。通常认为，对于磨粒的磨削加工过程，陶瓷材料内部裂纹的扩展和相互作用造成材料的破碎。为便于计算，在陶瓷磨削材料破碎的理论分析过程中，仅仅考虑理想点力作用下的准静态弹性应力场，没有涉及复杂的弹、塑性应力分析过程。并且分析的重点在与金刚石磨粒接近的区域，即发生破碎去除或塑性变形的区域。

1. 应变能密度判据

在分析中一般选择式（3-1）所示的米歇尔（Michell）解法模拟金刚石作用下的应力场。实际情况下材料内部的裂纹往往不都是Ⅰ型裂纹，即最大应力可能不与裂纹垂直，或裂纹同时受到拉应力和剪应力的作用。应变能密度判据认为：裂纹失稳扩展发生在应变能密度因子 S 最小的方向，并当 S 达到临界值 S_c 时，裂纹开始失稳扩展。平面应变状态下的应变能密度因子 S 为

$$S = (1/\pi)(a_{11}K_I^2 + 2a_{12}K_I K_{II} + a_{22}K_{II}^2 + a_{33}K_{III}^2) \tag{3-1}$$

式中　K_I、K_{II}、K_{III}——Ⅰ型、Ⅱ型、Ⅲ型裂纹的应力强度因子；

a_{11}、a_{12}、a_{22}、a_{33}——与材料常数和裂纹位置有关的系数。

$$a_{11} = \frac{1}{16G}\left[(1+\cos\gamma)(\kappa-\cos\gamma)\right]$$

$$a_{12} = \frac{1}{16G}\sin\gamma\left[2\cos\gamma-(\kappa-1)\right]$$

$$a_{22} = \frac{1}{16G}\left[(\kappa+1)(1-\cos\gamma)+(1+\cos\gamma)(3\cos\gamma-1)\right]$$

$$a_{33} = \frac{1}{4G}$$

式中　G——剪切模量，$G = \dfrac{E}{2(1+\mu)}$，E 为弹性模量，μ 为泊松比；

κ——弹性常数，$\kappa = (3\sim4)\mu$；

γ——初始裂纹与 S 方向的夹角，如图 3-13 所示。

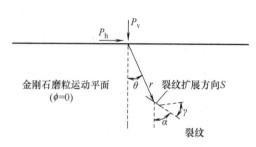

图 3-13 磨粒运动平面内应变能密度因子的计算

对于给定的裂纹尺寸和位置，存在一个方向 γ_0，在此方向上 S 是最小的，此方向可通过式（3-2）给出的断裂判据计算。当最小值达到临界值 S_c 时，裂纹开始失稳扩展。临界值 S_c 是常数，与材料的 K_{IC} 有关。

$$\frac{\partial S}{\partial \gamma} = 0 \tag{3-2}$$

给定初始裂纹尺寸为 $3\mu m$，设定磨粒的磨削深度为 $14\mu m$。图 3-14a、b 和 c 所示为玻璃、热压 SiC 陶瓷和热压 Si_3N_4 陶瓷的复合型断裂边界；图 3-14d 所示为热压 Si_3N_4 陶瓷在给定初始裂纹尺寸为 $1\mu m$、设定磨粒的磨削深度为 $14\mu m$ 情况下的复合型断裂边界。

图 3-14 还表明了根据米泽斯（Mises）屈服准则计算出的材料屈服边界，以及实测的加工痕迹深度值。对于玻璃材料，计算的材料破碎深度与实际结果基本吻合，屈服边界位于复合型断裂边界之内，且屈服边界区域相对较小。因此，可以推测出玻璃材料的塑性变形对复合型断裂位置的影响不显著，并且可能由于弹性模量和断裂韧度比较低，其损伤比较严重。对于热压 SiC 陶瓷，计算的材料破碎深度略大于实际结果，出现该差别的原因可能是没有考虑塑性变形对应力的影响或者没有完全估计材料本身所具有的缺陷，不过计算的屈服边界区域仍在实测磨痕深度之内。对于热压 Si_3N_4 陶瓷，当给定初始裂纹尺寸为 $3\mu m$、设定磨粒的磨削深度为 $14\mu m$ 时，测得的磨痕深度位于屈服边界区域和复合断裂边界区域之内，但此时磨痕深度没有扩展到复合断裂边界，可能是由于实际的裂纹小于 $3\mu m$。在热压 Si_3N_4 磨痕底面可观察到塑性变形层的存在，因此假设裂纹长度为 $1\mu m$。在这种情况下，断裂边界快速地收缩，基本上与屈服边界一致，因此可以看出此时塑性变形的影响比较显著。由此可见，对于具有一定韧性的陶瓷材料，采用弹/塑性解计算复合型断裂边界是必要的。

通过有限元法分别计算弹性应力场和弹/塑性应力场中的复合型断裂边界，结果表明复合型断裂边界距自由表面的距离变小。由此可以看出对于不同材料，由于其性质的不同，即使在相同条件下其断裂边界与屈服边界的情况也是不同的，但是对于韧性比较大的材料，由于两者比较接近，此时必须考虑塑性变形的影响。

2. 裂纹分叉机理

采用复合型断裂准则分析陶瓷材料的破碎机理，其主要缺点在于需要假设材料内部分布着初始裂纹，人为确定初始裂纹的尺寸，并且上述模型更适合于脆性大的陶瓷材料。而应用裂纹分叉机理则不需要这些假设，并可以建立与试验结果更加接近的磨粒加工中的材料破碎模型。

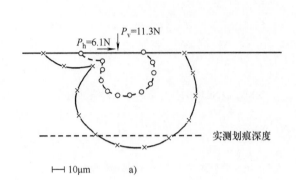

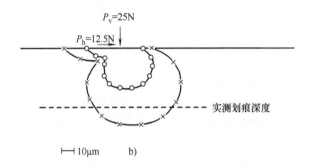

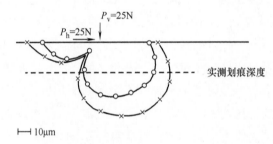

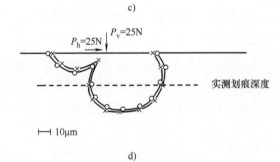

图 3-14　假设磨粒的磨削深度为 14μm 时的复合型断裂边界

裂纹分叉现象的众多研究表明，断裂起始点距裂纹分叉边界的半径 r_b 与断裂应力 σ 的平方成反比，即

$$r_b = \left(\frac{A}{\sigma} \right)^2 \tag{3-3}$$

式中　A——裂纹镜像系数。

理论分析假定材料的破碎因裂纹的分叉而产生，应力强度因子确定裂纹是否产生分叉现象。假定在金刚石磨粒作用下连续产生裂纹的分叉，每一分叉过程导致对称于法向载荷 P 方向的两个裂纹。作用于裂纹表面的拉应力促使裂纹的连续分叉行为。残余应力和切向磨削力有助于材料破碎的形成。如图 3-15a 所示，对于法向载荷 P 和初始裂纹 r_0，产生连续的分叉裂纹，深度为 r_i，分叉裂纹的交叉与连接导致材料的破碎。图中仅仅表示了单个初始裂纹及其分叉过程。实际情况是初始裂纹可能有不同的尺寸和方位，许多初始裂纹可沿着任意径向迹线产生裂纹的分叉，更多的初始裂纹则增加了分叉的概率，有助于破碎的形成。

图 3-15a 中，在 r_{i-1} 裂纹表面应力为 σ_{i-1}，则在 r_{i-1} 处的裂纹分叉扩展长度为 r_{bi}，则

$$r_{bi} = \left(\frac{A}{\sigma_{i-1}} \right)^2 \tag{3-4}$$

分叉的判断准则为：如果作用在前一段分叉裂纹长度 r_{bi-1} 上的应力强度因子 K_I 大于或等于材料的断裂韧度，则在 r_{i-1} 处的裂纹产生分叉。K_I 的求解可以根据受径向分布应力的半硬币型裂纹的应力强度因子计算得到。给出不同的载荷和初始裂纹，可以通过计算预测出材料的破碎深度。热压 SiC 陶瓷的计算结果与单磨粒磨削的试验结果如图 3-15b 所示。

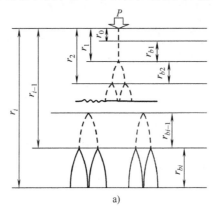

a)

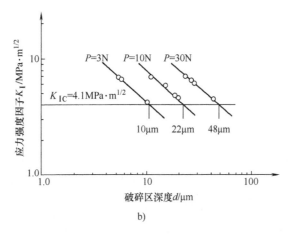

b)

图 3-15　陶瓷材料的裂纹分叉机制

a）初始裂纹分叉过程　b）热压 SiC 陶瓷的应力强度因子与破碎区深度的关系

当 $K_I = K_{IC}$ 时，水平线与斜线相交产生最大的破碎区深度 r_{max}。对于玻璃材料，载荷与破碎深度的理论分析结果与试验结果非常吻合。对于热压 Si_3N_4 陶瓷和热压 SiC 陶瓷，计算载荷与试验载荷结果非常一致，但试验测得的磨痕深度略小于计算值，这是因为应用弹性解计算应力导致了上述偏差。并且当材料的脆性比较低时上述偏差更大，这是因为产生了显著的塑性流动。另外，上述模型可以用来预测单磨粒磨削时的材料最大破碎深度。

在弹/塑性压痕分析中，残余应力对材料的损伤深度、表面强度有重要的影响。但在金刚石磨粒加工过程中，应根据所施加载荷和材料力学性能的情况，分析材料的破碎情况。如果陶瓷材料的破碎程度大，在金刚石磨粒加工痕迹中没有塑性变形，无法形成对于材料弹性恢复的阻力，无残余应力产生。并且由分析可知，当材料的脆性比较大时，比较容易发生材料的破碎情况。相反，如果材料的破碎部分很少，不可逆塑性变形区基本保持其完整性，则会产生与压痕过程类似的残余应力。侧向裂纹的扩展也会释放残余应力，在残余应力的作用下，侧向裂纹一直扩展到材料表面，导致材料以脆性断裂形式去除。因此可以说，磨削过程中陶瓷材料的脆性去除至少包含有破碎和脆性断裂两种形式。

3.3.2 陶瓷材料的延性域磨削

在压痕断裂力学模型中已经阐述了存在产生横向裂纹的临界载荷，磨削陶瓷材料时若法向载荷低于此载荷，材料就以塑性方式去除。在加工观察法中也发现了材料以塑性方式去除，说明塑性去除是陶瓷材料去除的一种形式，即陶瓷材料也存在延性域磨削。下面将介绍陶瓷材料的延性域磨削研究的发展过程。

以前大多数学者认为陶瓷材料的去除形式基本上以脆性去除为主。然而，随着加工设备的改进，材料的去除方式由主要的脆性去除向其他方式转变成为可能。1986 年，Toh 和 McPherson 提出，磨削脆性材料时，如果加工尺寸非常小（磨削深度小于 $1\mu m$），材料将以塑性流动的方式去除。在以小尺寸方式加工陶瓷、玻璃以及晶体等材料时，也观察到了相似的延性域磨屑形成方式。这暗示着延性域材料去除方式是材料的一种本质特征（例如塑性材料或脆性材料、硬材料或软材料、晶体或非晶体等）。在以后的研究中，Bifano 指出，在一定加工条件下任何脆性材料都能以塑性流动方式去除。

其实最早有关脆性材料延性域磨削的报道可追溯到 1954 年，报道说在石盐的磨损过程中，主要的材料去除方式不是脆性去除而是塑性流动。1975 年，精密金刚石磨削设备的改进使得脆性玻璃工件的塑性磨削生产能够重复进行。直到 1987 年，玻璃工件表面质量的改进以及磨削时磨削能的改变都为磨削玻璃时脆-塑转变提供了证据。

当以小的磨削深度磨削脆性材料时，材料的去除方式从脆性去除到延性域去除的转变可以用能量优先假说来解释。此假说对塑性变形与裂纹扩展所需的能量进行比较，小者优先。描述材料抵抗塑性流动能力的性能参数是屈服极限 σ_r，给定体积为 V_p 的材料的塑性变形所需要的能量 E_p 可以写为

$$E_p = \sigma_r V_p \tag{3-5}$$

描述材料抵抗破碎能力的性能参数是 Griffith 裂纹扩展参数 G。而裂纹扩展所需要的能

量 E_f 是裂纹扩展所产生的新表面的面积 A_f 的函数：

$$G = E_f A_f \tag{3-6}$$

对于磨削深度 a_p，V_p 和 A_f 都可以由它来表示，即

$$V_p \propto a_p^3 \tag{3-7}$$

$$A_f \propto a_p^2 \tag{3-8}$$

因此材料去除能量之比可以由下式来表示：

$$\frac{塑性变形能}{裂纹扩展能量} = \frac{E_p}{E_f} \propto a_p \tag{3-9}$$

该比值随着磨削深度的减小而变小，即塑性变形所需的能量减少，相对于裂纹扩展而言，塑性变形就优先发生。当磨削深度小于某个临界值时，塑性变形就成为在微小加工单元条件下材料的主要去除方式，因此材料去除就可以完全在塑性变形的条件下进行，从而避免脆性破坏。并且由脆性去除到塑性去除转变的临界磨削深度是材料自身性质的函数。

为了研究材料性质对脆-塑转变临界磨削深度的影响，需要对多种材料进行研究，并建立产生微裂纹的临界磨削深度模型。最早建立此模型的是 Lawn，在对硬脆材料进行压痕断裂力学分析时，他首先分析了陶瓷材料压痕裂纹的成核过程，并预测了陶瓷材料产生压痕裂纹的临界条件，低于此临界载荷，压头下方便不会产生裂纹。而在压痕裂纹成核临界载荷作用下，陶瓷材料开始形成微裂纹，此时维氏压头压入材料的深度可以作为磨粒磨削深度的临界值 d_c：

$$d_c = \frac{ER}{H_v^2} \tag{3-10}$$

式中　　E——弹性模量；

　　　　R——材料的断裂能；

　　　　H_v——维氏硬度。

因为在裂纹尖端附近材料具有一个塑性变形区域，应用 Griffith 经典裂纹扩展分析可以估计断裂能 R 的大小。即在小尺度范围内，断裂能 R 可以用下式表示：

$$R \sim \frac{K_{IC}^2}{H_v} \tag{3-11}$$

将式（3-10）和式（3-11）结合则临界磨削深度模型可表示为：$d_c = \beta(E/H_v)(K_{IC}/H_v)^2$。并且在以后的压痕试验分析中，其试验结果与此公式是一致的。因此，可以推测对于任意脆性材料都可以根据它们的性质来求解其临界磨削深度，使它们在低于此深度的磨削条件下进行塑性去除。

Bifano 经过多年的研究，通过各种脆性材料在精密磨床 PEGASUS 上的切入式磨削试验，证实了 $d_c = \beta(E/H_v)(K_{IC}/H_v)^2$ 的可行性。试验中选定已加工材料表面存在 10% 的断裂比作为材料脆-塑转变的参考点，与此参考点对应的磨削进给量确定为该种材料的临界磨削深度。令 $\beta = 0.15$，可以对临界磨削深度模型进行更为精确的表达，则其表达式为

$$d_c = 0.15\left(\frac{E}{H_v}\right)\left(\frac{K_{IC}}{H_v}\right)^2 \tag{3-12}$$

临界磨削深度的试验值与计算结果如图 3-16 所示。可以看出，绝大部分材料临界深度的试验数据与计算结果吻合，图中直线的斜率为 1。只有当材料的 K_{IC} 随磨削深度变化表现出显著的变化时才不适用此公式。对于此种材料，可以利用小压痕条件下得到的 K_{IC} 值去修正估计的临界磨削深度。

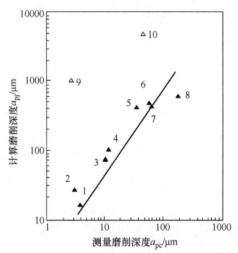

图 3-16　临界磨削深度的试验值与计算结果

1—熔融石英　2—钠钙玻璃　3—微晶玻璃　4—石英
5—氧化锆　6—锗　7—硅　8—碳化硅　9—氧化铝　10—增韧氧化

不过 Mayer 通过研究得到了不同的结论，他定义的临界磨削深度 d_c 比 Bifano 所定义的要稍微大一点。例如，对于 SiC 陶瓷，Bifano 定义的脆-塑转变的临界磨削深度应该为 $0.2\mu m$ 或者更小，与 Mayer 的研究不太一致。可能是因为 Mayer 定义的临界磨削深度模型是获得最大表面强度的磨削方式。在这种磨削方式下，脆性材料被磨表面的破碎表面大概为 15%，大于 Bifano 定义的 10%。

临界磨削深度 d_c 还与磨削的磨料尺寸和几何形状、磨削的砂轮速度、磨粒磨损等加工参数有关。所以张璧认为：应该建立与材料性能参数（K_{IC}、E 和 H_v）和加工参数（如磨粒的几何参数 R、砂轮速度 v_s 和磨削深度 a_p）相关的临界磨削深度理论模型 $d_c = f(E, H_v, K_{IC}, R, v_s, a_p)$，即对 Bifano 定义的模型进行修正，得到下式：

$$d_c = 0.15 K_1 K_2 \left(\frac{E}{H_v}\right)\left(\frac{K_{IC}}{H_v}\right)^2 \tag{3-13}$$

式中　K_1——与磨削液相关的系数；

　　　K_2——与磨粒的几何参数 R、砂轮速度 v_s、磨削深度 a_p 等加工参数相关的系数；

　　　E——弹性模量；

　　　H_v——维氏硬度；

　　　K_{IC}——断裂韧度。

由此可知若要实现陶瓷材料的延性域磨削，既可以以较小的法向载荷来磨削陶瓷，又可以以较低的磨削深度来磨削陶瓷，但是对机床的刚度、精度等要求比较高。

3.3.3 陶瓷材料的粉末化去除

陶瓷材料的粉末化去除理论认为，在精密磨削过程中，当磨削深度在亚微米级范围时，微米级尺寸的陶瓷晶粒将沿晶粒解理面和滑移系粉末化，从而形成亚微米级或更细小的晶粒。粉末化的形成是材料滑移和解理行为的进一步演化，因此形成材料粉末化所需要的能量将会高于材料塑性变形和脆性断裂所消耗的能量。一般来说，材料去除过程消耗的能量确定材料去除方式的优先性。随着未变形磨屑截面面积减小，比磨削能增加，陶瓷材料的去除方式由脆性断裂转变为塑性变形。然而，在更为微小的磨削深度的情况下，粉末化去除将代替塑性流动去除成为陶瓷材料的优先去除方式。图 3-17 为单金刚石磨粒加工过程中粉末化区域的形成示意图。如果磨粒的磨削深度小于某临界值，则在陶瓷材料内仅仅产生粉末化区域，而不生成裂纹。

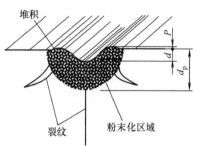

图 3-17 单金刚石磨粒加工过程中粉末化区域的形成示意图

受金刚石磨粒的磨削作用，陶瓷材料内部将产生复杂的应力场。在应力场作用下，陶瓷材料通过位错运动和解理方式发生变形。在剪应力作用下，晶格结构发生塑性变形和扭曲变形，如图 3-18a 所示；随着剪应力的增大，在晶界出现了位错过程，如图 3-18b 所示；随着剪切力的再次增大，最终将发生滑移运动，形成化学键的断开，如图 3-18c 所示，从而导致材料的粉末化。同时，在静水压力作用下，粉末化的陶瓷细小晶粒又被压实，最终形成了粉末化区域。按照粉末化去除机理，划痕两侧材料的隆起是由于在特定应力状态下，粉末化材料向划痕两侧流动的结果。在磨粒与工件接触区域的高温作用下，粉末化的材料将会发生重新烧结现象，从而形成陶瓷磨削后的光滑表面。

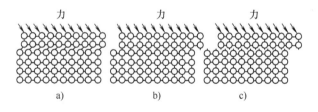

图 3-18 陶瓷材料晶格结构变形示意图
a）塑性变形 b）位错 c）化学键断开

热压 Si_3N_4 陶瓷和热压 Al_2O_3 陶瓷的单磨粒磨削试验证明了陶瓷材料的粉末化去除现象。当磨削深度小于临界磨削深度时，没有裂纹和碎片的形成。该临界磨削深度对于 Si_3N_4 为 $2.5\mu m$，Al_2O_3 为 $2\mu m$，SiC 为 $0.5\mu m$。然而当磨削深度大于此临界值时，将会在亚表面上观察到裂纹的形成。

在一台配有空气静压主轴与导轨的精密磨床上进行了一系列单磨粒和金刚石砂轮平面磨削试验，被磨材料为热压 Si_3N_4 陶瓷和热压 Al_2O_3 陶瓷。对于单金刚石磨粒磨削，砂轮速度为 $26.7m/s$，磨削深度为 $0\sim16\mu m$，不加磨削液，用锥度抛光法、断裂法、腐蚀法、扫描电子显微镜（SEM）及透射电子显微镜（TEM）等技术检测了磨削工件的表面，得到的结论是：在陶瓷的单磨粒磨削中观测到的材料去除方式是粉末形式而不是延展形式，这产生于复合应力状态引起的微粉碎。被粉碎的材料与主体材料相比结合比较松散，可通过在接触区的磨粒与工件接触面处施加流体静压应力使其重新紧密。当磨削深度小于临界值时，陶瓷材料只经历粉碎而无宏观断裂。磨粒尺寸越大，产生的粉末就越多。在单磨粒磨削中，材料横向滚动形成堆积，磨削深度越小，堆积系数越大。在给定磨削深度的条件下，Si_3N_4 陶瓷堆积系数比 Al_2O_3 陶瓷的略大，这是因为在 Si_3N_4 陶瓷上产生的粉末层厚度大于在 Al_2O_3 陶瓷上产生的粉末层厚度。

3.4 先进陶瓷复合材料的磨削特性

陶瓷复合材料因其优异的性能广泛应用于各行各业。目前来说，磨削加工是陶瓷复合材料半精加工或精加工的主要成型方法。但因为陶瓷复合材料的各向异性，其加工过程中会出现不同于传统均质材料的加工损伤，如纤维断裂、分层、脱粘、基体碎裂等。这些损伤会造成材料表面微结构的不同，最终影响材料的使用性能。因此，分析陶瓷复合材料的磨削特性对于该类零件的加工至关重要。

3.4.1 先进陶瓷复合材料的磨削机理分析

磨削过程是大量磨粒切削刃进行统计切削的过程，因而在其加工过程中，同一束纤维可能受到多颗磨粒的切削作用而断裂。在磨削过程中材料不断受到磨粒挤压、拉伸、弯曲、剪切的综合作用，切屑的形成是基体破坏和纤维断裂的结果。由于纤维增强陶瓷基复合材料由两种不同成分的材料组成，基体和纤维的物理、力学性能相差较大，其磨削过程中的各种问题如纤维拔出、基体脱离等问题很大程度上取决于磨削方向与纤维方向之间的关系。

1）当磨削方向垂直于纤维方向进行磨削时，磨粒会接触到复合材料表面的基体，基体首先发生弹性退让，然后基体承受磨粒的挤压作用而产生径向裂纹，由于纤维的阻碍作用，裂纹主要沿着基体与纤维的界面进行扩展，造成了磨痕附近的基体脆断、剥落较严重。磨粒切开基体接触到纤维，纤维在磨粒的挤压下，发生弯曲变形，但是受到周围材料的限制。在磨粒磨削区域内，靠近磨粒刀尖处的纤维受力最大，当剪应力达到纤维的剪切强度极限时，纤维被剪断，端口一般呈平直状。在磨粒磨削区外两侧，由于受到磨粒切入使纤维受到压迫作用而产生弯曲，当弯曲应力达到纤维的弯曲强度极限时，纤维受到弯曲作用而发生断裂，此时断口一般呈斜面状，此时当纤维与基体界面结合较弱时，纤维被从基体中拔出，如图 3-19 所示。

2）当磨削方向沿着纤维长度方向进行磨削时，磨削过程是磨粒不断将磨削层的纤维与基体分离而实现的，沿纤维方向产生剥层破坏。随着磨粒的前进，处于磨削部分的基体不断承受磨粒的挤压，基体由于承受磨粒的挤压作用产生裂纹，裂纹沿着纤维与基体的界面进行扩展。由于基体裂纹扩展方向与磨削方向一致，故基体裂纹更易扩展，从而形成了很长的基体裂纹，进而造成纤维与基体界面脱粘。纤维被掀开，然后纤维沿着磨粒运动方向产生了一种类似于悬臂梁的弯曲变形，产生的弯曲应力随着磨粒的运动弯曲应力逐渐增大，当达到纤维的弯曲强度极限时，纤维断裂，如图 3-20 所示。

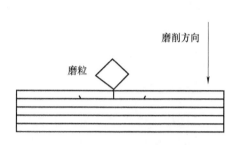 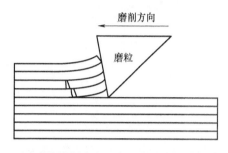

图 3-19　磨粒磨削方向垂直于纤维方向磨削示意图　　　　图 3-20　磨粒磨削方向平行于纤维方向磨削示意图

3）当磨削方向垂直于纤维端面时，首先磨粒接触到基体，基体受到磨粒的挤压和剪切，当压缩应力超过基体的压缩强度时，基体发生破坏。此时，沿着受力方向产生裂纹并扩展到纤维。当磨粒接触到纤维时，由于受到磨粒的挤压与剪切作用，在纤维内部产生垂直于纤维轴线的应力。随着磨粒的向前推移，剪应力逐渐增大，当剪应力超过纤维的剪切强度时，纤维被切断。被切断纤维在磨粒先前推移的过程中被压缩，与基体产生滑移，最终与基体分离，如图 3-21 所示。

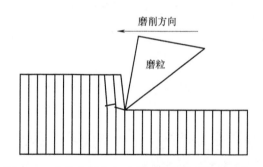

图 3-21　磨粒磨削方向垂直于纤维端面磨削示意图

典型的 3D 正交 $SiO_2(f)/SiO_2$ 单颗磨粒划擦后的形貌如图 3-22 所示，磨粒垂直于纤维方向划擦时，主要为侧面纤维被切断呈现出相对平齐的断口，端面纤维被剪切去除，出现不规则断口。磨粒平行于纤维方向划擦时，材料纤维被折断，不能实现完全去除而残留在加工纹理中，纤维与基体脱粘，被切断的纤维呈现出不平整的断口、基体破碎等，同时会有部分磨屑残留在加工区。磨粒垂直于纤维端面划擦时，端面纤维被剪切去除，同时磨粒锥顶的位置会出现基体的塑性变形，磨粒与工件的接触区几乎没有残留的磨屑，单颗磨粒磨削 3D 正交

$SiO_2(f)/SiO_2$ 的主要去除形式为纤维和基体的脆性断裂以及磨粒锥顶处基体的塑性变形。

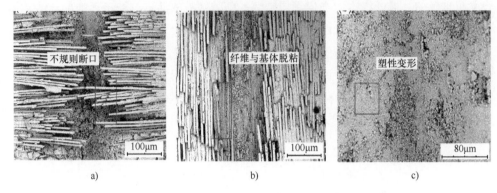

图 3-22　3D 正交 $SiO_2(f)/SiO_2$ 单颗磨粒划擦后的形貌

a) 垂直于纤维方向　b) 平行于纤维方向　c) 垂直于纤维端面

陶瓷复合材料的不同方向在经过全砂轮磨削后，也会呈现不同的表面形貌。图 3-23 所示为 $SiO_2(f)/SiO_2$ 复合材料垂直于纤维长度方向磨削时的磨削表面。从 3-23a 中可以看出，垂直于纤维方向进行磨削，纤维束出现成束断裂，在磨削表面留下了明显的磨痕。在图 3-23b 中可以看出，磨削表面存在很多的基体碎屑，并存在着大量的基体裂纹，纤维束断口附近，纤维表面的基体脱落较为严重，出现了基体与纤维的分离；而在远离断口的地方基体与纤维的界面粘结较好。同时结合图 3-23c 可以看出，纤维断口呈现出不同的断口形貌，有平直的，也有呈斜面状的。观察图 3-23d，切削中存在着大量的长纤维断头，且有大块的基体碎

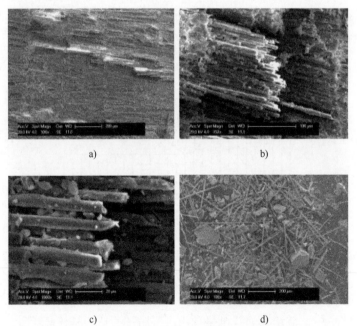

图 3-23　$SiO_2(f)/SiO_2$ 复合材料垂直于纤维长度方向磨削时的磨削表面

a) 100 倍　b) 350 倍　c) 1000 倍　d) 100 倍（切屑）

屑，这是由于垂直于纤维方向进行磨削，基体裂纹主要沿着基体与纤维的界面进行扩展，造成了磨痕附近的基体脆断、剥落较严重，同时纤维和基体出现了分离；纤维束主要承受来自磨粒剪切和弯曲的复合作用，断口呈平直状的为剪应力所致，断口呈斜面状为弯曲应力所致；在切屑中的大量纤维断头正是由于纤维的断裂所致。垂直纤维磨削时，磨削表面损伤主要以纤维的断裂为主，同时伴随大量的基体破碎。

图 3-24 所示为 $SiO_2(f)/SiO_2$ 复合材料沿纤维长度方向磨削时的磨削表面。从 3-24a 中可以看出，纤维束没有呈现成束的断裂，纤维断裂较少，且存在于不同的位置，出现了长短不一、参差不齐的纤维断头；从图 3-24b、c 中可以看出纤维有拔出现象，留下凹槽，并存在着比较长的基体裂纹，且裂纹沿着纤维长度方向延伸，磨削表面残留着大量的基体碎屑；结合 3-24d 可以看出，基体碎屑主要残留于磨削表面，切屑粉末主要以断裂或者拔出的纤维断头为主，其中的一些基体碎屑很少且小。沿纤维长度方向进行磨削，裂纹沿着纤维与基体的界面进行扩展，由于基体裂纹扩展方向与磨削方向一致，故基体裂纹更易扩展，从而形成了很长的基体裂纹，进而造成纤维与基体界面脱粘，甚至造成了有些纤维拔出，并且在纤维束内部纤维之间的基体更易破碎。沿着纤维方向磨削时，磨削表面损伤主要以纤维的少量断裂、拔出以及大量的基体破碎和裂纹为主，表面质量较好。

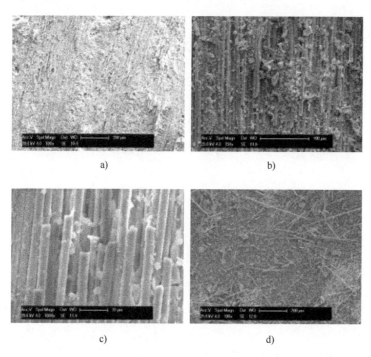

a)   b)

c)   d)

图 3-24 $SiO_2(f)/SiO_2$ 复合材料沿纤维长度方向磨削时的磨削表面

a) 100 倍   b) 350 倍   c) 1000 倍   d) 100 倍（切屑）

图 3-25 所示为 $SiO_2(f)/SiO_2$ 复合材料磨削纤维束端面时的磨削表面。从图 3-25a 中可以看出，磨削纤维束端面可以看到明显的磨痕，但磨削表面较为平整，没有大量纤维断裂；从图 3-25b 中可以看到小的基体碎屑和凹坑，而在图 3-25c 就可以看到大量的纤维断头和基体

碎屑，以及一些纤维断头拔出留下的圆形凹坑，纤维端面呈平整型、阶梯型，且纤维断头高低不平；结合图 3-25d 可以看出，切屑主要以短的纤维断头为主，基体碎屑也较小。纤维束端面存在大量的纤维端面，基体受到磨粒挤压产生裂纹，但裂纹受到各方的纤维的阻碍作用而难以扩展，因而产生了大量小的基体碎屑；而纤维端头受到来自砂轮不同部位的磨粒的剪切作用或者挤压弯曲作用，受剪切作用而断裂的断头端面呈平整型，而受挤压弯曲作用的破坏的断头呈阶梯型，或者是由于纤维端面受剪切从中间劈裂而呈阶梯型，大量的纤维端头受到剪切、弯曲、挤压的复合作用而断裂、拔出，因此切屑中有大量的短纤维断头，并在磨削表面留下了一些圆形凹坑。

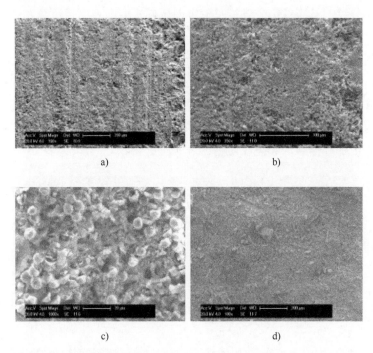

图 3-25　$SiO_2(f)/SiO_2$ 复合材料磨削纤维束端面时的磨削表面

a) 100 倍　b) 350 倍　c) 1000 倍　d) 100 倍（切屑）

3.4.2　先进陶瓷复合材料磨削力分析

　　磨削力是研究磨削加工中最基本的物理量之一。磨削力起源于砂轮与工件接触后产生的弹塑性变形以及磨粒和结合剂与工件表面之间的摩擦；磨削温度主要是由摩擦和切削变形产生。在研究磨削的过程中，对磨削力进行测量是十分必要的。

　　通常来说，研究磨削力首先对单颗粒磨削的磨削力进行研究。磨削过程中的磨削比能可以很好地评价材料的去除过程。以 $SiO_2(f)/SiO_2$ 复合材料为例，在进行单颗粒划擦试验时，材料的去除示意图如图 3-26 所示。可以看到，当磨粒运动方向为加工方向 1 时，磨粒沿着垂直于侧面和端面纤维束的方向移动；当磨粒运动方向为加工方向 2 时，磨粒沿着垂直和平行于侧面纤维束的方向移动。

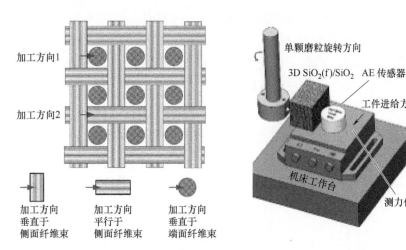

图 3-26　加工方向与三维正交 $SiO_2(f)/SiO_2$ 纤维方向关系示意图

一般来说，传统陶瓷基复合材料单颗磨粒磨削的比磨削能随着砂轮转速的增大迅速减小，随着工件进给速度和磨削深度的增大缓慢增大；沿着不同纤维的方向去除，材料加工的比磨削能有差异。虽然不同方向比磨削能随加工参数的变化趋势是一致的，但数量级却差别很大。在实际工程中，很难得到去除单位体积某纤维束需要的能量，因此，需要根据磨削参数和磨削方向与纤维方向的关系估计一个所需的能量，为此，通过一定的试验可以得到 $SiO_2(f)/SiO_2$ 陶瓷基复合材料在不同方向上的切向磨削力的半解析模型：

$$F_{t1} = \frac{206.4\pi R_s \tan\theta v_s^{-0.596} a_p^{2.769} v_w^{1.855}}{\sqrt{2a_p R_s(v_w + v_s)} + \pi R_s v_w} \tag{3-14}$$

$$F_{t2} = \frac{1120.3\pi R_s \tan\theta v_s^{-0.841} a_p^{2.611} v_w^{1.445}}{\sqrt{2a_p R_s(v_w + v_s)} + \pi R_s v_w} \tag{3-15}$$

一般来说，磨削力随着砂轮转速的增大而显著减小，随着进给速度和磨削深度的增加而增加。进给速度在三个磨削参数中对磨削力的影响最弱，磨削深度的增加主要会增大一次切削过程中需要去除的纤维层，因此所需能量增加，磨削力增大。通过试验的线性拟合，得到切向磨削力 F_t 与法向磨削力 F_n 的关系。

当砂轮转速变化时：

$$\begin{Bmatrix} F_{n1} \\ F_{n2} \end{Bmatrix} = \begin{Bmatrix} (F_{t1} + 0.090)/0.685 \\ (F_{t2} + 0.354)/0.834 \end{Bmatrix} \tag{3-16}$$

当工件进给速度变化时：

$$\begin{Bmatrix} F_{n1} \\ F_{n2} \end{Bmatrix} = \begin{Bmatrix} (F_{t1} - 0.204)/0.387 \\ (F_{t2} - 0.032)/0.431 \end{Bmatrix} \tag{3-17}$$

当磨削深度变化时：

$$\begin{Bmatrix} F_{n1} \\ F_{n2} \end{Bmatrix} = \begin{Bmatrix} (F_{t1} - 0.597)/0.340 \\ (F_{t2} - 0.121)/0.390 \end{Bmatrix} \tag{3-18}$$

图 3-27 所示为磨削力随加工参数的变化情况。可以发现，法向磨削力总是大于切向磨削力，而且加工方向 1 的磨削力总是大于加工方向 2，主要原因是：在加工方向 1 上，去除材料需要切断侧面纤维束，剪断端面纤维束；而在方向 2 上，当磨粒前进方向垂直于侧面纤维束时，纤维需要被切断。由此可以看出，纤维方向对磨削力和比磨削能有巨大影响。

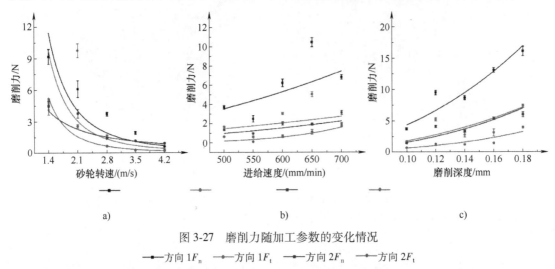

a)   b)   c)

图 3-27 磨削力随加工参数的变化情况

—■— 方向 1F_n —●— 方向 1F_t —▲— 方向 2F_n —◆— 方向 2F_t

为研究全砂轮作用下的陶瓷基复合材料磨削去除，可对陶瓷复合材料进行磨削试验。图 3-28 给出了砂轮磨削 $SiO_2(f)/SiO_2$ 试验设计布置图，试验中所用砂轮为专门设计的电镀金刚石砂轮，粒度分别为 100 目和 240 目。砂轮直径设计为 16mm，砂轮宽度设计成 7mm，在砂轮磨削试验中，进给速度为恒定值 500mm/min。

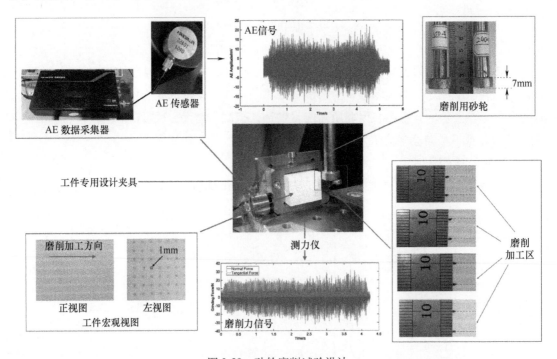

图 3-28 砂轮磨削试验设计

等高线图可以在减少一定试验量的前提下，有效展示多自变量与单一因变量的关系。图 3-29 给出了砂轮磨削力随磨削加工参数变化的等高线图。可以发现，当砂轮粒度为 100# 时，切向磨削力和法向磨削力的变化趋势是相似的。在二者的等高线图上，都有一个封闭的圈，即在当前加工参数条件下，磨削力出现了一个转折点，但二者最大值出现的位置不同。切向磨削力最大时，对应的加工参数为砂轮转速 1.9~2.9m/s、磨削深度 0.145~0.168mm；法向磨削力最大时，对应的加工参数为砂轮转速 2.7~3.0m/s、磨削深度 0.117~0.139mm。这与普遍认识的规律——砂轮转速越小、磨削深度越大，磨削力越大——是相悖的，说明编织陶瓷基复合材料与各向同性均质材料的磨削规律是不同的。当砂轮转速超过 3.5m/s 或磨削深度低于 0.11mm 时，无论另一个参数（磨削深度或砂轮转速）如何变化，磨削力的值均相对较小。为了保证切向磨削力和法向磨削力均为最小值，最佳的加工参数为砂轮转速大于 3.5m/s，同时磨削深度小于 0.16mm。240 目砂轮磨削力的等高线图与 100 目砂轮完全不同。当砂轮粒度为 240 目时，切向磨削力和法向磨削力的变化趋势几乎是相同的。在二者的等高线图上有两个峰值，其中一个峰是半封闭的，即在当前加工参数下，磨削力出现了两个转折点，半封闭的磨削力峰在当前参数下不能被完全表示出来。当二者均为最大值时，对应的磨削参数为砂轮转速 2.0~2.4m/s、磨削深度 0.165~0.18mm。在其他参数下，二者的值均相对较小，除了砂轮转速 1.4~1.9m/s、磨削深度大于 0.1mm 的情况。在该参数条件下，砂轮发生严重的堵塞，一次加工还未结束，砂轮就已失去切削能力。

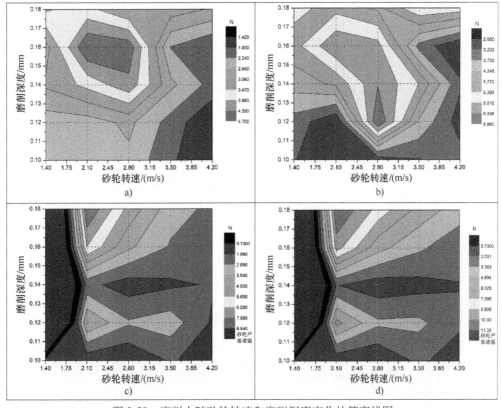

图 3-29　磨削力随砂轮转速和磨削深度变化的等高线图

a）100 目切向磨削力　b）100 目法向磨削力　c）240 目切向磨削力　d）240 目法向磨削力

3.4.3 先进陶瓷复合材料的声发射特性分析

由于陶瓷复合材料的复杂性，研究复合材料过程中的损伤一直是加工过程中的难题，声发射（Acoustic Emission，AE）信号的时域参数在研究复合材料抗拉、抗弯、抗压性能时经常被作为聚类分析的标准。材料在受到外部静力作用发生损伤时，产生典型的 AE 信号，因此利用 AE 信号来分析陶瓷复合材料磨削加工过程发生的损伤，是一种十分可靠的途径。$SiO_2(f)/SiO_2$ 是一种典型的陶瓷复合材料，因此主要以该材料作为分析对象。

图 3-30 所示为 $SiO_2(f)/SiO_2$ 材料磨削的 AE 信号。可以发现：对于每一次切削，AE 信号是连续的；但是对于整个加工过程来说，AE 信号是脉冲型的。磨粒只在与工件接触的时间段内产生的信号是有效的，当磨粒切出工件时，剩下的信号为振动信号，而非有效信号。如图 3-30b 所示，每一次切削产生的脉冲 AE 信号，在磨粒与工件不接触后都有一段长时间的衰减振荡期。当频率大于 50kHz 时，信号的幅值接近于 0；在 50kHz 以内时，出现了一些振幅和频率不同的峰。这里将每一次切削 AE 信号经快速傅里叶变换（FFT）后的最大幅值定义为最大峰值振幅，最大峰值振幅对应的频率称为最大峰值频率。

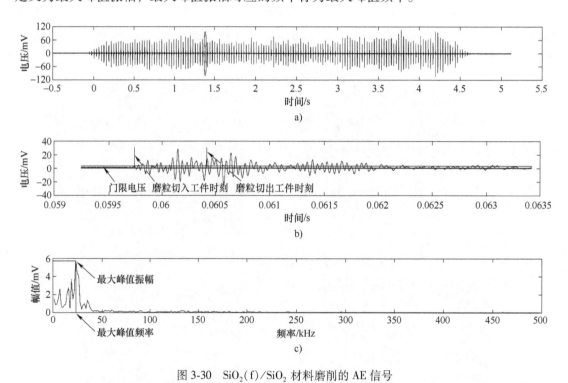

图 3-30 $SiO_2(f)/SiO_2$ 材料磨削的 AE 信号

a）整个磨削过程时域 AE 信号　b）一次切削 AE 信号放大图　c）FFT 后的频域信号

在陶瓷复合材料磨削加工过程中，各种损伤的信号会发生叠加，因此需要采用 AE 信号的频率来分析陶瓷复合材料的单颗磨粒磨削过程。每种损伤只能对应一种或者一段频率，通过对信号进行 FFT，可以快速有效地将其提取出来而不发生混叠。对于单颗磨粒磨削陶瓷复合材料 AE 信号的处理过程（图 3-31）如下：

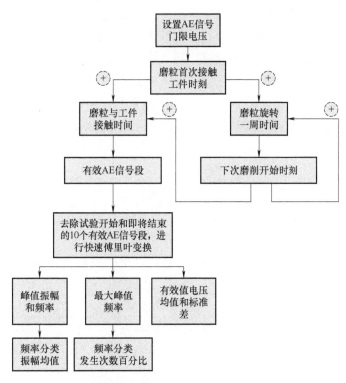

图 3-31　单颗磨粒磨削陶瓷复合材料 AE 信号处理过程

1）设置每一个加工参数下 AE 信号的门限电压：由于磨粒未与工件接触时，AE 传感器采集了一段噪声信号，这段噪声信号的强度最大值代表了噪声的最大能量。考虑到噪声信号的随机性，将磨粒未与工件接触段 AE 信号电压最大值的 1.5 倍设置为门限电压，认为如果 AE 传感器探测的信号超过此门限电压，就不是噪声所致，而是表示磨粒和工件接触，切削开始。

2）提取每次磨粒与工件接触段的有效 AE 信号：将第一个脉冲信号电压第一次高于门限电压的时刻记为磨粒与工件初始接触的时刻，从该时刻起磨粒与工件接触的时间对应的 AE 信号为有效 AE 信号段。将初始接触时刻加上该磨削参数下磨粒转过一圈所需的时间，得到下一个脉冲信号段可能开始的时刻，在该时刻前后遍历，找到电压值首次超过门限电压的时刻记为下一次磨削的开始时刻，从而依次找出所有有效 AE 信号。

3）去掉试验刚开始和即将结束时的 10 个有效 AE 信号段，这样做的目的是避免试验开始和结束时不稳定对信号造成的影响。

4）对每一个有效 AE 信号进行快速傅里叶变换，提取所有幅值大于 0.5mV 的峰值振幅及对应的峰值频率，同时找出最大峰值频率。

5）将相同或相近的峰值频率分为一类，计算出其振幅的均值。

6）计算出每一个有效 AE 信号的有效值电压，取其均值作为该参数下的 AE 有效值电压，标准差作为可接受误差范围。

7）将最大峰值频率中相同或相近的频率分为一类，计算每一类频率发生次数与最大峰值频率总数（有效磨削次数）的百分比。

在单颗磨粒磨削 $SiO_2(f)/SiO_2$ 的过程中，可结合表面形貌，认定复合材料主要的 AE 源为纤维断裂、纤维与基体脱粘、基体破碎。石英纤维是 $SiO_2(f)/SiO_2$ 的主要组分之一，占整个材料成分的 90% 以上。在加工过程中，大量纤维被切断或剪断，因此断裂纤维的质量是最大的。基体虽然是 $SiO_2(f)/SiO_2$ 的另一主要组成成分，但其含量极低，因此认为破碎基体的质量是最小的。纤维脱粘是纤维和基体之间的相互作用，因此脱粘纤维的质量介于断裂纤维和破碎基体之间。磨屑由残留在加工纹理中具有不同长度的断裂纤维、与基体分离的纤维和破碎的基体组成。

图 3-32 给出了加工参数、加工方向和 AE 信号峰值频率的关系。为了更清楚地看出峰值频率，将不是峰值频率的点置为 0。可以发现，加工参数和加工方向对峰值频率没有影响，只会对振幅产生作用，两个方向上均包含四个频率段 6.4~9.8kHz、14.8~17.9kHz、23.6~26.4kHz、34~35.5kHz。对于 $SiO_2(f)/SiO_2$ 来说，纤维断裂的频率为 6.4~9.8kHz，纤维脱粘的频率为 14.8~17.9kHz，工件、磨粒、磨屑之间摩擦的频率为 23.6~26.4kHz，基体破碎的频率为 34~35.5kHz。在加工过程中，四种损伤形式同时存在，利用声发射信号可以计算出不同磨削参数下每一类最大峰值频率发生次数的百分比，记为 η。η 越大，说明 η 对应的损伤为该加工参数下的主要损伤形式，是磨削能量的主要消耗源，从而实现定量监测磨削过程。图 3-33 所示为各加工参数下每类损伤对应的 η 值。可以看到，主要损伤形式随着加工参数的变化发生了显著变化。砂轮转速变化时，纤维断裂和磨屑、工件和磨粒之间的摩擦一直为主要损伤形式；纤维脱粘和基体破碎随着转速的增大相继成为主要损伤之一。磨削深度变化时，纤维断裂一直为主要的损伤形式。

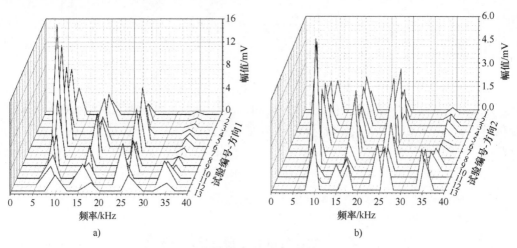

图 3-32　磨削参数对 AE 信号峰值频率的影响

a）加工方向 1　b）加工方向 2

因此，通过对每一类损伤最大峰值频率发生次数百分比的分析，可定量得到每种加工参数下材料的主要损伤形式和磨削能量主要消耗方式，且描述了从加工后 SEM 图上无法看到的磨削过程中磨粒、工件和磨屑之间的摩擦作用，以实现工损伤的定量判断。

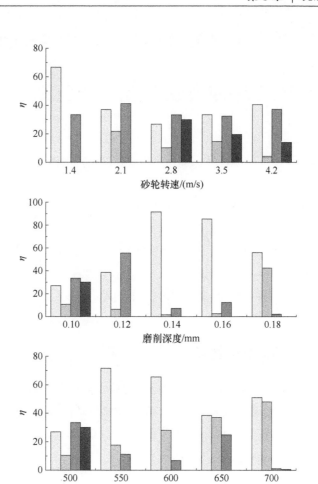

图 3-33 最大峰值频率发生次数百分比 η 随加工参数的变化趋势

□ 纤维断裂-方向 1　　■ 纤维与基体脱粘-方向 1

■ 磨粒、工件、磨屑摩擦-方向 1　　■ 基体破碎-方向 1

在全砂轮作用下 $SiO_2(f)/SiO_2$ 陶瓷复合材料的磨削去除中，磨削的声发射信号频率超过 35kHz 后，AE 信号的幅值接近于 0，总有四个频段一直存在，分别为 0～6kHz、6～18kHz、18～22kHz 和 25～32kHz。一般来说，AE 频率只与振动源的刚度和质量有关，单颗磨粒磨削和砂轮磨削的 AE 源是相同的。但是，砂轮磨削的 AE 频率一般明显偏小，主要存在于两种加工方式中，唯一不同的是加工刀具。对于工件+砂轮组成的系统来说，系统刚度小于工件+单颗磨粒，因此，AE 频率下降。纤维脱粘其实包括两种形式：一种为一根或多根纤维与基体脱粘，另一种为一层或多层纤维与基体脱粘。磨粒的形状、尺寸不规则，分布不均匀，导致砂轮是一个多磨粒复杂系统，因此砂轮磨削使纤维层与层之间脱粘的概率大于单颗磨粒磨削，且相对更加容易；砂轮磨削导致的纤维脱粘应包含两个频段。因为单层或多层纤维的质量要大于单根或多根纤维的质量，因此，前者脱粘对应的 AE 频率更低。根据上述分析，认为砂轮磨削时，6～10kHz 对应单层或多层纤维与基体脱粘，10～18kHz

对应单根或多根纤维与基体脱粘。单颗磨粒磨削与砂轮磨削 AE 频率对比及与加工损伤的对应关系见表 3-9。

表 3-9 单颗磨粒磨削与砂轮磨削 AE 频率对比及与加工损伤的对应关系

频率/kHz			对应加工损伤
单颗磨粒	砂轮		
6.4~9.8	0~6		纤维断裂
14.8~17.9	6~18	6~10	一层或多层纤维与基体脱粘
		10~18	一根或多根纤维与基体脱粘
23.6~26.4	18~22		磨粒、工件、磨屑之间的摩擦
34~35.5	25~32		基体破碎

3.5 先进陶瓷杯形砂轮端面磨削技术

3.5.1 先进陶瓷端面磨削的特点

端面磨削加工技术作为一种高精度、高刚度、高效率的加工方法，越来越多地应用于石材、人工晶体、单晶硅和陶瓷等加工领域。用杯形砂轮进行端面磨削时，砂轮轴与工件平面的法向平行安装。图 3-34 为杯形砂轮端面磨削原理示意图，图 3-35 为杯形砂轮端面磨削简图。

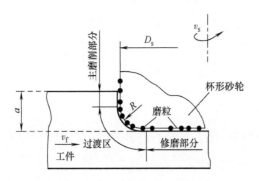

图 3-34 杯形砂轮端面磨削原理示意图

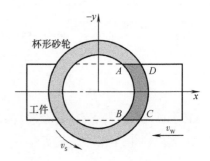

图 3-35 杯形砂轮端面磨削简图

由图 3-34 可以看出，杯形砂轮在磨削工件过程中，切削刃可以分为三个磨削部分：主磨削部分、过渡区部分、修磨部分。

主磨削部分承受的磨削力最大，材料发生大规模挤裂，形成较大的颗粒状或薄片状磨屑，并在切削表面上留下凹痕，因此它是材料的主要去除区；过渡区部分承受的磨削力逐渐减小，材料去除由大规模挤裂向小规模挤裂过渡，刀具前方的材料发生微细的破碎，因此形成粒状及粉末状的磨屑；修磨部分承受的磨削力较小，材料的去除量很小，生成磨削表面较平滑的部分，起到修形的作用。

杯形砂轮端面磨削具有如下优点：

1）杯形砂轮磨削工件时，裂纹主要出现在主磨削部分和过渡区与材料相接触部分，而这一部分正是要去除的材料。裂纹随着磨屑的去除而消失，残留在磨削表面上的裂纹较少。

2）修磨部分形成工件的主要成型面。由于砂轮磨粒在这一阶段的加工量逐渐减少，趋近于零，所以可以获得完整的被加工表面。

3）杯形砂轮端面磨削工件时，修磨部分整个表面参与磨削，由于材料的去除量很小，因此砂轮的磨损量很小，不需要经常修整砂轮，就能够加工出精度很高的工件。

但是端面磨削也有其缺点：由于砂轮与工件接触面积大，参与切削的磨粒数目多，会产生大量的磨削热，因此磨削热的影响最为严重。

有关端面磨削的研究也在不断发展之中：1972 年，Takenaka 和 Sasaya 对端面磨削的机理进行了研究；1973 年，Shakhnovskii 分析了双端面磨削的切削力；1978 年，Nagao 与 Tani 提出了通过蒙特卡罗方法来研究端面磨削的机理；1982 年，Shakhnovskii 与 Andrianova 对端面磨削中砂轮上热变形的影响进行了分析；1988 年，天津大学研究了一种高效的、利用端面磨削加工陶瓷的新方法，并利用此方法完成陶瓷汽车零部件的加工任务；1988 年，左武炘、刘忠等人分别从宏观和微观上探讨了陶瓷材料的铣磨机理；1989 年，Shakhnovskii 对端面磨削的等效切削力的计算进行了研究；1994 年，高航给出了一个端面磨削温度场的简化模型；2001 年，林彬等人根据杯形砂轮端面磨削的特点建立了弧形移动热源三维温度场模型，给出了热源强度呈矩形分布时三维温度场的解析表达式，并用数值解法和实验证明了解析解的正确性；2002 年，Pei 对使用端面磨削工艺加工 $\phi300mm$ 的硅晶片进行了研究，并指出该方法能克服传统硅晶片加工方法的一些缺点。

3.5.2 端面磨削陶瓷材料温度场的理论研究

1. 磨削热模型的发展

由于端面磨削陶瓷材料会产生大量的磨削热，导致磨削表面温度很高，对陶瓷材料的磨削特性和磨削机理有很大的影响。因此，研究磨削区温度在工件上的分布状况，研究磨削烧伤前后的磨削温度分布特征等，是研究磨削机理和提高被磨零件表面完整性的重要手段。

为了计算磨削区的温度分布情况及讨论有关磨削参数对磨削温度影响的规律，必须建立一种可以用数学计算而又能模拟磨削实况的理论模型。1942 年，J. C. Jaeger 首先提出了移动热源理论，对于表面切削、磨削过程来说，移动热源模型（见图 3-36）是一个很好的理论基础。1952 年，Outwater 和 Shaw 首先采用 Jaeger 的移动热源理论，对磨削热现象进行了解释，同时采用了热电偶测温方法进行了试验验证。1964 年，贝季瑶考虑到在砂轮与工件的接触弧上，磨粒的磨削厚度不一致的特点，提出了三角形分布运动热源模型（见图 3-37）理论。

2001 年，林彬、张洪亮建立了弧形移动热源三维温度场模型（见图 3-38、图 3-39），给出了热源强度呈矩形分布时三维温度场的解析表达式。2003 年，林彬、张建刚建立了杯形砂轮端面磨削三维温度场的数值计算模型。2007 年，林彬、席辉通过试验验证了杯形砂轮端面磨削三维温度场，此后又进行了一系列研究。

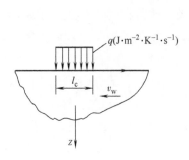

图 3-36　移动热源的理论模型

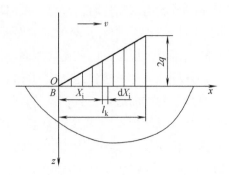

图 3-37　三角形分布运动热源模型

图 3-38 所示为杯形砂轮端面磨削模型。根据杯形砂轮端面磨削的几何学分析，以与工件已加工表面相垂直的向下方向为 z 轴正方向，建立图 3-39 所示的随杯形砂轮一起移动的动坐标系，并对弧形移动热源 $ABCD$（磨削接触区移动面热源）做以下说明和假设。

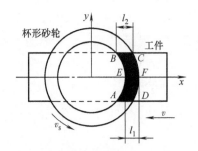

图 3-38　杯形砂轮端面磨削模型

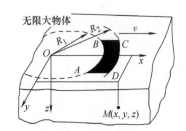

图 3-39　无限大物体内运动的面热源

端面磨削的磨削热来自砂轮与工件的接触区 $ABCD$，它是一个持续发热的均匀而恒定的面热源，其单位时间单位面积的发热量为 q。

1）假设磨削时产生的热量没有损失，其中有 $\eta(\%)$ 传入工件，热源的发热强度为 $q_m = q\eta$。

2）假设磨削过程中砂轮没有磨损，工艺系统具有绝对刚性，故把面热源 $ABCD$ 看作平行于工件的运动方向。

3）时间 $t \to \infty$，温度分布已达稳定状态。

4）二维传热时，彼此无关，互不影响，材料热物理性质不随温度而改变。

根据上述情况，杯形砂轮端面磨削时的热源模型可看作弧形移动面热源 $ABCD$，以强度 q_m 持续发热，并以恒定速度 v 沿 x 轴移动，求其在无限大物体中产生的温度场。

通常，对一般磨削温度的研究是将磨削接触区视为无限长带状移动热源，用 Jaeger 理论进行分析。由于认为热源的移动速度、宽度及热强分布不发生变化，故这属于准稳态导热问题（即从动坐标上观察相当于稳态导热）。对普通磨削的大量试验研究已经证明了这一热磨削分析方法的有效性，但对于杯形砂轮端面磨削并不适用。为此，建立了弧形移动热源模型并给出了三维温度场的解析表达式。

2. 弧形移动热源温度场的解析法研究

（1）弧形移动热源在无限大物体中的温度场

1）热源法理论基础。磨削加工的特点是：热源有一定的形状和尺寸，按基本导热方程求解时，热源边界处的温度常常是需要求解的未知值。这类问题求解比较困难，所以采用热源温度场叠加法。

热源温度场叠加法的基础是瞬时点热源在无限大介质中瞬时发出一定热量后的任何时刻的温度场。当坐标原点设在瞬时热源处时，任一点 M 的温升函数为

$$\theta = \frac{Q_{\mathrm{d}}}{c\rho(4\pi\alpha\tau)^{3/2}}e^{-\frac{x^2+y^2+z^2}{4\alpha\tau}} \tag{3-19}$$

或

$$\theta = \frac{Q_{\mathrm{d}}}{c\rho(4\pi\alpha\tau)^{3/2}}e^{-\frac{R^2}{4\alpha\tau}} \tag{3-20}$$

式中　　Q_{d}——点热源的瞬时发热量（J）；

c——导热介质的比热容［J/（g·℃）］；

ρ——导热介质的密度（g/cm³）；

α——导热介质的导温系数（cm²/s）；

τ——在热源发热后的任一时刻（s）；

(x, y, z)——M 点的坐标位置；

R——M 点与坐标原点的距离。

由式（3-19）和式（3-20）可见，任何时刻，距离热源相等的各点温升是相同的。在实际的机械加工中，无论热源具有何种形状、何种尺寸、瞬时发热还是持续发热、运动还是固定等情况，都可以以式（3-19）和式（3-20）为起点，按温度场叠加原理，用积分方法推导出各种情况下温度场的计算公式。

2）弧形移动热源在无限大物体中温度场的解析解。先求解瞬时圆弧线热源的温度场，如图 3-40 所示。

在无限大的导热介质中，有一个圆心位于坐标原点在 xy 平面上的圆弧线热源 $AB[A(x_1, y_1), B(x_2, y_2)]$，瞬间发热的发热量为 Q_{s}（J/cm），当该线热源瞬时发热后在任何时刻 τ、任意位置 $M(x, y, z)$ 处的温升可写作

$$\theta = -\xi\int_b^a e^{\zeta\cos\varPhi'}\mathrm{d}\varPhi' = \xi\int_a^b e^{\zeta\cos\varPhi'}\mathrm{d}\varPhi' \tag{3-21}$$

式中

$$\xi = \frac{Q_l}{c\rho(4\pi\alpha\tau)^{3/2}}e^{\frac{x^2+y^2+z^2+r_{\mathrm{o}}^2}{-4\alpha\tau}}r_{\mathrm{o}}$$

$$\zeta = \frac{\sqrt{x^2+y^2}\,r_{\mathrm{o}}}{2\alpha\tau}$$

$$a = \arctan\frac{y}{x}-\arctan\frac{y_1}{x_1}$$

$$b = \arctan\frac{y}{x} - \arctan\frac{y_2}{x_2}$$

$$e^{\zeta\cos\Phi'} = 1 + \zeta\cos\Phi' + \frac{\zeta^2\cos^2\Phi'}{2!} + \frac{\zeta^3\cos^3\Phi'}{3!} + \frac{\zeta^4\cos^4\Phi'}{4!} + \cdots + \frac{\zeta^n\cos^n\Phi'}{n!} \qquad (n \to \infty)$$

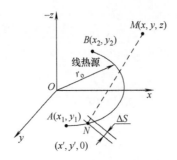

图 3-40　无限大介质中的圆弧瞬时线热源

对于运动持续弧线热源情况，如图 3-41 所示，一个连续发热的 AB 热源在开始发热后，即以速度 $v(\mathrm{cm/s})$ 沿 x 轴平移，其强度为 $q_s(\mathrm{W/cm})$。

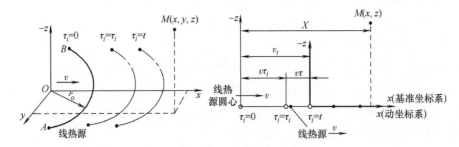

图 3-41　运动线热源温度场坐标

从 $\tau_i = 0$ 到 $\tau_i = t$ 的整个过程中，运动线热源的总影响造成 M 点的温升为

$$
\begin{aligned}
\theta = {} & \frac{q_s}{c\rho(4\pi a)^{3/2}} r_o \exp\left(-\frac{Xv}{2a}\right) \int_0^t \frac{\mathrm{d}\tau}{\tau^{3/2}} \left\{ (b-a) + \frac{r_o}{2a}(\sin b - \sin a)\frac{\sqrt{(X+v\tau)^2 + Y^2}}{\tau} + \right. \\
& \sum_{n=1}^{\infty} \int_a^b (\cos\Phi')^{2n}\mathrm{d}\Phi' \frac{1}{(2n)!}\left(\frac{r_o}{2a}\right)^{2n}\left(\frac{\sqrt{(X+v\tau)^2 + Y^2}}{\tau}\right)^{2n} + \\
& \left. \sum_{n=1}^{\infty} \int_a^b (\cos\Phi')^{2n+1}\mathrm{d}\Phi' \frac{1}{(2n+1)!}\left(\frac{r_o}{2a}\right)^{2n+1}\left(\frac{\sqrt{(X+v\tau)^2 + Y^2}}{\tau}\right)^{2n+1} \right\} \times \\
& \exp\left(-\frac{r_o^2 + (X-X_i)^2 + Y^2 + Z^2}{4a\tau}\right) \exp\left(-\frac{v^2\tau}{4a}\right)
\end{aligned}
\tag{3-22}
$$

式中　$\tau = t - \tau_i$。

$ABCD$ 面热源强度为 $q_m(\mathrm{W/cm^2})$，推导在无限大物体中做匀速运动时工件中任一点 M 的温度，如图 3-42 所示。

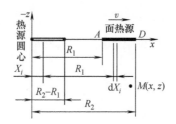

图 3-42 运动面热源温度场坐标系

无限大物体中弧形移动热源 $ABCD$ 所产生的三维准稳态温度场积分表达式：

$$
\theta = \int_{X_i=0}^{X_i=R_2-R_1} \int_{\tau=0}^{\tau=\infty} \frac{q_m}{c\rho(4\pi a)^{3/2}} \times r_o \times \exp\left(-\frac{(X-X_i)v}{2a}\right) \times
$$

$$
\frac{1}{\tau^{3/2}} \left\{ (b-a) + \frac{r_o}{2a}(\sin b - \sin a) \frac{\sqrt{((X-X_i)+v\tau)^2 + Y^2}}{\tau} + \right.
$$

$$
\sum_{n=1}^{\infty} \int_a^b (\cos\Phi')^{2n} \mathrm{d}\Phi' \frac{1}{(2n)!} \left(\frac{r_o}{2a}\right)^{2n} \left(\frac{\sqrt{((X-X_i)+v\tau)^2+Y^2}}{\tau}\right)^{2n} +
$$

$$
\left. \sum_{n=1}^{\infty} \int_a^b (\cos\Phi')^{2n+1} \mathrm{d}\Phi' \frac{1}{(2n+1)!} \left(\frac{r_o}{2a}\right)^{2n+1} \left(\frac{\sqrt{((X-X_i)+v\tau)^2+Y^2}}{\tau}\right)^{2n+1} \right\} \times
$$

$$
\exp\left(-\frac{r_o^2 + (X-X_i)^2 + Y^2 + Z^2}{4a\tau}\right) \exp\left(-\frac{v^2\tau}{4a}\right) \mathrm{d}\tau\mathrm{d}X_i \tag{3-23}
$$

式中 R_1——杯形砂轮内侧半径（cm）；

R_2——杯形砂轮外侧半径（cm）；

q_m——热源强度（W/cm^2）；

$r_o = R_1$；

其余参数和定义请参考式（3-19）。

（2）弧形移动热源在矩形工件中的温度场

1）弧形移动热源在矩形工件中的温度场解析。

① 工件边界处理的理论基础：由于工件是有限大的，其边界和外界物质存在着热交换。实际分析时，必须考虑各种边界状况的影响。

加工中，工件表面往往近似看作绝热面，即面上的法向温度梯度 $\dfrac{\partial\theta}{\partial n}=0$。为了把非无限大物体中的热传导问题转化为无限大物体中的热传导问题来求解，可以假设在绝热面的另一边对称存在着一个与实际存在的热源完全相同的镜像热源，如图 3-43 所示。此时，即使无此绝热面，在此表面上各点的 $\dfrac{\partial\theta}{\partial n}=0$。在物体内任意点 M 的温度 $\theta=\theta_1+\theta_1'$，$\theta_1$ 为受实际热源 A 影响所得到的温度，θ_1' 为受镜像热源 A' 影响所得到的温度。如果热源在绝热面上，则 $\theta_1=\theta_1'$，$\theta=2\theta_1$。

② 考虑到工件的实际情况，传热学模型实际计算时需进一步假设工件厚为无穷大。由于工件两侧面被视为绝热表面，ADD_1A_1 为真实热源对应于 p 侧面的镜像热源，BB_1C_1C 为真实热源对应于 p' 侧面的镜像热源。

最终磨削接触区的镜像热源和原热源将组合成一无限长有一定宽度的周期性面热源。问题可看作无限长有限宽的运动弧形周期性面热源在半无限大表面做匀速运动时的温度场计算，如图 3-44 所示。

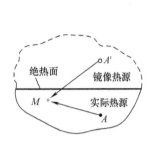

图 3-43　附加镜像热源形成的绝热面

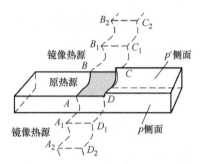

图 3-44　弧形移动热源及其镜像

求解时，工件平面附加镜像热源强度 q_m 要乘以 2。一般情况下，左右两侧的侧面镜像热源除第一个外，由其余镜像热源影响而造成的磨削接触区的温升值小于总温升的 0.01%，故只考虑左右各一个镜像热源即 ADD_1A_1 和 BB_1C_1C。假设工件宽度为 L，可得考虑镜像热源时的温度场解析表达式：

$$\theta = \int_{X_i=0}^{X_i=R_2-R_1} \int_{\tau=0}^{\tau=\infty} \frac{2q_m}{c\rho(4\pi a)^{3/2}} \times r_o \times \exp\left(-\frac{(X-X_i)v}{2a}\right) \times \frac{1}{\tau^{3/2}}(p_1+p_2+p_3)\,\mathrm{d}\tau\mathrm{d}X_i$$

(3-24)

式中　p_1——与原热源相关的部分；

p_2、p_3——分别是与 BB_1C_1C 和 ADD_1A_1 镜像热源相关的部分。

$$p_1 = \left\{ (b-a) + \frac{r_o}{2a}(\sin b - \sin a) \frac{\sqrt{((X-X_i)+v\tau)^2+Y^2}}{\tau} + \right.$$

$$\sum_{n=1}^{\infty} \int_a^b (\cos\Phi')^{2n}\mathrm{d}\Phi' \frac{1}{(2n)!}\left(\frac{r_o}{2a}\right)^{2n}\left(\frac{\sqrt{((X-X_i)+v\tau)^2+Y^2}}{\tau}\right)^{2n} +$$

$$\left. \sum_{n=1}^{\infty} \int_a^b (\cos\Phi')^{2n+1}\mathrm{d}\Phi' \frac{1}{(2n+1)!}\left(\frac{r_o}{2a}\right)^{2n+1}\left(\frac{\sqrt{((X-X_i)+v\tau)^2+Y^2}}{\tau}\right)^{2n+1} \right\} \times$$

$$\exp\left(-\frac{r_o^2+(X-X_i)^2+Y^2+Z^2}{4a\tau}\right)\exp\left(-\frac{v^2\tau}{4a}\right)$$

(3-25)

$$p_2 = \left\{ (b-a) + \frac{r_o}{2a}(\sin b - \sin a) \frac{\sqrt{((X-X_i)+v\tau)^2+(Y-L)^2}}{\tau} + \right.$$

$$\sum_{n=1}^{\infty} \int_{a}^{b} (\cos\Phi')^{2n} \mathrm{d}\Phi' \frac{1}{(2n)!} \left(\frac{r_o}{2a}\right)^{2n} \left(\frac{\sqrt{((X-X_i)+v\tau)^2+(Y-L)^2}}{\tau}\right)^{2n} +$$

$$\sum_{n=1}^{\infty} \int_{a}^{b} (\cos\Phi')^{2n+1} \mathrm{d}\Phi' \frac{1}{(2n+1)!} \left(\frac{r_o}{2a}\right)^{2n+1} \left(\frac{\sqrt{((X-X_i)+v\tau)^2+(Y-L)^2}}{\tau}\right)^{2n+1} \Bigg\} \times$$

$$\exp\left(-\frac{r_o^2+(X-X_i)^2+(Y-L)^2+Z^2}{4a\tau}\right) \exp\left(-\frac{v^2\tau}{4a}\right) \tag{3-26}$$

$$p_3 = \left\{ (b-a) + \frac{r_o}{2a}(\sin b - \sin a) \frac{\sqrt{((X-X_i)+v\tau)^2+(Y+L)^2}}{\tau} + \right.$$

$$\sum_{n=1}^{\infty} \int_{a}^{b} (\cos\Phi')^{2n} \mathrm{d}\Phi' \frac{1}{(2n)!} \left(\frac{r_o}{2a}\right)^{2n} \left(\frac{\sqrt{((X-X_i)+v\tau)^2+(Y+L)^2}}{\tau}\right)^{2n} +$$

$$\sum_{n=1}^{\infty} \int_{a}^{b} (\cos\Phi')^{2n+1} \mathrm{d}\Phi' \frac{1}{(2n+1)!} \left(\frac{r_o}{2a}\right)^{2n+1} \left(\frac{\sqrt{((X-X_i)+v\tau)^2+(Y+L)^2}}{\tau}\right)^{2n+1} \right\} \times$$

$$\exp\left(-\frac{r_o^2+(X-X_i)^2+(Y+L)^2+Z^2}{4a\tau}\right) \exp\left(-\frac{v^2\tau}{4a}\right) \tag{3-27}$$

2）杯形砂轮端面磨削矩形工件的温度场示意图。利用 MATLAB 软件编制程序，得到磨削矩形工件的温度场等值线示意图，如图 3-45、图 3-46 所示［由式（3-24）得出］。

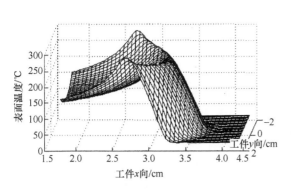

图 3-45　杯形砂轮端面磨削矩形工件表面温度场示意图

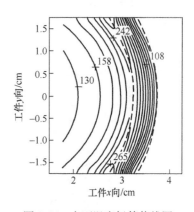

图 3-46　表面温度场等值线图

3）结论。

① 杯形砂轮端面磨削矩形工件时的表面磨削温度不是在整个工件上呈均匀分布，而是形成一个不均匀的温度场，从而会对工件的表面质量产生影响。

② 磨削接触区及附近区域，越靠近工件两侧，温度越高，峰值温度出现在磨削接触区靠近工件两侧边缘处。此区域是理论分析出的杯形砂轮平面磨削时热影响最为严重的区域。

③ 磨削接触区外侧温度梯度大，内侧温度梯度小。若磨削温度很高，则温度梯度更大，接触区外侧的高温度梯度会对平面磨削质量产生影响。

（3）弧形移动热源在圆盘形工件中的温度场

1）弧形移动热源在圆盘形工件中的温度场解析。图 3-47 为杯形砂轮端面磨削圆盘形工件的示意图。以工件中心作为坐标原点，工件水平面垂直向上方向作为 z 轴正向，建立如图 3-47 所示的坐标系。砂轮外半径为 R_1，内半径为 R_2，用 $l=R_1-R_2$ 代表它们的差值，工件半径为 r。

利用上述分析矩形工件温度场的方法，可给出端面磨削圆盘形工件时温度场的解析表达式。但由于表达式比较烦琐，在此不做赘述。

2）杯形砂轮端面磨削圆盘形工件时的温度场。同样利用 MATLAB 软件编制程序，得到磨削圆盘形工件时的温度场示意图，如图 3-48～图 3-51 所示。

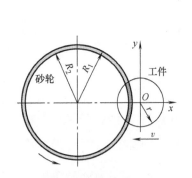

图 3-47　杯形砂轮端面磨削圆盘形工件的示意图

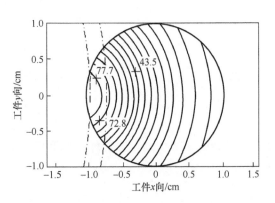

图 3-48　5s 时的温度场等值线

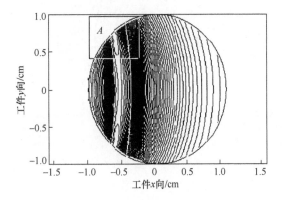

图 3-49　12.5s 时的温度场等值线

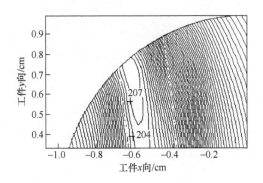

图 3-50　图 3-49 中 A 处放大

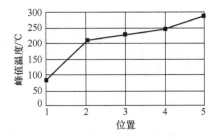

图 3-51　磨削时不同位置处的峰值温度

以砂轮开始接触工件作为时间的起点，图 3-48 所示为 5s 时的温度场，图 3-49 所示为 12.5s 时的温度场。

3）结论。

① 磨削时的峰值温度是逐渐升高的（见图 3-51）。由位置 1 到位置 2 时，峰值温度升高较快，以后升高的趋势缓和，但没有达到稳态。杯形砂轮快要离开工件时的磨削接触区，是磨削理论推导出的加工圆盘形工件时最容易产生热损伤的区域。在磨削时不同位置表面温度升高的原因稍有不同。开始磨削时，磨削接触区不断增大，发热量增多，导致磨削温度上升。到一定位置，磨削接触区开始变小，磨削发热量也减少。此时工件内部热传导是一个主要影响因素。由前一时刻传导来的热量不断叠加，有集中的趋势，所以整体温度仍不断提高。

② 磨削圆盘形工件时，表面温度场呈现出特殊的现象。砂轮切入工件后不久，磨削接触区两侧温度比中部温度高。随着砂轮移动到工件中部，接触区中部的温度高于两侧。砂轮继续前进，磨削接触区两侧温度又会高于中部温度。这种不均匀现象加剧了磨削时圆盘形工件表面温度的不均匀性，会对加工质量产生影响。

③ 加工圆盘形工件，与加工矩形工件相比，砂轮前后方的温度梯度都比较大，容易引起工件的热损伤。

3. 弧形移动热源温度场的数值法研究

（1）有限元模型的建立　对于杯形砂轮端面磨削的三维温度场，满足的微分方程为

定解条件为 $\quad \rho c \dfrac{\partial T}{\partial t} = k\left(\dfrac{\partial^2 T}{\partial x^2} + \dfrac{\partial^2 T}{\partial y^2} + \dfrac{\partial^2 T}{\partial z^2}\right) - k\dfrac{\partial T}{\partial n}\Big|_\Gamma = \alpha\left(T_{工件} - T_{空气}\right)$

$$T_{工件} - T_{空气} = 20℃ \tag{3-28}$$

先把时间用向后差分改写为

$$\frac{T - T_{t-\Delta t}}{\Delta t} = \frac{k}{\rho c}\left(\frac{\partial^2 T}{\partial x^2} + \frac{\partial^2 T}{\partial y^2} + \frac{\partial^2 T}{\partial z^2}\right) \tag{3-29}$$

此时对应的泛函为

$$J\left[T(x,y,z,t)\right] = \iiint\limits_V \left\{\frac{k}{2}\left[\left(\frac{\partial T}{\partial x}\right)^2 + \left(\frac{\partial T}{\partial y}\right)^2 + \left(\frac{\partial T}{\partial z}\right)^2\right] + \frac{\rho c}{\Delta t}\left(\frac{T^2}{2} - T_{t-\Delta t}T\right)\right\}\mathrm{d}x\mathrm{d}y\mathrm{d}z +$$

$$\oiint\limits_A \alpha\left(\frac{1}{2}T^2 - T_f T\right)\mathrm{d}A \tag{3-30}$$

将上述泛函式（3-30）经过离散化处理，再总体合成即可得到以矩阵形式表示的有限元方程：

$$\boldsymbol{C} \cdot \dot{\boldsymbol{T}} + \boldsymbol{K} \cdot \boldsymbol{T} = \boldsymbol{Q} \tag{3-31}$$

式中　$\boldsymbol{K}$——传导矩阵，包含热导率、对流系数、辐射率和形状系数；

$\boldsymbol{C}$——比热矩阵，考虑系统内能的增加；

$\boldsymbol{T}$——节点温度向量；

$\dot{\boldsymbol{T}}$——温度对时间的导数；

Q——节点热流率向量，包含热生成。

（2）弧形移动热源的数值解法　利用 ANSYS 软件中的 APDL 语言编制程序，给出了弧形移动热源的数值解法，建立了杯形砂轮平面磨削三维温度场热分析的数值计算模型，具体计算流程如图 3-52 所示。

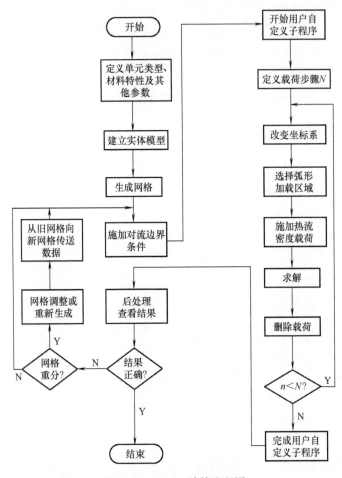

图 3-52　ANSYS 计算流程图

（3）杯形砂轮端面磨削矩形工件的三维温度场数值仿真

1）假设条件。①端面磨削时的磨削热来自砂轮与工件的接触区，它是一个持续发热的均匀且恒定的面热源，其单位时间单位面积的发热量为 q；②磨削接触区仅有热量传入而不发生对流，矩形工件其他部分与外界产生热对流；③三维传热时，彼此无关，互不影响，即各向同性；④磨削过程中不考虑材料相变的影响。

2）数值仿真结果。利用 ANSYS 软件，仿真得到杯形砂轮磨削矩形工件时的三维温度场及其等值线图，如图 3-53 和图 3-54 所示。

（4）杯形砂轮端面磨削圆盘形工件的三维温度场数值仿真　同样利用 ANSYS 软件，仿真得到杯形砂轮磨削圆盘形工件时的三维温度场及其等值线图。

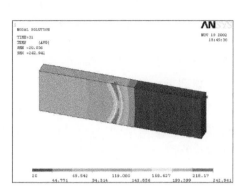

图 3-53　磨削矩形工件温度场

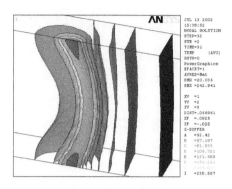

图 3-54　磨削矩形工件温度场等值线

以砂轮开始接触工件开始作为时间零点，图 3-55 及图 3-56 是 5s 时的温度场及其等值线图。

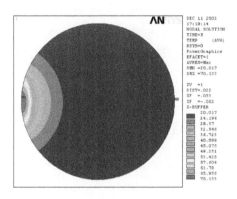

图 3-55　5s 时的温度场

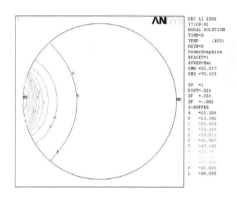

图 3-56　5s 时的温度场等值线

图 3-57 及图 3-58 为 45s 时的温度场及其等值线图。

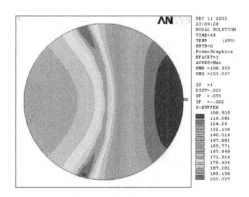

图 3-57　45s 时的温度场

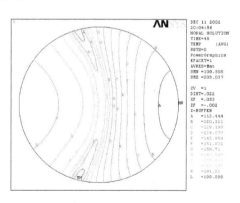

图 3-58　45s 时的温度场等值线

（5）小结　上文给出了弧形移动热源的数值解法，并对杯形砂轮端面磨削矩形工件和圆盘形工件进行了数值仿真，仿真结果与相应的解析结果一致。

3.5.3 端面磨削陶瓷材料的试验研究

1. 磨削力和磨削温度的测量及影响因素的试验分析

磨削力和磨削温度是研究磨削加工中两个最基本的物理量。磨削力起源于砂轮与工件接触后产生的弹塑性变形以及磨粒和结合剂与工件表面之间的摩擦；磨削温度主要由摩擦和切削变形产生。虽然磨削力和磨削温度是两个单独的物理量，但两者之间还存在着一定的必然联系，在研究磨削的过程中，对磨削力和磨削温度同时进行测量是十分必要的。

（1）试验方案的确定　试验方案：采用石英陶瓷作为试件的材料，如图 3-59 所示。用压成扁平状的标准热电偶丝组成热电极，在电极片之间放置一层很薄的云母片作为绝缘层，以防止热电势短路。由于石英陶瓷不导电，所以电极片与工件之间就不需要用云母片进行绝缘，这样一方面可以减小热结点的极层总厚度，另一方面由于在极片和工件之间没有任何形式的间隔，工件可以与极片紧紧地贴在一起，从而改善热传导过程。因此，热结点可以更好地反映真实温度。具体的试件结构如图 3-60 所示。试验中使用的电极材料是 $\phi0.5$mm 的镍铬-镍硅标准热电偶，电极丝压成厚 $0.01 \sim 0.02$mm、宽约 $1 \sim 1.5$mm 的电极片，绝缘层采用的云母片厚度不大于 0.02mm，最后组成的热结点极片总厚度约为 0.05mm。分开的工件之间用环氧树脂粘在一起，粘结时要注意不要将树脂粘到极片与工件及极片与绝缘层之间，以免影响测温质量。试件制成后要检查是否短路。

图 3-59　试件的结构简图

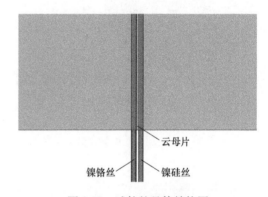

云母片

镍铬丝　　　　镍硅丝

图 3-60　试件的具体结构图

电偶丝的排列：由图 3-61 中可以看出三个测温点处的电偶丝排列方式不同，把中间一对热电偶的排列方式称为"横排式"，两边热电偶的排列方式称为"竖排式"。

选择不同的排列方式就是基于对"冷焊"现象的考虑。在砂轮磨削过程中，在三个测温点处力的方向如图 3-61 所示，在磨削力的作用下，两电偶丝顶端比较容易发生"冷焊"，形成结点。但为了保证"冷焊"的效果，特意将电偶丝排成砂轮经过此点时速度的方向。

试验表明：1）石英陶瓷相对较软，容易进行大深度磨削；2）电偶丝被压成片状，接触面较大，磨削时能很好地"冷焊"，热结点形成较好，信号稳定。

（2）试验设备、装置、原理图及试验条件

1）试验设备、装置及原理图如图 3-62 ~ 图 3-64 所示。

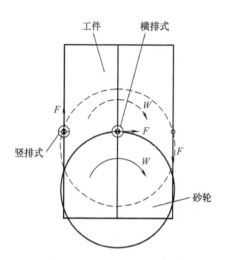

图 3-61 电偶丝排列示意图

图 3-62 MK9025 型数控光学曲线磨床

图 3-63 磨削系统

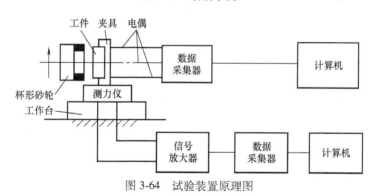

图 3-64 试验装置原理图

2）试验条件。

① 磨床：MK9025 型数控光学曲线磨床（见图 3-62），由上海第三机床厂生产。

② 工件：石英陶瓷，四块（用环氧树脂粘结），长×宽×高为 46mm×48mm×10mm。

③ 砂轮：树脂金刚石杯形砂轮 6A2 50×4×20×5×D×240×B×100，外圆直径为 50mm，厚度有 2mm、3mm、4mm 和 5mm 四种，砂轮相对宽度 B 分别为 0.04、0.06、0.08、0.1（砂轮相对宽度 B 指的是砂轮厚度与外径的比值）。

④ 电偶：$\phi 0.5$mm 的镍铬-镍硅标准 K 型热电偶（三对）。

⑤ 测力仪：三通道 KISTLER 测力仪，型号为 9257A。

⑥ 数据采集器：四通道 DTSA04 动态测试及信号分析系统，两套。

⑦ 信号放大器：三通道 KISTLER 信号放大器。

⑧ 计算机：两台（装有 SD150Signal 软件）。

⑨ 信号连接线：标准同轴电缆数据连接线及热电偶补偿导线若干条。

⑩ 磨削方式：干磨。

（3）试验数据分析 试验采用单因素分析方法，在干磨条件下对磨削深度 a_p、工件进给速度 v_w、砂轮速度 v_s 三种磨削参数及砂轮相对宽度 B 与磨削力 F、磨削温度 T（T_{out} 为工件上砂轮切出处的温度，T_{in} 为切入处的温度，T_{mid} 为工件中部的温度）的对应关系进行研究分析。对每一组试验数据进行回归分析，得出本次试验的经验公式。表 3-10 为基础试验数据及条件。

表 3-10 石英陶瓷基础试验数据及条件

试件长/mm	试件宽/mm	试件高/mm	磨削方式	理论热分配比值
46	48	10	干磨	0.3446

1）磨削深度 a_p 的影响，如图 3-65、图 3-66 所示。试验条件见表 3-11，磨削力及磨削温度试验数据见表 3-12、表 3-13。

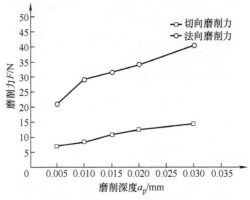

图 3-65 磨削深度 a_p 对磨削力 F 的影响

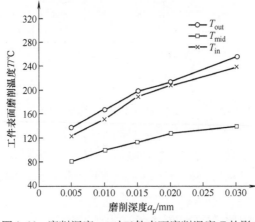

图 3-66 磨削深度 a_p 对工件表面磨削温度 T 的影响

表 3-11 试验条件

v_s/(m/s)	v_w/(m/min)	B	a_p/mm					室温/℃
22.25	0.348	0.08	0.005	0.01	0.015	0.02	0.03	20

表 3-12 磨削力试验数据

a_p/mm	0.005	0.01	0.015	0.02	0.03
切向磨削力 F_x/N	7.01	8.52	10.80	12.52	14.41
法向磨削力 F_z/N	20.79	29.04	31.46	34.04	40.39

表 3-13 磨削温度试验数据

a_p/mm	0.005	0.01	0.015	0.02	0.03
T_{out}/℃	137.67	166.88	198.24	212.47	257.11
T_{mid}/℃	80.58	99.85	114.16	128.55	141.97
T_{in}/℃	124.10	152.22	189.90	209.09	240.55

磨削力经验公式：

$$F_x = 62.74 a_p^{0.420} \qquad r = 0.991$$

$$F_z = 139.91 a_p^{0.354} \qquad r = 0.989$$

磨削温度经验公式：

$$T_{out} = 840.50 a_p^{0.345} \qquad r = 0.995$$

$$T_{mid} = 444.97 a_p^{0.323} \qquad r = 0.998$$

$$T_{in} = 918.74 a_p^{0.381} \qquad r = 0.995$$

2）砂轮速度 v_s 的影响，如图 3-67、图 3-68 所示。试验条件见表 3-14，磨削力及磨削温度试验数据见表 3-15、表 3-16。

磨削力经验公式：

$$F_x = 47.32 v_s^{-0.560} \qquad r = 0.993$$

$$F_z = 1348.84 v_s^{-1.244} \qquad r = 0.991$$

磨削温度经验公式：

$$T_{out} = 43.99 v_s^{0.414} \qquad r = 0.929$$

$$T_{mid} = 37.30 v_s^{0.317} \qquad r = 0.989$$

$$T_{in} = 47.37 v_s^{0.366} \qquad r = 0.956$$

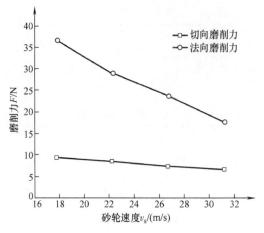

图 3-67 砂轮速度 v_s 对磨削力 F 的影响

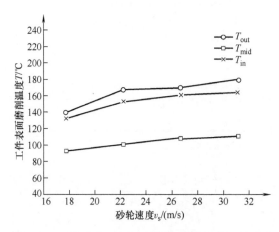

图 3-68 砂轮速度 v_s 对工件表面磨削温度 T 的影响

表 3-14 试验条件

材质	a_p/mm	v_w/(m/min)	B	v_s/(m/s)				室温/℃
石英陶瓷	0.01	0.348	0.08	17.80	22.25	26.70	31.15	20

表 3-15 磨削力试验数据

v_s/(m/s)	17.80	22.25	26.70	31.15
切向磨削力 F_x/N	9.32	8.52	7.46	6.87
法向磨削力 F_z/N	36.62	29.04	23.76	17.96

表 3-16 磨削温度试验数据

v_s/(m/s)	17.80	22.25	26.70	31.15
T_{out}/℃	139.18	166.88	168.28	177.96
T_{mid}/℃	92.31	99.85	107.15	109.52
T_{in}/℃	132.94	152.22	160.60	163.18

3）工件进给速度 v_w 的影响，如图 3-69、图 3-70 所示。试验条件见表 3-17，磨削力及磨削温度试验数据见表 3-18、表 3-19。

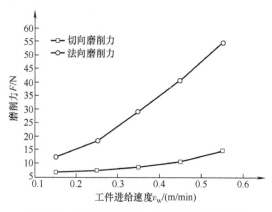

图 3-69 工件进给速度 v_w 对磨削力 F 的影响

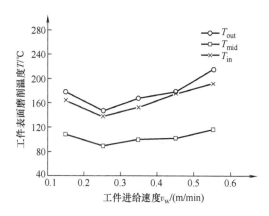

图 3-70 工件进给速度 v_w 对工件表面磨削温度 T 的影响

表 3-17 试验条件

材质	a_p /mm	v_s /(m/s)	B	v_w/(m/min)					室温 /℃
石英陶瓷	0.01	22.25	0.08	0.15	0.252	0.348	0.45	0.552	20

表 3-18 磨削力试验数据

v_w/(m/min)	0.15	0.252	0.348	0.45	0.552
切向磨削力 F_x/N	6.62	7.24	8.52	10.48	14.65
法向磨削力 F_z/N	12.28	18.20	29.04	40.67	54.64

磨削力经验公式：

$$F_x = 179.65 v_w^{0.569} \qquad r = 0.917$$

$$F_z = 11849.01 v_w^{1.161} \qquad r = 0.990$$

表 3-19　磨削温度试验数据

$v_w/(m/min)$	0.15	0.252	0.348	0.45	0.552
$T_{out}/℃$	178.09	147.16	166.88	176.66	214.33
$T_{mid}/℃$	108.66	89.41	99.85	101.80	116.01
$T_{in}/℃$	164.12	138.78	152.22	174.24	191.30

磨削温度经验公式：

$$T_{out} = 348.63 v_w^{0.131} \qquad r = 0.862$$

$$T_{mid} = 132.82 v_w^{0.049} \qquad r = 0.895$$

$$T_{in} = 323.76 v_w^{0.131} \qquad r = 0.845$$

4）砂轮相对宽度 B 的影响，如图 3-71、图 3-72 所示。试验条件见表 3-20，磨削力及磨削温度试验数据见表 3-21、表 3-22。

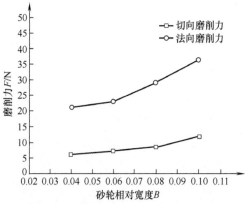

图 3-71　砂轮相对宽度 B 对磨削力 F 的影响

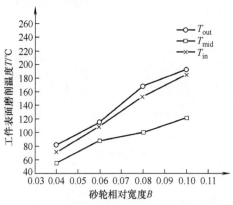

图 3-72　砂轮相对宽度 B 对工件表面磨削温度 T 的影响

表 3-20　试验条件

材质	$v_w/(m/min)$	$v_s/(m/s)$	a_p/mm	B				室温/℃
石英陶瓷	0.348	22.25	0.01	0.04	0.06	0.08	0.10	20

表 3-21 磨削力试验数据

B	0.04	0.06	0.08	0.10
切向磨削力 F_x/N	6.20	7.14	8.52	11.88
法向磨削力 F_z/N	21.18	22.84	29.04	36.32

磨削力经验公式:

$$F_x = 50.60B^{0.671} \qquad r = 0.946$$

$$F_z = 131.10B^{0.586} \qquad r = 0.946$$

表 3-22 磨削温度试验数据

B	0.04	0.06	0.08	0.10
T_{out}/℃	81.47	113.75	166.88	190.51
T_{mid}/℃	55.07	82.05	99.85	121.19
T_{in}/℃	70.84	108.35	152.22	184.67

磨削温度经验公式:

$$T_{out} = 1804.43B^{0.966} \qquad r = 0.993$$

$$T_{mid} = 844.72B^{0.835} \qquad r = 0.984$$

$$T_{in} = 2164.62B^{1.062} \qquad r = 0.999$$

(4) 试验结论

1) 磨削力随磨削深度、工件进给速度和砂轮相对宽度的增加而增加,随砂轮速度的增加而下降。磨削深度变化时,法向磨削力与切向磨削力的比值在 2.7~3.4 之间,随着磨削深度增加,该比值减小,说明法向磨削力增加的幅度要小于切向磨削力增加的幅度。工件进给速度变化时,该比值在 1.9~3.9 之间,随工件进给速度的增加,该比值增大,工件进给速度对法向磨削力影响较大。砂轮相对宽度变化时,该比值在 3.0~3.4 之间,随砂轮相对宽度的增加,该比值减小。砂轮速度变化时,该比值在 2.6~3.9 之间,随砂轮速度的增加比值减小。

2) 磨削温度随磨削深度、砂轮速度和砂轮相对宽度的增加而升高,随工件进给速度的增加先下降后升高,这是因为当工件进给速度较低时,磨削热的累积效应比较严重,因此磨削温度较高,随着工件进给速度逐渐增加,磨削热累积效应的影响减弱,磨削温度呈现下降的趋势,但当工件进给速度增加到一定程度后,磨削力逐渐增大,成为磨削热产生的主导因素,由于磨削力随着工件进给速度的增加而增加,磨削温度会出现随工件进给速度增加而升高的趋势。各磨削参数的影响程度不同,按照影响程度由大到小进行排序得:磨削深度>工件进给速度>砂轮相对宽度>砂轮速度。

2. 影响因素的数值仿真分析

利用前面介绍的数值解法，分别对磨削深度 a_p、砂轮速度 v_s、工件进给速度 v_w 和砂轮相对宽度 B 四个参数对于磨削力和磨削温度的影响进行仿真。基础试验数据及条件见表 3-23。

表 3-23　基础试验数据及条件

试件长 /mm	试件宽 /mm	试件高 /mm	磨削方式	理论热分配比值
46	48	10	干磨	0.3446

（1）磨削深度 a_p 对磨削力、热源强度和磨削温度的影响（条件同表 3-11）　见表 3-24 及表 3-25。

表 3-24　仿真试验数据（磨削接触区面积：$2.37×10^{-4}\ m^2$）

a_p/mm	0.005	0.01	0.015	0.02	0.03
$\overline{F}_x/N$	7.01	8.525	10.795	12.515	14.41
$q_m/(W/m^2)$	226780	288880	349240	404880	466190

表 3-25　仿真磨削温度

a_p/mm	0.005	0.01	0.015	0.02	0.03
$T_{out}/℃$	140.52	173.52	205.60	235.17	267.75
$T_{mid}/℃$	85.16	103.00	120.34	136.33	153.95
$T_{in}/℃$	137.73	169.96	201.30	230.30	262.01

由表 3-24 和表 3-25 可以看出，随着磨削深度 a_p 的增加，磨削力和热源强度都显著增加，磨削温度也随之显著升高。

（2）砂轮速度 v_s 对磨削力、热源强度和磨削温度的影响（条件同表 3-14）　见表 3-26 及表 3-27。

表 3-26　仿真试验数据（磨削接触区面积：$2.37×10^{-4}\ m^2$）

$v_s/(m/s)$	17.80	22.25	26.70	31.15
$\overline{F}_x/N$	9.32	8.525	7.455	6.87
$q_m/(W/m^2)$	241220	288880	289420	311116

表 3-27　仿真磨削温度

$v_s/(m/s)$	17.80	22.25	26.70	31.15
$T_{out}/℃$	148.19	173.52	173.81	185.36
$T_{mid}/℃$	89.31	103.00	103.16	109.40
$T_{in}/℃$	145.22	169.96	170.24	181.53

由表 3-26 和表 3-27 可以看出，随着砂轮转速的增加，磨削力减小，热源强度略有升高，但变化不大，磨削温度同样略有升高，但变化不大。

（3）工件进给速度 v_w 对磨削力、热源强度和磨削温度的影响（条件同表 3-17） 见表 3-28 及表 3-29。

表 3-28 仿真试验数据（磨削接触区面积：$2.37 \times 10^{-4} \mathrm{m}^2$）

$v_w/(\mathrm{m/min})$	0.15	0.252	0.348	0.45	0.552
$\overline{F}_x/\mathrm{N}$	6.615	7.245	8.525	10.48	14.65
$q_m/(\mathrm{W/m}^2)$	214000	234390	288880	339050	473950

表 3-29 仿真磨削温度

$v_w/(\mathrm{m/min})$	0.15	0.252	0.348	0.45	0.552
$T_{out}/℃$	190.49	167.35	173.52	178.05	220.99
$T_{mid}/℃$	112.04	100.70	103.00	105.62	128.82
$T_{in}/℃$	180.06	160.87	169.96	175.95	220.64

由表 3-28 和表 3-29 可以看出，随着工件进给速度的增加，磨削力和热源强度都显著增加，磨削温度先下降后升高。

（4）砂轮相对宽度 B 对磨削力、热源强度和磨削温度的影响（条件同表 3-20） 见表 3-30 及表 3-31。

表 3-30 仿真试验数据

B	0.04	0.06	0.08	0.10
$\overline{F}_x/\mathrm{N}$	6.195	7.145	8.525	11.88
$q_m/(\mathrm{W/m}^2)$	383060	301010	288880	314100
磨削接触区面积 A/m^2	1.24×10^{-4}	1.82×10^{-4}	2.37×10^{-4}	2.90×10^{-4}

表 3-31 仿真磨削温度

B	0.04	0.06	0.08	0.10
$T_{out}/℃$	111.50	139.28	173.52	198.87
$T_{mid}/℃$	73.37	84.26	103.00	127.76
$T_{in}/℃$	105.04	134.37	169.96	196.64

由表 3-30 可以看出，随着砂轮相对宽度的增加，热源强度先减小后增加。主要原因是随着砂轮相对宽度的增加，磨削力增加，而磨削接触面积也增大，在砂轮转速不变的

先进陶瓷磨削技术

情况下，热源强度和磨削力成正比，和磨削面积成反比。由表 3-31 可以看出，磨削温度随砂轮相对宽度增加而上升，这是由于砂轮相对宽度增加，磨削接触区扩大，会产生更多的热量。在实际加工中，砂轮相对宽度越大，磨削力越大，热源强度增加，磨削温度进一步升高。然而随着砂轮相对宽度增大，磨削区温度分布更均匀，因此较大的砂轮相对宽度虽然使磨削温度升高，但同时也会使温度分布趋于均匀，两者综合考虑，将有一个最佳的 B 值。

3. 试验温度数据与数值仿真温度数据的比较

为了验证弧形移动热源模型的正确性，以及试验数据的可靠性，将相同条件下试验得到的磨削温度数据与数值仿真得到的磨削温度数据进行比较。

（1）磨削深度 a_p 对磨削温度的影响　具体见表 3-32、表 3-33。

表 3-32　石英陶瓷试验数据

a_p/mm	0.005	0.01	0.015	0.02	0.03
T_{out}/℃	137.67	166.88	198.24	212.47	257.11
T_{mid}/℃	80.58	99.85	114.16	128.55	141.97
T_{in}/℃	124.10	152.22	189.90	209.09	240.55

表 3-33　石英陶瓷数值仿真数据

a_p/mm	0.005	0.01	0.015	0.02	0.03
T_{out}/℃	140.52	173.52	205.60	235.17	267.75
T_{mid}/℃	85.16	103.00	120.34	136.33	153.95
T_{in}/℃	137.73	169.96	201.30	230.30	262.01

由表 3-32 和表 3-33 可得温度对比曲线图，如图 3-73～图 3-75 所示。

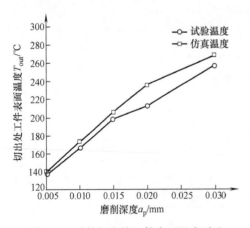

图 3-73　砂轮切出处工件表面温度对比

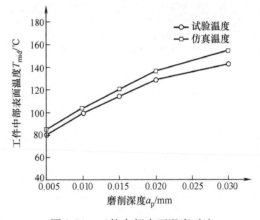

图 3-74　工件中部表面温度对比

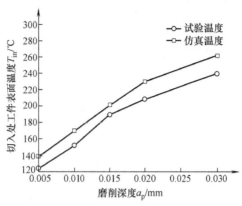

图 3-75　砂轮切入处工件表面温度对比

（2）砂轮速度 v_s 对磨削温度的影响　具体见表 3-34、表 3-35。

表 3-34　石英陶瓷试验数据

v_s/(m/s)	17.80	22.25	26.70	31.15
T_{out}/℃	139.18	166.88	168.28	177.96
T_{mid}/℃	89.31	99.85	107.15	109.52
T_{in}/℃	132.94	152.22	160.60	163.18

表 3-35　石英陶瓷数值仿真数据

v_s/(m/s)	17.80	22.25	26.70	31.15
T_{out}/℃	148.19	173.52	173.81	185.36
T_{mid}/℃	92.31	103.00	103.16	109.40
T_{in}/℃	145.22	169.96	170.24	181.53

由表 3-34 和表 3-35 可得温度对比曲线图，如图 3-76~图 3-78 所示。

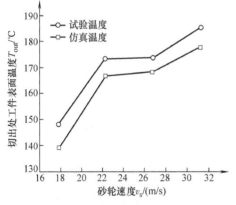

图 3-76　砂轮切出处工件表面温度对比

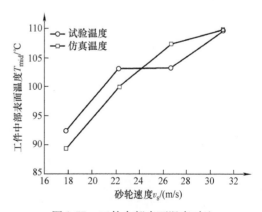

图 3-77　工件中部表面温度对比

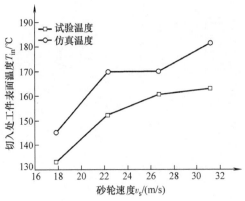

图 3-78　砂轮切入处工件表面温度对比

（3）工件进给速度 v_w 对磨削温度的影响　具体见表 3-36、表 3-37。

表 3-36　石英陶瓷试验数据

$v_w/(m/min)$	0.15	0.252	0.348	0.45	0.552
$T_{out}/℃$	178.09	147.16	166.88	176.66	214.33
$T_{mid}/℃$	108.66	89.41	99.85	101.80	116.01
$T_{in}/℃$	164.12	138.78	152.22	174.24	191.30

表 3-37　石英陶瓷数值仿真数据

$v_w/(m/min)$	0.15	0.252	0.348	0.45	0.552
$T_{out}/℃$	190.49	167.35	173.52	178.05	220.99
$T_{mid}/℃$	112.04	100.70	103.00	105.62	128.82
$T_{in}/℃$	180.06	160.87	169.96	175.95	220.64

由表 3-36 和表 3-37 可得温度对比曲线图，如图 3-79～图 3-81 所示。

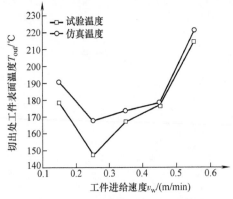

图 3-79　砂轮切出处工件表面温度对比

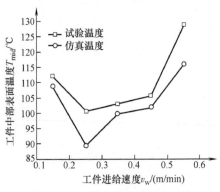

图 3-80　工件中部表面温度对比

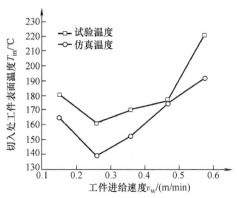

图 3-81　砂轮切入处工件表面温度对比

（4）砂轮相对宽度 B 对磨削温度的影响　具体见表 3-38、表 3-39 所示。

表 3-38　石英陶瓷试验数据

B	0.04	0.06	0.08	0.10
T_{out}/℃	81.47	113.75	166.88	190.51
T_{mid}/℃	55.07	82.05	99.85	121.19
T_{in}/℃	70.84	108.35	152.22	184.67

表 3-39　石英陶瓷数值仿真数据

B	0.04	0.06	0.08	0.10
T_{out}/℃	111.50	139.28	173.52	198.87
T_{mid}/℃	73.37	84.26	103.00	127.76
T_{in}/℃	105.04	134.37	169.96	196.64

由表 3-38 和表 3-39 可得温度对比曲线图，如图 3-82~图 3-84 所示。

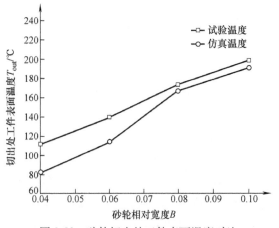

图 3-82　砂轮切出处工件表面温度对比

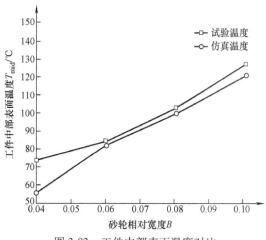

图 3-83　工件中部表面温度对比

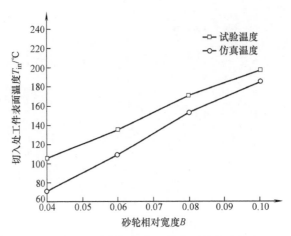

图 3-84　砂轮切入处工件表面温度对比

（5）结论　仿真数据与试验数据十分吻合，温度分布趋势一致，试验结果验证了弧形移动热源模型的正确性；仿真温度在各点的数值比试验温度稍高，这是由于热电偶测温存在动态响应误差及试验过程中的热损失所致；试验中发现切出点的温度比切入点的温度稍高，考虑到切入时是砂轮冷端进入，而到切出点时是砂轮热端进入，这样使热量在切出点积累较多，导致温度稍高；试验温度与仿真温度数据误差在合理范围之内，只有砂轮相对宽度为0.04 时，即砂轮厚度最小时的温度误差较大，这是由于砂轮厚度较小时磨削时间过短，热电偶动态响应误差较大所致。

3.6　先进陶瓷平行砂轮磨削技术

3.6.1　高速/超高速磨削

1. 高速/超高速磨削的发展

磨削加工按砂轮线速度的高低可分为普通磨削（$v_s < 45 \text{m/s}$）、高速磨削（$45 \text{m/s} \leqslant v_s < 150 \text{m/s}$）和超高速磨削（$v_s \geqslant 150 \text{m/s}$），欧美也可将后两者统称为高速磨削。随着 CBN 的大量应用、磨削理论研究的不断深入，以及磨床制造水平的提高，高速磨削加工技术受到世界各国的广泛关注，德、美、日、瑞士等工业发达国家已经实现了 $150\sim250 \text{m/s}$ 的工业实用化磨削速度；实验室内磨削速度达到 500m/s，从而进入超高速磨削技术的崭新阶段。在高速/超高速磨削加工技术领域，德国及其他欧洲国家起步较早，而日本和美国发展比较迅速。

德国 Guehring Automation（格林自动化）公司于 1983 年生产的世界上第一台高效深磨（High Efficiency Deep Grinding，HEDG）磨床，使人们真正认识到了 HEDG 技术的巨大威力。Guehring Automation、Kapp、Sehaudt、Studer、Song Machinery、Blohm 等公司，日本的三菱重工、丰田工机、冈本工作机械工作所、东京技阪，美国的 Edgetek 公司均推出了自己的超高速磨床。

我国 50m/s 高速磨削研究开始于 1958 年，但发展较为缓慢，虽然国内已有一些高校和科研院所开展了超高速磨削技术的研究，但是总体来看，国内目前工业应用的磨削速度一般只在 45~80m/s 范围内，实验室磨削速度达到了 250m/s，但距工业应用还有很长距离。

超高速磨削技术是优质与高效的完美结合，是磨削加工工艺的革命性变革。德国著名磨削专家 T. Tawakoli 博士将其誉为"现代磨削技术的最高峰"。日本先端技术研究学会把超高速加工列为五大现代制造技术之一。国际生产工程学会（CIRP）将超高速磨削技术确定为面向 21 世纪的中心研究方向之一。

2. 高速/超高速磨削的特点

砂轮转速提高后，在磨除率一定时单位时间内作用的磨粒数大大增加，当进给速度一定时则单颗磨粒的磨削厚度变小，负荷减轻。超高速砂轮磨削材料的去除是一种极高应变率下绝热冲击成屑过程。因此，高速/超高速磨削主要有以下特点：

1）磨削效率高。因单位时间内作用的磨粒数大大增加，使材料去除率成倍增加。有试验表明 200m/s 超高速磨削的材料磨除率在磨削力不变的情况下比 80m/s 磨削时提高 150%，而 340m/s 时比 180m/s 时提高 200%。采用 CBN 砂轮进行超高速磨削，砂轮线速度由 80m/s 提高至 300m/s 时，比材料磨除率由 50mm³/mm·s 提高至 1000mm³/mm·s，最高可达 2000mm³/mm·s。

2）磨削力小，砂轮磨损小，使用寿命长，加工精度高。在其他参数不变的情况下，随着砂轮转速的提高，单位时间内参与磨削的磨粒数增加，每个磨粒磨下的磨屑厚度变小，承受的法向磨削力 F_t 相应变小，可减小磨削过程中的变形和提高砂轮的使用寿命。由于砂轮转速的提高，磨粒两侧材料的隆起量明显降低，能显著降低磨削表面粗糙度值。试验表明在相同磨削深度的前提下，磨削速度为 250m/s 时的磨削力比磨削速度为 180m/s 时的磨削力减小了一半。200m/s 磨削砂轮的寿命则是 80m/s 磨削的 7.8 倍，有利于加工精度的提高，也有助于实现磨削加工的自动化和无人化。

3）磨削温度低。超高速磨削中磨削热传入工件的比例减小，使工件表面磨削温度降低，能越过容易发生热损伤的区域，受力受热变质层减薄，具有良好的表面完整性。试验数据表明，在使用 CBN 砂轮 200m/s 超高速磨削的表面残余应力层深度不足 10μm，极大地扩展了磨削工艺参数应用范围。

4）可以充分利用和发挥超硬磨料的高硬度和高耐磨性的优异性能，实现难加工材料的高性能磨削加工。尤其是使用电镀和高温钎焊金属结合剂砂轮，磨削力及温度更低，可避免烧伤和裂纹。超高速磨削不仅可对硬脆材料实行延性域磨削，而且对高塑性材料也可获得良好的磨削效果。

高速/超高速磨削加工技术是指采用超硬磨料砂轮和能可靠地实现高速运动的高精度、高自动化、高柔性的机床设备，在磨削过程中以极高的磨削速度来达到提高材料磨除率、加工精度和质量的现代制造加工技术。其显著标志是使被加工材料在磨除过程中的剪切滑移速度达到或超过某一阈值，开始趋向最佳磨削磨除条件，使得磨除材料所消耗的能量、磨削

力、工件表面温度、磨具磨损、加工表面质量和加工效率等明显优于传统磨削速度下的指标。

超高速磨削机理最早可追溯到德国磨削物理学家萨洛蒙（Carl Salomon）于 1931 年提出的著名的超高速磨削理论。萨洛蒙认为，与普通磨削速度范围内磨削温度随磨削速度的增大而升高不同，当磨削速度增大至与工件材料的种类有关的某一速度后，随着磨削速度的增大，磨削温度反而降低。

现代高速磨削（High Speed Grinding，HSG）中砂轮线速度 v_s 可达 60~250m/s，工件进给速度 v_w 为 1000~10000m/min。使用普通砂轮，v_s 在 60~120m/s 范围内，比磨除率可达500~1000mm^3/mm；采用 CBN 砂轮，v_s 在 120~250m/s 范围内，比磨除率可达 2000mm^3/mm。当 v_s 在 120~250m/s 范围内时常被称为超高速磨削。这种加工工艺为陶瓷、单晶硅及人工晶体等硬脆难加工材料的高效、高质量加工提供了新的方法。在普通磨削条件下，单个磨粒的磨削厚度较大，磨屑主要以脆性断裂形式完成；而在超高速磨削条件下，磨削磨粒数大大增加，单个磨粒的磨削厚度小，容易实现硬脆材料的延性磨削，从而大大提高磨削表面质量和效率。采用金刚石砂轮 160m/s 磨削 Si_3N_4 陶瓷，磨削效率比 80m/s 时提高一倍，砂轮寿命为 80m/s 时的 1.56 倍、30m/s 时的 7 倍，并可获得良好的表面质量。

3. 高速/超高速磨削在陶瓷加工中的研究进展

（1）磨削表面完整性　超高速磨削时，由于磨削速度很高，单个磨屑的形成时间极短。在极短的时间内完成的磨屑的高应变率（可近似认为等于磨削速度）形成过程与普通磨削有很大的差别，表现为工件表面的弹性变形层变浅，磨削沟痕两侧因塑性流动而形成的隆起高度变小，磨屑形成过程中的耕犁和划擦距离变小，工件表面层硬化及残余应力倾向减小。此外，超高速磨削时磨粒在磨削区上的移动速度和工件的进给速度均大大加快，加上应变率响应的温度滞后的影响，导致磨削表面磨削温度降低。

图 3-85 分别是 Al_2O_3、Al_2O_3-TiO_2 和 Y-TZP 三种陶瓷材料的高速磨削加工表面的显微图像，其中磨削采用的是树脂结合剂金刚石砂轮，砂轮平均粒度为 160μm，磨削速度为 160m/s，磨削深度为 1.5mm，工件的进给速度为 500mm/min。从图中可看出不同陶瓷材料的磨削表面特征不同。Al_2O_3 和 Al_2O_3-TiO_2 磨削表面都有①微断裂区和②涂抹区两个典型区域，由 Al_2O_3-TiO_2 磨削表面显微图像还可看出，它的涂抹区比 Al_2O_3 大。在表面上有时会观察到气孔，这是由于 TiO_2 晶粒被拔出而造成的。而在 Y-TZP 磨削表面上则有①光滑表面区、②微断裂区、③涂抹区及④耕犁条状区四个典型区域，有时可观察到碎片。显微图像显示 Y-TZP 陶瓷磨削表面是由脆性域磨削和延性域磨削两种组成的。

图 3-86 是磨削深度和磨削表面损伤层厚度的关系曲线图。图中显示表面平均损伤层厚度受砂轮磨削深度的影响不大。Al_2O_3 和 Al_2O_3-TiO_2 磨削表面的总损伤层的平均厚度几乎不随磨削深度的显著变化而变化。Y-TZP 磨削表面的总损伤层的平均厚度有随着磨削深度的增加而增加的趋势。然而，三种材料的总损伤层厚度都在 20μm 以下，受磨削深度的影响很小。磨削表面损伤层厚度受磨削深度的影响不大，高速时可采用较大的磨削深度以提高加工效率，从而实现高速高效加工。

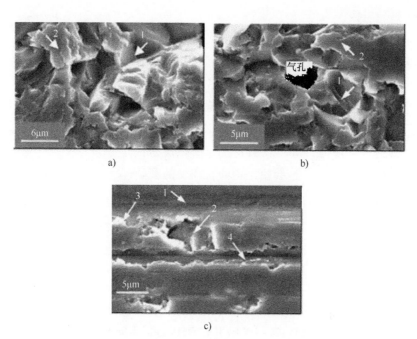

图 3-85　三种陶瓷材料的高速磨削表面显微图像

a）Al_2O_3 磨削表面　b）Al_2O_3-TiO_2 磨削表面　c）Y-TZP 磨削表面

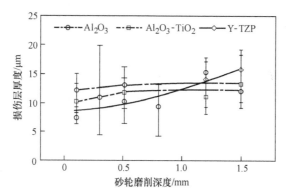

图 3-86　不同磨削深度对磨削表面损伤层厚度的影响

在超高速磨削中的许多现象都可通过引入最大未变形磨屑厚度 h_{max} 这一参数来解释，如图 3-87 所示。最大未变形磨屑厚度 h_{max} 为

$$h_{max} = \left(\frac{3}{C\tan\alpha}\right)^{1/2}\left(\frac{v_w}{v_s}\right)^{1/2}\left(\frac{a_p}{d_s}\right)^{1/4} \tag{3-32}$$

式中　C——起作用的磨削尖端的密度；

$\quad\alpha$——未变形磨屑横截面的内半角；

$\quad v_s$——砂轮速度；

$\quad v_w$——工件进给速度；

d_s——砂轮直径；

a_p——砂轮磨削深度。

当用粒度为 $160\mu m$ 的树脂金刚石砂轮进行磨削时，取 $C = 20$ 和 $\alpha = 60°$。

由式（3-32）可看出，随着 v_s 的大幅度提高，单位时间内参与磨削的磨粒数增加，每个磨粒磨下的磨屑厚度 h_{max} 变小，磨屑变得非常薄，试验表明其截面面积仅为普通磨削条件下的几十分之一。这会使每个磨粒承受的磨削力大大变小，总磨削力也大大降低。若通过调整参数使磨屑厚度保持不变，由于单位时间内参与磨削的磨粒数增加，磨除的磨屑增多，磨削效率会大大提高。

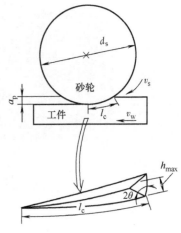

图 3-87　未变形磨屑厚度模型

图 3-88 是砂轮磨削深度与表面粗糙度之间的关系曲线图，试验采用粒度为 $160\mu m$ 的树脂金刚石砂轮，磨削速度 v_s 为 $160m/s$，在 $50mm \times 15mm$ 的样件表面上以顺磨的方式进行磨削，磨削深度从 $0.1mm$ 到 $2mm$，工件进给速度 v_w 保持在 $500mm/min$，采用浓度为 2% 的水基冷却液并以 $25L/min$ 的流速进行冷却。Al_2O_3-TiO_2 实际上就是 Al_2O_3 和 TiO_2 的混合物。TiO_2 颗粒附着在 Al_2O_3 基体上，并未使它的磨削性能有很大改善，虽然 Al_2O_3-TiO_2 比 Al_2O_3 的硬度稍大，但在高速磨削中两者有相似的机械加工特性，这从它们的磨削表面的微观 SEM 图和表面粗糙度变化趋势可看出。Y-TZP 陶瓷的表面粗糙度变化趋势较 Al_2O_3-TiO_2 和 Al_2O_3 小，这与磨削加工中的不同的材料去除方式有关。

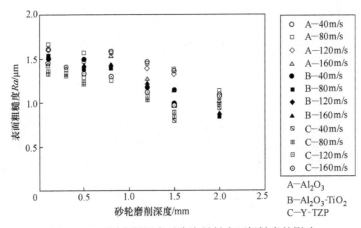

图 3-88　不同磨削深度对陶瓷材料表面粗糙度的影响

Si_3N_4 陶瓷材料的高速磨削情况下，减小砂轮磨削深度，可以改善陶瓷表面粗糙度，但是提高砂轮速度对陶瓷表面粗糙度的影响不显著。

（2）磨削力　磨削力是评价材料磨削加工性的重要参数之一，与金属材料类似，陶瓷材料的磨削力随着磨削深度和工件速度的增加而增加。高速磨削与普通磨削不同，一般磨削条件下，磨粒切入陶瓷材料较深，材料以脆性断裂形式为主；高速磨削时，单位时间内参加磨削的磨粒数目增加，单个磨粒的最大切削厚度变小，因此降低了磨削力，陶瓷材料容易以塑性形式去除，能够显著地提高磨削表面质量和效率。高速磨削可以成为一种实现陶瓷材料延性域磨削的经济加工方式。随着磨削速度的增加，磨削力有减小的趋势，并且在大磨削深度情况下，提高砂轮速度对磨削力的下降幅度影响更大一些。

图 3-89 为树脂结合剂金刚石砂轮高速磨削 Si_3N_4 陶瓷材料的情况下，磨削速度为 $40m/s$、$80m/s$、$120m/s$ 和 $160m/s$ 以及工件进给速度为 $200mm/min$、$500mm/min$、$1000mm/min$ 时的磨削力对比情况，由图也可以看出磨削力随着砂轮速度的增加而减小，并且随着工件进给速度的减小也有减小的趋势，但减小的趋势较为平缓。

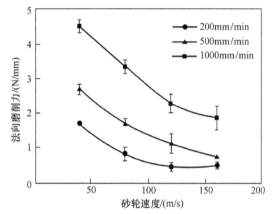

图 3-89 工件进给速度和砂轮速度对法向磨削力的影响

高速磨削中，由磨削液产生的法向磨削力是很显著的，有试验数据显示在高速和高材料去除率的条件下，在磨削区由注入的磨削液产生的法向磨削力很大，至少是由磨削产生的法向磨削力的 4~6 倍。

图 3-90 和图 3-91 所示为磨削力和最大磨屑厚度之间的关系。在陶瓷材料磨削过程中，比法向力和比切向力都会随最大未变形磨屑厚度的增加而增加，可以通过最大磨屑厚度的变化来反映磨削情况对磨削力的影响。图 3-90 和图 3-91 还表明磨削 Y-TZP 材料时的磨削力比磨削 Al_2O_3 和 Al_2O_3-TiO_2 时要高一些。

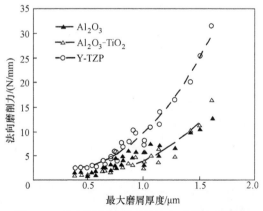

图 3-90 最大磨屑厚度对比法向磨削力的影响

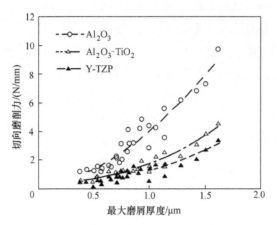

图 3-91 最大磨屑厚度对比切向磨削力的影响

（3）磨削热 基于移动热源理论的近似解析法和离散数学的数值解法，目前用于高效磨削的热源模型解析法主要有均匀分布热源模型、三角形分布热源模型以及圆弧形分布热源模型。在圆弧形分布热源模型中磨削接触区被认为是圆弧形的，热源被看作由围绕着接触圆弧半径 R 分布的无限个移动线热源的叠加。其中圆弧形分布热源模型在 HEDG 中更能显示其优势，因为实际上磨削区就是一段圆弧，试验证明圆弧形分布热源模型下的计算结果与实测结果更为接近。

在磨削中工件受磨削热影响，最高温度发生在工件表面上。工件表面上最高温度的近似计算公式如下：

$$\theta_{max} = \frac{Ac_w q_m}{\lambda} \sqrt{\frac{v_s v_r}{v_w}} \alpha \qquad (3\text{-}33)$$

式中 A——受热面积（cm^2）；

　　c_w——传入工件的热比例，$c_w = 0.7 \sim 0.9$；

　　q_m——单位时间内单位面积的热量 [$J/(cm^2 \cdot s)$]；

　　λ——热导率 [$W/(m \cdot K)$]；

　　α——热扩散率，$\alpha = \dfrac{\lambda}{\rho c_p}$（$m^2/s$），$c_p$ 为质量定压热容 [$J/(kg \cdot K)$]，ρ 为体积质量密度（kg/m^3）。

由上式可知，砂轮速度 v_s 增大，表面温度上升。对于一定材质及给定速度比，则温升是材料去除率的函数，当材料去除率增大时，传入工件的热比例 c_w 略有减小。然而在高速磨削中，随着砂轮速度的提高，最大磨屑厚度是减小的，因而并不能简单地认为 v_s 增大，表面温度就一定升高。在一些高速磨削机理的试验研究中发现存在着跳过引起工件热损伤的临界速度范围。

（4）比磨削能 在高速磨削中可以通过计算比磨削能来分析加工过程中消耗的磨削能。比磨削能是指磨除单位体积（或质量）材料所消耗的能量，单位为 J/mm^3 或 GJ/m^3。

在高速磨削中，随着磨削深度或最大磨屑层厚度的减小，比磨削能是逐渐增加的。而 h_{max} 减小到一定程度时，比磨削能随 h_{max} 的减小急剧变化。比磨削能随着磨削深度的减小而增加的结论可从日本学者 Akinori YUI 以及美国的 Show 等人的研究中得到证实。最大未变形磨屑厚度 h_{max} 随着磨削深度的增大而增大。当 h_{max} 减小时，材料的去除方式就会发生转变。当 h_{max} 进一步减小到低于临界值时，材料的去除方式将从脆性磨削方式转变为延性磨削方式。

图 3-92 所示为三种陶瓷材料 Al_2O_3、Al_2O_3-TiO_2 及 Y-TZP 的最大未变形磨屑层厚度 h_{max} 与比磨削能的关系。

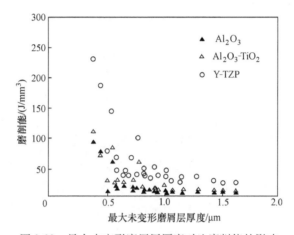

图 3-92　最大未变形磨屑层厚度对比磨削能的影响

在延性域磨削方式下的比磨削能较在脆性材料去除方式下高得多，这可从 Y-TZP 磨削表面特性得到验证，在高速磨削时 Y-TZP 陶瓷的磨削表面主要是脆性断裂和延性去除两种方式的混合，Al_2O_3 和 Al_2O_3-TiO_2 则以脆性断裂为主要的材料去除方式，从图 3-92 中可以很明显看到当 h_{max} 较小时，Y-TZP 所需的比磨削能比 Al_2O_3、Al_2O_3-TiO_2 高得多。

（5）磨削比　砂轮磨损量对于砂轮的使用寿命及加工表面质量的影响很大。磨削比 G 是指同一磨削条件下工件材料去除体积与砂轮耗损体积的比值关系，它是表征可磨削性的重要参数，是选择砂轮及磨削用量的主要依据：

$$G = \frac{v_w}{v_s} = \frac{a_p v_w t}{\pi d_s \delta} \tag{3-34}$$

式中　t——去除单位体积所用时间；

v_w——工件进给速度；

δ——砂轮半径磨损量；

d_s——砂轮直径；

a_p——砂轮磨削深度。

图 3-93 表明在高速磨削陶瓷材料时，磨削深度越大，磨削比就越大。大的磨削深度不仅使材料去除率上升，而且延长了砂轮的寿命，然而砂轮转速的增加则导致了磨削比的下

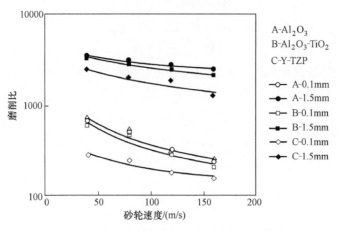

图 3-93　砂轮速度和磨削深度对磨削比的影响

降。由图 3-93 还可以看出 Al_2O_3 与 Al_2O_3-TiO_2 的磨削比相近，当把这两种材料相似的机械性质和微观结构考虑在内时，出现这种结果是合理的。并且 Al_2O_3 和 Al_2O_3-TiO_2 的磨削比比 Y-TZP 材料大得多。这可从材料的去除机理来解释，磨削 Al_2O_3 和 Al_2O_3-TiO_2 的材料去除机理以脆性断裂为主，而 Y-TZP 则是脆性断裂和延性去除的混合。在砂轮磨损方面，图 3-93 表明，材料以脆性断裂机理去除时砂轮的磨损量比以延性磨削机理去除时要小得多。图 3-94 表明在磨削 Y-TZP 陶瓷时去除单位体积材料时砂轮的磨损量随磨削深度的减小和磨削速度的增大而增加。

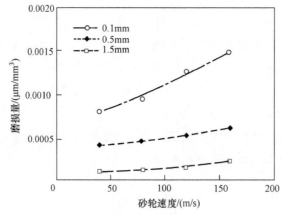

图 3-94　Y-TZP 陶瓷不同磨削速度和磨削深度对磨损量的影响

3.6.2　缓进给磨削

1. 缓进给磨削的特点

在平面普通磨削中，砂轮速度常在 $30 \sim 50m/s$ 之间，磨除率为 $1 \sim 50mm^3/s$，磨削虽然可以达到较高的精度和较好的表面质量，然而其效率却很低。20 世纪 50 年代，国外开始有人研究如何提高磨削效率，他们把砂轮线速度提高到 $50m/s$，工作台的往复速度提高到 $40m/min$，每往复一次的砂轮进给量提高到 0.05mm，这样磨削效率明显提高，因此形成了高速磨削。20 世纪 50 年代末，在平面磨削中又探索出一条新的途径，即砂轮的线速度保持常规磨削的速度范围，加大切削深度，降低工作台速度，使砂轮像铣削那样工作，可获得磨削的精度和表面粗糙度，这样逐步发展成了现在的大切削深度（为避免文字上的重复，本节切削深度均指磨削深度 a_p）、缓进给速度的大切深缓进给磨削工艺。它是德国 ELB 磨床公司于 1958 年首创的一种高效磨削加工方法，切削深度一般在 2.5~6.35mm 之间，但有时切削深度也可能高达 7.5mm。砂轮圆周速度一般是 30m/s 左右，进给速度很低，有时只有 25~375mm/min。由于切削深度很大，所以缓进给磨削在相同的时间内切除的材料比常规磨削要多得多。缓进给磨削的效率比普通磨削高 3~5 倍，加工精度可达 2~5μm，表面粗糙度 Ra 为 0.2~0.4μm，是一种能够快速磨去大量材料并加工出精密工件的高精度、高效率的加工方法。

大切深缓进给磨削以其大切削深度和缓进给速度为显著特征，它与常规磨削的比较如图 3-95 所示。其特点为：

1）切削深度大，砂轮与工件接触弧长，材料去除率高，工件往复行程次数少，节省了工作台换向时间及空磨时间，可以充分发挥机床和砂轮的潜力，提高生产率。

2）砂轮磨损小。由于进给速度低，磨屑厚度小，单颗磨粒所承受的磨削力小，磨粒脱落和破碎减少；工作台往复行程次数少，砂轮与工件撞击次数少，加上进给缓慢，减轻了砂轮与工件边缘的冲击，使砂轮能在较长时间内保持原有精度。

3）由于单颗磨粒承受的磨削力小，所以磨削工件精度高，表面粗糙度低。砂轮廓形保持性好，加工精度比较稳定。此外，接触弧长可使磨削振动衰减，使工件表面波纹度及表面应力小，不易产生磨削裂纹。

4）接触面大使磨削热增大，而接触弧长使切削液难以进入磨削区，工件容易烧伤。

5）由于接触面积大，参加磨削的磨粒较多，总磨削力大，因此需要增大磨床功率，对磨床设计要求较高。

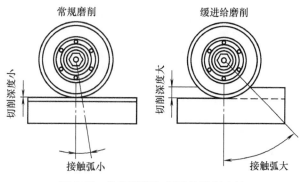

图 3-95　常规磨削与缓进给磨削比较

2. 缓进给磨削的分类

（1）常规缓进给磨削　该方法的加工成本最低，加工周期较长，为了防止砂轮出现严重磨损导致工件烧伤，砂轮需要修整。

陶瓷材料的缓进给磨削通常采用常规缓进给磨削方式。

（2）连续修整缓进给磨削　连续修整缓进给磨削的砂轮只能用金刚石滚轮进行连续修整，使砂轮一直处于最佳状态。另外，在许多情况下工件的装卸必须采用自动或半自动方式，再加上金刚石修整轮的使用，通常其成本略高于常规缓进给磨削法。其工作原理图如图 3-96 所示。

（3）高速缓进给磨削　该方法常用于大批量生产中对相似形状的工件或由若干形状相似件组成的一批工件进行批量加工。砂轮速度高达 $45\sim150\mathrm{m/s}$，超高速时可达 $150\mathrm{m/s}$ 以上。为避免砂轮不平衡产生巨大的离心力，砂轮必须进行精确的平衡。

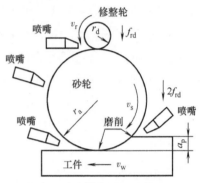

图 3-96　连续修整缓进给磨削原理

3. 缓进给磨削机理

缓进给磨削以大的切削深度和缓慢的进给速度为特点，最初常用来加工金属材料。事实证明，对陶瓷材料进行大切深缓进给磨削也是可行的。下面着重介绍陶瓷材料大切深缓进给磨削的机理。

（1）磨屑　缓进给磨削用来加工陶瓷材料和加工金属材料有着很大的差别，主要由于陶瓷材料脆性大，具有较低的塑性，在磨削表面和亚表面容易产生微裂纹。图 3-97 所示为磨削 Al_2O_3 陶瓷的磨屑碎片及与之相比较的钢屑碎片。显然，金属和陶瓷磨削的磨屑去除过程有明显不同：陶瓷材料主要由裂纹、裂纹扩展及脆性断裂方式去除；而金属材料则是由塑性变形及韧性断裂方式去除。

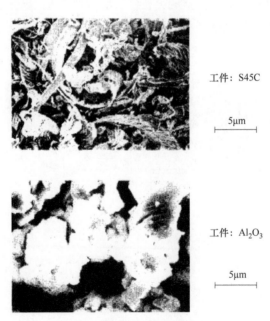

工件：S45C

5μm

工件：Al_2O_3

5μm

图 3-97　陶瓷和金属的磨削碎片

（2）砂轮与工件接触弧长度及接触时间　缓进给磨削由于工件进给速度低，速比 $q = v_s/v_w$ 大，砂轮与工件接触弧长度 l_c 大，普通磨削接触弧长仅为几毫米，缓进给磨削砂轮与工件接触弧长 l_c 可达几厘米。接触弧长度 l_c 大，消耗的磨削能较大，缓进给磨削所需要的能量约为普通磨削的 8 倍。

当缓进给磨削选用与普通磨削相同的砂轮直径与砂轮速度时，缓进给磨削砂轮每一转中单颗磨粒与工件接触弧长度大，延续的时间较长。单颗磨粒接触工件的延续时间与磨削深度 a_p 的关系见图 3-98。从图中可知，缓进给磨削与普通磨削有相同的材料切除率时，砂轮每转一转，单颗磨粒所切除的材料体积应是相同的。如缓进给平面磨削切削深度为 1.28mm 时，单颗磨粒切除一定材料体积所需时间 t_c 为 2000s。普通平面磨削，切削深度为 0.02mm 时，切除相同体积的材料所需的时间要短得多。缓进给磨削单颗磨粒的 t_c 约为普通磨削所需时间的 7 倍，即普通磨削单颗磨粒所切除的材料为缓进给磨削单颗磨料的切除量的 7 倍，所以普通磨削中作用在单颗磨粒上的磨削力增大，磨耗磨损随之增大。

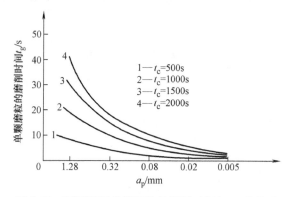

图 3-98　平面磨削单颗磨粒的磨削时间与 a_p 的关系

（3）磨削力　由 G. Werner 提出的缓进给磨削时磨削力的数学模型如下：

$$F'_N = K'_n \left[\frac{Z'_w}{v_s} \right]^{2\varepsilon - 1} \left[a_p d_e \right]^{1-\varepsilon} \tag{3-35}$$

式中　K'_n——与工件材料、砂轮规格、磨刃分布特性及冷却润滑条件有关的系数；

$\quad\quad Z'_w$——单位宽度材料去除率；

$\quad\quad v_s$——砂轮速度；

$\quad\quad a_p$——磨削深度；

$\quad\quad d_e$——砂轮当量直径；

$\quad\quad \varepsilon$——指数，与砂轮及工件材料有关。

根据总磨削力可以推算每个磨粒的平均磨削力，其计算式如下：

$$\overline{F}_g = K_g \left[\frac{Z'_w}{v_s} \right]^{(1-\alpha)n} \left[a_p d_e \right]^{-\frac{1}{2}(1-\alpha)n} \tag{3-36}$$

式中　α——表征磨刃在砂轮圆周上分布状态的系数；

$\quad\quad n$——磨削过程中摩擦的影响，$n = 1$ 时为纯剪，$n = 0$ 时为纯摩擦。

试验表明，指数 ε 仅在 $0.5 \leqslant \varepsilon \leqslant 1$ 范围内变化，增大 v_s，磨削力减小；增大工件速度 v_w、切削深度 a_p 及砂轮当量直径时，磨削力均增大。缓进给法向磨削力约为普通磨削的 $2 \sim 4$ 倍。在缓进给磨削中，切削深度 a_p 对磨削力影响程度大于普通磨削。

采用正交试验的方法，表 3-40 为试验因素和位级试验计划表，并由此选择 $L_9(3^4)$ 正交表。

表 3-40　缓进给磨削试验因素和位级

位级/因素	切削深度 a_p/mm	进给速度 v_w/(mm/min)	磨削宽度 d_w/mm
1	3	60	20
2	4	90	15
3	5	150	10

试验条件见表 3-41。

表 3-41　缓进给磨削试验条件

磨床	平面磨床（MM7132）
工作台速度 v_w/(mm/min)	$6 \sim 2700$
磨头电动机功率 P/kW	4
磨头电动机转速 n/(r/min)	2825
砂轮	金刚石砂轮：粒度 80 目，直径 200mm，宽度 20mm
工件材料	Al_2O_3
修锐	SiC 砂轮对磨
磨削液	水基冷却液

切向磨削力 F_T 和法向磨削力 F_N 的试验数据见表 3-42。

表 3-42　切向、法向磨削力试验数据

试验号	进给速度 v_w/(mm/min)	磨削宽度 d_w/mm	切削深度 a_p/mm	F_T/N 顺磨	F_N/N 顺磨	F_T/N 逆磨	F_N/N 逆磨
1	60	20	3	81.6	184.7	90.2	197.2
2	90	20	4	96.47	196.7	109.7	231.6
3	150	20	5	125	238.1	138.5	272.8
4	60	15	5	94.2	191.6	106	221.5
5	90	15	3	68.8	152.8	81.1	180.1
6	150	15	4	73.2	177.6	87.7	184.9

（续）

试验号	进给速度 v_w/(mm/min)	磨削宽度 d_w/mm	切削深度 a_p/mm	F_T/N 顺磨	F_N/N 顺磨	F_T/N 逆磨	F_N/N 逆磨
7	60	10	4	56.67	137.7	67.1	154.3
8	90	10	5	84.86	190.8	93.3	200.6
9	150	10	3	38.7	91.2	50.6	133.3

由表 3-42 可知，无论是顺磨还是逆磨，工作台速度对磨削力的影响较小，而切削深度和磨削宽度对磨削力的影响较大，且磨削宽度对磨削力的影响和切削深度的影响程度相差不大。

工作台速度增大，单颗磨粒的未变形磨屑厚度增大，单颗磨粒的磨削力增大，则总磨削力增大；当切削深度增大时，磨刃轨迹拉长变薄，垂直于砂轮工件接触面的单颗磨粒法向磨削力 F_N 变小，作用时间变长，但是同时参与磨削的磨粒数目明显增多，所以总的磨削力将增大；磨削宽度增大时，参加磨削的磨粒数目增多，使切向磨削力和法向磨削力都增大。

另外，对于缓进给磨削，磨削力还受磨削方式即顺磨和逆磨的影响。由表 3-43 可知，顺磨时的磨削力小于逆磨时的磨削力。

（4）磨削能和比磨削能　试验方法和条件同上，磨削能 E 和比磨削能 E' 的试验结果见表 3-43。

表 3-43　磨削能、比磨削能试验数据

试验号	进给速度 v_w/(mm/min)	磨削宽度 d_w/mm	磨削深度 a_p/mm	E/J 顺磨	E'/(J/mm³) 顺磨	E/J 逆磨	E'/(J/mm³) 逆磨
1	60	20	3	2415.4	40.26	2699.9	44.50
2	90	20	4	2855.5	23.79	3246.2	27.05
3	150	20	5	3700	14.80	4100.8	16.40
4	60	15	5	2788.3	37.18	3137.6	41.83
5	90	15	3	2036.5	30.17	2400.6	35.56
6	150	15	4	2166.7	14.44	2594.7	17.30
7	60	10	4	1677.4	41.94	1986.2	49.65
8	90	10	5	2511.9	33.49	2761.7	36.82
9	150	10	3	1154.3	15.27	1498.9	19.98

由表 3-43 试验数据可知，各因素对磨削能和比磨削能均有影响，但影响程度不同。磨削宽度影响最大，切削深度次之，工作台速度影响最小。

工作台速度增加时，单位时间磨削量增加，磨削能将随工作台速度增加而增大。而工作台速度增加时，单颗磨粒未变形磨屑厚度成正比增加，有更多的材料以大量级崩碎形式去

除，使材料去除所需的能量降低，比磨削能降低，所以工作台速度影响最小。同理，随着切削深度和磨削宽度的增加，单位时间的磨除量增大，磨削能增加，使比磨削能降低。

（5）磨削温度　在普通磨削中，随磨削深度和工件进给速度的增大，磨削温度明显上升；而在缓进给磨削中，Al_2O_3 陶瓷、Si_3N_4 陶瓷和 SiC 陶瓷的磨削温度也随着切削深度和进给速度的增长而增长。大切深缓进给磨削，工件进给速度减小时，磨削温度呈下降趋势。由于缓进给磨削中工件速度 v_w 很小（$v_w < 10mm/s$），接触弧长度 l_c 很大（$l_c > 20mm$），进入工件的热量为稳定的热流量，在持续加工过程中，热流量以较低的速度向工件流动。因此切削深度不变时，随着工件进给速度 v_w 减小，工件表面的平均温度逐渐降低，并向工件深层扩展。试验研究也表明，缓进给磨削中磨削热被磨屑带走的热量较多。

（6）表面完整性　缓进给磨削时，砂轮与工件接触弧长度 l_c 大，速度比大，单颗磨粒承受的磨削力小，随磨削时间延长，砂轮磨损不严重，砂轮形状变化小，因而工件表面粗糙度变化缓慢。

研究普通磨削方法和缓进给磨削方法加工氧化铝陶瓷时的平均有效横截面积和表面粗糙度（中心线平均粗糙度）的关系。试验表明，表面粗糙度随有效切削刃平均横截面积的增大逐渐增大，有效切削刃平均横截面积较小的缓进给磨削可以降低工件的表面粗糙度 $Ra//$ 和 $Ra\perp$，而缓进给磨削，磨削方向的加工表面粗糙度 $Ra//$ 低于垂直于磨削方向的表面粗糙度 $Ra\perp$。

缓进给磨削的磨削温度虽不高，但因切削深度大，砂轮与工件接触面积大，当磨削液的注入压力及流量不足、冲洗压力低及砂轮选择不当时，会在接触区发生不同程度的烧伤。C. R. Shaft 研究认为发生烧伤时，法向磨削力增大，切向磨削力减小。这种现象的产生是由于磨削液由核状沸腾向薄膜沸腾跃迁所致。磨削液在较高温度下成核状沸腾时，气泡增长，热量向气泡表面散发，磨削液散热系数急剧增大。在薄膜沸腾时，工件表面完全被一层薄的蒸膜所覆盖，热传递至磨削液只能经过薄膜按传导对流及辐射方式进行，导热能力急剧下降。缓进给磨削的磨削能大，热流量增大，增大的热流量将传递给磨削液及工件。初期，热流传给磨削液的部分远比传入工件的要多。当比磨削能显著增大时，在接触弧中某一点的温度急剧上升，就可使接触区的磨削液从核状沸腾转变为薄膜沸腾，该点的热流量传给磨削液的部分急剧减少，使工件上该点温度显著升高，导致工件表面出现烧伤。另外，温度急速上升时，形成的热膨胀会明显增大。当热膨胀量大于有效切削深度时，热膨胀就会对磨削力有显著影响，使磨削力增大。在缓进给磨削中，即使比磨削能和传入工件的热量不变，在磨削液减少的情况下，亦会出现烧伤，使磨削温急剧升高，法向磨削力增大。

Y. ParuKawa 等人认为在发生烧伤后，缓进给磨削的法向磨削力呈现三种形式，如图 3-99 所示。图 a 为发生烧伤后，法向磨削力 F_N 有所增大，但由于材料软化，F_N 又减小，因热膨胀，又使 F_N 急剧增加；图 b 为烧伤后，F_N 持续减小，其原因主要是材料软化与材料膨胀相比占了主导作用；图 c 是由于材料软化与膨胀反复进行，造成 F_N 波动。

（7）砂轮磨损和磨削比　以工件材料去除量和砂轮磨损量之比来定义磨削比是可磨性评价指标之一。表 3-44 列出了不同特性砂轮对陶瓷材料进行内圆磨削的磨削比。可见磨削比随着金刚石砂轮浓度及粒度的减小而降低。

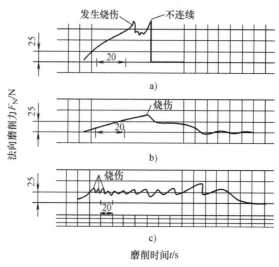

图 3-99 缓进给磨削中发生烧伤的法向磨削力 F_N 的变化形式

表 3-44 陶瓷磨削的磨削比

砂轮规格			工件材料				
			B_4C	SiC	Al_2O_3	HPSN	RBSN
Bz（铜基）	D126	C100	61	416	186	78	188
		C75	50	327	159	69	179
	D64	C100	49	304	168	50	171
		C75	34	237	130	—	—
Ke（树脂）	D126	C100	58	259	178	80	181
		C75	48	142	146	66	—
	D64	C100	33	130	125	45	129
		C75	28	86	95	—	—
S33（电镀）		D126	59	297	158	67	174
		D64	34	146	78	—	95

4. 缓进给磨削工艺

（1）砂轮的选择　适用于陶瓷材料缓进给磨削的磨料为金刚石，金刚石磨粒主要有天然金刚石（D）、合成金刚石（SD）和电镀金刚石（SDC）三种。

金刚石砂轮常用的结合剂有金属、树脂和陶瓷结合剂三种。缓进给磨削用砂轮一般采用陶瓷结合剂，因为其结合强度高、形状保持性好，并能形成气孔，同时还具有良好的耐热、耐水和耐腐蚀的性能，适于各种磨削液。

通常较粗的金刚石粒度可提高砂轮的寿命和材料切除率；而较细的金刚石粒度可得到较好的表面粗糙度。另外，金刚石粒度与磨削效率也有一定的关系，一般说来，粒度粗，磨削效率高，磨削热小；粒度细，磨削功率增大，磨削热大。

缓进给磨削要求砂轮有很好的自锐性能，如果砂轮硬度比较高、自锐性差，很容易使零件表面烧伤。因此，缓进给磨削选用的砂轮，比常规磨削所用砂轮硬度要软。难加工材料要选用超软级，易磨材料选用软级。

由于缓进给磨削产生大量粉末状、粒状磨屑，在砂轮接触弧长内将储存较多的磨屑，经过磨削液的冲洗才能排出，因此缓进给磨削用砂轮要有一定的孔隙以起容屑槽的作用，即选用结构较为疏松、气孔较多的松砂轮。

（2）砂轮的修整　砂轮的修整通常分为整形和修锐两个工序。整形可以获得所需的砂轮几何形状精度；修锐则可以去除磨粒间的结合剂，使金刚石磨粒充分露出，并形成容屑空间。

金刚石砂轮的常见修整方法有砂轮对滚法、电解修整法、弹性超声修整法、电火花修整法、在线放电-电解复合修整法和激光修整法等。

（3）磨削液　磨削液的主要功能是润滑与冷却，磨削液的冷却作用机理包括：

1）良好的润滑作用，使产生的磨削热最小。

2）充分的冷却作用，应最大限度地疏导已产生的磨削热。

如果从润滑性考虑，磨削液选择纯油最好，油基磨削液次之，水基磨削液最差。当然在油基或水基磨削液中添加硫系或氯系极压添加剂，也可减少磨削热的产生和改善表面完整性，但效果远不如纯油明显。

如果从冷却机理考虑，弧区换热机理由于涉及沸腾与汽液两相流动过程而显得极为复杂。在磨削热流密度接近但不超过临界热流密度、磨削液处于核沸腾时，磨削液可以直接从工件表面吸收大量汽化潜热，不仅换热效率高，而且工件表面温度亦可稳定维持在磨削液发生成膜沸腾的临界温度约 120~130℃ 以下（水基磨削液）。但磨削热流密度是随着砂轮钝化增长的，因而上述理想换热状态无法稳定维持，只要磨削热流密度增长到超过临界值，弧区磨削液发生成膜沸腾后，磨削液就会因汽膜层阻挡而无法再与工件接触。由磨削液汽化带走的磨削热便被迫改道进入工件，导致工件表层急剧温升并很快发生烧伤。

根据磨削液加注原理缓进给磨削液加注方法可分为：

1）普通切向供液法。即磨削液输送到喷嘴，沿砂轮切向加注到接触弧区。这方法简便易行，但往往由于磨削液流速低、压力小，很难冲破砂轮高速回转所形成的气流障碍，注入磨削弧区，冷却效果较差，如图 3-100 所示。

2）高压喷注法。提高供液压力，把磨削液高速喷出，使其能冲破气流屏障进入弧区，将磨削热迅速带走。一般使用压力为几兆帕。

3）气流挡板辅助加注法。砂轮外周面及侧面设置可调节的气流挡板，阻挡空气向弧区快速空气。挡板与砂轮表面间隙应尽量小，并且可随砂轮直径减小而适当调整。采用这种气流挡板喷嘴，既可使磨削液流紧贴在砂轮表面较顺利地进入弧区，又能防止磨削液向两旁飞溅。普通喷嘴喷出的磨削液压力会急剧下降，而用气流挡板喷嘴喷液压力与砂轮速度无关，能保持恒定的压力。

4）综合供液法。以上各种磨削液加注方法往往综合使用，效果更佳。图 3-101 所示为空气挡板和高、低压供液同时采用，高压用来冲破气流障碍，低压用来供液。

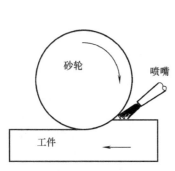

图 3-100　普通切向供液法

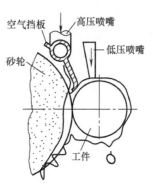

图 3-101　综合供液法

　　理想的缓进给磨削用的磨削液必须满足下列条件：它必须能润滑、冷却，防止工件和机床产生腐蚀；在机床和工件上存留一层油性的、液体的、可再溶解的薄膜；不含杂质、清洁、安全，不产生刺激性气味；它还应不产生泡沫，泡沫中含有空气，会降低磨削液的浓度，因而在磨削区域中减小冷却和润滑作用；此外，磨削液还应具有较长的寿命，能够循环使用，并且在必须废弃时易于处理。

　　缓进给磨削早期均使用纯油。由于纯油对操作工人的健康有害、容易燃烧以及冷却性能不佳，在大多数缓进给磨削过程中已不适用，因此逐渐转向采用水溶性液体。水溶性磨削液能满足上述要求，它有四种基本类型：化学纯溶液、化学表面活性液、合成冷却液和乳化液。

　　化学纯溶液是由有机和无机防腐蚀剂组成的水溶液。它的冷却作用好，但由于不含皂类物质、润湿剂、乳化剂或极压添加剂，故不能起润滑作用；化学表面活性液的基本成分与化学纯溶液基本相同，由于含有上述添加剂，能提供优良的润滑、润湿和渗透性能，但在缓进给磨削时会产生严重的泡沫；合成冷却液由化学表面活性液和乳化剂组成，然而这些物质的化学性质是互相对抗的，必须加入几种添加剂才能稳定，但也会产生过多的泡沫；乳化液主要由油及类似油的物质组成，它会在机床和工件的表面留有油性残留物，因此，乳化液是所有水溶性液体中对机床最合适的磨削液。此外，因为油是乳化在水中的，不是溶解在水中的，所以乳化液废液的处理和过滤比较简单。在最坏的情况下，乳化液产生中等程度的泡沫，如果油浓度保持在 4% 以上，根本不会产生泡沫。因此，乳化液是缓进给磨削最适宜采用的水溶性磨削液。

　　不同磨削液对磨削功率的影响如图 3-102 所示。在图中，磨削液使用切换阀，可保证在磨削过程中不中断磨削液从乳化液转换到化学纯溶液。由图可以看出，使用化学纯溶液时，磨削功率明显增大。可以认为这是由于乳化液的润滑作用，使得金刚石砂轮的摩擦磨损降低所致。

　　图 3-103 分别示出了使用乳化液、化学纯溶液和合成液时所产生的磨削比。显然，使用乳化液时的磨削比明显大于使用化学纯溶液和合成液的情况，而使用化学纯溶液和合成液时

磨削比相差不大。

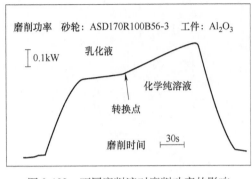

图 3-102　不同磨削液对磨削功率的影响

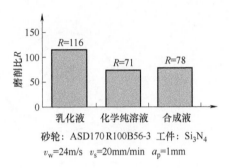

图 3-103　不同磨削液对磨削比的影响

图 3-104 所示为几种不同的磨削液对比磨削力的影响，可以看出使用乳化液时产生的比磨削力较小。

图 3-105 示出了几种不同的磨削液对表面粗糙度的影响。可以看出，使用水溶性的磨削液产生的垂直粗糙度值明显大于使用乳化液时的粗糙度值。不同类型的磨削液对平行粗糙度值影响差别不大，但仍是使用乳化液时，粗糙度值为最小。

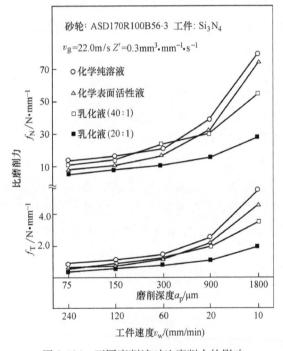

图 3-104　不同磨削液对比磨削力的影响

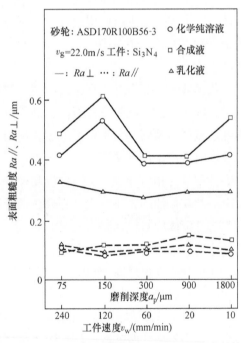

图 3-105　不同磨削液对表面粗糙度的影响

通过对比研究不同种类磨削液在磨削力、表面粗糙度和磨削比等方面的磨削性能发现，在陶瓷缓进给磨削加工中，表面乳化液型磨削液的性能与其他种磨削液相比是最优秀的。

3.6.3 超精密磨削

1. 超精密磨削的特点

超精密磨削技术是在一般精密磨削基础上发展起来的。该加工方法不仅要提供镜面级的表面粗糙度，还要保证获得精确的几何形状和尺寸。硬脆材料的特殊性能，使其在光学、电子器件等许多领域的应用迅速增加。为实现既不破坏和降低试件强度又得到高的表面质量的目标，就要探索脆性磨削/延性域磨削的材料去除机理。迄今较为满意的加工方法就是金刚石微粉砂轮超精密磨削，其目标是获得表面粗糙度 $Ra \leqslant 0.01\mu m$、加工精度 $\leqslant 0.1\mu m$ 的平滑加工表面，也就是通过磨削加工而不需研磨抛光即可达到要求的表面粗糙度，这就要求机床具有高精度及高刚度，并配备微进给系统，使砂轮获得微进给行程为 $2\sim50\mu m$、位移精度为 $0.02\sim0.2\mu m$、分辨率达 $0.01\sim0.1\mu m$ 的位移，在磨削过程中获得精准的微小材料去除深度，同时超微细超硬磨料金刚石砂轮种类及修整条件对磨削加工结果也起着决定性的作用，超微细超硬磨料金刚石砂轮用于超精密磨削工艺也是重要的研究方向之一。除此之外，磨削液、环境条件及工件本身的特性等都对陶瓷材料的超精密磨削加工有重要影响。

2. 超精密磨削机理

陶瓷材料加工机理与金属材料加工机理有着显著的差别。陶瓷材料的硬度高、脆性大，其物理力学性能尤其是韧性和强度与金属材料相比有很大差异，一般陶瓷材料用断裂韧度和断裂强度表征材料属性。在陶瓷材料普通加工过程中，材料以断裂方式去除为主，其加工机理研究工作都是建立在断裂力学基础上；在陶瓷材料的超精密乃至纳米磨削加工过程中，材料以塑性方式去除为主，故其加工机理将从微观和纳观角度来分析研究。

（1）脆塑性转换的临界条件研究　脆塑性转换理论是指磨削加工中的脆性材料以塑性流动的去除模式实现材料去除，获得不产生破碎和裂纹的加工表面。美国的 T. G. Bifano 应用显微压痕法建立了玻璃材料不产生裂纹时的临界磨削深度。依据 Griffith 断裂扩展准则，金刚石压头压痕周围生成裂纹的临界压痕深度 d_c 可表示为

$$d_c = \beta \left(\frac{E}{H_v} \right) \left(\frac{K_{\mathrm{IC}}}{H_v} \right)^2$$

式中　E——材料的弹性模量（MPa）；

$\quad\quad H_v$——材料的维氏硬度（MPa）；

$\quad\quad \beta$——陶瓷材料特性常数。

以上条件表明脆塑性转变的临界条件主要与硬脆材料的物理特性参数有关，因此，可通过改变磨削深度达到临界值，建立脆塑转换加工机制。

由于磨削过程中每个磨粒均断续加工，在磨粒与工件接触的瞬间，便会产生很大的冲击作用。Kalthoff 等人对冲击载荷下动态断裂韧度 K_{Id} 的研究表明，用静态断裂韧度 K_{IC} 来研究动态裂纹起始规律并不能正确反映材料在冲击载荷作用下的动态断裂特征。Clifton 等人利用平板冲击试样，研究动态断裂规律的试验结果表明，以同样大的力作用在金属材料表面，动

态断裂韧度大约为静态断裂韧度 K_{IC} 的 60%。对于硬脆材料，动态断裂韧度 K_{Id} 大约为静态断裂韧度 K_{IC} 的 30%，有时甚至更低。由于磨粒冲击表面，加之机床主轴系统的高速回转运动，在短暂接触时间内将产生很大的冲量，由此冲量造成的冲击相当大，这样在试件表面上所产生的磨痕效应与压痕试验中缓慢加载下形成的压痕相比，在形状和尺寸上均会截然不同。因此在公式中应用 K_{Id} 代替 K_{IC} 进行修正，动态冲击载荷 P_{cd} 代替静态临界载荷更加符合实际磨削过程。

$$P_{cd} = \lambda_0 K_{Id} (K_{Id}/H_v)^3 \qquad (3\text{-}37)$$

故可得出磨粒的临界磨削深度，即

$$a_{gc} = \cot(\alpha_0/2) \sqrt{\frac{2\lambda_0}{a}} \left(\frac{K_{Id}}{H_v}\right)^2 \qquad (3\text{-}38)$$

对比式（3-37）和式（3-38）可知，临界磨削深度 a_{gc} 与 $(K_{Id}/H_v)^2$ 成正比，只不过两式所确定的值略有不同而已。以光学玻璃为例，$K_{IC} = 0.74\text{MPa} \cdot \text{m}^{1/2}$，$H_v = 0.51\text{GPa}$，$E = 72.4\text{GPa}$，计算出临界磨削深度分别为 18nm 和 11nm。

（2）基于分子动力学方法的纳米磨削机理的研究　近几十年机械制造技术在提高制造精度等方面发展十分迅速，如图 3-106 所示，现已从精密加工发展到超精密加工，加工精度从微米级提高到亚微米级乃至纳米级。超精密磨削技术作为超精密加工硬脆材料最适宜的方法之一，其微细加工理论也被广泛研究，但以线性断裂力学为基础的加工理论研究来解释微量加工机理还存在明显不足，这主要由于随着加工量级的减小，微观区材料去除过程的塑性变形、表面生成、微观应力和磨削温度等特性将会发生改变。目前还没有有效的试验和观察手段，因此从事硬脆材料的微量加工和纳米加工机理的研究具有重要意义。

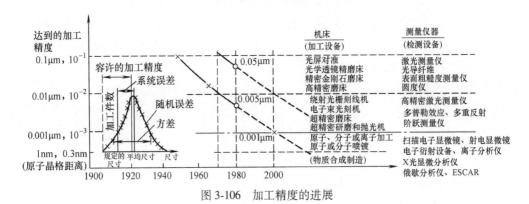

图 3-106　加工精度的进展

目前国际上采用分子动力学原理从微观领域研究工程材料的超精密加工及纳米加工机理已取得进展，如 1990 年日本 Nagoya 工艺学院的 Toyoshiro Inamura 等人关于单晶铜与金刚石微细加工过程原子模型的试验研究。作者借助非线性有限元法将原子和原子间相互作用分别作为节点和单元，建立了原子尺度的磨削模型，分析了纳米磨削的机理。该方法能很好地解决工件微磨削时由于位错的瞬时发生引起的不连续问题，按照假定刀具和工件间存在的"莫尔势能"和"Born-Meyer 势能"进行计算，结果表明磨屑形成过程和磨削时前刀面上的应力分布与刀具及工件间作用的势能密切相关，而单位磨削系数的尺寸效应和磨削中磨削力的不断变化在两种势函数下是相同的。研究还指出在磨削工件时势能周期性的变化是工件内塑性变形产生热的结果，而热的重复产生又引起前刀面上温度的变化。1994 年日本 Keio 大学 R. Rentsch 等发表了磨削过程的分子动力学仿真结果，如图 3-107 所示，作者对压痕过程进行了仿真，并指出切削与磨削过程仿真结果不同，磨削过程磨屑的堆积现象十分突出。

动态单磨粒磨削过程分子动力学仿真试验中，获取磨粒磨削过程中 3 个不同时刻的瞬时状态，在这一过程中表现出的特征如图 3-108、图 3-111 和图 3-112 所示。由于磨粒有较大的负前角，导致磨削合力的方向指向磨粒的前下方，使磨粒前下方区域的原子晶阵不仅在高压应力作用下产生位错滑移、晶格变形，而且在剪应力（磨削剪应力主要呈放射状分布在工件原子晶阵表层下）作用下原子键断裂。断裂后的原子在

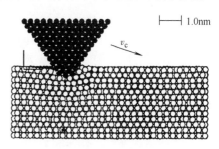

图 3-107 纳米磨削模型

压应力和剪应力的共同作用下，一部分发生晶格重构，而另一部分形成非晶层，非晶层原子主要滞留在磨粒前下方，晶格重构原子与一部分非晶层原子则堆积在磨粒的前上方，由于磨粒不断前移最终形成磨屑而被去除。

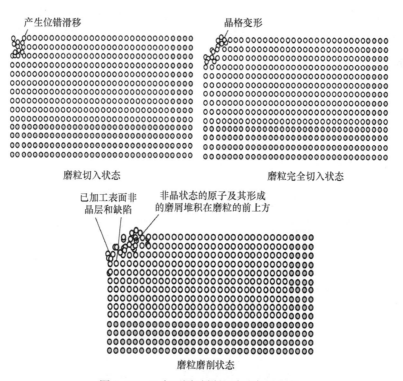

图 3-108 3 个不同时刻的瞬时磨削状态

当磨粒完全切入工件后，磨削力值基本稳定在一个水平上，并在这一水平上陡升陡降，这种波动将随着磨粒的前进反复出现，这一现象与压痕试验的结果是一致的，即磨削力的波

动与位错的产生有关，如图 3-109 所示。

仿真试验表明，磨削过程中变形区的最高平均温度在 440K 左右（见图 3-110），如考虑到磨削过程同时参加磨削的磨粒数以及尺寸效应的影响，在超精密加工过程中，磨削温度是不容忽视的问题。

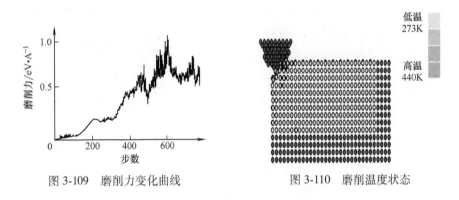

图 3-109　磨削力变化曲线　　　　图 3-110　磨削温度状态

在图 3-111 和图 3-112 中，由于磨削过程受法向力和切向力的作用，磨削压应力主要分布在磨粒前下方，因此，晶格变形及非晶层主要集中在磨粒前下方，磨粒正下方的变形及非晶层分布相对减少。从仿真结果看，原子晶阵是在受到剪应力的作用下原子键断裂，同时受到磨粒前下方压应力的挤压导致变形、位错和晶格重构，由于在共价键晶体中位错的传播要克服高能势垒，因此当变形、位错和晶格重构不足以释放全部能量时，必将在磨粒前下方产生非晶层来释放能量。随着磨粒不断前移，处在磨粒前下方的非晶层原子在压应力的作用下与已加工表层断裂的原子键结合重构，形成已加工表面变质层。变质层由内外两层组成，即最外层是非晶层，内层是晶格变形层。

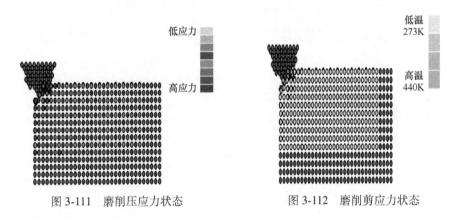

图 3-111　磨削压应力状态　　　　图 3-112　磨削剪应力状态

3. 超精密磨削设备

超精密磨床是超精密加工的基础。对超精密机床的主要要求有：

1）高静、动态刚度，高热稳定性的机床结构设计和优质结构材料的应用。

2）高精度、高刚度的新型轴承和高性能的主轴部件。

3）高精度定位结构和驱动系统。

4）具有能实现微进给的精密驱动系统。

超精密机床对静刚度、动刚度和热刚度均提出了严格的要求。由于检测手段的不断改善，机床已从传统的静刚度要求，转而提出动刚度、热刚度的要求。各种刚度的获得有诸多措施，其中结构材料的选择备受人们的关注，石质材料作为优选对象比较明显。花岗岩、辉绿岩的应用最早，但这些天然材料难以加工。后又开发了可制造成型的人造花岗岩。瑞士的Studer S 系列高精度万能磨床就采用这种材料。

英国国家物理实验室（NPL）开发的四面体结构六轴超精密磨床如图 3-113 所示，它由6 个柱连接 4 个支持球构成一个罐形的四面体，静刚度为 10N/nm，加工精度可达 1nm 以上。

图 3-113　六轴超精密磨床 OAGM2500

此外，有无微进给机构是超精密机床与精密机床的一个很大的差别。超精密机床特别强调用微进给来控制精度。现在多用压电陶瓷作为微进给机构的驱动元件，日本理化学研究所研制成用于曲面磨削的工作台，工作台由三支压电陶瓷制动器作为驱动元件，可加工球面及非球曲面，加工半径为 60mm 的 SiC 球面反射镜，半径误差为 0.16μm。

3.6.4　无心磨削

无心磨削这一精密加工技术在金属加工行业中有着举足轻重的地位。它不仅要求操作者具备精湛的技艺，更需要对加工材料的物理特性有深入的了解。无心磨削通过磨削过程去除工件表面的材料，以达到设计要求的尺寸精度和表面粗糙度。

无心磨削的工作原理涉及机械加工中的磨削过程，这是一种利用磨料颗粒的切削作用来去除工件表面材料的方法。无心磨削特别指的是在磨削过程中，工件不需要通过中心孔或其他方式与磨削轮同轴固定，而是通过其他方式支撑和定位。

无心磨削使用的磨削轮（砂轮）是关键的工具，它通常由磨料、结合剂和形状保持材料组成。磨料的硬度、粒度、形状以及结合剂的性质决定了砂轮的磨削性能；粒度决定了磨削过程中去除材料的速率和表面粗糙度；而磨料的硬度则影响磨削轮的耐用性。

在无心磨削中，工件不是通过中心孔固定在磨削轮上，而是通过磁性工作台、夹具或其他支撑装置来定位。这种方式允许工件在磨削过程中自由旋转，而磨削轮则对工件表面进行磨削。

无心磨削的过程可以分为以下几个步骤：

1）定位。首先，工件被放置在磨床的支撑装置上，并进行精确的定位，以确保磨削的准确性。

2）磨削。磨削轮以一定的转速旋转，对工件表面进行磨削。磨削轮的转速、进给速度和进给方向都会影响磨削的效果。

3）冷却与润滑。在磨削过程中，通常会使用磨削液来降低工件和磨削轮的温度，减小热变形和烧伤的风险，同时也可以作为润滑剂，减小磨削过程中的摩擦。

4）尺寸控制。通过调整磨削轮的进给量和工件的旋转速度，可以精确控制工件的尺寸和形状。

无心磨削的精度和表面质量取决于多个因素，包括磨削轮的选择、磨削参数的设定（如磨削深度、进给速度等）、工件材料的性质以及磨削过程中的冷却和润滑条件。通过精确控制这些参数，可以实现高精度的尺寸和极低的表面粗糙度。

无心磨削的主要优势在于其能够实现高精度和高质量的表面处理，同时具有较高的材料去除率和生产效率。此外，无心磨削适用于各种硬度的材料，包括淬硬钢和其他难加工材料，这使得它在精密零件制造中尤为重要。

无心磨削设备主要包括无心磨床，它是一种特殊类型的磨床，用于加工圆柱形工件，无须工件的轴心定位。图 3-114 所示为国产无心磨床。无心磨床的主要组成部分有：

1）磨削砂轮。这是无心磨床的主要工作部件，用于实际的磨削工作。磨削砂轮的磨料、粒度、硬度和结构都会影响磨削效果。

2）导轮（调整轮）。导轮的作用是控制工件的旋转速度，并在磨削过程中提供必要的支撑。导轮的速度通常低于磨削砂轮，以确保工件表面得到均匀的磨削。

3）工件支架（托板）。工件支架用于在磨削过程中支撑工件，保持工件的稳定性。

无心磨床工作时，磨削砂轮高速旋转进行磨削，同时导轮以较慢的速度同向旋转，带动工件旋转。通过调整导轮轴线的倾斜角来实现轴向进给，切入磨削时通过导轮架或砂轮架的移动来实现径向进给。无心磨削时，工件的中心必须高于磨削轮和导轮的中心连线，以确保工件与磨削砂轮和导轮间的接触点不对称，从而使工件表面逐渐磨圆。

图 3-114　国产无心磨床

无心磨削技术的应用前景非常广阔，预计在未来几年内市场将持续增长。根据市场调研报告，无心磨削市场预计将以年复合增长率 2.96% 的速度增长，预计到 2028 年全球市场规模将达到 13.43 亿元人民币。

工，材料的硬度、强度、韧性越大则越难加工。

2）适合加工形状复杂的型腔及型面。由于工件材料的去除主要靠磨料的冲击作用，磨料的硬度应比被加工材料的硬度高，而工具的硬度可以低于工件材料，而且不需要工具与工件做复杂的相对运动，因此，超声波加工可以加工出各种复杂的型腔和型面。

3）工件在加工过程中受力小，加工精度高。由于加工过程中材料去除主要依靠磨粒瞬时局部的冲击作用，故工件表面的宏观切削力很小，切削应力、切削热更小，不会产生变形及烧伤，表面粗糙度也较低，Ra 值可达 $0.08 \sim 0.63\mu m$，尺寸精度可达 $0.03mm$，适于加工薄壁、窄缝、低刚度等零件。

4）超声辅助磨削可以与特种加工结合应用，如超声电火花复合加工和超声电解复合加工等，充分发挥其优点。

5）与电解加工、电火花加工等相比，超声辅助磨削的效率较低。随着加工深度的增加，材料去除率下降，并且加工过程中工具的磨损较大。

2. 超声辅助磨削的原理

超声辅助磨削加工的超声振动有两种施加方式：一是直接在工件上附加超声振动；二是通过机床或外接超声电源，将超声振动施加在工具上。

超声辅助磨削加工是在传统磨削过程中对砂轮或工件施加超声振动，如图 4-1 所示。超声振动的参数一般为：振幅 $4 \sim 25\mu m$，频率 $16 \sim 25kHz$。超声辅助磨削加工的分类主要以超声振动的方向为标准，当超声振动只有单一方向时，统称为一维超声辅助磨削。一维超声辅助磨削还可以细分为轴向、径向和切向超声辅助磨削加工，其中，方向是指砂轮的轴向、径向和切向。切向和径向超声辅助磨削与断续磨削类似，是分离型磨削过程。轴向超声辅助磨削仍为连续型磨削过程，但是其磨削过程与传统磨削有很大区别。超声辅助磨削加工具有分离、冲击和往复划擦的特性及超声润滑效应，因而可以降低磨削力、减少磨削热的产生并且为工件施加超声振动，可以在一定程度上改变工件的可加工性，从而有效地避免传统磨削过程中出现的砂轮堵塞和加工表面烧伤问题，减少加工表面崩边现象及裂纹的产生，有利于获得良好的加工表面质量。

当超声振动的方向由两种方向复合时，称为二维超声辅助磨削。常见的二维超声辅助磨削的振动方向有平行于工件平面（一维轴向超声振动与一维切向超声振动的结合）和平行于工具端面（一维径向超声振动与一维切向超声振动的结合）两种。

（1）轴向超声辅助磨削 轴向超声辅助磨削示意图如图 4-2 所示，砂轮上的单颗磨粒的运动主要由三种运动合成，分别是砂轮转动的圆周运动（砂轮转速为 v_s）、砂轮的进给运动（砂轮进给速度 v_w）和磨头沿着轴向的超声简谐振动（简谐振动的频率为 f，振幅为 A）。轴向超声振动辅助磨削磨粒运动轨迹示意图如图 4-3 所示。

在脆性材料的实际加工中，在相同的加工参数或材料去除率下，切削轨迹越长，刀具与工件材料的接触面积越小，平均切削深度越小，可以在不影响效率的情况下获得更高的加工质量。分析可知，轨迹长度随着振动幅度和频率的增加而增加，但高的刮擦速度将减弱这种优势。

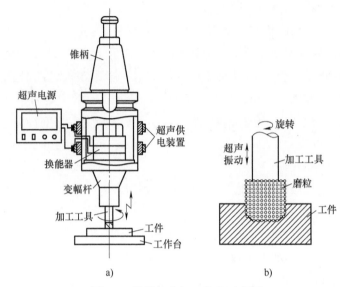

图 4-1　旋转超声加工装备示意图

a）整体装备示意图　b）加工工具部位放大

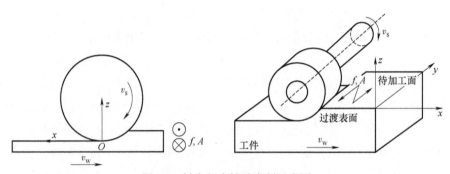

图 4-2　轴向超声辅助磨削示意图

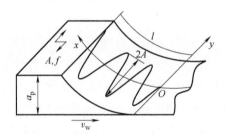

图 4-3　轴向超声振动辅助磨削磨粒运动轨迹示意图

　　根据不同的工艺参数，轨迹重叠的程度可分为几种情况，如图 4-4 所示。在单个振动循环中，当 $w<\lambda/2$ 时，磨粒扫过工件表面，其轨迹将绕过残余区域（RA），因此刮擦路径周围的材料无法充分去除，这对表面质量是有害的；当 $w=\lambda/2$ 时，刮擦路径上的材料刚好完全去除；当 w 进一步增加时，将在刮擦路径上形成重叠区域，并且该区域中的材料将被反复刮擦，这有利于提高表面完整性；当 $w=\lambda$ 时，在一次刮擦过程中，压头在刮擦路径上对

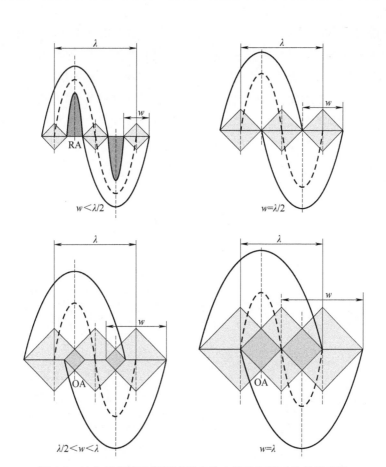

图 4-4　轴向超声辅助磨削过程中单个磨粒切削工件的示意图

材料的切削将重复一次；当 w 增加到超过 λ 时，重复率和重叠面积（OA）将进一步增大，从而对磨削区域产生往复抛光效果。

（2）径向超声辅助磨削　径向超声辅助磨削示意图如图 4-5 所示。砂轮上的单颗磨粒的运动主要由三种运动合成，分别是砂轮转动的圆周运动（砂轮转速为 v_s）、砂轮的进给运动（砂轮进给速度为 v_w）和磨头径向的超声简谐振动（简谐振动的频率为 f，振幅为 A）。径向超声辅助磨削磨粒运动轨迹示意图如图 4-6 所示。

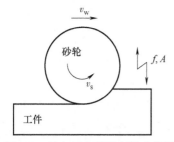

图 4-5　径向超声辅助磨削示意图

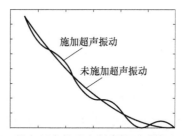

图 4-6　径向超声辅助磨削磨粒运动轨迹示意图

径向超声辅助磨削磨粒切削工件示意图如图 4-7 所示。根据固体断裂理论，当压头穿透材料时，塑性变形区首先出现在冲击区。由于材料是脆性的，并且应变率非常高，材料才能显示出其塑性，因此变形转变为脆性模式，并导致具有粉碎颗粒的脆性区以及压头周围的弹塑性区。随着渗透深度的增加，中位裂纹扩展，然后在卸载时裂纹闭合，在自由表面附近产生横向裂纹。横向裂纹在相邻的冲击区域之间延伸并相互交叉，因此，磨粒的运动轨迹将引起工件材料的剥离。由于磨粒后面刮擦运动的拉伸应力，横向裂纹往往在压头后面更长，这增强了剥离效应。

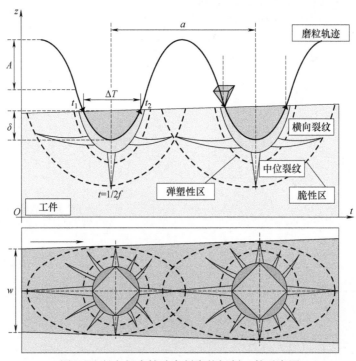

图 4-7　径向超声辅助磨削磨粒切削工件示意图

分析可知，在较低的磨粒运动速度（即主轴转速）下，在单位长度上有更多的冲击，然后材料在相交的冲击区域被有效地去除；随着磨粒运动速度的提高，单位长度上的磨粒锤击工件的次数减少，导致叠加的超声振动被稀释。这说明过高的主轴转速可能会减弱超声振动的有效性。因此，基于裂纹扩展行为和材料断裂特性，径向超声辅助磨削过程中的切削速度需要与振动频率相匹配，以充分利用超声振动的优势。

（3）切向超声辅助磨削　切向超声辅助磨削示意图如图 4-8 所示，砂轮上的单颗磨粒的运动主要由三种运动合成，分别是砂轮转动的圆周运动（砂轮转速为 v_s）、砂轮的进给运动（砂轮进给速度 v_w）和磨头沿着切向的超声简谐振动（简谐振动的频率为 f，振幅为 A）。

不同超声振动频率下切向超声辅助磨削磨粒运动轨迹示意图如图 4-9 所示。砂轮相对于工件的运动包括磨削进给运动、超声振动和磨削刀具旋转运动，三种运动在某一点上存在一种临界情况，即刀具旋转运动在 x 轴上的速度分量加上工件的进给速度等于超声振动沿 x 轴反向振动速度分量。在这种情况下，单颗磨粒的自身运动轨迹刚好不会引起叠加。

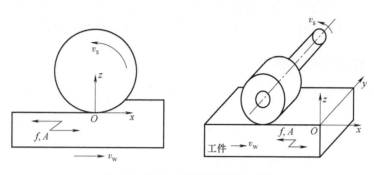

图 4-8 切向超声辅助磨削示意图

如图 4-9a 所示，超声振动参数低于临界值，单颗磨粒运动轨迹不会引起重叠，在宏观上看与普通磨削类似，但在微观上由于超声振动的缘故，材料去除方式不同于普通磨削；如图 4-9c 所示，超声振动频率高于临界值时，单颗磨粒自身运动轨迹会引起重叠，此时已加工过的表面会再次被熨压，形成的表面质量最高；图 4-9b 所示为磨粒自身运动轨迹重叠的临界条件，磨粒运动轨迹不会叠加。

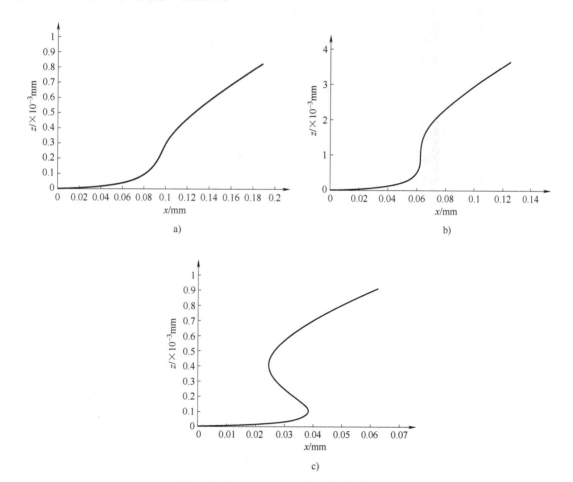

图 4-9 不同超声振动频率下切向超声辅助磨削磨粒运动轨迹示意图

除了单颗磨粒自身运动轨迹叠加之外，前一磨粒与后一磨粒之间的运动轨迹也会存在干涉现象。当两个轨迹之间的距离低于某一临界值时，两个相邻磨粒的运动轨迹将引起干涉。

4.1.3　超声辅助磨削设备

超声辅助磨削设备的功率和结构有所不同，但其基本组成相同，一般有超声电源、超声振动系统、供电系统、负载匹配装置等部分。

1. 超声电源

超声电源的作用是将工频交流电转换为超声频振荡的能量，以实现工具端面往复振动和去除工件材料。对超声电源的基本要求是：具有频率自动跟踪功能、恒幅输出功能、自动保护功能，以及效率高和工作可靠等。

超声电源系统输入的是普通工频交流电，电压 220V，频率 50Hz；输出的电压频率需要满足多种换能器在超声加工中的要求，所以频率范围为 20~50kHz，功率可以连续可调，最大可达 100W，同时实现功率恒定输出。

（1）超声电源系统硬件设计　超声电源整体硬件系统采取模块化的设计方式，如此可以方便针对不同的应用场景进行差异化组合。图 4-10 所示的超声电源主要分为信号检测模块、处理器模块、功率放大模块、电路匹配模块以及信号输入输出模块等五大模块，所设计的智能超声电源集功放、信号处理、频率跟踪等功能于一体。

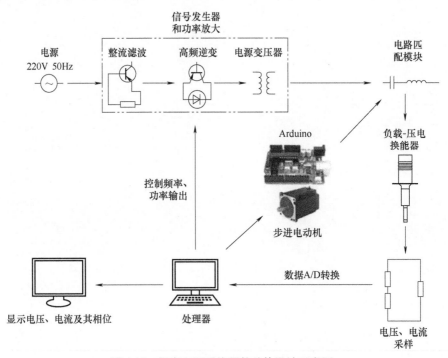

图 4-10　超声电源系统硬件总体设计示意图

（2）超声电源系统的谐振频率跟踪　在通常的超声加工过程中，造成超声加工系统谐振频率改变的因素主要是温度和负载力；由于温度逐渐升高而引起的缓慢频率漂移，以及刀具负载力或系统刚度突变产生的瞬时频率漂移。

温度对换能器谐振频率的影响是接近线性逐渐上升的，而负载力变化具有突变性，并且它对压电换能器谐振频率的影响非常大，因此负载力的变化是实现准确而及时谐振频率跟踪的关键点和难点。

谐振频率跟踪算法包含两大部分：初始状态下的全程频率搜索以及谐振频率自动跟踪。在进行超声加工前，调整超声电源的输出频率匹配压电换能器。电源启动后，在通常压电换能器谐振频率范围内（30~32kHz），调用全程频率搜索模块搜索压电换能器最大电流频率值，将得到的频率值作为电信号输出频率。但在如此大的频率范围内快速搜索确定换能器的固有频率，必须考虑反馈电流的多峰值问题。因此，在无负载力的情况下，串联谐振频率处的反馈电流值即电流最大值，而且出现谐振的频率带为±50Hz，但同时也需要考虑其他较小的峰值点。根据上述压电换能器在不同频率下呈现的变化趋势，固有频率搜索程序的主要流程为：

1）主程序从 30kHz 开始以 10Hz 的大步长逐渐增加，同时由于数据 A/D 转换的需要，每次延时 40ms 采样时间，遍历各输出频率下的电流大小，找出电流最大的频率值。

2）以步骤 1）中电流遍历所得最大电流频率值减去 50Hz 为起始点，终止频率为所得频率值加上 50Hz，以 2Hz 的小步长逐渐增加输出电信号频率，并延时 40ms，遍历各输出频率下的电流值，将与最大电流对应的输出频率值作为换能器的谐振频率并输出。

当完成上述工作，并且启动超声加工装置之后，需要解决由负载力或系统刚度突变造成的换能器固有频率大幅改变的问题。之前全程频率搜索所采用的最大电流法搜索速度太慢，完全不能满足加工过程中快速及时的输出频率调整。另外，在受负载力状态下，电流会出现更多的波峰，很难判定最大电流处即谐振频率。所以针对这种情况，在谐振频率跟踪程序中，采用基于相位差原理调节的锁相环法。

压电换能器所受到的负载力越大，其相位差变化的速率越小，而且谐振频带也越短，谐振现象越不明显。所以超声加工过程中尽量避免使刀具受到过大的力负载，否则利用锁相环法也根本无法及时跟踪谐振频率。软件锁相环法利用电压电流之间相位的关系对输出频率进行调节。软件锁相环程序运行步骤如下（谐振频率跟踪程序流程图如图 4-11 所示）：

1）在超声电源已经锁定超声加工系统的谐振频率并稳定输出，假设由于某种原因造成压电换能器的固有频率产生改变，程序根据算法得出电压电流相位差。

2）根据已有的试验探究，设定锁相环频率跟踪的

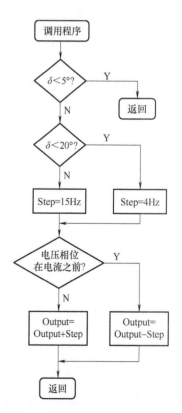

图 4-11　谐振频率跟踪程序流程图

终止条件为相位差 $\delta < 5°$。当电流相位超前于电压时，调整输出频率朝低频方向移动；反之则朝高频方向移动。另外根据相位差的大小，设置不同的频率搜索步长，不断调整输出频率，直至相位差小于 5°，换能器重新实现谐振。

3）搜索的步长（Step）主要分为两档：当相位差 $\delta \geqslant 20°$ 时，输出频率（Output）搜索步长为 15Hz；而当相位差 $\delta < 20°$ 时，输出频率调整步长为 4Hz。

2. 超声振动系统

（1）超声换能器　超声换能器的作用是将高频电振荡转换成机械振动，目前实现这种转变可利用磁致伸缩效应和压电效应两种方法。

铁、钴、镍及其合金、铁氧体在变化的磁场中，由于磁场的变化，其长度也随之变化（伸长和缩短）的现象，称为磁致伸缩效应（即焦耳效应）。金属磁致伸缩换能器的特点是：机械强度高，性能稳定，单位面积辐射功率大，电声转换效率一般（30%~40%）。金属磁致伸缩换能器中镍的磁致伸缩效应较好，且用纯镍片叠成封闭磁路的镍换能器，若经预处理可减少高频涡流损耗，镍片焊接性能好，故常用作大中功率换能器。

压电换能器是利用压电材料在电场作用下产生形变的逆压电效应而制成的超声换能器，如图 4-12 所示。在压电片两电极间加上电场，当外加电场与极化方向相同时，压电片沿极化方向产生伸长形变。当外加电场与极化方向相反时，压电片沿极化方向产生缩短形变。利用以上现象，外加交流电场时压电片就会产生与交变电场同频率的高频伸缩形变，当外加电场频率与压电片固有频率相同产生谐振时，压电片振动最大，带动变幅杆产生超声振动。

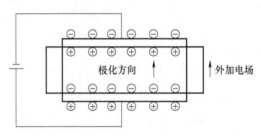

图 4-12　压电换能器原理图

功率超声技术的应用，大部分是在低频超声范围。由于压电陶瓷材料的拉伸强度低，常采用夹心式压电换能器，通过两金属块及夹紧螺杆给压电体施加压力，使压电体在强烈振动时也始终处于压缩状态，避免压电体的破裂。

图 4-13 是夹心式压电换能器结构示意图。夹心式压电换能器可以通过改变金属块的厚度或形状来获得不同的工作频率和声强，制作方便，应用广泛。该换能器由后盖板、压电陶瓷（四片）、前盖板、压电片（四片）和预紧螺钉组成。压电陶瓷间采用弹性和导电性能良好的磷铜片隔开并作为电极，压电陶瓷相邻两片的极化方向相反，采用机械串联、电端并联的方法连接，使纵向振动同相叠加，保证压电陶瓷片能协调一致地振动。

设计压电换能器应先确定节面位置，节面可设计在后匹配块与压电陶瓷交界面、压电陶瓷组件、压电片与前匹配块交界面或前匹配块某一截面。根据超声加工应用的需要，选用不

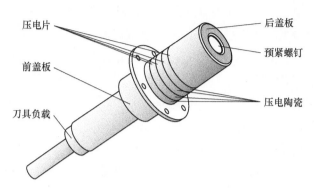

图 4-13 夹心式压电换能器结构示意图

对称结构，节面设计在压电片与前匹配块交界面间。前匹配块长度为四分之一波长，后匹配块、四片压电陶瓷与四片磷铜电极片构成四分之一波长。压电换能器在设计过程中，预设频率为 20kHz，选用电容率、机电耦合系数、压电常数和拉伸强度高、稳定性好和介电损耗小的 PZT-8 型的压电陶瓷四片，直径为 40mm，中心孔直径为 15mm，厚度为 5mm （$K_{33} = 0.64$，$\rho_0 = 7.5\text{g/cm}^3$，$c_0 = 3.57 \times 10^5 \text{cm/s}$）；前匹配块材料为钛合金，直径为 30mm （$\rho_2 = 4.5\text{g/cm}^3$，$c_2 = 5.18 \times 10^5 \text{cm/s}$）；后匹配块材料为不锈钢，直径为 40mm （$\rho_1 = 7.91\text{g/cm}^3$，$c_1 = 5.039\text{cm/s}$）；直径 42mm、厚度 0.3mm 的磷铜电极片四片 （$\rho_3 = 8.93\text{g/cm}^3$，$c_3 = 3.84 \times 10^5 \text{cm/s}$）。这样可以采用相关频率公式，近似计算后匹配块的长度：

$$\tan\theta_1 = \frac{Z_0}{Z_1}\left[T - \frac{T + \tan(\theta_0/2)^2}{T + m_3\cot\theta_3} \right] \tag{4-1}$$

式中，$m_3 = Z_3/Z_0$，$Z_3 = \rho_3 c_3 S_3$；$\theta_3 = \omega l_3/c_3$；$\theta_0 = \omega l_0/c_0$；$Z_0 = \rho_0 c_0 S_0$；$Z_1 = \rho_1 c_1 S_1$；$T = \cot\theta_0 - (K_{33})^2/\theta_0$。

$$l_1 = c_1\theta_1/\omega_1 \tag{4-2}$$

$$l_2 = \lambda/4 = c_2/4f \tag{4-3}$$

代入已知数据可得到压电换能器的各个尺寸，见表 4-1。

表 4-1 压电换能器的设计尺寸 （单位：mm）

d_0	d_1	d_2	d_3	l_0	l_1	l_2	l_3
φ40	φ40	φ30	φ42	5	20	65	0.3

压电换能器是一个非常复杂的机电耦合系统，很难用一个精确的数学理论模型对其进行解释和描述。目前作为一个相对简单和精确的方法，等效电路法因其能够利用简化电路对压电换能器系统进行准确计算而被广泛地使用。基于 Mason 等效电路对整个压电换能器进行建模，最终能够简化为图 4-14 所示的 LCR 电路。

经过试验探究发现，随着轴向力增加，换能器的电流电压相位差对于输出频率的变化越不敏感，意味着轴向力负载越大，压电换能器可以在更大频带范围内高效工作。随着轴向压力的增大，零相位差点的电流极大值逐渐变得模糊，说明换能器的谐振随着负载力的增大在逐渐减弱，而且电流值的变化呈现非常明显的阶段性。

在超声加工过程中，压电换能器温度升高的原因主要有两个：一个是在加工过程中，负载与工件之间的摩擦作用产生热量而导致换能器整体温度升高，温度产生的热源主要是刀具与工件之间，压电换能器本身不会产生过高的温度；另外一个则是压电换能器在工作时，在交变电场的作用下，压电陶瓷片、前后盖板产生的能量损耗所引起的，能量损耗主要分为机械损耗和介电损耗。机械损耗一部分由前后盖板弹性体内产生，在交变力矩的作用下，应变和应力之间存在相位差，所以弹性体之间产生振动滞后，会造成相互之间

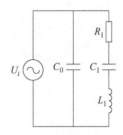

图 4-14　压电换能器等效 LCR 电路

摩擦挤压消耗一定的能量，转换成热量；另一部分由压电陶瓷片内部产生，压电陶瓷片的多畴压电体在交变电场作用下，各压电体之间具有振动迟滞，造成畴壁之间的摩擦并消耗能量。

换能器介电损耗主要是由极化弛豫现象所引起，极化弛豫指电介质突然受到电场的作用时，需要经过一段时间才能使极化强度稳定在最终值。而压电换能器中的压电陶瓷片需要在高频的交变电场中工作，这无疑更加剧了极化弛豫现象，使极化现象进一步滞后，由此产生介电损耗，最终导致动态介电常数与静态介电常数差异性变化。所以在某一频率范围内，一部分能量损耗于强迫偶极矩的转向上，并且转变成热量。

经过试验探究发现，换能器的谐振频率随着温度上升逐渐下降，在模拟实际加工温度范围内，下降的幅度基本维持在 100Hz 以内，不会产生振动失谐的影响，而且基本在频率跟踪系统的调节范围之内。

（2）超声变幅杆　超声变幅杆又称超声聚能器，是超声加工设备中超声振动系统的重要组成部分。压电换能器的变形量很小，即使在谐振条件下其振幅也只有 0.005~0.01mm，不足以直接用于加工。因此需要通过变幅杆将来自换能器的超声振幅由 0.005~0.01mm 放大至 0.01~0.1mm，以便进行高效加工。变幅杆能放大振幅，是由于通过它任一截面的振动能量是不变的（不计传播损失），截面小的地方能量密度大，振动振幅也越大。

变幅杆的基本形式有圆锥形、指数形、悬伸链形或阶梯形。而复合形是由上述基本形式根据实际需要组合而成的。变幅杆可采用钛合金、铝合金、工具钢或 45 钢制成。钛合金性能最好，但价格昂贵，且加工困难；铝合金价格适中，易于加工，性能较差；而 45 钢的综合性能较好。

1）变截面杆纵向振动的波动方程弹性物体由于各点间存在弹性，一点振动时带动相邻各点依次振动，物体的振动将在介质中传播出去，物体振动在弹性体中的传播被称为波动。为了便于导出波动方程，假设变截面杆是由均匀的各向同性材料所构成的；杆横截面上的应力分布是均匀的；略去机械损耗，当杆的横截面尺寸远小于波长时，平面纵波将沿杆轴向传播。

图 4-15 所示为一变截面杆，其对称轴为坐标轴 x，作用在小体积元（x，$x+\mathrm{d}x$）上的张应力为 $\dfrac{\partial \sigma}{\partial x}\mathrm{d}x$，根据牛顿定律可以写出动力学方程：

$$\frac{\partial(S\sigma)}{\partial x}\mathrm{d}x = S\rho\frac{\partial^2\xi}{\partial t^2}\mathrm{d}x \tag{4-4}$$

式中　S——杆的横截面面积函数，$S=S(x)$；

　　　σ——应力函数，$\sigma=\sigma(x)=E\dfrac{\partial\xi}{\partial x}$，$E$ 为弹性模量；

　　　ρ——杆材料的密度；

　　　ξ——质点位移函数，$\xi=\xi(x)$。

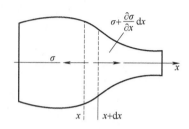

图 4-15　变截面杆的振动

在简谐振动条件下，可以得到变截面杆纵向振动的波动方程：

$$\frac{\partial^2\xi}{\partial x^2}+\frac{1}{S}\frac{\partial S}{\partial x}\frac{\partial\xi}{\partial x}+K^2\xi = 0 \tag{4-5}$$

式中　K——圆波数，$K=\dfrac{\omega}{c}$，c 为纵波在细杆中的传播速度，$c=\sqrt{\dfrac{E}{\rho}}$。

2）阶梯形变幅杆由两段不同截面积的均匀杆组成，如图 4-16 所示。

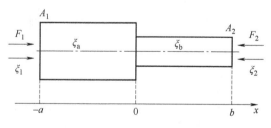

图 4-16　阶梯形变幅杆

由上述波动方程可导出均匀截面杆的波动方程：

$$\frac{\partial^2\xi}{\partial x^2}+k^2\xi = 0 \tag{4-6}$$

其解可以写成

$$\begin{cases}\xi_a = (A_1\cos kx + A_2\sin kx) & (-a<x<0)\\ \xi_b = (A_3\cos kx + A_4\sin kx) & (0<x<b)\end{cases} \tag{4-7}$$

由边界条件：

$$\xi_{\mathrm{a}}\mid_{x=-a}=\xi_1$$

$$S_1 E \frac{\partial \xi_{\mathrm{a}}}{\partial x}\bigg|_{x=-a}=0$$

$$\xi_{\mathrm{b}}\mid_{x=b}=-\xi_2$$

$$S_2 E \frac{\partial \xi_{\mathrm{b}}}{\partial x}\bigg|_{x=b}=-F_2$$

可得：

$$A_1=\xi_1\cos ka$$

$$A_2=-\xi_1\sin ka$$

$$A_3=-\xi_2\cos kb+F_2\frac{\sin kb}{EkS_2}$$

$$A_4=-\xi_2\sin kb-F_2\frac{\cos kb}{EkS_2}=-\xi_2\left(\sin kb-\mathrm{j}\frac{Z_\mathrm{L}}{Z_{02}}\cos kb\right)$$

式中　Z_L——负载力阻抗。

将 $A_1\sim A_4$ 代入式（4-7）可求质点位移公式：

$$\begin{cases}\xi_{\mathrm{a}}=\xi_1\cos\left[k(a+x)\right]\\\xi_{\mathrm{b}}=\xi_2\left[\mathrm{j}\frac{Z_\mathrm{L}}{Z_{02}}\sin k(b-x)-\cos k(b-x)\right]\end{cases} \tag{4-8}$$

当没有负载，即 $Z_\mathrm{L}=0$ 时，令 $\xi_{\mathrm{b}}=0$，则位移节点为：$x_0=b-\lambda/4$。同理，令 $\xi_{\mathrm{a}}=0$，$x_0=(\lambda/4)-a$，当 $b=a=\lambda/4$ 时，节点位置为 $x_0=0$，节点处于杆的中心位置。

取变幅杆大端直径 $d_4=30\mathrm{mm}$，长度 $l_4=62.5\mathrm{mm}$，小端直径 $d_5=15\mathrm{mm}$，长度 $l_5=62.5\mathrm{mm}$，长度 l_5 需和工具长度一同考虑做适当的调整。

如果变幅杆截面积比变化不大，近似认为是连续的，可以求得放大系数 M_P：

$$M_\mathrm{P}=\frac{\xi_2}{\xi_1}=\frac{S_1}{S_2}\times\frac{\sin ka}{\sin kb} \tag{4-9}$$

当 $a=b=\lambda/4$ 时，放大系数最大，$M_\mathrm{P}=S_1/S_2$。

变幅杆中质点的最大振动速度与杆中的最大应力和形状因数成正比，与变幅杆材料的特性力阻抗成反比，应设计适当的形状使形状因数 φ 值最大。阶梯变幅杆的形状因数与均匀截面杆一样，即 $\varphi=1$，但阶梯变幅杆的截面是跃变的，所以实际的形状因数 $\varphi<1$。

选取 45 钢作为变幅杆的材料，超声波在 45 钢中的传播速度为 5100m/s，超声电源频率约为 20000Hz，根据 $\lambda=c/f$，得出变幅杆的长度约为 127mm，取 125mm。

（3）工具的设计　超声加工常采用半波长级联的方法来设计声学系统，当声学振动系统处于谐振状态时，工具加工端面振幅最大。但变幅杆附加工具后，谐振频率会下降，振幅会减小。可采用质量互易法对变幅杆进行修正，比较简单，等效长度为

$$l_2'=l_2+l_3\frac{S_3}{S_2}$$

式中 l_2'——等效长度；

    l_2——小端物理长度；

    l_3——工具长度；

    S_2——小端截面积；

    S_3——工具截面积。

各尺寸如图 4-17 所示。

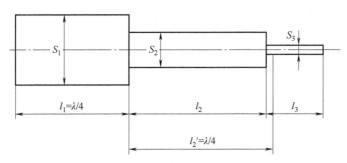

图 4-17　变幅杆的等效长度和物理长度

公式中 $l_2 = 60.5\text{mm}$，$l_3 = 25\text{mm}$，$S_2 = \pi d_5^2 = \pi \times 15^2 \text{mm}^2$，$S_3 = \pi \times 4^2 \text{mm}^2$，$l_2'$ 约为 62.5mm。工具通常采用螺纹连接或焊接方法固定于变幅杆下端，焊接法牢固可靠，能量损失小，但工具更换困难；螺纹连接较焊接方法能量损失大，但如果设计合理，加工精度高，也可将能量损失减小到最小，且螺纹连接更换工具简单，故应用较多。

3. 供电系统

超声辅助磨削设备从使用角度来看经历了两个重要阶段：旋转超声波加工专用机床和旋转超声波加工头附件化机床；从超声供电装置角度来看，包括以传统碳刷滑环为代表的接触式能量传输和以旋转变压器为代表的非接触式能量传输。

图 4-18 所示为天津大学林彬研究员实验室成功研制的可应用于大功率、高转速的旋转超声加工头。该装置属于机床附件，在使用时将加工头刀柄端装配到机床主轴上，并将滑环外侧部分通过连接件固定在机床的外壳上，使其保持静止不动。通过调节机床的主轴转速控制旋转超声加工转速。加工头采用了先进的高速滑环系统，配以高速轴承将旋转超声波转速提高到 6000r/min，且在长时间工作中能够维持温度恒定，弥补了在该种加工方式中难以实现大功率、高转速加工的缺陷。

图 4-18　附件化高速旋转超声加工头

传统的旋转超声加工通常采用接触式的能量传输方式，主要使用高速碳刷滑环，但这种传输方式存在着诸多不足：

1）容易产生碳积、火花，安全性较低，特别是在易燃易爆的环境下不能够使用，且不适用于大功率的旋转超声加工方式。

2）滑环在长时间工作时存在磨损，极大缩短了加工设备的使用寿命，需要经常维护，更换滑环，同时碳刷的磨损也会使能量的传输可靠性和稳定性降低。

3）接触式的能量传输方式极大地限制了旋转超声加工的最高转速，即使是采用最新的高速滑环系统也仅能将转速提升到 6000r/min，过高的转速会极大降低设备的安全性。

为了克服接触式能量传输的不足，非接触式旋转变压器正在逐步取代碳刷滑环，越来越多地应用到旋转超声加工设备中，通过非接触方式为超能转子提供电能。非接触旋转变压器解除了传统碳刷滑环对主轴最高转速的限制，使高转速大功率的旋转超声加工成为可能，既没有磨损，不需维护更换，也不会产生火花增加安全隐患。非接触能量传输也有缺陷，由于非接触电磁耦合器主副边存在空气间隙，与传统的紧耦合变压器相比，漏感大，耦合能力差，因而限制了其传输效率和传输功率。

高效、稳定的电能传输系统是实现旋转超声装置稳定工作的基础。图 4-19 所示为旋转超声加工非接触供电系统，超声电源输出的高频交流电通过主边补偿电路供给主边线圈，主、副边线圈通过磁场耦合实现电能非接触传输，最终将电能传输至压电换能器。

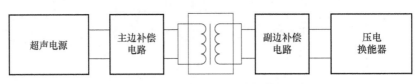

图 4-19　旋转超声加工非接触供电系统

广泛使用的旋转变压器按结构可分为如图 4-20 所示的三种类型，分别为：磁罐端面感应式、同轴柱面感应式、磁罐柱面感应式。这类传统旋转变压器铁心和线圈都为 360°结构，且铁心间隙小。主副边分离过程沿轴线方向进行，易造成铁心磕碰。

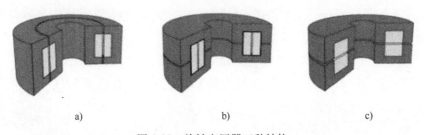

a)　　　　　　　　　　b)　　　　　　　　　　c)

图 4-20　旋转变压器三种结构

a）磁罐端面感应式　b）同轴柱面感应式　c）磁罐柱面感应式

图 4-21 所示为附件化的全环感应非接触式旋转超声加工装置，包括：与超声振动工作装置相连的刀柄，刀柄上套有非接触式旋转变压器，超声振动工作装置、刀柄和非接触式旋转变压器的旋转轴线在一条直线上；非接触式旋转变压器，包括主边铁心和副边铁心，主、副边铁心由环形导磁材料构成，同轴布置；主边铁心及副边铁心上均缠绕线圈，旋转变压器主边铁心及线圈用锁紧螺母固定在加工头的外壳上，外壳使用夹具或螺栓固定在机床主轴外壳上。旋转变压器副边铁心及线圈同样用锁紧螺母固定在刀柄轴上。图中的外壳部分固定在机床主轴外壳上，工作时静止不动。刀柄部分安装在机床主轴上，加工时随主轴一同高速旋

转。这种旋转超声加工装置结构简单，零件中没有采用轴承结构，对转速没有限制，刀柄在制造时精度要求较高，要尽可能地保证其同轴度和动平衡性，零件数量相对较少，动平衡容易得到保证。但这种部分附件化结构由于没有使用轴承，主、副边铁心的间隙不容易得到保证，在使用时需要调试与机床连接的外壳和刀柄的相对位置，只有主、副边铁心的相对位置精度较高时，才可以进行加工，否则会出现零件之间干涉的情况，最终导致碰撞损坏。因此与机床相连接的外壳经安装调试好之后，一般不将其拆卸下来，以方便下次使用。这种结构适用于机床长时间进行旋转超声加工，而不采用其他的加工方式，因为外壳的存在使得机床换刀变得复杂，通常不用于加工中心。

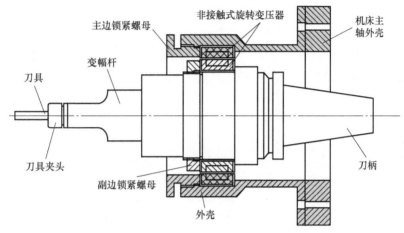

图 4-21 附件化的全环感应非接触式旋转超声加工装置示意图

4. 负载匹配装置

旋转超声加工工程陶瓷的过程中，负载匹配，即控制刀具与工件之间的力至关重要。为了使旋转超声加工获得最佳效果，工件与刀具之间的超声加工力需保持一致或按预定值控制，并能灵敏地反映加工过程中切削力的变化。

图 4-22 展示了一种负载匹配进给系统，用于恒定、灵敏地控制旋转超声加工中的力，它由空气静压导轨气浮工作台、力监测系统和力控制系统组成。与传统的旋转超声加工负载匹配进给系统相比，这种以气浮工作台为主体的旋转超声加工负载匹配进给系统，由于采用了静压导轨和气动驱动系统，保证恒力加工时只需克服空气阻尼，因此对于旋转超声加工力的变化反应灵敏，它具备了灵敏、结构简单、价格低廉及载荷恒定等优点。

5. 超声辅助磨削机床

超声加工机床一般为专用机床，但它同样是机床的一种，具有一般机床的共性。它们都具有床身、工作头、进给机构、工作台、位置调节机构，以及磨削液供给系统等。

为了达到不同的加工目的，两种机床还是存在一定差距，但它们的本体结构基本相同，而本体又是机床最为复杂的部分，设计、制造均有难度。于是，发展出一种新型旋转超声复合磨削头，如前文所述，它可以安装在数控机床的主轴上，代替超声加工机床进行超声加工，从而简化了超声加工机床，做到了一机多用。

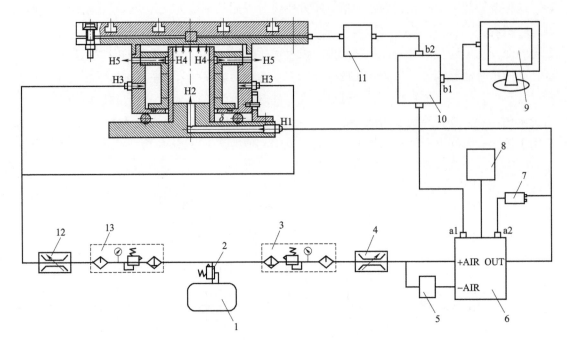

图 4-22　一种负载匹配进给系统

1—气源　2—减压阀　3，13—气动三元件　4，12—节流阀　5—真空发生器

6—高精度电气比例阀　7—气压传感器　8—直流稳压源

9—CPU　10—数据采集卡　11—电荷放大器

4.1.4　超声辅助磨削应用及其工艺

超声辅助磨削技术是一种高效、精密的特种加工技术。与传统磨削加工相比，它具有磨削力小、加工效率高、加工精度高等诸多优势，已经得到广大科研人员的认可。对于塑性材料、硬脆材料以及复合材料的加工，超声辅助磨削技术也具有广阔的应用前景。

脆性材料在外力作用下（如拉伸、冲击等），仅产生很小的变形，即发生破坏断裂，难以保证加工精度，是机械加工中常见的难加工材料。超声辅助磨削加工脆性材料时，材料的去除过程兼具脆性破碎和塑性去除的特点。在超声加工过程中存在塑性流动，加工陶瓷材料时，在加工表面的法向施加超声振动，将导致磨屑厚度增加，切屑长度减小，由于超声振动的加入，材料的去除率大大提高，而且试验证明在提高材料去除率的同时，并不会对工件表层造成损伤。由于超声振动的引入，工件的表面完整性得到了改善，表面创成机制被改变，表面质量得到了提高。

接下来分别对氮化硅和 C_f/SiC 两种材料进行超声辅助磨削工艺试验研究。

1. 氮化硅轴向超声辅助磨削工艺试验研究

氮化硅是一种典型的脆性材料，是重要的结构陶瓷材料、超硬物质，本身具有润滑性，并且耐磨损，高温时抗氧化。由于氮化硅陶瓷具有如此优异的特性，经常用来制造轴承、汽轮机叶片、机械密封环、永久性模具等机械构件。

（1）试验设置　试验设备主要由汉川 XH716D 四轴联动加工中心及自设计超声加工头组成，如图 4-23、图 4-24 所示。临界超声频率和振幅由公式计算所得，超声振动效果由超声波发生器自动控制。

图 4-23　超声振动主轴系统

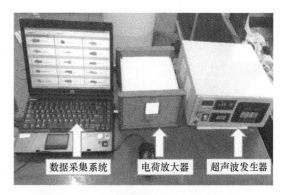

图 4-24　磨削力检测系统及超声波发生器

图 4-24 所示超声发生器能够发出 1~50kHz 的电脉冲信号。测力仪是 Kistler 三相测量平台，型号为 9257A。电荷放大器采用具有双向放大模式的 Kistler5070 型。由图 4-23、图 4-24 可以看到，试验平台由超声主轴设备、进给系统和磨削力检测系统构成。

如图 4-25 所示，数据采集系统由带有 I/O 控制板的计算机以及 LabView 软件包组成，可测量 F_x、F_y 及 F_z 三个方向的磨削力。其中，F_x 代表法向磨削力，F_y 代表切向磨削力，F_z 代表轴向磨削力，最大法向磨削力被用于研究磨削参数对磨削力的影响。使用 NANOVEAST400 表面轮廓量测仪及 LY-WN-YH 超景深显微镜沿砂轮进给方向采集被加工工件的表面形貌以及表面粗糙度。

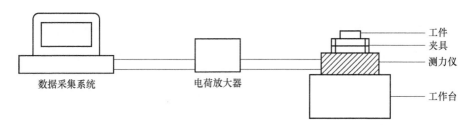

图 4-25　磨削力检测系统图解

试验材料选用氮化硅，相对密度为 $3.18g/cm^3$（25℃），莫氏硬度为 9，热膨胀系数小，化学稳定性好，并具有优良的抗氧化性。工件尺寸为 40mm×25mm×7mm，如图 4-26 所示。

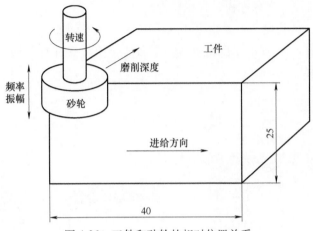

图 4-26　工件和砂轮的相对位置关系

　　表 4-2 为试验参数矩阵，表征试验中的参数设置。通过试验可以得到 4 个输出变量，分别是材料去除率、磨削力、表面粗糙度以及表面微观形貌。通过超声系统匹配方程，得到所需临界超声振动频率为 13000Hz。

表 4-2　试验参数矩阵

分组	砂轮转速 $v_s/(r/min)$	磨粒半径 $r/\mu m$	进给速度 $v_w/(mm/min)$	频率 f/kHz	振幅 $A/\mu m$	砂轮半径 R/mm	磨削深度 a_p/mm
1	800~2000	100	400	14	5	10	0.02
2	800~2000	100	400	28	10	10	0.02
3	800~2000	100	400	0	0	10	0.02
4	800	100	100~400	14	5	10	0.02
5	800	100	400	14	5	10	0.005~0.02
6	800	100	100~400	28	10	10	0.02
7	800	100	400	28	10	10	0.005~0.02

　　（2）结果与讨论　通过对普通磨削以及超声辅助磨削的试验结果进行比较，研究超声振动频率和超声振幅对加工质量的影响。所有试验共有 28 次，被分为 7 组，分别设置不同的超声振幅和频率。每组试验过后对砂轮进行修锐，防止砂轮磨损对试验结果的影响。LY-WN-YH超景深显微镜被用于采集磨削表面的三维微观形貌，NANOVEAST400 表面轮廓量测仪被用于测量磨削表面的粗糙度。为了得到有效的数据，每次试验重复 3 次，获得最终的平均值作为试验结果。磨削加工所得的表面形貌如图 4-27、图 4-28 所示。

　　如图 4-27 所示，超声辅助磨削加工得到的工件表面磨屑要远少于普通磨削加工的表面，这表明超声振动能够有效地清理磨削表面的磨屑并延长砂轮的使用寿命。图 4-28 比较了不同超声参数加工时得到的磨削表面，可以看到超声磨削的表面粗糙度要低于普通磨削的表面粗糙度，但高频状态下的表面形貌要比低频状态下的表面形貌差。

　　通过 NANOVEAST400 三维轮廓仪对不同的表面形貌进行测量可以发现，低频超声辅助磨削加工得到的加工表面是最好的，具有较低的表面波纹度以及表面粗糙度。高频超声加工

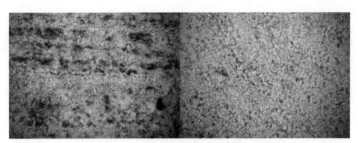

图 4-27　未经表面清洁处理的磨削表面

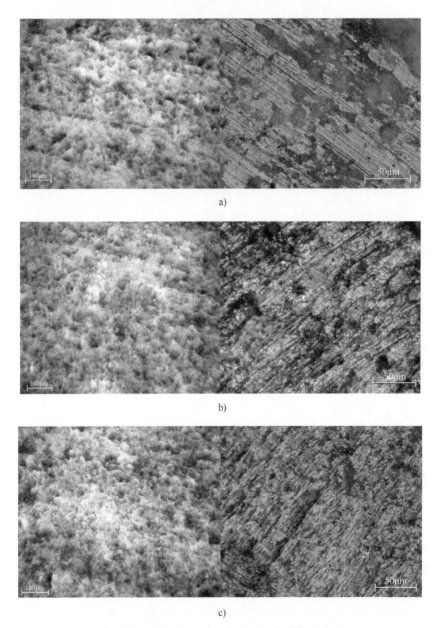

图 4-28　不同超声频率和振幅下的磨削加工表面

a）普通磨削表面　b）超声磨削表面（超声频率 14000Hz，振幅 5μm）　c）超声磨削表面（超声频率 28000Hz，振幅 10μm）

得到的表面质量相对要差于低频加工的表面，但仍要好于普通磨削表面。这表明在临界频率之上使用超声磨削时，加工表面的粗糙度会随着频率的大幅提高而增大，超声系统匹配对表面加工质量起到宏观调控的作用，优化超声加工参数非常重要。

工艺参数对磨削力的影响如图 4-29 ~ 图 4-31 所示。超声辅助磨削的磨削力要小于普通磨削的磨削力，而且受超声振幅与超声频率的影响。磨削力的大小随着超声频率、振幅以及主轴转速的增加而减小，随着磨削深度、进给速度的降低而减小。

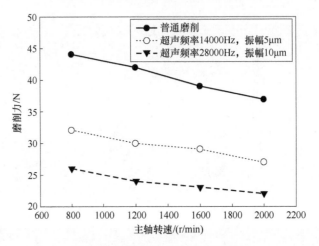

图 4-29　主轴转速对磨削力的影响

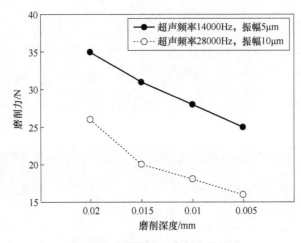

图 4-30　磨削深度对磨削力的影响

2. C/SiC 超声辅助磨削工艺试验研究

本例对 C/SiC 复合材料的超声辅助磨削力进行了试验研究。采用烧结金刚石磨头，在同一设备上采用普通磨削和超声振动辅助磨削加工 C/SiC 复合材料。测量加工过程中的磨削力，分析总结磨削力的变化规律，掌握 C/SiC 复合材料超声辅助磨削的受力特性及影响因素。

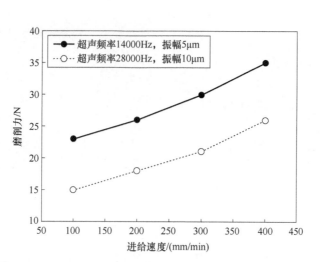

图 4-31 进给速度对磨削力的影响

（1）试验设置 试验在高速加工中心（DMG Ultrasonic 20 Linear）上进行。普通磨削试验和超声辅助磨削试验均采用 14h6 超声波刀架进行。在相同磨削工艺条件下，金刚石磨料粒度越大，砂轮目数越小。磨料粒度越大意味着切屑空间越大，有利于材料去除。磨料粒度越小，金刚石磨料颗粒的顶锥角越小，越锋利。相同条件下，接触面积越小，磨削力越小。为了研究超声振动对磨削力的影响，选择晶粒尺寸较大、较粗的砂轮，充分研究小切削数据下超声振动对 C/SiC 磨削的影响。试验装置的具体参数见表 4-3。

表 4-3 试验装置的具体参数

装置	具体参数
机床	DMG Ultrasonic 20 Linear
杯形烧结金刚石砂轮	
磨削力测量装置	Kistler9272
振幅测量装置	LV-S01-HF 激光测振仪

试验所用的 C/SiC 复合材料的结构特点如下：所用纤维为 T700 碳纤维。将单层 0°无纬碳纤维布、碳化硅基体层、90°无纬碳纤维布、碳化硅基体层依次层叠。碳纤维层是单向的，碳化硅基体层由于网状结构的存在，有短纤维分布在层内。采用接力针刺技术，将网层中的短纤维垂直刺入无纬布中，将其连接成一个整体。C/SiC 复合材料中碳纤维的体积分数约为 40%，沿同一编织方向的纤维束宽度约为 250μm。由于无纬布采用短碳纤维作为针刺材料，使用量较少，对研磨过程的影响可以忽略不计。具体材料如图 4-32 所示。

侧面磨削和端面磨削的具体磨削工艺参数分别见表 4-4 和表 4-5。侧面磨削时的磨削宽度 $b=5$mm（试验 6 个样品），端面磨削时的磨削宽度 $b=8$mm（试验 12 个样品）。超声波振动幅值设定为 6μm，主要考虑的是振动幅值应小于磨削深度，使加工过程始终保持在连续振动磨削状态。在连续振动范围内，振动幅度越大，超声辅助振动对磨削力的影响越突出。

a)

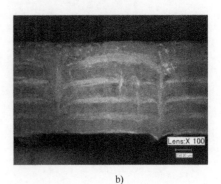
b)

图 4-32 C/SiC 复合材料

a）宏观结构 b）微观结构

表 4-4 C/SiC 复合材料侧面磨削工艺参数 （$f=33.9\text{kHz}$，$A\approx6\mu\text{m}$）

工艺参数	砂轮线速度 $v_s/(\text{m/s})$	进给速度 $v_w/(\text{mm/min})$	磨削深度 a_p/mm
条件 1	1.26	50	0.01
条件 2	5.04	200	0.02
条件 3	8.82	350	0.03
条件 4	12.6	500	0.04

表 4-5 C/SiC 复合材料端面磨削工艺参数 （$f=33.9\text{kHz}$，$A\approx6\mu\text{m}$）

工艺参数	砂轮线速度 $v_s/(\text{m/s})$	进给速度 $v_w/(\text{mm/min})$	磨削深度 a_p/mm
条件 1	1.26	50	0.005
条件 2	5.04	200	0.01
条件 3	8.82	350	0.015
条件 4	12.6	500	0.02

（2）结果与讨论 采用普通磨削（CG）和超声振动辅助磨削（UVAG）加工 C/SiC 复合材料侧面时，两种状态下工艺参数对磨削力的影响分别如图 4-33～图 4-35 所示。在所有测试条件下，UVAG 都能显著降低磨削力。法向磨削力和切向磨削力的最大降低幅度约为 25%。

图 4-33 显示了磨削速度变化对磨削力的影响。随着研磨速度的提高，普通研磨和 UVAG 的研磨力有下降的趋势。另外，UVAG 切削力降低的幅度比普通磨削要低。这表明随着磨削速度的增加，超声波对加工过程的辅助作用减弱。图 4-34 所示为磨削深度变化对磨削力的影响规律。随着磨削深度的增加，普通磨削和 UVAG 的切削力呈现出明显的增加趋势。与磨削速度的特性不同，磨削深度的增加对磨削力的降低影响相对较小。图 4-35 所示为磨削进给速度对磨削力的影响规律。随着磨削进给速度的增加，普通磨削和 UVAG 的磨削力有增大的趋势。同样，在参数范围内进给速度的变化对超声辅助效果的影响比磨削速度的影响要小。

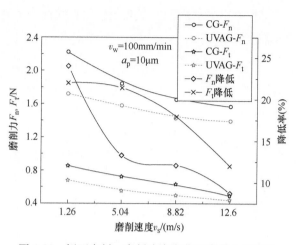

图 4-33 侧面磨削：磨削速度变化对磨削力的影响

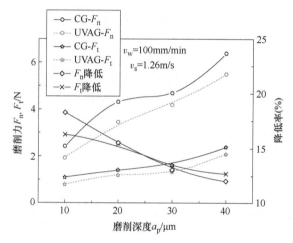

图 4-34 侧面磨削：磨削深度变化对磨削力的影响

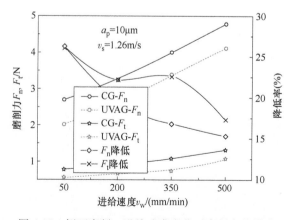

图 4-35 侧面磨削：进给速度变化对磨削力的影响

图 4-36~图 4-38 分别显示了端面磨削时磨削速度、磨削深度和进给速度对磨削力的影

响。与普通磨削相比，UVAG可以显著降低C/SiC复合材料端面磨削时的磨削力。法向磨削力最大减小约53%，切向磨削力最大减小约40%。与侧面磨削一样，磨削速度的提高可以显著减小磨削力。

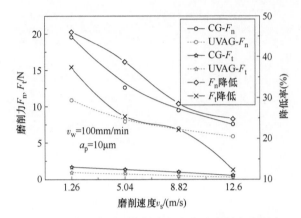

图 4-36　端面磨削：磨削速度变化对磨削力的影响

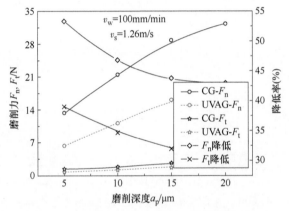

图 4-37　端面磨削：磨削深度变化对磨削力的影响

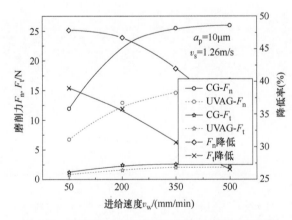

图 4-38　端面磨削：进给速度变化对磨削力的影响

另外，进给速度和磨削深度的变化对磨削力也有一定的影响，但影响程度比较小。

4.2 激光辅助磨削技术

4.2.1 概述

激光技术是 20 世纪的一项重大发明，1960 年美国休斯公司的梅曼（T. Maiman）发明了世界上第一台红宝石激光器。此后人们就开始探索激光这种新型的相干光源在材料加工领域中的应用。1965 年，Nd:YAG 和 CO_2 激光器相继出现，这两种激光器可以产生相当高的平均功率密度，使得激光在材料加工领域的应用成为可能。在过去的几十年中，激光技术发展迅速，形成了多种类型的激光器。根据其工作介质的不同，常见的激光器主要包括气体激光器、固体激光器以及半导体激光器。其中，固体激光器和气体激光器在材料加工领域得到了广泛的应用。固体激光器以其稳定性和高效性在材料加工中扮演着重要角色。其工作介质通常是固态材料，如晶体、玻璃或陶瓷，使得这类激光器能够产生高能量、高功率的激光束，适用于高精度切割、焊接以及表面改性等应用。气体激光器则通过激发气体分子产生激光，常见的类型包括二氧化碳激光器和氩离子激光器。这类激光器在材料切割、雕刻和气体传感等领域表现出色，尤其在对非金属材料的加工中具有显著的优势。除了气体和固体激光器，半导体激光器也逐渐崭露头角，并在材料加工中展现出独特的应用潜力。半导体激光器通过电流驱动半导体材料产生激光，具有体积小、能耗低的特点，被广泛应用于激光打标、光通信和医学等领域。激光技术发展至今，各类高性能激光器也在生产之中逐渐得以应用。由于激光加工无需刀具、不与工件直接接触的优势，在许多传统领域，激光作为一种特种加工手段逐渐取得了应用。在材料切割领域以 CO_2 激光器及光纤激光器为代表的高功率激光器有着广泛应用；而具有极窄脉宽的皮秒激光器、飞秒激光器，也成了材料精细加工领域中不可或缺的重要工具。根据材料特性与使用场景，合理选择激光是实现高效高质量加工的关键。激光技术的发展历程如图 4-39 所示。

总的来说，激光技术的多样性为材料加工提供了丰富的选择。气体激光器、固体激光器以及半导体激光器各自在不同领域展现出独特的优势，推动了材料加工领域的不断创新和进步。

在气体激光器领域，CO_2 激光是一类具有高功率和连续红外脉冲特性的激光源。其内部包含 CO_2、N_2 以及 He 等气体，其中 N_2 和 He 作为辅助气体，能够增强辐射过程的稳定性。这些气体在泵浦激励下实现了能量的有效转换。CO_2 激光的波长为 $10.6\mu m$，属于红外光谱范围，表现出好的稳定性和理想的光源特性。CO_2 激光通过在材料表面聚焦产生极高温度，从而实现对材料的高效去除。其在材料切割领域得到广泛应用，成为实现快速高效切割的重要工具。这种激光源能够以连续的方式提供高功率的能量，使其在材料加工中展现出卓越的性能，为先进的切割技术提供了关键的支持。与此同时，CO_2 激光的辅助气体 N_2 和 He 的存在不仅提高了辐射过程的稳定性，也为激光的泵浦激励提供了必要的支持。这种协同作用使得 CO_2 激光在工业和科研领域中成为一种重要的光学工具。

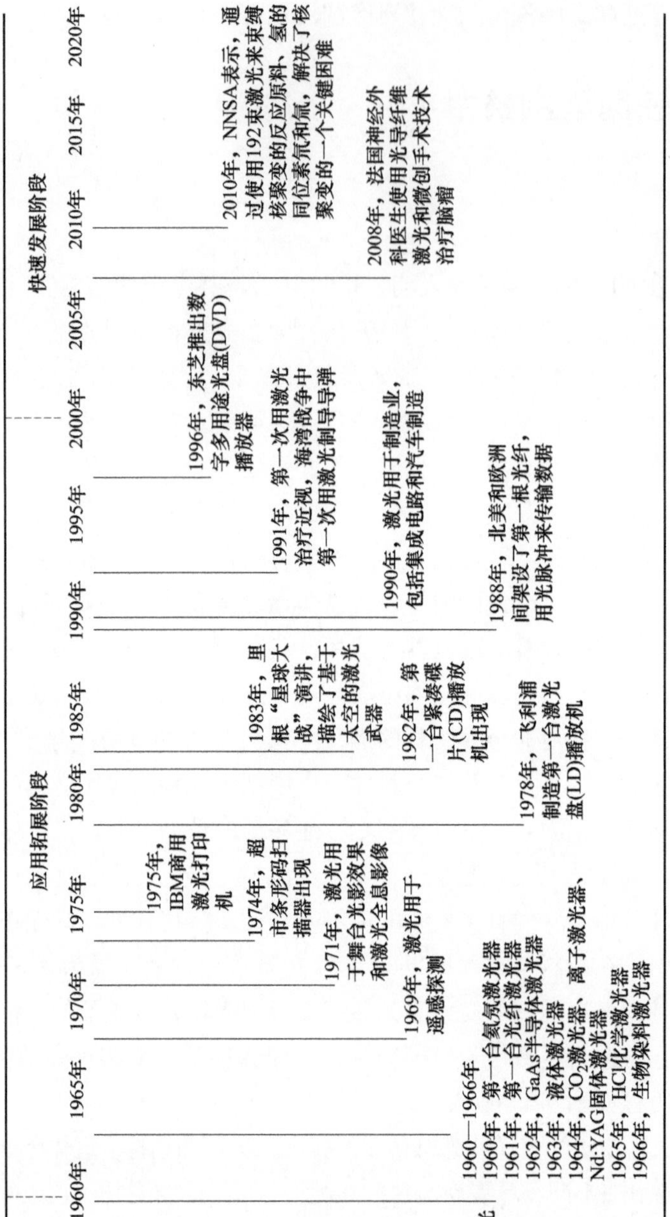
理论发展阶段
应用拓展阶段
快速发展阶段
1910年
1930年
1950年
1960年
1965年
1970年
1975年
1980年
1985年
1990年
1995年
2000年
2005年
2010年
2015年
2020年
1917年，爱因斯坦提出光的受激辐射概念
1947年，受激辐射被实验验证
1950年，Kastler提出光学泵浦的方法
1954年，第一台氨分子振荡器建成，首次实现粒子束偏转
1958年，《红外和光学激射器》发表，标志激光时代开启
1960年，第一台红宝石激光器研制成功
1960—1966年
1960年，第一台氦氖激光器
1961年，第一台光纤激光器
1962年，GaAs半导体激光器
1963年，液体激光器
1964年，CO_2激光器、离子激光器、Nd:YAG固体激光器
1965年，HCl化学激光器
1966年，生物染料激光器
1969年，激光用于遥感探测
1971年，激光用于舞台光影效果和激光全息影像
1974年，超市条形码扫描器出现
1975年，IBM商用激光打印机
1978年，飞利浦制造第一台激光盘(LD)播放机
1982年，第一台紧凑碟片(CD)播放机出现
1983年，里根“星球大战”演讲，描绘了基于太空的激光武器
1988年，北美和欧洲间架设了第一根光纤，用光脉冲来传输数据
1990年，激光用于制造业，包括集成电路和汽车制造
1991年，第一次用激光治疗近视，海湾战争中第一次用激光制导导弹
1996年，东芝推出数字多用途光盘(DVD)播放器
2008年，法国神经外科医生使用光导纤维激光和微创手术技术治疗脑瘤
2010年，NNSA表示，通过使用192束激光来束缚核聚变的反应原料、氢的同位素氘和氚，解决了核聚变的一个关键困难

图 4-39　激光技术的发展历程

在激光技术中，准分子激光是另一类具有代表性的气体激光器。与 CO_2 激光器不同，准分子激光产生波长极短的紫外光。通常采用 ArF、KrF、XeF 等气体作为工作介质，这些气体在泵浦激发下实现高能量的激光输出。相较于 CO_2 激光器通过光热效应去除材料，准分子激光具有极高的单光子能量，可作用于材料分子化学键，通过打断化学键引发"光化学"反应，是一种"冷加工"方法。准分子激光由于其较短的波长，在光刻领域有着重要的应用。作为光刻机中的核心部件，准分子激光是现代半导体产业中的关键工具。其高能量、高精度的特性使其在微电子器件制造中能够实现高分辨率的图案转移，促进了半导体工业的发展。这种激光的应用不仅提高了半导体生产的效率，同时也推动了微电子器件制造技术的进步，对现代科技的发展产生了深远影响。

固体激光器是一类具有体积小、坚固、使用方便和高输出功率等特点的激光器。其工作原理是在作为基质材料的晶体或玻璃中均匀掺入激活离子。其中，红宝石和玻璃是常见的固体激光器材料，而在钇铝石榴石晶体中掺入三价钕离子的激光器则发射波长为 1060nm 的近红外激光。这些激光器在医学和工业领域都有着重要的应用。

钇铝石榴石（YAG）激光器广泛应用于医学和工业领域。在医学领域，YAG 激光器被用于激光手术、激光治疗以及皮肤祛斑等。其高能量和高精度的特性使其成为医疗手术和治疗的理想工具。在工业领域，YAG 激光器常用于金属切割、焊接和打标等高精度加工过程，显著提高了制造业的效率和精度。

光纤激光器是固体激光器中的一个重要成员，具有体积小、能耗低、寿命长、稳定性高、免维护、多波段、绿色环保等特征。光纤固体激光器中掺入稀土元素如钬（Holmium）或镱（Ytterbium）等，是一种典型的应用。镱掺杂的光纤激光器常用于材料加工和医学领域。在材料加工中，它被广泛应用于切割、焊接和打标等高精度加工过程，处理不同类型的材料，如金属、塑料和陶瓷。在医学领域，镱光纤激光器在激光外科手术中起到关键作用，用于激光切割、组织热凝和治疗，包括激光眼科手术中的近视激光矫正（LASIK）等。

这两种固体激光器的优势在于小体积、高能量密度、稳定性和可靠性，在医学和工业应用中都备受欢迎。近期，国内激光企业发布全球首台 100kW 光纤激光器，彰显了中国激光技术的飞速进步。这种卓越性能的光纤激光器在工业中的大规模应用为各种复杂的加工场景提供了高效的解决方案。

半导体激光器是一类突出的激光源，其核心组成部分是半导体材料，通常包含 P-N 结构的半导体器件。半导体激光器以其高效能、小型化和调制速度快的特点而著称，成为现代科技和工业应用中不可或缺的关键技术。相较于气体激光器中的 CO_2 和准分子激光器，半导体激光器采用半导体材料作为激活介质，通过电流注入实现激光发射。这种设计使得半导体激光器在体积、能效、响应速度等方面具备显著的优势。

在应用方面，半导体激光器在光通信、激光打印、激光雷达等领域得到广泛应用。其在半导体产业中的关键作用体现在微电子器件制造中，能够实现高分辨率的图案转移。作为激光技术的重要组成部分，半导体激光器在现代科技和工业应用中展现出卓越的性能，为各种应用场景提供了高效、灵活的激光解决方案。

先进陶瓷磨削技术

根据量子物理理论，激光束可以被视为以光速运动的光子流。在激光加工材料的过程中，电子对激光光子能量的吸收被分为场致电离、隧穿电离和多光子电离，这取决于入射激光的能量大小。当入射激光的脉冲能量高于 $10^{20}\,\mathrm{W/m^2}$ 时，场致电离使材料中的电子直接从原子束缚态变为自由电子。隧穿电离发生于脉冲能量为 $10^{18} \sim 10^{20}\,\mathrm{W/m^2}$ 时，电子由于贯穿能级势垒而发生电离。而脉冲能量为 $10^{16} \sim 10^{18}\,\mathrm{W/m^2}$ 时，多光子电离使电子通过吸收多个光子的能量而脱离束缚态。

当激光照射到待加工材料上时，材料中的电子吸收激光光子能量，达到电离状态，这个过程称为电子受激。在大约 $10^{-14}\,\mathrm{s}$ 的时间段内，受激电子的能量通过弛豫过程传递给声子。在 $10^{-13}\,\mathrm{s}$ 的时间段内，受激电子态通过电子-电子散射过程达到准热平衡状态。此时，由于自由电子吸收激光辐射能量而激发成为受激电子，材料温度升高，但并不影响自由电子的能量分布。在 $10^{-12} \sim 10^{-11}\,\mathrm{s}$ 的时间段内，自由电子向周围晶格辐射能量，晶格吸收电子的能量而温度升高。在 $10^{-11}\,\mathrm{s}$ 的时间段内，晶格-晶格耦合的热扩散过程发生，声子重新排列。激光能量的积累非常迅速，短时间内达到热力学平衡状态。

大量的激光实验证实，激光辐照材料的蚀除机理受激光脉宽的直接影响。激光的脉宽将直接影响电子受激和热力学过程，从而调控材料的蚀除效果。

微秒等长脉宽激光加工材料时，激光能量的吸收导致电子、声子和晶格间热传导，使得激光辐射区升温，从而实现了材料的熔化至汽化，达到蚀除效果。工件的加工精度、效率和工艺重复性主要受到激光辐射产生的熔凝物、残渣和应变裂纹的综合影响。

在纳秒激光加工中，由于激光脉宽的时间尺度远大于晶格加热时间，电子吸收的能量有足够的时间转移到晶格，使两者达到热平衡。因此，纳秒激光对材料的蚀除机理主要在宏观的晶格系统中考虑。辐照材料时，晶格的振动和能量传递使材料温度升至熔点，随着光束能量的增强，熔融态物质的热量逐渐累积，直至达到汽化温度，最终实现蚀除。然而，熔融层的存在使得材料的精确去除变得较为困难。

对于皮秒激光加工，由于皮秒激光的脉宽极短，与晶格加热时间在同一尺度，因此蚀除过程需要在电子-晶格子系统中考虑。在皮秒时间尺度内，电子迅速被加热，并将能量传递至正晶格离子。皮秒激光的高峰值功率密度使得材料温度在短时间内迅速上升，直接蚀除辐射区域。相对于纳秒激光，皮秒激光加工质量更高，通过适当的工艺参数调整，可实现类似于"冷加工"的效果。然而，关于皮秒脉冲蚀除材料的能量传递机理存在争议，主要涉及热汽化和库仑爆炸两种可能的机制，其蚀除机理受到多种因素的影响，包括材料特性、脉宽、重复频率和激光功率密度等，需要进一步深入研究。

相较于皮秒激光，飞秒激光的脉冲宽度进一步缩短。飞秒激光作用于透明电介质时，材料中的电子在一个极短的脉冲时间内发生非线性过程。由于脉冲宽度的极短，电子"来不及"将吸收的脉冲能量转移至晶格，使其仍处于一种"冷却"状态，避免了热效应的出现。不同脉冲宽度的激光在与材料相互作用时导致不同的物理现象，其中飞秒范围内主要受多光子吸收和隧道电离支配。随着激光频率的升高，热量的累积将引起高温过程相关的现象，如离子迁移、相变和结晶。这些复杂的物理过程需要深入研究，以全面理解不同脉冲宽度的激

光.

光与材料相互作用的机理。

不同脉冲宽度的激光在与材料相互作用时会导致不同的物理现象，其时间尺度如图 4-40 所示。可以看出，在飞秒范围内，主要由多光子吸收和隧道电离作用所支配；在皮秒范围内，电子吸收能量后，将通过电子-声子耦合转移至晶格，随后转化为热能进行消散；在纳秒范围内，中心高温升高而产生的压力波将迅速传播到周围环境；在纳秒到微秒的范围内，热能沿温度梯度从焦点区域扩散，最终材料熔化并微爆炸。如果激光频率足够高，热量累积将引起与高温过程相关的现象，例如离子迁移、相变和结晶。

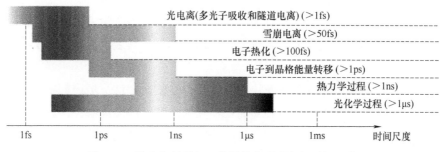

图 4-40　激光与材料相互作用的物理现象与时间尺度

激光加工具有以下主要特点：

1）高精度：激光加工可实现卓越的加工精度，通常可达到微米级别，甚至更高。这使得激光加工成为微电子设备和精密零件等对精度有较高要求领域的理想选择。

2）高效率：激光加工具有较快的加工速度，能够在短时间内完成大量加工任务。这使其非常适用于需要大规模生产的场合，显著提高了生产效率。

3）无接触加工：激光加工是一种非接触加工方法，避免了因接触而引起的损伤或变形。对于对工件表面要求极其严格的加工任务而言，激光加工具有明显优势。

4）可加工多种材料：激光加工适用于金属、塑料、陶瓷等多种材料，具有出色的通用性，可满足不同材料的加工需求。

5）灵活性：激光加工可实现多种加工形式，包括切割、焊接、打孔等，因此能够灵活满足不同加工需求。

6）无污染：激光加工无须使用化学物品，不会产生废气、废水和废渣，对环境友好，符合可持续制造的理念。

然而，需要注意的是，激光加工陶瓷时存在一些挑战。由于陶瓷材料的热导率较低，不当选择工艺参数可能导致激光高能束在材料表面引起热应力集中，从而在加工过程中产生微裂纹、大碎屑，甚至导致材料断裂等问题。此外，在现有的激光技术中，激光加工常被用于陶瓷材料制孔及切割，在对于大平面陶瓷材料处理中，激光技术由于其自身特点，难以应用。对于这些潜在的挑战，需要在工艺优化方面进行深入研究，以提高激光加工陶瓷的效率和可靠性，同时也可以利用激光自身特性，配合传统加工方式，实现新的技术突破。

4.2.2 激光辅助磨削原理与特点

在处理硬脆性无机材料，尤其是对硬脆性材料进行精密加工时，传统的机械加工方法一直以来都面临巨大的挑战。通常采用的传统加工方法包括机械研磨、磨料冲击加工、化学腐蚀加工以及等离子刻蚀等，然而，它们在精度和效率方面难以取得平衡，存在着各种问题，无法满足高标准工业应用的需求。

激光加工技术作为应对硬脆材料精细加工的新兴手段备受关注。然而，激光加工技术并不能全面满足陶瓷材料多样化的加工需求。在实际应用中，陶瓷材料的加工仍然需要借助磨削技术。为了规避陶瓷材料在磨削过程中可能引起的损伤，一些学者提出了激光辅助磨削的概念，即通过将高能量密度的激光照射到材料表面，实现对其表面的改性，从而提升材料的加工性能。

激光辅助磨削技术不仅仅是为了解决传统加工方法的局限性，更因其独特的优势而备受瞩目。首先，激光辅助磨削技术能够在短时间内实现高精度的表面改性，有效提高陶瓷材料的加工精度。其次，激光辅助磨削技术可以减小磨削过程中产生的热影响区域，降低材料的热损伤和变形风险。此外，激光辅助磨削技术还具有较强的适用性，可广泛应用于陶瓷刀具、陶瓷轴承等领域，为提高陶瓷材料的整体性能和加工效率提供了新的可能。

1. 激光辅助磨削技术发展历程

激光辅助磨削技术可以追溯到加热切削技术，这一技术已有近一个世纪的历史。最初的加热方法包括电加热、火焰加热，而后引入了等离子加热、激光加热等新技术。自 20 世纪 70 年代起，激光加热辅助切削技术开始受到广泛关注，相关科研机构对激光加热辅助加工进行了大量的研究。

随着技术的不断发展，激光辅助磨削技术在陶瓷材料加工领域展现出了巨大的潜力。利用激光对工件进行预热，可以提高陶瓷的断裂韧度，使其发生塑性变形而变得较容易磨削。此外，对于陶瓷这样的硬脆材料来说，磨削过程中产生的硬脆微粒对砂轮有消极的影响。利用激光预加热不仅可以提高磨削效率，还能降低陶瓷中的硬质点对砂轮寿命的影响。激光辅助磨削技术是一种具有极大潜力的陶瓷材料加工技术。

2. 激光辅助磨削技术基本原理

激光辅助磨削陶瓷技术的基本原理涉及激光与陶瓷材料之间的相互作用，旨在通过激光的热效应改善陶瓷磨削的效率和质量。该技术的实现方法可以概括为以下过程：

在激光辅助磨削的过程中，一束激光光束被引入磨削区域，通常通过激光器和光学系统的协同作用，将激光光束精确聚焦在磨削区域。激光光束与陶瓷表面相互作用，引发热效应。高能量密度的激光导致局部升温，使得陶瓷材料在激光照射区域经历温度变化。高能量密度激光引起的局部升温提高了陶瓷材料的可塑性，使得在磨削过程中，陶瓷更容易发生变形，并降低了表面的硬度，从而降低了磨削力。这进一步减小了摩擦阻力，使磨削更容易进行。

相较于其他加热切削技术，激光辅助磨削技术通过实现热效应的局部化，使得热影响区域更为集中。这有助于减小陶瓷材料的热变形和残余应力。在激光的辅助下，磨削过程得以优化，陶瓷材料的去除更为精细、可控，提高了磨削的精度。

激光加热辅助磨削（图 4-41）是当前主流的方法之一，除此之外，学者们还探索了通过激光扫描材料表面实现材料改性，并以此辅助磨削的方法。这一基于激光改性的辅助磨削过程通常可分为两个关键阶段，以期在磨削中取得优异的加工性能。

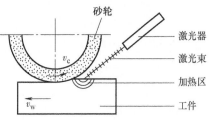

图 4-41　激光加热辅助磨削加工示意图

在第一阶段，通过激光设备对材料表面进行精确扫描，以创造出具有特定结构、微观损伤或改性层的表面。这一定制的表面改性能够在后续的磨削过程中发挥关键作用。

在第二阶段，经过激光改性的表面被送入磨削过程，通过磨削对改性后的表面进行进一步加工。这一阶段的磨削针对激光改性过的表面进行，充分发挥了激光预处理所带来的优势。这种激光辅助磨削方法不仅能够提高加工效率，还能够改善材料表面的质量和性能。

激光改性的过程中，激光能量的精确控制使得可以实现表面局部的改性，例如调控晶体结构、形成特定纹理或引入微观损伤。这样的改性在磨削过程中发挥了重要作用，可以减小摩擦阻力，提高材料去除效率，并降低加工过程中的热影响。

4.2.3　激光辅助工艺及其应用

1. 激光辅助磨削工艺

激光辅助磨削工艺参数主要有激光功率、激光光斑半径、激光束与砂轮距离、进给速度、磨削深度等。

（1）激光功率对磨削工艺的影响　在激光辅助磨削工艺中，激光功率是对最终磨削质量最为关键的影响因素，功率变化会导致温度场温度变化非常大。而加热区域温度的高低影响材料的软化程度及深度：激光功率太小，会影响加热区域的温度，使材料软化不充分，起不到激光辅助加热降低材料硬度的目的；激光功率过高，则会使材料表面温度过高，直接造成烧蚀损伤，影响材料使用性能，且过高的温度同样会对砂轮产生不利影响，影响砂轮磨料与黏合剂的结合性能。

研究人员通过实验探究了激光功率对于磨削工艺的影响。发现伴随激光功率提升，材料受温度影响力学性能产生变化，材料磨削临界深度增加，加工表面呈现出韧性磨削上升的趋势，相对常规工艺可以实现更为光洁的加工表面。此外，磨削砂轮随着功率变化磨损相貌从断裂以及扁平状磨损转化为黏附以及拉拔磨损，验证了激光对于砂轮黏附性能的影响。合适的激光功率可以延长砂轮使用寿命。

（2）激光光斑半径对磨削工艺的影响　激光光斑半径的大小主要影响激光照射陶瓷表面时的激光功率密度，当激光功率参数确定后，可通过调节激光头与工件间的距离进行调节。其对工艺的影响同样体现在温度上，此外，激光光斑半径还会对激光加热区域有着较大

的影响，当激光光斑半径过小时，会导致激光能量过于集中于焦点，对材料及砂轮产生较为严重的影响。

（3）激光束与砂轮距离对磨削工艺的影响　激光束照射到砂轮前端工件待去除材料的位置。在磨削加工的过程中工件待去除的材料到达与砂轮接触的位置时即材料在去除的过程中应达到正处于被激光加热软化阶段，而且保证砂轮不会因为温度过高而影响其磨削性能。如果光斑和磨削处的距离过远，激光光束照射处的待去除材料在激光照射时已经软化，但是等到该区域的材料到达砂轮磨削位置时，温度已经降低很多，材料又恢复到原来的硬度，激光辅助加热没有起到软化材料的目的。如果距离太近，砂轮将直接暴露于激光照射区域，影响砂轮磨削性能。

（4）进给速度对磨削工艺的影响　进给速度的选取会对加工表面产生影响，在正常的磨削加工中一般粗磨时进给速度比较大，精磨时进给速度比较小。在陶瓷的激光辅助加热磨削过程中，因为在加工时激光头是静止的，激光的扫描速度与工件进给速度相同，所以进给速度的选取要综合考虑激光扫描速度和磨削平台系统稳定性等因素的影响。当进给速度过大时，在激光尚未充分软化材料的情况下磨削过程就已经开始，不能充分发挥激光辅助磨削工艺的优势；当进给速度过小时，激光会导致材料过度受热，甚至出现烧蚀损伤，致使工件性能下降并导致砂轮出现非正常损伤。

（5）磨削深度对磨削工艺的影响　磨削深度的选取与激光加热材料表面产生的软化层的厚度有关，选择合适的磨削深度，有助于实现材料塑性去除，从而实现较高的磨削质量，因此，在激光辅助磨削工艺中，不宜选择过大的磨削深度。此外，磨削平台系统的刚性对磨削深度的影响比较大，对于刚性较差的磨削系统平台，同样不宜选择过大的磨削深度。

总结来说，对于激光辅助磨削工艺，不同参数的选择会对磨削质量产生不同影响。从磨削表面粗糙度方面来看，进给速度对于表面粗糙度的影响最大，激光功率的影响次之，最后为磨削深度与砂轮转速。而从磨削材料亚表面损伤结果来看，激光功率则成为最为关键的影响因素，其次为进给速度、切割深度以及砂轮转速。在实际磨削过程中，应根据所需要的表面质量综合分析，以选择最为合理的激光辅助磨削参数。

2. 激光表面改性辅助磨削工艺

关于激光表面改性辅助磨削工艺，许多学者都提出自己的改性方法，并且对改性机理进行了解释。由于不同改性方法间存在一定的机理差异，因此难以形成较为统一的工艺，本节对几种较为典型的激光表面改性辅助磨削工艺进行简要介绍。

（1）激光诱发热致裂纹辅助磨削　激光诱导氧化锆陶瓷裂纹的机理涉及热应力的引发和裂纹的扩展。初次激光辐照产生的热应力在表面缺陷处形成中央裂纹，而后续的激光辐照通过增大深度方向的热应力使得裂纹进一步扩展和偏转。裂纹之间的关联和联结形成了特殊形状的裂纹结构，对陶瓷的性能和结构可能产生重要影响。

激光辐照对氧化锆陶瓷磨削创成表面的损伤机制研究表明，辐照诱发的热致侧向裂纹内部材料在磨削力作用下逐渐破碎成更小的碎块。同时，磨削力造成的损伤被热致侧向裂纹限制在其内部，无法向基体扩展。因此，在中央裂纹和侧向裂纹交汇点之上的磨削，由于产生的损伤无法越过侧向裂纹扩展到基体，可以采用大材料去除率；在交汇点和侧向裂纹底之间的磨削可以适当降低材料去除率；而当磨削创成面位于侧向裂纹下方时，可通过精密磨削工艺路线实现磨削表面的完整性控制。磨削力的变化可用于判断中央裂纹与侧向裂纹交汇点深度，为工艺参数的调整提供指导。激光诱导材料产生的表面裂纹如图 4-42 所示。

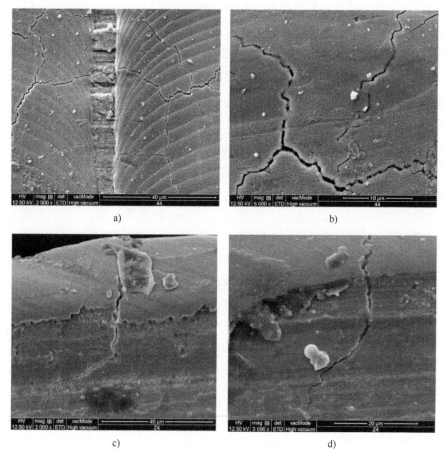

图 4-42　激光诱导材料产生的表面裂纹

从能量分析的角度看，激光辐照可以降低磨削过程中所需的磨削功率，这表明激光辅助磨削技术在提高陶瓷磨削效率和优化表面质量方面具有潜在优势。

（2）激光诱导相变改性　激光诱导相变改性工艺是通过激光对材料表面进行辐照，使得材料表面成分发生改变，形成硬度低于原始基材的新成分，形成低硬度与高断裂韧度的改性层。通常来说，改性层厚度随激光功率、扫描次数和光斑重叠率的增加而增大，表面形貌呈现起伏沟槽和热致裂纹。激光改性磨削相对于普通磨削降低了磨削力，减小了表面粗糙度，采用了塑性去除和脆性断裂去除混合模式，减少了亚表面微裂纹和损伤深度。此外，激光改性磨削还减轻了砂轮磨损程度，降低了磨粒磨损和断裂，延长了砂轮寿命。综合而言，激光改性辅助磨削是一种有效提高陶瓷磨削质量的方法。

（3）激光表面织构辅助磨削工艺　通过利用激光加工技术，在工件表面生成微结构图案，从而实现改变磨削特性的效果。

激光表面微织构技术主要通过减小材料去除体积以及诱导材料裂纹拓展，从而实现辅助磨削的效果。不同结构的表面会对磨削产生不同影响，合理设计微织构有助于提高材料表面质量。此外，激光表面微织构可以实现磨削力的极大降低。研究表明，激光表面微织构可以将材料正向磨削力以及切向磨削力降低约70%，并同时去除激光在材料表面所造成的损伤，与传统磨削相比，激光辅助磨削在磨削力和表面粗糙度上表现更佳。控制激光输入能量密度是保持激光引起的损伤在磨削深度之下的关键。过大的激光输入能量密度值可能导致结构性损伤，甚至在磨削后影响工件表面。有关于激光表面微织构辅助磨削技术的研究目前较少，但是其优异的效果证明它是一种极具发展前景的激光辅助磨削工艺。

3. 激光辅助磨削工艺应用

激光辅助磨削工艺在电子与半导体制造、医疗器械、航空航天、汽车工业、能源领域以及化工和石油工业等先进陶瓷应用领域中展现出重要的应用前景。该工艺的突出优势之一是它能够实现对陶瓷材料的高效、精确加工，特别是对于硬度较高、脆性较大的陶瓷材料而言。在电子产品制造中，激光辅助磨削可用于精细加工半导体材料，提高电子元件的制造精度和性能。在医疗器械制造中，激光辅助磨削技术可以用于制造高精度的医疗陶瓷器械，如人工关节，确保其具备优异的生物相容性和力学性能。在航空航天领域，激光辅助磨削为制造高温结构件提供了一种高效、精密的加工手段，确保先进陶瓷材料在极端环境下的可靠性。在汽车工业中，激光辅助磨削可应用于制动系统等关键部件的制造，提高其耐磨性及其他性能。在能源领域，激光辅助磨削可用于优化燃料电池等设备中陶瓷材料的制造工艺，提高能源设备的效能。而在化工和石油工业，激光辅助磨削技术的应用将有助于生产耐腐蚀、耐高温陶瓷零部件，提高设备的耐用性和稳定性。因此，激光辅助磨削工艺在这些先进陶瓷应用领域中具备不可替代的重要性，为提升制造工艺、增强产品性能提供了创新而高效的解决方案。下面对几种典型材料激光辅助磨削工艺进行简要介绍。

（1）碳化硅陶瓷 碳化硅陶瓷因其卓越的材料性能，在航空航天、国防军工和天文光学等工业领域得到广泛应用。其特点包括高硬度、高比刚度、高弹性模量、耐腐蚀、热膨胀系数小、禁带宽度大和热导率高等。碳化硅陶瓷的高硬度使其能够抵御恶劣环境中的磨损和划伤，而高比刚度和高弹性模量则为其提供了出色的抗弯和抗压性能。耐腐蚀性使其能够在腐蚀性介质中长期稳定工作，而热膨胀系数的小幅度变化使其在高温条件下保持稳定性。此外，碳化硅陶瓷的禁带宽度大和热导率高使其在光学和热学应用中具备良好的性能。在航空航天领域，碳化硅陶瓷常用于制造高性能的航天器部件，如导弹、火箭发动机喷嘴和陶瓷基复合材料。在国防军工领域，它广泛应用于制造耐高温、耐腐蚀的武器系统和装备。在天文光学方面，碳化硅陶瓷的优异性能使其成为制造高精度光学镜片和望远镜的理想选择。碳化硅陶瓷在面对极端环境和对高性能要求的工业应用中展现出卓越的性能，为先进技术和科学研究提供了可靠的材料支持。

尽管碳化硅陶瓷具有卓越的性能，但是其高硬度和脆性特性使其在磨削加工过程中面临一些挑战。高硬度使得碳化硅陶瓷难以用传统的磨削方法进行加工，因为常规磨削工具往往无法有效地切削这种坚硬材料，而容易导致工具磨损和加工效率低下。此外，碳化硅的脆性使其容易发生裂纹和断裂，进一步增加了磨削加工的难度。激光辅助磨削工艺在碳化硅陶瓷加工中显现出显著的优势。通过激光辐照，碳化硅陶瓷的表面发生改性，形成 SiO_2、CO_2 等新的相，这种改性有助于提高陶瓷整体性能。此外，激光的功率、扫描次数和光斑重叠率的调节能够灵活控制碳化硅陶瓷的硬度和断裂韧度，为定制化加工提供了可能。

在激光改性磨削过程中，形成的改性层厚度与激光功率、扫描次数、光斑重叠率直接相关，增强了材料表面的性能。相较于传统磨削，激光改性磨削显著减小了磨削力，包括法向和切向磨削力，这对于保护陶瓷表面、提高加工效率具有重要意义。

此外，激光改性磨削还表现出改善表面质量的效果，减小了工件表面粗糙度，提高了表面的整体质量。这种全面的性能提升使得激光辅助磨削工艺在碳化硅陶瓷加工中成为一种高效、灵活且可控的加工手段。

（2）氧化锆陶瓷 氧化锆陶瓷在工业中的应用非常广泛，主要得益于其一系列优异特性。首先，氧化锆陶瓷具有极高的硬度和耐磨性，使其成为制造刀具和刀片的理想材料，能够提高刀具的使用寿命和加工效率。其次，氧化锆陶瓷具有优异的高温稳定性和耐腐蚀性能，使其在高温陶瓷零部件制造中发挥重要作用，如热电偶保护管和炉具零部件。此外，氧化锆陶瓷还具有优异的生物相容性，因此被广泛应用于医疗器械制造，如人工关节、牙科修复材料和植入式医疗器械。除此之外，氧化锆陶瓷还具有良好的绝缘性能、化学稳定性和耐磨性，使其在电子器件、化工设备和热处理设备等领域有着重要的应用价值。综上所述，氧化锆陶瓷以其出色的性能在工业中展现出了广阔的应用前景，成为众多工业领域中不可或缺的材料之一。氧化锆陶瓷同样具有较高的硬度与脆性，激光辅助磨削工艺在氧化锆陶瓷磨削中展现出显著的优势。通过激光的辐照，氧化锆陶瓷表面发生热化学反应，产生新的相如 ZrO_2 和 $ZrSiO_4$，形成改性层。这种改性层的形成在提高氧化锆陶瓷的硬度和耐磨性的同时，有效减小了磨削力，提高了加工效率。

激光辅助磨削工艺对于氧化锆陶瓷的优势还在于对裂纹的控制。激光辐照可引发氧化锆陶瓷表面的热应力，诱导微裂纹形成，使得裂纹沿表面分布，提高了陶瓷的断裂韧度。这种裂纹的形成和控制有助于陶瓷在加工中更好地应对外界力的作用，减小了裂纹扩展的风险，提高了零件的可靠性。

此外，激光辅助磨削工艺还能改善氧化锆陶瓷的表面质量，减小了磨削所引起的表面粗糙度，提高了零件的整体加工精度。因此，激光辅助磨削工艺为氧化锆陶瓷的加工提供了一种高效、精密且可控的方法，对于提升陶瓷零件的性能和质量具有重要作用。

（3）陶瓷基复合材料 陶瓷基复合材料在工业应用中展现出卓越的性能和多样的应用场景。这类材料通常由陶瓷基质和强化相组成，通过复合形成一种具有综合优异性能的新型材料。在航空航天领域，陶瓷基复合材料因其轻质高强、高温抗氧化等特性成为理想的结构材料，被广泛用于航空发动机零部件、导弹舵翼、卫星等高性能部件的制造。在汽车制造中，陶瓷基复合材料的高强度、耐磨性和轻量化特性使其成为制动系统、发动机零部件以及整车结构的重要选择，提高了汽车的性能和燃油效率。在能源行业，陶瓷基复合材料被用于制造高温燃烧器和核电设备，可在承受极端工作环境的同时保持稳定性。总体而言，陶瓷基

复合材料在工业中的应用涵盖了多个领域，充分发挥了其独特的优势，为各行各业提供了创新的解决方案。陶瓷基复合材料的一些性能特点可能在磨削加工中带来一些劣势。首先，其硬度较高可能导致磨削工具的快速磨损，增加了工具更换的频率和成本。其次，复合材料中陶瓷相的脆性可能引起在磨削过程中的裂纹扩展，从而影响加工精度和表面质量。此外，复合材料中不同组分的热物理性质差异可能导致磨削时的热应力，增加了加工过程中的变形风险。这些特性的不利影响需要在磨削工艺中采取一些措施，如优化刀具材料、磨削液的使用以及磨削参数的调整，以最大限度地克服这些劣势，确保高效、稳定的加工。

激光辅助磨削工艺在陶瓷基复合材料的磨削中表现出卓越的效果。通过激光的精确控制，可以实现对陶瓷基复合材料的局部加热，引发热化学反应，促进材料表面的相变和相互作用。这种热化学反应能够形成新的晶体结构或增强原有结构，提高材料硬度和耐磨性。

激光辅助磨削工艺还能有效控制陶瓷基复合材料的表面温度分布，减小热影响区域，降低了热应力的作用。这对于复合材料中的有机相和陶瓷相之间的热敏感性有着重要的意义，有助于避免材料的裂纹和变形。

此外，激光辅助磨削工艺能够提高陶瓷基复合材料的表面质量。激光的作用不仅可以降低磨削力，减小磨削过程中的刀具磨损，还能够有效降低表面粗糙度，提高零件的表面质量和整体加工精度。

因此，激光辅助磨削工艺在陶瓷基复合材料的磨削中发挥着关键作用，为提高复合材料零件的性能、耐磨性和加工精度提供了一种高效可行的解决方案。

4.2.4　激光辅助磨削设备

目前，激光辅助磨削设备的市场处于发展初期，尚未见到大规模商业化的成熟产品。根据前文所介绍的激光辅助磨削工艺可以将激光辅助磨削设备大致分为两种：一种是以激光改性为机理的分步式辅助磨削方法，多采用激光加工设备对材料进行预处理达到辅助磨削的目的；另一种是以加热辅助磨削为机理的一体式磨削方法，通常采用在磨削系统中集成激光加工系统的方式实现。

1. 激光改性辅助磨削设备

激光改性辅助磨削设备的核心为激光加工系统。激光加工装备是一套高度精密的系统，关键组件包括激光器、光束传输系统、计算机及控制软件，以及成像组件等，它们协作实现精准而高效的激光加工过程。其中，激光振镜系统和高精密微动平台是主要用于轨迹控制的关键技术。

在激光加工的轨迹控制方面，激光振镜系统和高精密微动平台展现出各自的优势。激光振镜系统通过控制反射镜的偏转角来实现激光轨迹的准确控制。这一系统具备高效率和高灵活性的特点，激光扫描速度可达 7000mm/s，同时能够轻松实现对复杂图案的高精度控制。

另外，聚焦透镜与高精密微动平台的协同使用是实现激光加工轨迹控制的另一先进方案。在这种配置中，聚焦透镜用于将激光进行精准聚焦，而试件则被安装在高精密微动平台上。通过对微动平台的运动进行精密控制，可以实现对加工过程的高度操控，特别适用于高精密细微结构的加工需求。然而，对于更为复杂的结构，通常需要配合光学开关以实现激光的通断控制，这使得整个系统的控制变得更加复杂而精密。

除了上述核心组件外，激光加工装备还可能包括冷却系统、废气处理系统、辅助气体供给系统、自动化系统、在线监测系统和安全系统等附加组件。冷却系统用于维持激光器和其他关键部件的稳定工作温度。激光头和光学系统的设计对于实现高质量激光加工至关重要。废气处理系统用于收集和处理加工过程中产生的有害气体和粉尘。辅助气体供给系统用于喷射辅助气体以改善切割或雕刻效果。自动化系统可以实现自动化的工件装夹、激光加工轨迹规划和生产过程监控。在线监测系统用于实时监测关键加工参数，确保加工质量。安全系统包括激光防护设备和紧急停机系统，以确保操作人员和设备的安全。这些附加组件和系统的综合运作，使得激光加工装备更加全面、智能化，能够适应不同材料、形状和加工要求的应用场景。

激光加工装备的不断创新与发展在提高加工精度、效率和灵活性等方面发挥着关键作用，为多领域的激光加工应用提供了可靠的技术支持。

除了常规激光改性方案之外，也有学者提出光催化高能场辅助化学机械复合微细磨削的方法，它通过在材料表面供给碱性化学改性液，利用紫外激光按照规划路径扫描，将扫描区域改性为氧化层，再通过红外激光扫描将氧化层继续改性，最后通过细微磨削手段去除改性层，实现结构成型，最后使用弱酸性清洁剂冲洗，实现高精度高、高效率以及高表面质量的细微磨削。

2. 激光加热辅助磨削设备

相比于激光改性辅助磨削方法，激光加热辅助磨削方法是一种更为成熟的工艺方法。激光加热辅助磨削通过引入激光光束实现局部加热，改变材料性质，提高可塑性，从而优化磨削过程。众多学者对其工艺装备进行研究，显示出其在工业应用中的潜在价值。

对于激光加热辅助磨削设备来说，其基本采用将激光系统集成到磨削系统的方式，以实现激光与磨削设备的协同工作。激光加热辅助磨削设备的基本结构包括磨削主体、激光发射系统、控制系统和冷却系统。磨削主体涵盖磨削头、磨削轮和工作台等元素，构成了磨削的核心部分。激光发射系统包括激光器、激光头和光学系统，用于引导激光束精准聚焦在磨削区域。控制系统是设备的智能大脑，负责管理和协调整个磨削和激光加热过程，实时调整参数以满足加工需求。冷却系统在加工过程中起到关键作用，防止过热对工件和设备造成损害。

工作方式方面，激光加热辅助磨削设备首先通过定位和参数设定准确安置工件。启动后，激光发射系统将激光束聚焦到磨削区域，引发热效应使工件局部升温。随后，磨削主体开始磨削操作，激光加热改变了材料的可塑性，有助于磨削过程的进行。控制系统实时监测并调整激光功率、磨削深度等参数，以确保磨削和激光加热的协同作用。冷却系统负责在整个加工过程中维持适宜的温度，防止过热引起工件变形或损伤。这样的工作方式使得激光加热辅助磨削设备能够实现高效的加工，提高加工的精度和表面质量。

为了提高激光辅助磨削效率，进一步降低切削力，提高材料改性效率，有学者提出采用

双激光融合辅助磨削方法，以产生更长的熔融池，实现高性能微纳结构高效协同加工。通过两个扫描振镜可以实现两束激光的灵活控制，将两束激光焦点重合，配合磨削系统对改性区域实现磨削去除，通过改变工艺参数，在同一设备上可以实现材料的粗磨、精磨以及抛光工艺。

激光加热辅助磨削系统可以实现高质量材料磨削，但常见的激光辅助磨削系统一般应用于平面磨削，这是因为对曲面进行加工时，激光往往不能准确均匀地对材料表面进行加热，且由于激光系统往往与磨削系统分属不同控制系统，无法应对复杂结构的磨削加工。针对此问题，有学者提出采用主轴一体化设计方法，将激光系统集成到超精密磨床系统，通过将激光束从磨床主轴引入中控球形磨针中心，在磨针中心设计四棱锥分束系统，通过分束系统将激光束从磨针底部引出，实现原位激光辅助磨削，大大提高了加工系统应对复杂结构的加工能力。

虽然市面上尚未有成熟的产品，但基于相关专利的成熟度，有望在未来看到激光辅助磨削设备逐渐实现市场化。在专利中，除了激光加热辅助磨削技术外，也发现一些激光改性磨削的方法，不过这类专利相对较少，表明目前该领域的研究和实践仍处于探索阶段。随着技术的不断深入研究和市场需求的逐渐增加，激光辅助磨削设备有望迎来更多的创新和发展。行业人士、研究者和制造商将密切关注该领域的进展，以期见证这一新兴技术在未来的商业应用中取得更大的成功。

4.3　在线电解修整磨削技术

4.3.1　概述

凭借高精度、高效率和表面质量高等特点，在线电解修整磨削（以下简称"ELID 磨削"）技术备受青睐。在传统的磨削工艺中，砂轮容易钝化和堵塞，导致磨削性能下降，从而引发加工面脆性破坏，加工质量恶化。相反，ELID 磨削技术采用了非传统材料去除技术，通过电化学反应解决金属基超硬磨料砂轮的修整问题。这种自动修整大幅提升了磨削的稳定性和一致性，减小了因砂轮磨损而引起的精度损失。磨削过程中形成的氧化膜不仅使砂轮保持锐利，还提高了加工表面的质量。

在线电解修整技术最早由日本学者中川、大森整于 1987 年提出，并成功地用 1000 目金属结合剂砂轮实现了硬脆材料的镜面磨削。此后，日本很快实现了从技术向应用的转换。例如，日本富士模具株式会社生产的 ELID 磨削用 CIFB/CIB-D/CBN 等各种粒度砂轮供应市场；日本黑田精工、不二越株式会社还推出了系列 ELID 专用磨床。除日本外，美、英、法、德、韩等国家也对该技术极为重视。资料表明，美国在应用 ELID 磨削技术加工电子计算机半导体微处理器方面已取得突破性进展，在国防、航空航天及核工业等领域的应用研究也在进行。德国是最早研究 ELID 磨削技术的几个国家之一，在 1991 年就有德国的机床厂家进行系列 ELID 专用机床的设计。此外，英、法等国对 ELID 磨削技术研究也达到相当的高度。在亚洲，韩国很早就同日本开展卓有成效的技术交流与合作。

国内在 ELID 磨削技术方面的研究起步较晚，主要集中在高校，如哈尔滨工业大学、大连理工大学、天津大学、湖南科技大学等。哈尔滨工业大学研制成功 ELID 磨削专用的脉冲电源、磨削液和砂轮，在国产机床上开发出平面、外圆和内圆 ELID 磨削装置，并对多种脆硬材料进行了 ELID 镜面磨削的试验研究，目前正积极推广该技术，以实现产品化。国内已有十几家单位应用该技术。

综上，ELID 磨削技术已十分成熟，在电子、机械、光学、仪表、汽车等许多领域得到了广泛应用。

4.3.2 在线电解修整磨削系统

ELID 磨削系统如图 4-43 所示，主要组成包括金属结合剂砂轮、电极、电源、磨削液和磨床，可实现高效、精确的磨削过程，为砂轮微细修整提供解决方案。

ELID 磨削技术对砂轮有着特殊的要求。首先，砂轮结合剂需要具备优异的导电性和电解性能，确保电解修整过程的高效性。其次，为防止传统金属结合剂导致的堵塞和修锐困难，砂轮结合剂中的氧化物必须形成坚实耐磨的氧化膜。ELID 磨削采用的砂轮主要包括铸铁基结合剂、铸铁基纤维结合剂、青铜结合剂的金刚石和 CBN 砂轮。铸铁结合剂砂轮具有更好的强度、刚度和对磨料的把持力。此外，砂轮粒度直接影响磨削效果和表面质量。在粗磨和高效率磨削中，通常采用 80～3000 目的

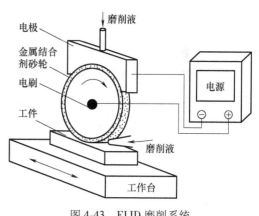

图 4-43 ELID 磨削系统

砂轮；而在追求超精密镜面加工表面时，则选择粒度更高（4000 目以上）的砂轮。表 4-6 展示了 ELID 磨削常用的金刚石砂轮的磨粒尺寸。

表 4-6 ELID 磨削常用金刚石砂轮的磨粒尺寸

粒度/目	磨粒尺寸/μm	平均粒径/μm
325	40～90	63.0
600	20～30	25.5
1200	8～16	11.6
2000	5～10	6.88
4000	2～6	4.06
6000	1.5～4	3.15
8000	0.5～3	1.76

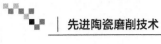

在砂轮初次使用或重新安装时，整形工序至关重要。该步骤是为了将砂轮的初次偏心减小到小于砂轮粒度的平均尺寸，以提高整体圆度。特别是对于微粉砂轮的精密整形，对其精度的要求更为严格，应小于 2μm。在 ELID 磨削中，常用的砂轮整形方法有电火花整形、等离子放电整形和激光修锐法三种。电火花整形（EDT）广泛应用于金属结合剂和导电性树脂结合剂砂轮的整形。利用电极和金属结合剂之间产生的火花放电的热量，蚀除金属结合剂。该方法可通过自动修整作业完成，对于薄砂轮和小砂轮的精密整形尤为适用。等离子放电整形（PDT）则采用 ELID 脉冲电源，通过离子放电的热量来蚀除砂轮的金属结合剂，从而将砂轮修整成所需的形状，整形的误差可控制在 1μm 之内。此方法的优点是：不用成型电极就可以加工出所需要的砂轮形状；由于电极是旋转的，在被消耗的过程中可以始终保持很好的圆度，因此电极使用寿命长；由于所喷的雾状液体具有导电性，可以实现小电压和大电流的砂轮整形。激光修锐法是利用高密度 YAG 脉冲激光束，瞬时加热砂轮表面，熔化去除结合剂，实现整形。通过准确控制激光参数，可以调整整形的深度和模式。

电极是另一重要组成部分，在磨削过程中承担着导电的关键功能。电极材料的选择通常集中在纯铜和不锈钢两者之间。为确保最佳效果，电极必须具备与机床的充分绝缘能力。这一关键步骤包括将电极稳固地安装在绝缘板上，并通过调整螺栓使绝缘板紧固在砂轮防护罩上。此外，为了确保电解磨削液充满电极间隙，电极上设置了蓄水槽，采用中心送液法，使磨削液在电极间隙中流动，再结合重力和离心力使其充满全部区域。良好的绝缘性能有效隔离电极与机床之间的电流，防止异常流失，从而保证电解磨削液在电极间隙中均匀分布，为磨削过程提供了理想的条件。

不同种类的电源为电解在线修整系统提供了多样性的动力形式，包括直流电源、交流电源，以及各种波形脉冲电源和直流脉冲电源。这些电源类型和参数的选择直接关系到电解效果、表面质量和修磨效率等多个因素。电源类型的选择主要考虑电流的稳定性、波动程度，以及脉冲的频率、幅度和波形。日本学者发现，直流脉冲电源在修锐砂轮方面效果更好。电源参数也可以改变 ELID 磨削性能，通过调整脉冲频率、脉冲宽度、电流强度等参数，实现最优的工艺效果。

ELID 磨削和修锐砂轮时使用的磨削液能降低磨削区的温度，减少砂轮磨损、冲刷磨屑，同时也作为电解修整的电解液，应具有在砂轮表面适时地形成和维持适当厚度的非导体薄膜的能力，使电解速度与砂轮磨损速度相适应，从而实现超微细粒度砂轮的良好修锐效果。因此，它对磨削效果和砂轮磨损的影响有双重性。

4.3.3　在线电解修整磨削技术原理

ELID 磨削过程中，金属结合剂砂轮通过电刷与电源的正极相接，通过阴极与电源的负极相连，电极与砂轮表面之间有一定的间隙，形成了一个电流通路。电极覆盖了砂轮圆周约 1/6，其宽度约为 2mm；电极与砂轮之间的间隙可以调整，一般在 0.1~0.3mm 范围内。注入具有电解作用的磨削液在电流的作用下引发电化学反应。ELID 磨削的原理如图 4-44 所示。预修锐过程中，金属结合剂砂轮中的金属材料通过电解作用被转化成金属阳离子，使砂轮中的磨粒得以暴露在表面，形成一定的出刀高度和容屑空间。同时，随着电解过程，与氧结合形成氧化物堆积在砂轮表面，形成具有绝缘性质的氧化物薄膜，如图 4-44b 所示。氧化物绝缘薄膜使电解电流逐渐降低，电解作用减弱，避免了金属结合剂的过量流失。

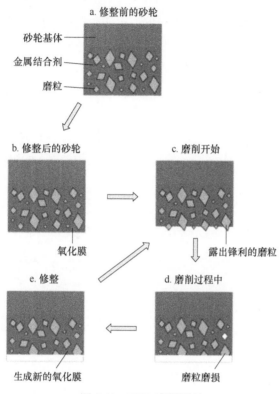

图 4-44　ELID 磨削原理

磨削加工时，磨粒的磨损与电解作用形成了一个动态平衡的循环。由于氧化膜容易受损，固定在其内的磨粒露出形成尖锐的边缘，可视为无数微小刀具对工件表面进行微小切削，如图 4-44c 所示。在砂轮与工件接触区域之后，由于工件材料的摩擦作用，磨粒会逐渐磨损，从而降低切削效果，如图 4-44d 所示。随着钝化膜变薄，导电性得以恢复，在砂轮旋转至工具电极位置时，电解液的作用使砂轮表面重新生成氧化膜，从而提高磨料的切削高度，如图 4-44e 所示。当氧化膜达到未受损前的厚度时，电阻急剧增加，起到绝缘作用，从而终止电解作用。c→d→e 这一动态平衡不仅维持了砂轮表面的磨削能力，同时确保了砂轮不会过快消耗，是 ELID 系统高效运行的核心。

4.3.4　在线电解修整磨削特性

1. 磨削力特性

磨削力起源于工件与砂轮接触后引起的弹性变形、塑性变形、切屑形成以及磨粒和结合剂与工件表面之间的摩擦作用。研究磨削力的目的，在于弄清磨削过程的一些基本情况，它不仅是磨床设计的基础，也是磨削研究中的主要问题。磨削力与砂轮的磨损、砂轮磨削弧区的强度、磨削系统变形、砂轮/工件的动态接触条件以及磨削过程的最终表面粗糙度等因素密切相关。

在磨削过程中，磨削力大小受磨削深度、磨削速度等多种因素影响，通过控制单一变量可以得到磨削力与某一因素的关系曲线。图 4-45 和图 4-46 所示为采用 ELID 磨削纳米氧化锆陶瓷时法向磨削力、切向磨削力与磨削深度、工作台速度及砂轮粒度的关系。在其他工艺参数相同的情况下，由于深度增加后砂轮与工件的瞬时接触长度增加，法向磨削力和磨削力随着磨削深度接近于线性增加。随着工作台速度的增加，磨削力增加的趋势由平缓趋于剧烈。切向磨削力和法向磨削力在总体趋势上均随砂轮粒度的增加而减小。

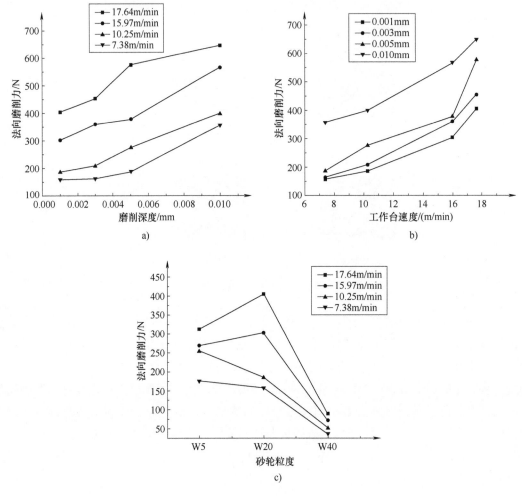

图 4-45　法向磨削力与不同工艺参数的关系
a）磨削深度　b）工作台速度　c）砂轮粒度

2. 氧化膜特性

氧化膜在 ELID 镜面磨削中起着至关重要的作用，归纳起来有以下三个方面：

1）氧化膜的绝缘性可以抑制金属结合剂的过度电解蚀除，减少超硬磨料的过量消耗。

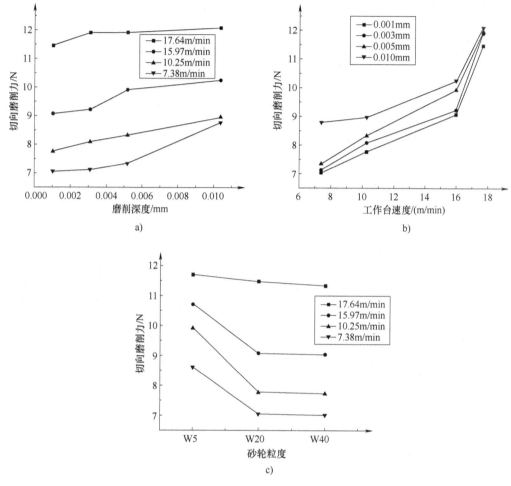

图 4-46 切向磨削力与不同工艺参数的关系

a）磨削深度 b）工作台速度 c）砂轮粒度

2）由于氧化膜的硬度远低于金属结合剂，一方面起着辅助固着超硬磨粒的作用，另一方面使砂轮长期保持磨削能力。

3）磨削过程中氧化膜存在于金属结合剂母体与被磨削工件之间，起到一定的弹性缓冲作用。它的存在不仅降低了磨削力，对已加工表面有一定的研磨抛光作用，而且对固着在金属结合剂基体和氧化膜中的超硬磨粒的等高性起到一定的补偿作用，有利于提高磨削的表面质量，降低表面粗糙度，减少表面、次表面的微裂纹。为了得到高质量的氧化膜，国内外学者对于氧化膜成膜机理和性能开展了大量研究工作。

以铸铁基金刚石砂轮为例，成膜过程如下所述。在 ELID 修锐时，砂轮表面发生阳极反应，在电极表面发生阴极反应。主要的化学反应方式如下：

阳极：$Fe \rightarrow Fe^{2+} + 2e$

阴极：$2H_2O \rightarrow 2H^+ + 2OH^- \rightarrow 2H^+ + 2e \rightarrow H_2 \uparrow$

再由上式产生的铁离子与氢氧根离子结合在阳极发生下列反应：

$$Fe^{2+}+2OH^-\rightarrow Fe(OH)_2\downarrow（墨绿色絮状物）$$

稳定性差的 $Fe(OH)_2$ 会进一步发生下列转化反应：

$$4Fe(OH)_2+O_2+2H_2O\rightarrow Fe(OH)_3\downarrow（黄褐色沉淀物）$$

最后在砂轮表面生成 Fe_2O_3。

氧化膜按照结构上的区别，分为疏松层、抛光层、磨削层和界面层，如图 4-47 所示：其中最外层为疏松层，相对密度小，接触强度低，较为松散；抛光层在疏松层下方，其接触强度不高，仅高于疏松层；磨削层为进行磨削加工的主要部分；界面层是氧化膜与结合剂基体的分界线，往往具备较高的硬度，界面层的强度决定了氧化膜的黏附强度；而磨削层的厚度与强度，主要影响了氧化膜的致密性及绝缘性能。

在氧化膜性能方面，主要考虑其物理和化学特性。氧化膜物理性能包括厚度、致密度、黏附性和力学性能等。目前，厚度和均匀性常用的测量方法为声发射信号检测法和电流表征法。通过声发射技术对 ELID 磨削中砂轮与工件的接触状态进行了分析，发现不同钝化膜厚度和致密度条件下声发射信号在频域和时域呈现出独有的特征，同时伴随着

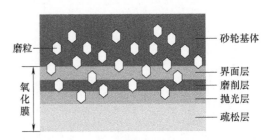

图 4-47　氧化膜结构示意图

信号幅值的变化。在磨削稳定状态下，砂轮氧化膜的声发射信号表现为小范围内的周期波动，且幅值相对较小。而一旦磨削状态发生变化，氧化膜的电解平衡被打破，导致砂轮与工件之间的磨削力变化，相应的声发射信号也会出现明显的变化。电流表征法则是利用氧化膜不导电这一特性，测量 ELID 回路电流大小，建立电流与氧化膜致密度、厚度之间的关系。提取不同电流信号下氧化膜表面和截面的微观形貌，如图 4-48 所示，随着电流减小，氧化膜厚度和致密度逐渐增大。相比于外层氧化膜，内层氧化膜更为致密。氧化膜的黏附强度可以通过胶带黏附法检测，研究表明若氧化膜的黏附强度不够，氧化膜会频繁破裂脱落，加快了砂轮结合剂的电解消耗。此外，通过纳米压印法测量氧化膜的弹性模量，结果表明氧化膜的弹性模量一般在 20~50GPa 之间，低于基体弹性模量，使弹性变形易于发生，磨削时磨粒的等高性和协同性增强，有利于表面质量的改善。

氧化膜化学特性主要受到砂轮结合剂、磨削液成分和电解参数的共同影响。针对不同类型的砂轮，氧化膜的化学成分有所不同。铸铁基砂轮产生的氧化膜主要由多种铁的氧化物和氢氧化物组成。在磨削的高温环境下，氧化膜中的 Fe_2O_3 会分解为 γ-Fe_2O_3 和 α-Fe_2O_3。不同粒度的铸铁基砂轮氧化膜 XPS（X 射线光电子能谱）结果如图 4-49 所示，证明了氧化膜中含有 α-Fe_2O_3。同时，氧化膜的硬度会随着 α-Fe_2O_3 含量的增加而增大。对于青铜基砂轮，其表面的主要氧化物质是 $Cu(OH)_2$ 及由其脱水生成的 CuO。非金属结合剂砂轮在电解过程中形成的钝化膜包含氧浓度较高的变质层，具体成分和结构尚待深入分析。

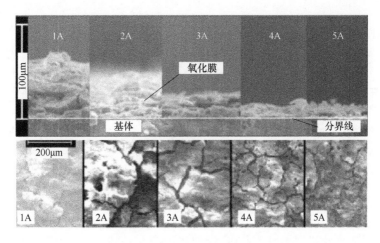

图 4-48 不同电流信号下氧化膜表面和截面的微观形貌

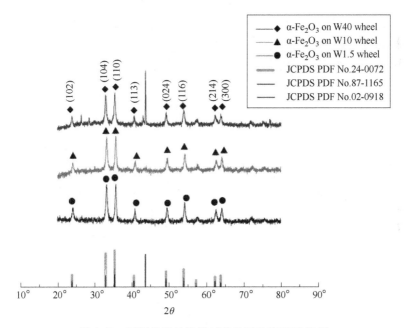

图 4-49 不同粒度的铸铁基砂轮氧化膜 XPS 结果

4.3.5 在线电解修整磨削方式

ELID 磨削技术可以灵活应用于不同的加工场合，加工方式可以根据成型的不同进行分类。以下是几种常见 ELID 磨削加工方式，按照成型的特点进行说明。

ELID 平面磨削是针对平坦工件表面磨削加工，分为平磨和立磨两种，如图 4-50 所示。平磨是沿水平方向进行磨削，磨削轴与工件表面平行；立磨是沿垂直方向进行磨削，磨削轴与工件表面垂直。平面磨削适用于平板、金属基板、陶瓷基板等工件表面加工。

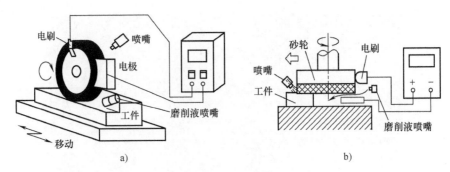

图 4-50 ELID 平面磨削方式

a) 平磨 b) 立磨

ELID 内圆磨削是专门用于对工件内部孔的磨削工艺。由于磨削空间的限制，内圆磨削相对较为复杂，这主要是因为它增加了砂轮电解修锐的难度。图 4-51a 展示了一种间歇方式的内圆磨削，在图 4-51b 中则呈现了一种经过改进的连续内圆磨削方式，通过这种方式可以实现更为连续的磨削过程。ELID 内圆磨削被广泛应用于加工轴承内圈、气缸套等内圆工件。

ELID 外圆磨削主要适用于需要对圆柱形工件进行高精度磨削的场合，如轴、滚子轴承外圈等。与内圆相比，外圆磨削相对较为简单，通常不涉及过多的空间限制，因此相对容易实施。外圆磨削如图 4-51c、d 所示。

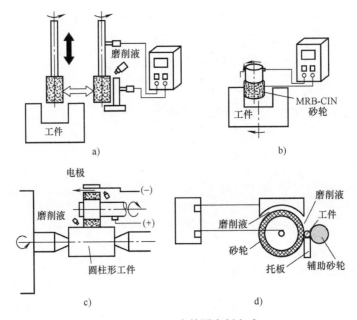

图 4-51 ELID 内外圆磨削方式

a) 间歇内圆磨削 b) 连续内圆磨削 c) 外圆磨削 d) 无心外圆磨削

ELID 曲面磨削方式如图 4-52 所示，包括球面和非球面两种情况。需要注意的是，曲面磨削的实现必须借助数控机床才能进行。

图 4-53 所示为 ELID 表面成型磨削方式，通过调整砂轮表面形状，实现对工件复杂轮廓的加工，广泛用于制造涡轮叶片、模具等零部件。砂轮的形状可以通过电火花加工而成。

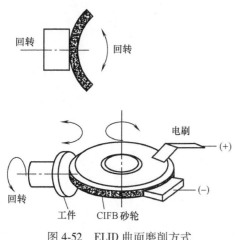

图 4-52　ELID 曲面磨削方式　　　　图 4-53　ELID 表面成型磨削方式

4.3.6　在线电解修整磨削适用范围与特点

ELID 磨削技术如今广泛应用于半导体、航空航天和微细加工领域，涉及硅片、微机械零件等。它取代了传统的研磨和抛光工艺，成为一项先进技术。通过采用 ELID 镜面磨削方法，工件表面粗糙度显著下降，同时成功解决了研磨和抛光过程中常见的表面形状精度不足的问题，提升了制造质量。表 4-7 详细展示了 ELID 磨削技术的应用领域和适用范围。

表 4-7　ELID 磨削的适用范围参考

传统磨削	高效磨削	粗磨	半精磨	镜面磨削
	普通磨削：树脂、陶瓷、青铜结合剂砂轮			研磨、抛光
ELID 磨削	←———— 120~325 目 ————→			
		←———— 400~1200 目 ————→		
				←———— 2000~4000 目以上

在 ELID 超精密镜面磨削中，CIB-D 砂轮专为处理脆硬材料而设计，如陶瓷材料、硬质合金、蓝宝石、光学玻璃等。而 CIB-CBN 砂轮则更适用于处理黑色金属材料，如钛合金、不锈钢、淬火钢、模具钢等。此外，国外的研究表明 ELID 磨削技术还可应用于非金属材料，如塑料、橡胶等，同样取得了优异的加工效果。

除了适用范围扩大，ELID 磨削也在多方面弥补了传统磨削的不足，呈现出一种全面超越传统磨削的潜力，其主要特点如下：

（1）磨削过程的稳定性　ELID 磨削技术借助电解修锐作用，能够维持砂轮表面的最佳显微起伏形貌，确保磨削过程的持续稳定。在此过程中，磨削力仅有普通磨削的 $1/5 \sim 1/2$，可有效维持工件表面质量的稳定性。这一稳定性在对硬脆材料进行高精度磨削时表现尤为显著，提供了一种可靠的表面处理手段。

（2）提高磨料利用率　在 ELID 电解修锐过程中，绝缘层厚度与非线性电解修整达到动态平衡，使金刚石砂轮保持最佳磨削状态，同时限制金属结合剂的过度电解。这一机制不仅保持了砂轮的磨削能力，还有效提高了贵重磨料的利用率，延缓了砂轮的磨损。

（3）磨削过程的可控性　ELID 修整和磨削过程具有更好的可控性。通过合理选择电源参数和磨削液类型，可以实现对砂轮修整和磨削的精准控制，优化整个磨削修整过程。这使得 ELID 磨削技术能够适应不同材料和工件的要求，并根据实际需求调整工艺参数，实现最佳磨削效果，是一种灵活而精准的加工手段。

（4）提高表面和次表面的磨削质量　ELID 磨削技术通过在线电解修整解决了超细粒度金刚石砂轮的修锐问题，有效消除了传统磨削中磨粒突出高度和砂轮堵塞的难题，实现了超精密镜面磨削；同时由于磨削力较小、磨削热较少，成功减少了脆硬材料加工表面的微观裂纹，显著提高了磨削质量。ELID 磨削产生的变质层厚度仅相当于珩磨的一半。

（5）易于实现智能磨削　ELID 磨削技术的长期一致性和在电参数上的可调性，使其成为实现智能磨削的理想选择。该技术的稳定性和可控性使得磨削过程更容易实现智能化。然而，为保持砂轮表面与电极表面间的间隙尺寸，需配置砂轮直径变化检测传感器和间隙尺寸补偿的精密定位机构，从而实现闭合控制回路的精准控制。这为未来的智能制造提供了可行的路径。

参 考 文 献

［1］ WANG D P, FAN H J, XU D, et al. Research on Grinding Force of Ultrasonic Vibration-Assisted Grinding of C/SiC Composite Materials ［J］. Applied Sciences, 2022, 12 （20）: 10352.

［2］ ZHEN L, YUAN S M, MA J, et al. Study on the Surface Formation Mechanism in Scratching Test with Different Ultrasonic Vibration Forms ［J］. Journal of Materials Processing Technology, 2021, 294: 117108.

［3］ BAKHTIAR A, LITVINYUK I-V, RYBACHUK M. Femtosecond Laser Micromachining of Diamond: Current Research Status, Applications and Challenges ［J］. Carbon, 2021, 179: 209-226.

［4］ PANG J Z, JI X, NIU Y, et al. Experimental Investigation of Grinding Force and Material Removal Mechanism of Laser-Structured Zirconia Ceramics ［J］. Micromachines, 2022, 13 （5）: 710.

［5］ 李新. 基于圆弧轨迹进给的直线沟道 ELID 成形磨削磨削力研究 ［D］. 天津: 天津大学, 2020.

［6］ 郑维佳. 多层钎焊金刚石砂轮 ELID 磨削过程氧化膜性能的影响参数及变化规律 ［D］. 湘潭: 湖南科技大学, 2019.

［7］ 王江威. 基于 ELID 砂轮氧化膜性能的纳米陶瓷手术刀制造技术 ［D］. 焦作: 河南理工大学, 2018.

［8］ DAI Y, OHMORI H, LIN W M, et al. A Fundamental Study on Optimal Oxide Layer of Fine Diamond Wheels during ELID Grinding Process ［J］. Key Engineering Materials, 2006, 304: 176-180.

［9］ 欧阳志勇. 碳纳米管对多层钎焊砂轮电解修整磨削性能的影响研究 ［D］. 湘潭: 湖南科技大学, 2019.

［10］ KARPUSCHEWSKI B, WEHMEIER M, INASAKI I. Grinding Monitoring System Based on Power and Acoustic Emission Sensors ［J］. CIRP Annals, 2000, 49 （1）: 235-240.

［11］ KUAI J C, ARDASHEV D V, ZHANG H L. Study of α-Fe$_2$O$_3$ Formation and Its Measurement in Oxide Films of Wheel Surface during ELID Grinding Process ［J］. Modern Physics Letters B, 2017, 31 （04）: 1750025.

[12] 袁立伟，任成祖，舒展. ELID 超精密镜面磨削钝化膜状态变化的研究 [J]. 航空精密制造技术，2006（01）：5-8.

[13] 王海营. ELID 磨削砂轮表面钝化膜状态表征与控制 [D]. 天津：天津大学，2007.

[14] 杨黎健，任成祖，靳新民. ELID 磨削砂轮表面氧化膜状态的表征 [J]. 工具技术，2011，45（06）：40-43.

[15] 孙斌. ELID 磨削砂轮表面氧化膜状态表征 [D]. 天津：天津大学，2008.

[16] FATHIMA K, RAHMAN M, SENTHIL K A, et al. Modeling of Ultra-Precision ELID Grinding [J]. Journal of Manufacturing Science and Engineering, 2006, 129 (2)：296-302.

[17] ZHANG H L, KUAI J C. Forming Mechanism of α-Fe$_2$O$_3$ in the Oxide Films on Iron-Bonded Diamond Wheel Surface by ELID Grinding [J]. Key Engineering Materials, 2017, 723：434-438.

[18] 伍俏平，郑维佳，邓朝晖，等. 在线电解修整磨削氧化膜研究现状及展望 [J]. 中国机械工程，2018，29（17）：2023-2030.

第5章

工程陶瓷加工的表面完整性

5.1 陶瓷磨削表面残余应力

工件在制造过程中会受到各种工艺因素的影响，例如外力、温度变化及加工处理过程等。在这些外部因素消失后，工件所受到的上述作用与影响不能随之完全消失，仍有一部分作用和影响残留在工件内部。这种残留的作用和影响即残余应力。

残余应力按照应力平衡的范围分为三类：

（1）第一类内应力　又称宏观残余应力，它是由工件不同部分的宏观变形不均匀性引起的，此类应力的释放使试件宏观尺寸发生变化，故其应力平衡范围包括整个工件。

（2）第二类内应力　又称微观残余应力，在一些晶粒的范围内存在并平衡的应力，它是由晶粒或亚晶粒之间的变形不均匀性产生的。其作用范围与晶粒尺寸相当，此类应力释放也会引起宏观尺寸的变化。

（3）第三类内应力　又称点阵畸变，其作用范围是几十至几百纳米，在若干原子的范围内存在并平衡的应力，它是由工件在塑性变形中形成的大量点阵缺陷（如空位、间隙原子、位错等）引起的。此类内应力不会造成宏观尺寸的变化，主要影响衍射强度。

加工残余应力指的是第一类内应力，即宏观残余应力。

加工残余应力会影响结构件的力学和化学性能，这是因为当结构中产生残余应力时，它们的一部分强度被用来克服困在结构内部的这些应力。除了疲劳强度外，耐蚀性、断裂强度、弯曲强度也会受到残余应力的显著影响。作为脆性工程材料，工程陶瓷零件的断裂强度和韧度对表面应力状态比金属敏感得多。一般来说，残余压应力会提高断裂韧度，残余拉应力则会降低断裂韧度。研磨、抛光等光整加工后的材料试件表面普遍具有残余压应力。

烧结残余应力是指在陶瓷、金属、复合材料等烧结过程中产生的残余应力。在物体冷却后，其不同部分的温度变化导致收缩不均匀，使得材料内部产生应力，这种应力称为烧结残余应力。绝大多数陶瓷材料在烧结后不可避免地产生一部分此类内应力。为准确测试出加工残余应力，可选择以下方法对陶瓷试件进行处理：

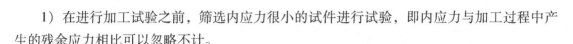

1）在进行加工试验之前，筛选内应力很小的试件进行试验，即内应力与加工过程中产生的残余应力相比可以忽略不计。

2）将有内应力的试件进行退火处理，使内应力基本消除。

3）对有内应力的试件不做任何处理，试验时将试件初始应力与加工应力综合考虑。

但实际上，由于前两种方法实现起来有一定困难，所以一般都采用最后一种方法，即在测试磨削加工引起的残余应力时，应当综合考虑初始应力与磨削应力的相互作用。磨削加工过程中，通过去除试件表层材料，会改变试件原始应力状态，并且还将在材料表面层引入新的残余应力，即磨削残余应力 $\Delta\sigma$，所以磨削表面残余应力应为原始应力 σ_0 与 $\Delta\sigma$ 的叠加，即

$$\sigma = \sigma_0 + \Delta\sigma \tag{5-1}$$

5.1.1 残余应力的产生机理

关于残余应力的产生原因有以下几种不同的理论：

（1）残余碎片理论　在早期的磨削研究中，人们将机械加工后表面出现的残余应力现象归因于加工过程中产生的碎屑，这些碎屑在材料表面形成了障碍，阻止了加工过程中产生的裂纹得到有效修复。

（2）机械与热力学共同作用理论　该理论指出，在磨削过程中，靠近磨削区域的表面附近会发生两种不同的效应。

1）在砂轮与工件接触并沿磨削方向移动时，会在接触区域形成一系列不连续的弹塑性变形带，这些变形带与基体材料之间存在不匹配的问题，导致在磨削表面形成压缩应力。

2）当砂轮划过工件表面时，摩擦产生的热量对母材表面产生影响，在这种热应力作用下，工件表面会形成残余的拉伸应力。

（3）塑性变形理论　在机械加工过程中，磨料颗粒与材料表面接触时会在局部区域产生显著的应力集中现象，这种现象引发接触区域的塑性变形。塑性变形区域附近为弹性区。随着磨料颗粒移开，塑性变形区与弹性区域之间的相互作用便形成了加工过程中的残余应力。

近期，众多研究人员的研究表明，陶瓷材料在磨削过程中产生的表面残余应力主要来源于机械应力、热应力及相变应力。机械应力进一步细分为切削应力和挤压应力，这两种应力对残余应力的贡献和作用机制有所差异，因此需要分别进行深入探究。

1. 磨削残余应力的形成

（1）磨削热引起的残余应力　通常，磨削过程中产生的热应力会导致工程陶瓷表面出现拉应力。这种现象是因为在磨削过程中，高温导致陶瓷表面发生显著的热膨胀，造成不均匀的弹塑性变形。当磨削结束并冷却时，这些变形受到基体的约束，无法通过弹性变形恢复至初始尺寸，从而在表面形成了残余拉应力。对于陶瓷表面在磨削热应力作用下产生的残余应力 σ_t，其计算公式为

$$\sigma_t = E\alpha\Delta t / (1-\nu) \tag{5-2}$$

式中　Δt——表面与基体的温差；

　　　　α——材料的线膨胀系数；

　　　　E——弹性模量；

　　　　ν——泊松比。

显然，陶瓷材料在磨削过程中由于高温产生的残余应力应该与 σ_1 成正比。具体来说，陶瓷材料的弹性模量、线膨胀系数和泊松比越大，以及磨削过程中的温度越高，产生的残余热应力也相应越大。

（2）磨削相变引起的残余应力　　对于金属材料而言，残余应力的形成在很大程度上受到相变的影响，这种影响有时甚至超过了磨削应力和热应力。然而，在陶瓷材料中，只有 ZrO_2 陶瓷在磨削过程中可能经历相变，其他类型的陶瓷则不会。研究表明，ZrO_2 陶瓷在磨削时确实发生了相结构的变化，并且随着磨削深度的增加，相变的程度和表面的残余压应力也随之增加。以 $MgO\text{-}ZrO_2$ 陶瓷为例，其相变机制可以从 $MgO\text{-}ZrO_2$ 相图来解释。

如图 5-1 所示，根据 $MgO\text{-}ZrO_2$ 相图，我们知道在单斜相 ZrO_2 之上存在一个四方相区域。在磨削过程中，ZrO_2 陶瓷的温度超过了 900℃，导致表面材料首先从四方相转变为单斜相，随后迅速冷却至室温。在这个过程中，由于温度变化，相的自由焓发生变化。在高温下，单斜相向四方相的转变伴随着 7% ~ 9% 的体积收缩和大约 1400cal/mol 的吸热，这个过程是快速且可逆的。而在冷却过程中，从四方相向单斜相的转变则相对较慢，转变速率受到添加剂和杂质的影响。这个转变过程中的体积膨胀与磨削表面下的体积变化不同步，导致表面产生压应力，而表面下方一定深度的区域则产生拉应力。随着磨削深度的增加，磨削温度升高，相变的程度和残余应力也随之增大。

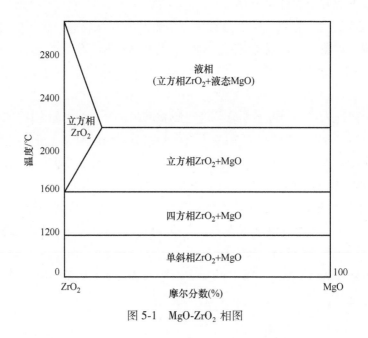

图 5-1　$MgO\text{-}ZrO_2$ 相图

（3）机械应力引起的残余应力 由磨削力试验可知，陶瓷磨削去除材料主要是挤压力的作用，即在挤压力作用下表面材料发生微脆性断裂，横向裂纹扩展形成磨屑，从而去除材料。在磨粒的挤压作用下，还会在很小的范围内出现裂纹尖端产生显微塑性变形的情况，显微塑性变形的程度及在磨削表面上的比例与材料性能及磨削条件有关，且具有较强的方向性。沿垂直磨削方向，磨痕的显微塑性变形使磨削表面积增大。如果磨削温度较低，这种显微塑性变形类似于冷挤压效应。

2. 磨削对残余应力的影响及其分布规律

由于摩擦、磨屑形成和磨削区域的诱导热，使用机械加工操作生产的零件具有残余应力。加工过程中产生的残余应力对被加工零件的疲劳寿命有很大影响，会缩短零件的使用寿命。为了提高加工零件在实际应用中的性能，如疲劳寿命、耐蚀性，应使残余应力最小化。因此，预测和控制加工过程中产生的残余应力对提高加工零件的质量具有重要意义。

陶瓷材料在成型过程中存在一致性较差的特点，这导致磨削后残余应力的测试数据呈现出较大的分散性，使得专家学者对其内在规律的理解难以达成共识。目前，关于陶瓷磨削残余应力的机理仍在探索中，下面是国内外学者研究陶瓷磨削残余应力的近况。

（1）陶瓷材料对残余应力的影响 陶瓷材料因其韧性和硬度的差异，在磨削过程中展现出两种不同的磨削行为：一种是以显微塑性流动为主，另一种则是以脆性剥落为主。研究显示，前者的磨削力和磨削温度显著高于后者。这些特性结合热膨胀系数的差异，导致不同陶瓷材料在磨削后的残余应力分布呈现出显著的差异。

陶瓷试件未经磨削的初始应力 σ_0 受到材料特性、毛坯的形态结构和制造工艺的影响。三种不同陶瓷试件的初始残余应力数据如图 5-2 所示。与金属铸件表面的拉应力相比，陶瓷毛坯表面的初始应力表现出较高的不确定性。对于导热性不足且热膨胀系数较高的 Al_2O_3 毛坯，其表面呈现原始拉应力，且在两个垂直方向上的应力值保持一致。相反，导热性好且热膨胀系数较低的 Si_3N_4 毛坯表面则表现为压应力，但在长宽方向上的应力值存在差异。同样，导热性差、热膨胀系数大的 ZrO_2 毛坯表面也显示出压应力，同样在切向和轴向上的应力值也不相同。

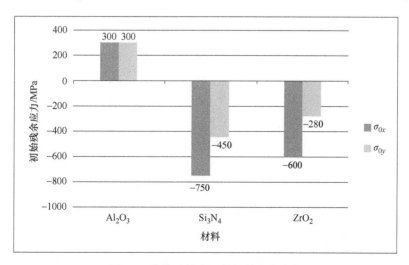

图 5-2 陶瓷试件表面的初始残余应力

试件表面的初始应力状态对磨削过程中磨粒的去除行为产生影响。例如，当表面存在原始压应力时，这有助于抑制磨削区域脆性裂纹的扩展，并增加显微塑性变形的比例。这种变形会直接影响到磨削残余应力的测量结果。

表 5-1 展示了三种陶瓷材料在磨削后的表面残余应力数据。观察结果显示，在常规磨削条件下，这三种陶瓷材料表面均表现出拉应力，且应力值从大到小依次排列为 ZrO_2、Al_2O_3、Si_3N_4。在垂直于磨削方向的残余应力方面，存在显著差异，ZrO_2 表现为压应力，而 Al_2O_3 和 Si_3N_4 则表现为拉应力。

表 5-1　不同陶瓷材料的表面残余应力和磨削残余应力

陶瓷材料	磨削用量			表面残余应力/MPa		磨削残余应力/MPa	
	砂轮转速 $v_s/(m/s)$	进给速度 $v_w/$ (m/min)	磨削深度 a_p/mm	σ_x	σ_y	$\Delta\sigma_x$	$\Delta\sigma_y$
Al_2O_3	35	15	0.03	300	175	0	−128
Si_3N_4	20	18	0.03	198	212	1069	677
ZrO_2	20	15	0.03	557	−493	1149	−221

尽管 Si_3N_4 的磨削温度低于 ZrO_2，但仍然显著高于 Al_2O_3，这导致其磨削后的残余应力相对较大。氧化铝的磨削温度最低，磨削过程中的脆性剥落现象严重，热塑性变形的影响微乎其微，因此其残余应力变化量 $\Delta\sigma_x$ 为零。与 $\Delta\sigma_x$ 相比，$\Delta\sigma_y$ 受到热变形的影响较小，而更多地受到显微塑性变形的冷挤压效应的影响。ZrO_2 陶瓷具有光滑平整的磨痕，显微塑性变形是其磨削过程中的主导现象。在较低磨削温度下，显微塑性变形产生的应力 $\Delta\sigma_m$ 是形成残余应力 $\Delta\sigma_y$ 的主要因素，导致 $\Delta\sigma_y$ 呈现压应力状态。Si_3N_4 的磨削表面虽然存在一定程度的脆性剥落，但显微塑性变形仍是主要特征，且磨削温度较高。这两种效应共同作用使得 $\Delta\sigma_y$ 呈现为拉应力，但这一值明显低于 $\Delta\sigma_x$。特别值得注意的是，尽管 Al_2O_3 的 σ_y 为拉应力，但其残余应力变化量 $\Delta\sigma_y$ 却是压应力。这是由于 Al_2O_3 的磨削温度较低，磨削过程中主要存在垂直于磨削方向的冷挤压作用，但由于冷挤压的程度较轻，引入的压应力 $\Delta\sigma_y$ 与原始应力 $\Delta\sigma_0$ 相叠加，最终使得磨削表面保持残余拉应力状态。

（2）加工方法对残余应力的影响　加工和表面精加工在许多陶瓷加工中是必不可少的，然而，它可能对后续性能有害，因为它会引入残余应力和结构缺陷。有学者采用显微拉曼光谱法对热压 SiC 经不同方法整理后的残余应力和结晶度进行了研究。波长 514nm 和 633nm 的激光在常规和共聚焦设置下，使应力作为深度的函数进行评估。采用单晶、电子级 SiC 进行对比，所有样品的表面和亚表面区域均存在压应力，但镜面残余应力最大。在加工和精加工过程中产生的缺陷和堆积缺陷降低了 SiC 的结晶度。

所有机械加工过程中固有的压力和剪切应力的组合会产生巨大的残余压应力，这种残余压应力持续到 $3.5\mu m$ 或更大的深度。表面加工方式（喷砂、旋转抛光或镜面抛光）会影响所有检查深度的平均应力大小。喷砂在所有深度造成的总应力增量最小，而镜面抛光在所有深度造成的应力增量最大，旋转抛光介于两者之间。与更大的深度相比，对于所有的机械加工样品，在表面以下的前 $2\mu m$ 处发现平均压应力明显更高。在镜面加工样品的情况下，前

2μm 表现出极高的压应力,平均超过 600MPa,局部峰值接近 1000MPa。对所有饰面进行检查,发现在最小深度处这种散射更大。镜面加工使压应力增加最明显,这被认为是用精细磨料抛光的结果。

如图 5-3 所示,6H 碳化硅在 789.2cm⁻¹ 处有一个很强的横向光学峰,其宽度可以用来衡量晶体结构的"结晶度"或无序性。无序程度随着加工的增加而增大,在接近表面的地方增大最为明显。同时镜面抛光对结晶度的影响不如旋转研磨和喷砂表面明显。因此,精细抛光产生较大的残余应力,但晶体中的无序性较小。断裂力学预测,对于去除深度较低的精细磨料,塑性变形占主导地位。根据陶瓷的具体应用,由增加的峰宽所表示的结晶度变化最终可能与由不同加工方法产生的残余应力一样重要,从而决定样品的性能。因此,选择加工表面的方法时,不仅要考虑所需的表面粗糙度,还要考虑残余应力和结晶度,以避免过早失效。

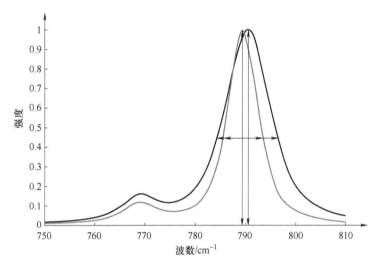

图 5-3 峰位置和峰宽变化的典型光谱

(3)磨削参数对残余应力的影响 工程陶瓷加工后的表面/亚表面损伤对零件的使用性能有很大影响。为了获得较高的工程陶瓷磨削表面质量,以 Si₃N₄ 陶瓷为研究对象,进行了一系列磨削试验。通过磨削试验,分析了磨削参数对 Si₃N₄ 陶瓷表面残余应力的影响,得到了裂纹扩展位置的残余应力。

图 5-4 所示为不同磨削参数下的表面残余应力。在图 5-4a 中,磨削深度为 12μm,进给速度为 3500mm/min,当砂轮转速从 25m/s 增加到 45m/s 时,平行于磨削方向的表面残余应力从 -125MPa 增加到 -318MPa,垂直于磨削方向的表面残余应力从 -48MPa 增加到 -238MPa。负号表示它们是残余压应力。在图 5-4b 中,砂轮转速为 38m/s、进给速度为 3500mm/min,当磨削深度从 5μm 增加到 25μm 时,平行于磨削方向的表面残余应力从 -370MPa 减小到 -90MPa,垂直于磨削方向的表面残余应力从 -261MPa 减小到 -20MPa,残余应力也是残余压应力。在图 5-4c 中,砂轮转速为 38m/s、磨削深度为 12μm,当进给速度从 1000mm/min 增加到 7000mm/min 时,平行于磨削方向的表面残余应力从 -295MPa 减小到 -113MPa,垂直

于磨削方向的表面残余应力从−222MPa减小到−55MPa，表面残余应力仍然是残余压应力。

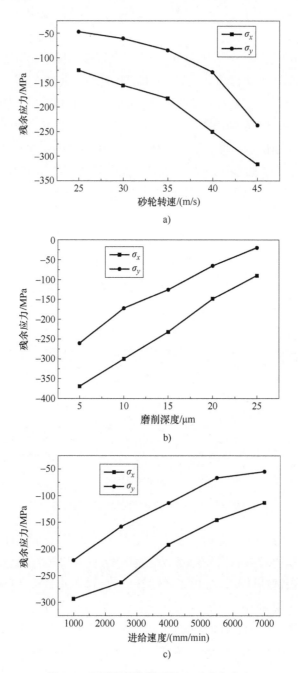

图 5-4　不同磨削参数下的表面残余应力

　　由图 5-4 还可以发现，无论何种磨削参数改变，平行于磨削方向的残余应力值都大于垂直于磨削方向的残余应力值。产生这种现象的原因可能是在磨削过程中，在磨削力的作用下，砂轮中的磨粒沿磨削方向在工件表面进行滑动、犁耕和切削运动，从而产生沿磨削方向的挤压作用。

5.1.2 表面残余应力的表征方法

表面残余应力的表征方法可以分为机械测量法和无损测量法两类。机械测量法就是通过将具有残余应力的部件从构件中分离或切割出来使应力释放，测量其应变的变化来求出残余应力的方法。该方法会对工件造成一定的损伤或破坏，但其测量精度较高，技术较为成熟。对陶瓷材料来说，这类方法实现难度较大。无损测量法就是利用声、光、磁和电等特性，在不损害或不影响被测量对象使用性能的前提下，来测量残余应力的方法。该方法无须直接接触被测对象，不会对其造成损伤，但准确性受材料组织结构影响，仪器设备成本高。常见的无损测量法包括磁测法、超声波法、X 射线衍射法等。

1. 机械测量法

机械测量法涵盖了多种方法，如应变法、挠度法、钻孔法、环芯法、裂纹法、涂层法等。涂层法只适用于金属材质；而钻孔法和环芯法在陶瓷材料上应用较为困难，因为钻孔过程无论是使用激光还是超声振动，都可能引入新的应力或对样品造成损伤；裂纹法依赖于激光预制裂纹，这不仅可能带来额外应力，而且裂纹尺寸的精确控制也很难满足测试的要求；挠度法则包括光弹法、云纹法、应变法、散斑干涉法、全息干涉法和迈克尔逊干涉法等，这些方法得到了广泛的研究和尝试。

（1）光弹法 美国研究人员 E. Bernal 运用光弹法对 MgO 陶瓷的表面残余应力进行了测量，并将所得数据与 X 射线衍射测量的结果进行了对比，发现光弹法在精度上更胜一筹。然而，MgO 陶瓷被归类为"软性陶瓷"，其微观晶体结构在常温下能够展现出两种滑移机制。相比之下，大多数工程用陶瓷在常温条件下属于绝对脆性，这使得光弹法在这些材料上的应用受到限制，不具备普遍性。

（2）云纹法 英国研究人员 D. Johnson 采用云纹法对 Si_3N_4 薄板样品进行了表面残余应力的测量。样品的厚度为 0.34mm，宽度为 10.7mm，干涉光波长设定为 546nm，测量得到的样品变形曲率半径范围在 $1 \sim 10m$ 之间。测试结果显示，陶瓷的磨削表面残余应力呈现非均匀分布，且在二维磨削平面上，边缘区域的应力值高于中心区域。进一步分析发现，磨削残余应力在距离表面 $10\mu m$ 以内的深度范围内迅速减小，而在 $10\mu m$ 以下，应力变化趋于平缓。此外，使用 $0.25\mu m$ 粒度的金刚石研磨剂对样品进行研磨不会引入附加应力。

（3）应变法 应变测量法是一种间接测定残余应力的方法，它通过测量试件的应变来推算残余应力。这种方法在金属材料中的应用已经相当成熟，但在脆性材料上的运用仍处于探索阶段。在陶瓷磨削残余应力的测量中，基本操作步骤包括：将应变传感器粘贴在薄板试件磨削面的背面，然后对磨削表面进行微量材料去除，以释放表层的残余应力。这种去除过程会引起试件的应变，通过应变仪放大后，利用弹性理论计算出残余应力的值。关键技术在于去除材料的过程中必须确保去除过程均匀且不引入新的应力。研究表明，采用腐蚀剥离法和研剥法等技术，能够有效地实现对陶瓷磨削表面的残余应力测试。

1）腐蚀法连续测试残余应力。腐蚀法测定残余应力的基本原理是：在磨削过程中，试件表面受到压应力作用，整体处于平衡状态。将试件除磨削面外的部分用石蜡密封，然后浸入腐蚀液中。腐蚀过程逐渐均匀地去除磨削表面，释放残余应力，导致内部应力重新分布以形成新的平衡。随着应力的释放，试件发生变形。背面的应变片捕捉到变形信号，经过模拟-数字转换后输入计算机处理，利用应力-应变关系计算出残余应力。尽管腐蚀法能够测量某些陶瓷（如氧化物陶瓷）的表面残余应力，但由于腐蚀过程耗时且腐蚀液对环境有害，其应用受到限制。

2）研抛法间断测试残余应力。研抛法是一种通过使用细粒度磨料对试件磨削表面进行微量磨削，以释放表面残余应力并产生应变，进而根据应力与应变的关系计算残余应力的方法。这种方法是一种非连续的测量技术，关键在于，首先必须通过试验确定研磨材料的种类与磨削去除量之间的关系，选择能够均匀去除材料且引入最小附加应力的研磨剂类型、粒度、载荷和转速等参数；其次，必须严格控制测试过程中信号的稳定性，包括测试信号的波动和测量设备的零漂。由于应变信号本身非常微弱，任何微小的干扰都可能影响信号的准确性。此外，试件长厚比的正确设计，对测试结果有显著影响。

（4）裂纹法　W. Cheng 利用裂纹变形的方法对硬脆性材料，例如光学玻璃和微晶陶瓷，进行了残余应力的测量。这些裂纹是通过激光技术精确制备的。裂纹的弹性变形对于检测残余应力来说非常灵敏，远超过其他基于挠度或应变的测量技术。由于裂纹的弹性变形与残余应力之间存在特定的函数关系，因此可以通过这一关系来推算出材料的残余应力。

2. 无损测量法

（1）磁测法　磁测法是利用铁磁物质的磁致伸缩效应来测定应力。当铁磁体内部存在应力时，铁磁体具有各向异性，不同应力状态的部位具有不同的磁导率，实际试验中利用感应线圈中感应电流的变化来反映磁导率的变化，由此可以进行内应力的测量。磁测法又分为磁记忆检测法、磁声发射法、巴克豪森效应法等。磁测法设备小巧、测试步骤简单，适合现场操作；不仅可检测工件表层，也可检测内部的内应力。缺点如下：材料仅限于铁磁性材料，如钢铁等；测量精度差，易受材料内部微观结构缺陷的影响，并会对环境造成污染；难以直接测得多点应力值。

（2）超声波法　原理如图 5-5 所示，基于声双折射效应，超声波在固体中的传播速度取决于固体中的机械应力。在材料性能已知的情况下可以通过对纵向和剪切极化（在正交方向）传播的超声波速度的精确测定来完成机械应力的测量。其优点为：可检测试样表面以及大体积范围的内部残余应力；超声波法检测深度可以达到数米；晶粒的尺寸对超声波法也有影响，但是晶粒补偿功能的引入，使得超声波对粗晶材料同样具备检测能力；检测效率高；具备实时在线准确测量应力的能力；不受材料的结构限制，如是否晶体、单晶体限制；仪器携带较为方便，便于操作。缺点如下：对微观结构变化敏感；它只适用于表面光洁的部件，不能应用于形状复杂的结构；其测量的结果易受时间、材料组织结构的干扰，测量精度有待提高。超声波法在焊缝、齿轮、螺栓、钢轨检测等方面有着重要的实际应用。

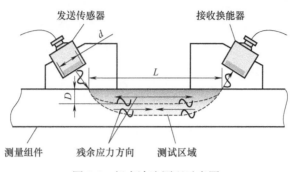

图 5-5　超声波法原理示意图

（3）拉曼光谱法　基于拉曼光谱的原理，利用材料中晶格振动引起的光的频率变化来推断材料中的应力状态。由于残余应力会影响材料中的晶格结构，从而导致分子的振动频率发生改变。通过测量这些频率变化，可以推断出材料中的残余应力状态。相较于传统的测量方法，拉曼光谱法具有非接触、高灵敏度、高分辨率、样品无须准备等优点，因此，在一些特定的应用领域，如微电子封装材料、生物材料等，拉曼光谱法已经成为一种常用的残余应力辅助测量方法。

（4）X 射线衍射法　当前，X 射线衍射技术是评估陶瓷材料残余应力的主流方法。这种技术自 20 世纪 70 年代末开始迅速发展，相较于其他测试手段，它具有无损检测、测量区域可灵活调整以及重复测量精度高等优势，可通过观察德拜环图像定性判断被测样品残余应力的波动情况，如图 5-6 所示。然而，这种方法也存在一些不足，如测量过程耗时较长、成本相对较高，且测量的准确性受到材料特性和形状的限制。

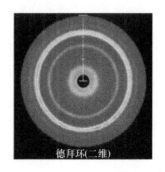

图 5-6　衍射德拜环

在陶瓷试件的各晶粒中施加弹性应力，并测量晶粒内特定晶面间距的变动，以此来计算应力。这种测量过程使用特定波长的特征 X 射线。X 射线在原子间发生散射，当原子在空间中有序排列时，散射的 X 射线会在特定条件下产生强度增强的衍射效应。这种现象符合布拉格定律（Bragg's Law）。假设入射 X 射线的波长为 λ，入射角为 θ，晶格间距为 d，反射级数为 n，若满足布拉格方程：

$$2d\sin\theta = n\lambda \tag{5-3}$$

则散射 X 射线的位相一致，成为强度叠加的衍射波。根据弹性力学及 X 射线晶体学理论，

可以导出应力和 X 射线衍射角之间有如下关系：

$$\sigma_\phi = K_2 M = \frac{E}{-2(1+\mu)}\cot\theta_0 \frac{\pi}{180}\frac{\partial(2\theta_{\phi\varphi})}{\partial(\sin^2\varphi)} \tag{5-4}$$

式中 σ_ϕ——所测方向的应力；

       K_2——应力常数，$K_2 = \dfrac{E}{-2(1+\mu)}\cot\theta_0 \dfrac{\pi}{180}$；

       E——弹性模量；

       μ——泊松比；

       θ_0——无应力状态下的衍射角；

       $\theta_{\phi\varphi}$——垂直于测量方向的衍射角；

       φ——测量方向与试件表面法线之间的夹角。

式中的 K_2 值可以通过试验测定或理论计算获得。鉴于陶瓷材料在室温下的应力-应变特性难以通过试验精确测量，通常采用理论计算来确定这一参数。

(5) 中子衍射法   中子衍射法和 X 射线衍射法原理类似，由于内应力的存在，导致晶面间距的改变，使得布拉格方程中的衍射角发生移动，其移动值随着内应力的变化而变化。中子穿透深度较大，可以探测大块材料内部（厘米量级）的内应力分布。中子具有更强的穿透能力，有利于测量材料或工程部件内部的应力状态，但耗时且费用昂贵，通常需要试样的标准体积较大（$10mm^3$），其空间分辨率较差，且难以测量材料表层内应力。

5.1.3   磨削表面残余应力的理论模型

从上文可知，工程陶瓷在磨削过程中产生的残余应力主要源自机械应力和热应力。这些应力的本质作用在于引起表面材料的弹塑性变形，因此在建立模型时，必须基于弹塑性力学原理，将磨削力视为外部载荷，并充分考虑磨削热对残余应力的贡献。目前，有限元法是分析残余应力最有效的手段，因此，热弹塑性力学有限元分析是计算陶瓷磨削残余应力的有效途径。以下以平面薄板在平面磨床上的磨削为例进行详细分析。

首先，需要构建一个描述试件在磨削过程中处于弹塑性状态时的全应变增量的本构模型。这个模型应涵盖弹性应变增量、塑性应变增量以及温度应变增量。在弹性变形区域，全应变增量可以表达为

$$d\{\varepsilon\} = d\{\varepsilon\}_e + d\{\varepsilon\}_T \tag{5-5}$$

式中 $\{\varepsilon\}_e = [D]^{-1}\{\sigma\}$——弹性应变增量；

       $\{\varepsilon\}_T = \{\alpha\}dT$——温度应变增量。

由于弹性矩阵依赖于温度 T，所以有

$$d\{\varepsilon\}_e = \frac{d[D]^{-1}}{dT}\{\sigma\}dT + [D]^{-1}d\{\varepsilon\} \tag{5-6}$$

将式 (5-6) 代入式 (5-5)，并解出 $d\{\sigma\}$，得到

$$d\{\sigma\} = [D]\left(d\{\varepsilon\} - \left(\{\alpha\} + \frac{d[D]^{-1}}{dT}\{\sigma\}\right)dT\right) \tag{5-7}$$

令

$$d\{\varepsilon_1\}_T = \left(\{\alpha\} + \frac{d[D]^{-1}}{dT}\{\sigma\}\right)dT$$

式（5-7）可表示为

$$d\{\sigma\} = [D](d\{\varepsilon\} - d\{\varepsilon_1\}_T) \tag{5-8}$$

上式为在弹性区域内考虑材料性质依赖于温度增量的应力-应变关系式。在塑性区域内，由于屈服依赖于温度，此时 Mises 塑性强化准则为

$$\bar{\sigma} = H(\int d\bar{\varepsilon}_p, T) \tag{5-9}$$

写成微分形式有

$$\left\{\frac{\partial\bar{\sigma}}{\partial\{\sigma\}}\right\}^T d\{\sigma\} = H'_T d\bar{\varepsilon}_p + \frac{\partial H}{\partial T}dT \tag{5-10}$$

式中　$H'_T = \dfrac{\partial H}{\partial\bar{\varepsilon}_p}$。

在塑性区内，全应变增量可以分解为

$$d\{\varepsilon\} = d\{\varepsilon\}_e + d\{\varepsilon\}_p + d\{\varepsilon\}_T \tag{5-11}$$

把式（5-11）代入式（5-8），并解出 $d\{\sigma\}$ 得到

$$d\{\sigma\} = [D]\left(d\{\varepsilon\} - d\{\varepsilon\}_p - d\{\varepsilon\}_T - \frac{d[D]^{-1}}{dT}\{\sigma\}dT\right) \tag{5-12}$$

由普朗特流动法则有

$$d\{\sigma\}_p = d\bar{\varepsilon}\frac{-\partial\bar{\sigma}}{\partial\{\sigma\}} \tag{5-13}$$

故

$$d\{\sigma\} = [D]\left(d\{\varepsilon\} - \frac{\partial\bar{\sigma}}{\partial\{\sigma\}}d\bar{\varepsilon}_p - \left(\{\alpha\} + \frac{d[D]^{-1}}{dT}\{\sigma\}\right)dT\right)$$

$$= H'_T d\bar{\varepsilon} + \frac{\partial H}{\partial y}dT \tag{5-14}$$

由此可得到

$$d\bar{\varepsilon}_p = \frac{\left\{\dfrac{\partial\bar{\sigma}}{\partial\sigma}\right\}^T [D]d\{\varepsilon\} - \left\{\dfrac{\partial\bar{\sigma}}{\partial\sigma}\right\}^T [D]\left(\{\sigma\} + \dfrac{d[D]^{-1}}{dT}\{\sigma\}dT\right) - \dfrac{\partial H}{\partial T}dT}{H'_T + \left\{\dfrac{\partial\bar{\sigma}}{\partial\{\sigma\}}\right\}^T [D]\dfrac{\partial\bar{\sigma}}{\partial\{\sigma\}}} \tag{5-15}$$

将上式代入式（5-14），得到塑性区中的增量应力-应变关系式为

$$d\{\sigma\} = [D]_{ep}\left(d\{\varepsilon\} - \left(\{\alpha\} + \frac{d[D]^{-1}}{dT}\{\sigma\}\right)dT\right) + \frac{[D]\dfrac{\partial\bar{\sigma}}{\partial\{\sigma\}}\dfrac{\partial H}{\partial T}}{H'_T + \left\{\dfrac{\partial\bar{\sigma}}{\partial\{\sigma\}}\right\}^T [D]\dfrac{\partial\bar{\sigma}}{\partial\{\sigma\}}} \tag{5-16}$$

式中　$[D]_{ep}$——常温下的弹塑性矩阵。

令

$$d\{\sigma_1\}_T = \frac{[D]\dfrac{\partial\overline{\sigma}}{\partial\{\sigma\}}\dfrac{\partial H}{\partial T}}{H'_T + \left\{\dfrac{\partial\overline{\sigma}}{\partial\{\sigma\}}\right\}^T [D]\dfrac{\partial\overline{\sigma}}{\partial\{\sigma\}}}$$

塑性区域中的增量应力-应变关系为

$$d\{\sigma\}_T = [D]_{ep}(d\{\varepsilon\} - d\{\varepsilon_1\}_T) + d\{\sigma_1\}_T \tag{5-17}$$

在加载时，用增量 ΔT、$\Delta\{\sigma\}$、$\Delta\{\varepsilon\}$ 分别代替 dT、$d\{\sigma\}$、$d\{\varepsilon\}$，于是把弹性区域和塑性区域的增量应力-应变关系线性化为

弹性区：

$$\Delta\{\sigma\} = [D](\Delta\{\varepsilon\} - \Delta\{\varepsilon_1\}_T) \tag{5-18}$$

塑性区：

$$\Delta\{\sigma\} = [D]_{ep}(\Delta\{\varepsilon\} - \Delta\{\varepsilon_1\}_T) + \Delta\{\sigma_1\}_T \tag{5-19}$$

式中

$$\Delta\{\varepsilon_1\}_T = \left(\{\alpha\} + \frac{d[D]^{-1}}{dT}\{\sigma\}\right)\Delta T$$

$$\Delta\{\sigma_1\}_T = \frac{[D]\dfrac{\partial\overline{\sigma}}{\partial\{\sigma\}}\dfrac{\partial H}{\partial T}\Delta T}{H'_T + \left\{\dfrac{\partial\overline{\sigma}}{\partial\{\sigma\}}\right\}^T [D]\dfrac{\partial\overline{\sigma}}{\partial\{\sigma\}}}$$

由两式可看出，$\Delta\{\varepsilon_1\}_T$ 和 $\Delta\{\sigma_1\}_T$ 只是与应力及温度有关的量，因此可作为一般的初应力和初应变转换为等效载荷。

弹性区：

$$\Delta\{R\}_\varepsilon = \iint_e [B]^T [D]\Delta\{\varepsilon\}_T dV$$

塑性区：

$$\Delta\{R\}_{ep} = \iint_e [B]([D]_{ep}\Delta\{\varepsilon\}_T - \Delta\{\sigma\}_T) dV$$

式中　$[B]$——几何矩阵。

从而得到平衡方程式：

$$[K]\Delta\{U\} = \Delta\{R\}$$

式中　$[K]$——总体刚度矩阵；

$\Delta\{U\}$——节点位移增量。

由上式解出 $\Delta\{U\}$，再根据位移增量和应变增量之间的关系，即可求出单元应变增量 $\Delta\{\varepsilon\}$，最后由式（5-18）和式（5-19）即可求出应力增量 $\Delta\{\sigma\}$。

5.1.4　磨削表面残余应力的有限元仿真

在研究磨削表面残余应力的建模与仿真方面，有限元法和解析或半解析法是常用的方

法。某些研究人员运用生灭元技术对通过大气等离子喷涂技术制备的双层陶瓷（DCL），即 $La_2Zr_2O_7/8YSZ$ 热障涂层中的残余应力进行了有限元分析。这种残余应力主要包括淬火应力与热应力两个方面。模拟分析结果显示，涂层的界面表面和边际区域往往是应力较为集中的地点。相较于同厚度的单一陶瓷层（SCL）8YSZ 热障涂层，$La_2Zr_2O_7/8YSZ$ 双层陶瓷涂层展现出更小的残余应力特性。有专家对活性材料钎焊（AMB）技术在制备陶瓷基板过程中引起的翘曲变形和残余应力进行了深入探讨，以提高产品的可靠性。他们运用有限元技术，对陶瓷、金属和焊料，以及陶瓷衬底的尺寸和施加的压力等因素如何影响残余应力的分布和基板的弯曲程度进行了详细分析。此外，他们还对基于热弹性和热弹塑性理论的有限元计算结果进行了对比研究。学者们采用多层次模拟方法来分析陶瓷基混杂材料的弹性行为和残余应力情况，并通过衍射技术探究了陶瓷颗粒在双相混杂材料中对弹性模量的影响。他们结合宏观层面的应力-应变关系，提出了有效代表体积元（RVE）的概念，并对在单轴负载条件下的有效弹性行为进行了理论上的预测。依据 Eshelby 的夹杂模型，针对双相混杂材料构建了微观力学弹性模型，并导出一组与晶面衍射弹性常数相关的微观力学场方程。通过比较预测的陶瓷基体晶面衍射弹性常数以及不同微力学模型的颗粒增强效果，对残余应力进行了深入的定性和定量分析。结果显示，该理论模型能够为双相混杂材料残余应力的多尺度模拟提供可靠和精确的依据。国外一研究团队运用有限元分析（FEM）生成的数据并结合响应面方法（RSM），构建一个综合模型用于模拟和预测热障涂层（TTBC）的残余应力分布。在试验阶段，通过空气等离子体喷涂技术在哈氏 X 镍基高温合金表面喷涂标准的 TTBC，并进行热循环处理。为确保模型的准确性，研究者利用拉曼光谱技术测量的应力数据对有限元模型进行了校验。结果显示，模型预测的残余应力值与实际测量值具有很好的一致性。经过验证的有限元模型进一步用于参数化分析，以评估热循环过程中的界面振幅、波长、热生长氧化物厚度、预热温度等多种参数对 TTBC 内部应力分布的作用。

5.2 陶瓷加工表面变质层

近年来，随着科学技术的进步，高速切削、磨削等先进加工技术得到了快速发展。这些技术与传统加工方式相比，在加工过程中会产生瞬间的高温，导致材料内部微观结构发生显著变化。众多研究已经证实，这些先进加工技术会在加工表面形成一层变质层。这层变质层作为工件的最表层，是工件表面的重要组成部分，它不仅影响已加工表面的应力和应变分布，还对工件的整体力学和物理性能产生影响。

5.2.1 陶瓷加工表面变质层的形成过程

宏观上来讲，陶瓷加工表面的变质层主要由碎晶、微晶和非晶态物质组成。深入到细观和微观层面，对表层的碎晶和微晶进行结构分析后，揭示了这些变质层中的晶格结构（排除非晶态部分）含有大量缺陷，如晶格滑移、位错和孪晶等。这些缺陷的存在和变质层的厚度受到陶瓷材料种类、加工方法和磨削磨粒尺寸等因素的影响。

其中工程陶瓷材料加工中磨削区的高温是影响加工质量和零件性能的主要因素之一。随着金刚石颗粒磨削深度和磨削速度的增加，原子晶格变形和非晶态相变过程中释放的能量增加，磨削温度升高。高温不会在氮化硅表面引起化学反应，但高磨削温度会使氮化硅陶瓷发生非晶态相变，氮化硅表面的斑块是由于氮化硅陶瓷的分子晶格结构被金刚石颗粒切断而形成的。在金刚石原子的作用下，磨削刃前方和下方的原子被重构，形成不规则排列的晶体。非晶态原子在非晶态层下与未切割的原子重新结合，形成被加工表面的变质层。

以氮化硅为例，当金刚石颗粒与氮化硅陶瓷工件逐渐接触时，氮化硅最外层受到金刚石原子的斥力，同时氮化硅原子之间也存在相互作用力。由于金刚石优异的物理特性，其原子之间的结合能大，所以在磨削过程中，其自身的磨损很小，基本没有微观形貌的变化。原子间的排斥力在磨削过程中起主要作用，金刚石原子的切向压缩使氮化硅晶格变形。当磨削力达到一定极限时，氮化硅原子晶格被破坏，原子键断裂，原本组织良好的原子晶格被切断和打乱，在氮化硅表面形成非晶层。

在磨削氮化硅陶瓷的过程中，当金刚石晶粒与工件接触时，氮化硅陶瓷材料受到晶粒的挤压，其分子晶格结构受到挤压变形。如果氮化硅工件表面没有可见的裂纹，则材料塑性变形。宏观磨削过程的特点是陶瓷材料在刮削和金刚石研磨颗粒去除作用下的塑性去除过程。加工后的材料表面光滑平整，如图 5-7a 所示。随着金刚石晶粒的磨削，它对氮化硅工件原子的磨削力逐渐增大。当磨削力大于陶瓷工件内部原子间的结合力时，磨削刃前方和下方的氮化硅晶格受到挤压变形。当氮化硅晶格的变形增加到极限时，晶格之间的原子键被破坏。由于磨削效果明显，氮化硅陶瓷的宏观性能表现为犁耕去除。脆性断裂产生的磨粒粉尘会在磨削表面增加。沟槽槽底粗糙、凹凸不平，两侧的间隙增大。刨削表面明显，工件表面破损程度严重，如图 5-7b 所示。磨削刃前方和下方的原子在金刚石原子的作用下重构形成不规则排列的晶体，即非晶态层。最后，非晶态原子在非晶态层下重新结合为未切割的原子以及变质层。氮化硅陶瓷磨削变质层分为两层：磨削表面附近的非晶层和非晶层下方的晶格变形层。当晶格结构被磨削破坏时，表面原子的重构和无序排列是氮化硅表面粗糙度高的主要原因。

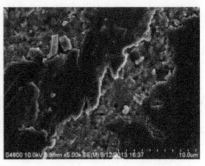

a) b)

图 5-7　氮化硅表面形貌

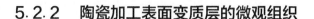

5.2.2 陶瓷加工表面变质层的微观组织

在对陶瓷进行磨削加工后，其表面变质层的微观组织可能会出现以下特征：

1）变质层厚度变化。磨削加工会引起氮化硅陶瓷表面一定的层厚变化，通常会造成一定深度的变质层，这在显微镜下可观察到。

2）微观裂纹或磨痕。磨削加工会产生微观的切削痕迹和表面裂纹，这些磨痕和裂纹在显微镜下清晰可见。

3）晶粒尺寸和排列。由于机械磨削会改变材料的晶粒结构，因此表面变质层的晶粒尺寸可能会发生变化，晶粒的排列方式也可能会有所调整。

4）由磨削加工引起的机械应力和热应力。表面变质层中可能会存在残余的应力状态，这些应力状态可能会影响材料的性能。

5）表面粗糙度改变。磨削加工还会影响氮化硅陶瓷的表面粗糙度，可能导致表面的微观形貌发生变化。

总的来说，氮化硅陶瓷在磨削加工后表面变质层的微观组织会受到磨削痕迹、晶粒结构变化、残余应力等因素的影响，这些特征通常可以通过显微镜、扫描电子显微镜等技术进行观察和分析。

5.2.3 陶瓷加工表面变质层的物相分析

陶瓷加工表面变质层的物相分析是研究加工过程中表面及近表面区域微观结构和化学成分变化的重要方法。这些变化通常包括晶粒的碎化、非晶化（玻璃化）以及可能的化学成分改变。物相分析可以通过多种技术进行：

1）X 射线衍射（XRD）。这是一种常用的物相分析技术，可以确定材料的晶体结构和相组成。通过分析 XRD 谱线，可以识别出变质层中的微晶和非晶相，以及可能的相变。

2）透射电子显微镜（TEM）。TEM 能够提供高分辨率的微观结构图像，通过电子衍射和高分辨透射图像，可以观察到变质层中的晶粒尺寸、形态以及晶界特征。

3）扫描电子显微镜（SEM）。SEM 结合能谱分析（EDS）可以提供表面和近表面区域的微观形貌和化学成分分布，有助于理解变质层的形成机制。

4）俄歇电子能谱（AES）。这种技术可以用于分析表面元素的化学状态和浓度分布，有助于揭示变质层中元素的迁移和分布情况。

5）拉曼光谱法。拉曼光谱可以提供关于材料晶格振动的信息，有助于识别变质层中的非晶相和微晶相。

通过这些物相分析方法，研究人员可以更深入地理解陶瓷加工过程中表面变质层的形成机理，以及这些变质层对材料性能的影响。这对于优化加工工艺、提高陶瓷制品的质量和可靠性具有重要意义。例如，通过控制磨削参数和选择合适的磨削工具，可以减小变质层的不利影响，改善陶瓷工件的性能。

研究人员通过采用金刚石砂轮实施二维超声振动磨削技术（TDUVG），对纳米复合陶瓷材料的磨削行为进行了系统的试验探索，并通过物相分析方法透射电子显微镜（TEM）检测了磨削后的划痕和沟槽的微观结构。研究深入探讨了切屑生成过程中表面裂纹的产生、材料的塑性变形特征以及从脆性到韧性的转变现象。研究基于断裂区微压痕断裂理论和硬脆材料的塑性信息机制，构建了适用于 TDUVG 加工纳米复合陶瓷的磨削机理模型。该模型将变质层划分为三个主要区域：脆性断裂区域、非弹性变形区域和残余损伤区域。

图 5-8 为离子轰击产生的空穴边缘 Al_2O_3-ZrO_2（n）晶间断口的 TEM 显微图像。在纳米复合陶瓷的 ZrO_2 颗粒中，位错的存在是晶体材料经历塑性变形的迹象，这些位错主要在磨削加工的过程中形成。

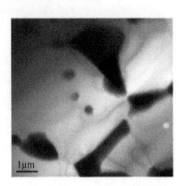

图 5-8　Al_2O_3-ZrO_2（n）晶间
断口的 TEM 显微图像

在二维超声振动磨削过程中，Al_2O_3-ZrO_2（n）材料的穿晶断裂现象（见图 5-9）代表了材料在受到外力作用时的一种变形。在这种结构中，ZrO_2 的晶粒与 Al_2O_3 基底直接相连，没有其他物质的介入。ZrO_2 晶格内存在的局部残余应力促成了大量位错的生成。这些位错被基底中的 ZrO_2 颗粒所固定，位错不跨越晶体，造成位错的偏析。这种偏析形成了位错网络结构。另外，位错的相互抵消和交叉作用消耗了一部分断裂能量，从而提高了材料的整体断裂韧性。

利用扫描电子显微镜（SEM）观察了 TDUVG 处理后的 Al_2O_3-ZrO_2（n）材料的断裂表面，如图 5-10 所示。引入 ZrO_2 后，陶瓷材料的断裂特性不再是纯粹的脆性断裂。在超声振动的影响下，晶粒的完整性受损，晶粒表面开始出现裂纹。这种现象表明纳米复合陶瓷经历了穿晶断裂和沿晶断裂的结合。断口表面平整，裂纹呈直线状扩展。研究结果显示，超声激励有助于更有效地去除陶瓷材料，从而在磨削过程中形成更多的穿晶断裂表面。这种效应不仅提升了材料的去除效率，同时也提高了磨削后的表面质量。

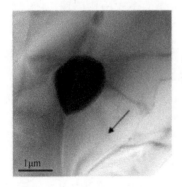

图 5-9　Al_2O_3-ZrO_2（n）穿晶断口的
TEM 显微图像

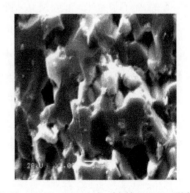

图 5-10　Al_2O_3-ZrO_2（n）断裂面 SEM 形貌图

对 Al_2O_3 陶瓷试件的物相图谱分析表明，在磨削过程中并未发生相变，即磨削表面变质层与相变无关。然而，进一步分析物相图谱发现，尽管主要衍射峰的高度保持不变，但背景线的形状出现了细微变化。为了深入探究这些差异及其原因，对各物相图在 20°～100° 的衍射角范围内进行了同步扫描，得到了 X 射线谱线。分析结果显示，在较小的磨削深度下，所有衍射峰均清晰可见，衍射背景相对平滑。随着磨削深度的增加，一些衍射小峰变得不明显，被背景的粗糙部分所掩盖，导致背景线变得粗糙且倾斜。这表明磨削后在表面产生了微晶和非晶态物质，这种非晶态物质与许多研究者通过扫描电镜观察到的磨削表面黏性物质相符。

图 5-11 展示了 Al_2O_3 陶瓷试件经过俄歇能谱分析的结果。分析显示，随着磨削次数的增加，磨削表面 Al 元素的含量（质量分数）逐渐下降，而 Si 和 Ca 元素的含量则逐渐上升。Al 元素作为基体的主要成分，其含量的减少表明表面物质的组成与基体有所不同，尽管如此，表面仍然保留了相当数量的 Al 元素，这些元素以微晶的形式存在于磨削表面。Si 和 Ca 元素含量的增加则表明非晶态物质主要由这两种元素构成。在排除其他外部因素后，可以初步推断，这些非晶态物质很可能是玻璃相。

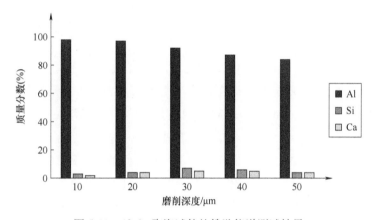

图 5-11　Al_2O_3 陶瓷试件的俄歇能谱测试结果

5.2.4　微晶的形成与结构模型的建立

在磨削过程中，颗粒表面出现了不同程度的划痕，并且在大颗粒周围散布着一些碎裂的晶体。从划痕的形态可以推断，一些较浅的沟槽在轻微压力下就会断裂，而划痕周围或表面则附着了由磨粒刮下的微晶粉末。这表明磨粒对颗粒表面的切向力和法向力产生了不同的效果：切向力用于在颗粒表面形成沟槽，而法向力则进行挤压。磨削力的测试结果显示，挤压力大约是切向力的 8～10 倍。对于硬度较高的材料，即使在颗粒表面划痕较浅的情况下，挤断颗粒所需的接触应力也相当大。有限元分析的结果表明，砂轮对试件表面施加的挤压力产生的接触应力主要集中在非常浅的表层，表面接触应力可达到 0.4GPa（见图 5-12），这已经超过了 Al_2O_3 陶瓷的理论断裂强度。因此，颗粒表面在被磨粒划出较深的沟槽后会迅速被挤压碎裂，从而在磨削表面形成碎（微）晶层。同时，由于磨粒刃较大的接触应力作用，碎（微）晶被挤压进入下层晶界，在磨削温度的影响下，表层的玻璃相变得软化，碎（微）晶嵌入后将玻璃相挤出，形成了玻璃态化合物。这种化合物的析出速率会根据磨削条件的不同而变化。

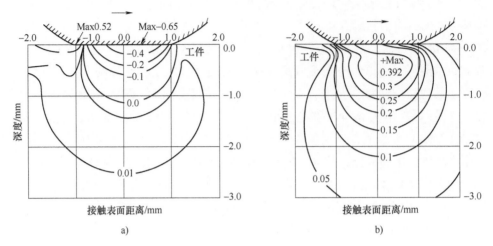

图 5-12　接触应力沿深度方向的分布

a）最大主应力 σ_a 沿层深分布　b）相对应力 σ_t 沿层深分布

磨削表面的颗粒体积小于基体，且表面已经形成了一定程度的非晶层。试验结果表明，随着抛光次数的增加，这一层的厚度也在增长，这是由于碎裂的晶体被挤压进入晶界，导致晶界处的玻璃相向表面析出。基于这些观察，我们可以构建一个陶瓷磨削表面塑性变质层的结构模型。在这个模型中，碎晶层、微晶层和非晶层的总厚度构成了塑性变质层的厚度。

关于微晶和非晶层形成的机理，目前存在多种不同的解释。B. Zhang 提出了一种在陶瓷磨削加工中发生的再烧结和重结晶理论。在常规磨削条件下，由于加工应力场的作用，非弹性区域产生大量微观裂纹，导致该区域内的晶粒尺寸变得比原料更小。这些细小的晶粒具有更高的比表面能，这使得它们在远低于正常烧结温度（约为正常烧结温度的 60% ~ 70%）的条件下更容易发生再烧结和重结晶。加工应力场以及磨削过程中的局部高温都为这一过程提供了有利的环境。

再烧结和重结晶过程使得加工表面呈现出光滑的外观。磨粒与试件接触产生的局部高温可能导致再烧结效应向次表层甚至基体扩散。如果非弹性区域较小，再烧结可能覆盖整个区域；而当非弹性区域较大时，再烧结可能仅发生在表层。在许多情况下，非弹性区域的材料在结晶过程中被破碎成纳米级晶体，这在 X 射线衍射分析中表现为非晶态特征。

5.3　陶瓷磨削表面的相变

5.3.1　相变机理

陶瓷材料在特定条件下会发生相变，这种相变通常涉及晶格结构的重组，可能包括从一种晶相转变为另一种晶相，或者从晶态转变为非晶态。相变的机理通常与材料的化学组成、晶体结构、温度、应力状态以及外部环境等因素有关。以氧化锆陶瓷的相变增韧机理为例，氧化锆陶瓷在磨削过程中可能会经历从四方相（t-ZrO₂）向单斜相（m-ZrO₂）的相变，这种相变通常伴随着体积变化，可能会影响材料的力学性能。在应力诱导下，介稳的四方相（t 相）可以在应力作用下转变为单斜相（m 相），这种转变可以吸收能量，从而提高材料的断裂韧度。晶粒尺寸是影响应力诱导相变的主要因素，晶粒尺寸越大，相变量越大，材料的断裂韧度越高。

5.3.2　相变过程

陶瓷磨削过程中的相变过程是指在磨削力和磨削热的作用下，陶瓷材料表面及其附近区域的微观结构和化学成分发生显著变化，导致材料的晶相发生变化。这种相变通常涉及从一种晶相转变为另一种晶相，或者从晶态转变为非晶态。不同的相结构具有不同的比容积，对于某些陶瓷材料，磨削过程中的温度和应力可能导致表面相变，使得表面与基体结构组织出现差异，表面层的比容积发生改变，进而影响陶瓷磨削后的力学性能。ZrO₂ 陶瓷存在立方相（c）、四方相（t）和单斜相（m）三种不同的相结构，磨削过程中的力和热效应会引起相变，这一现象已被多位研究者证实。

氧化锆基陶瓷在牙科领域使用广泛，但是氧化锆基修复体在牙科患者使用前需要经过各种研磨和热处理。烧结后的磨削引起四方向单斜的相变，可能导致失效。有研究表明，对市售的氧化锆试样进行控制磨削，可引起表面下由四方向单斜的氧化锆相变；转变的深度较浅，具有再生的可逆性。增大研磨介质的尺寸可以使氧化锆的体积增大。如图 5-13 所示，在 15μm/10N 试样中，单斜相随着深度的增加而迅速变细。45μm/10N 和 70μm/10N 的剖面表明，在表面深处存在单斜相。深度分布表明，随着磨削介质尺寸的增加，直接表面的单斜相数量将会减少。

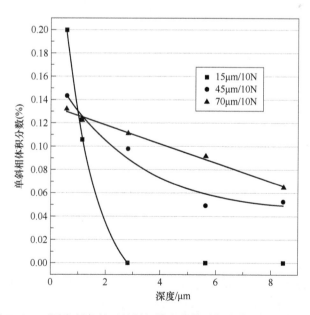

图 5-13　不同磨削条件下单斜相体积分数随深度变化的函数曲线

5.3.3　磨削表面的相变分布

有学者利用 X 射线衍射和激光拉曼散射光谱技术研究了 PSZ 陶瓷精密磨削后的相变分布。分析结果显示，磨削变质层中的相变分布不均，磨痕内部的相变程度高于磨痕边缘，且磨削表面的相变程度超过次表面。相变层的深度远超磨削深度，且其在表面下的分布与材料特性密切相关。

ZrO_2 陶瓷在磨削过程中表现出微观塑性变形和脆性剥落的磨削机制，加之其导热性能差，导致磨削表面温度场分布不均，从而使得磨削相变也不均匀。在对 2Y-PSZ 和退火 9Mg-PSZ 两种陶瓷进行磨削相变试验时，磨削前 m 相的含量（体积分数）分别为 55% 和 67%，t→m 的初始相变温度在 500~800℃ 之间。2Y-PSZ 由于晶粒细小，韧性较好（$K_{IC} = 10MPa \cdot m^{1/2}$），且四方相含量较高。

在特定磨削参数下，对试件进行磨削后，在室温下进行细研磨，并使用杠杆比较仪测量每次研磨的深度，随后对每层研磨粉末进行 XRL 分析，以确定磨削相变量随表层深度的分布。试验结果显示，退火 9Mg-PSZ 的相变量随深度增加而逐渐减少，尤其在表面下 20μm 范围内下降明显，相变层深度约为 80μm。而 2Y-PSZ 的相变量下降趋势较缓，至 80μm 深处仍有显著相变量。根据 PSZ 陶瓷的相变理论，应力通常触发体积膨胀的马氏体相变（t→m），而晶体化学自由能的改变则导致单斜相向四方相的转变。前者产生相变残余压应力，后者产生残余拉应力。磨削 2Y-PSZ 和退火 9Mg-PSZ 时，均会发生从单斜相向四方相的转变，且相变层分布不均。使用红外光导纤维传感器在较小磨削深度下测量，磨削表面平均温度约为 600℃，单颗磨粒磨削温度可达 1260℃。这表明 PSZ 陶瓷磨削表面的平均温度接近或达到相变温度，而磨痕内温度远高于相变温度。因此，PSZ 陶瓷易于发生 m→t 的磨削相变，磨痕内的相变量较大。由于 ZrO_2 陶瓷导热性能差，磨削热主要集中在表层，次表面温度低于表面，温度随深度下降趋势平缓，导致次表面的相变量低于表面，且相变量下降幅度较小，相变层较深，尤其在磨削温度较高的 2Y-PSZ 陶瓷中，这种特征更为显著。

5.3.4　磨削应力诱发马氏体转变

通常情况下，传统的陶瓷材料并不会发生马氏体转变，因为马氏体转变通常发生在金属材料中。然而，有一些特殊的陶瓷复合材料或者陶瓷/金属复合材料可能会发生马氏体转变，以改善材料的力学性能。这些复合材料可能包括氧化锆基、碳化硅基、氧化铝基等陶瓷材料。

在磨削过程中，特定的复合陶瓷材料可能会接受足够的应力，从而产生马氏体转变。这样的相变可能改变材料的硬度、抗变形能力和其他性质。然而，这种现象通常需要在复杂的试验环境下进行深入研究，因为马氏体转变受到多种因素的影响，包括化学成分、晶体结构和热处理状态。

5.3.5 陶瓷磨削表面的相变仿真

与试验研究相比，仿真研究在成本效益和相变过程理解方面具有优势，广泛应用于热处理、焊接等工艺的分析。仿真技术根据模拟的尺度和空间范围，可分为纳米、微米和宏观三个尺度。在纳米尺度，常用的仿真技术包括分子动力学（MD）和蒙特卡罗（MC）方法。微米尺度则采用蒙特卡罗、相场（PF）和元胞自动机（CA）方法。宏观尺度则依赖于有限元（FEM）和有限差分（FDM）方法。介观尺度介于宏观与微观之间，由 Van Kampen 在 1981 年提出，其仿真方法与微米尺度常用方法相似。在宏观尺度，通过有限元法进行相变仿真时，常采用如 JMAK 模型（描述扩散型相变）和 K-M 模型（描述马氏体转变）等相变动力学经验模型，以获取组织场随时间变化、相体积分数和晶粒尺寸等宏观信息。介观尺度仿真不仅提供宏观相体积分数，还能揭示晶粒形核生长、溶质扩散和碳分布等介观信息，因其能更真实地模拟相变过程，对相变的预测和机理研究具有重要价值。

学者们构建了一个分析框架，旨在深入理解 PMHS/DVB 动态相变的过程。该框架初步开展分子动力学模拟，目的是捕获在热解过程中原子结构的转变。MD 结果揭示，一旦热解温度达到聚合物分解的临界点，在结构尺度上立即发生气体生成。由于温度和相的分布不均，形成了空间上的气体密度差异，进而触发气体的扩散现象。陶瓷相的形成是基于计算预测的，考虑了气体生成与气体扩散的相互作用。通过传热和相变耦合分析，提取相组成图，并将其整合到有限元模型中，以便评估材料的力学性能。研究指出，升温速度、热解温度和热解持续时间是影响热解样品力学反应的关键因素。某些相组成图可以在不牺牲延展性的情况下提高材料强度。

5.4 陶瓷磨削表面粗糙度

工程陶瓷用作结构件时，虽然材料本身性能和缺陷对强度有决定性影响，但良好的加工表面质量可使表面缺陷减小到最低程度，对零件间的配合可靠性、摩擦与磨损、接触刚度与接触强度等许多方面都有重要作用。表面粗糙度越大，弯曲强度越小，因此表面粗糙度一直是衡量零件质量的指标之一。

5.4.1 陶瓷材料表面粗糙度的评价方法

通常认为，小于 1mm 尺度内的形貌特征，可被归类为表面粗糙度，而 1~10mm 尺度内的形貌特征被定义为表面波纹度，大于 10mm 尺度的形貌特征定义为表面形貌。表面粗糙度参数的 ISO 标准是 ISO 4287：1997，国家标准是 GB/T 3505—2009《产品几何技术规范（GPS） 表面结构 轮廓法 术语、定义及表面结构参数》，该标准定义了表征表面粗糙度的一些参数。

按照测量维度划分，表面粗糙度可以分为线粗糙度（一维）和面粗糙度（二维），前者用符号 R 表示，后者用符号 S 表示。

下文主要以 R 符号为例描述表面粗糙度的表征参数，R 参数对应的 S 参数由对应的二维积分计算所得。

1. 幅度参数（峰和谷）

（1）最大轮廓峰高（Rp）　如图 5-14 所示，即在一个取样长度内最大的轮廓峰高。Rp 值对毛刺敏感性较高。

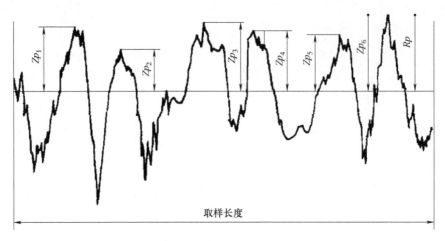

图 5-14　最大轮廓峰高

（2）最大轮廓谷深（Rv）　如图 5-15 所示，即在一个取样长度内最大的轮廓谷深。Rv 参数对划痕等异常情况较为敏感。

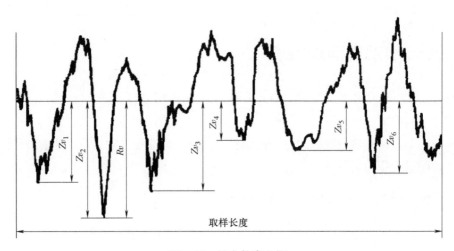

图 5-15　最大轮廓谷深

（3）最大轮廓高度（Rz）　如图 5-16 所示，即在一个取样长度内最大轮廓峰高和最大轮廓谷深之和。

（4）轮廓单元的平均高度（Rc）　如图 5-17 所示，即在一个取样长度内轮廓单元高度 Zt 的平均值。

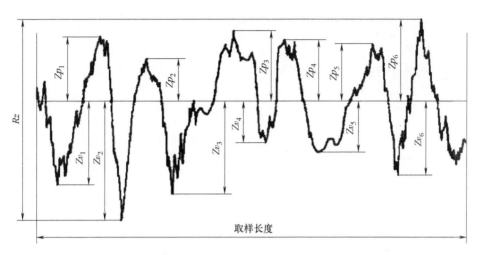

图 5-16　最大轮廓高度

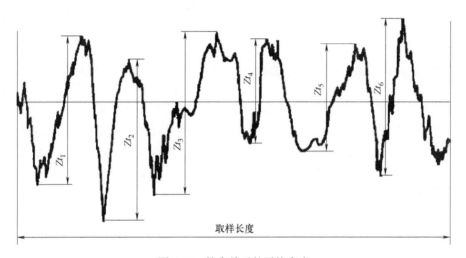

图 5-17　轮廓单元的平均高度

2. 幅度参数（纵坐标平均值）

（1）评定轮廓的算术平均偏差（Ra）　定义为在一个取样长度内，纵坐标值 $Z(x)$ 绝对值的算术平均值，计算公式为

$$Ra = \frac{1}{l} \int_0^l |Z(x)| \mathrm{d}x \tag{5-20}$$

同理，单位平面的轮廓的算术平均偏差（Sa）计算公式为

$$Sa = \frac{1}{A} \iint_A |Z(x,y)| \mathrm{d}x\mathrm{d}y \tag{5-21}$$

式中　A——取样面。由于 Ra 是一个算术平均值，相同的 Ra 可能存在不同的表面轮廓细节。因此，如需进一步表征表面轮廓细节，通常还需要约束其他参数。

（2）评定轮廓的均方根偏差（Rq）　定义为在一个取样长度内，纵坐标值 $Z(x)$ 的均方根值，计算公式为

$$Rq = \sqrt{\frac{1}{l}\int_0^l Z^2(x)\,\mathrm{d}x} \tag{5-22}$$

同理，单位平面的轮廓的均方根偏差（Sq）计算公式为

$$Sq = \sqrt{\frac{1}{A}\iint_A Z^2(x,y)\,\mathrm{d}x\mathrm{d}y} \tag{5-23}$$

（3）评定轮廓的偏斜度（Rsk）　定义为在一个取样长度内，纵坐标值 $Z(x)$ 三次方的平均值与 Rq 的三次方的比值，计算公式为

$$Rsk = \frac{1}{Rq^3}\sqrt{\frac{1}{l}\int_0^l Z^3(x)\,\mathrm{d}x} \tag{5-24}$$

同理，单位平面的轮廓的偏斜度（Ssk）计算公式为

$$Ssk = \frac{1}{Sq^3}\sqrt{\frac{1}{A}\iint_A Z^3(x,y)\,\mathrm{d}x\mathrm{d}y} \tag{5-25}$$

式（5-25）中 Ssk 所测定的是纵坐标值概率密度函数的不对称性，对离散的峰或谷的敏感性较强。

5.4.2　陶瓷材料磨削表面形貌测量方法

在工程领域，表面形貌不仅与制造工艺的加工方法及工艺参数密切相关，而且其纹理特征在很大程度上决定了零部件的使用性能。在机械工业中，机械零件的表面形貌对机械系统的摩擦磨损、接触刚度、疲劳强度、配合性质以及传动精度等机械性能产生显著影响。此外，它还与导热、导电及抗腐蚀等物理性能密切相关，进而影响到机械和仪器的工作精度、可靠性、抗振性及使用寿命等关键参数。在电子工业中，硅片的表面粗糙度对集成电路中薄膜电阻和薄膜电容的影响日益显著，直接影响到集成电路器件的性能和成品率。在生物医学制造业中，人工关节等人造器官的表面粗糙度和形貌会直接影响到关节的灵活性和寿命。而在航空航天制造业中，即使微观凹凸不平仅有很小的程度，光学元件的表面形貌也会引起光的散射，导致光学系统性能下降，进而影响整个系统的性能。因此，精确测量和合理评估表面形貌，以及研究表面几何特性与使用性能之间的关系，对于提高加工表面的质量和产品性能具有重要意义。

1. 国内外研究现状

随着测量技术及相关技术的不断发展，表面形貌评定方法已逐渐演化，从最初对单一的二维形貌误差及表面粗糙度的分离评估，逐步扩展为对三维表面功能的综合评定。我国对表面粗糙度的研究和标准化给予了足够的重视，GB/T 3505—2009 规定了 16 个二维参数，分为高度特性参数、间距特性参数和形状特征参数。然而，对于三维粗糙度参数，目前尚未形成统一的国际标准和国家标准。目前国际上较为广泛认可的是 14 个三维评定参数，它们根据表征特性的不同分为四类，包括幅度参数、空间参数、综合参数和功能参数。

2. 表面测量原理

表面形貌评定的核心在于无失真地提取特征信号，并对使用性能进行量化评估。国内外学者在此领域进行了大量研究，提出了多种分离与重构的方法。随着计算机技术和机电一体化技术的不断发展，涌现出了一系列评定理论与方法，包括最小二乘多项式拟合法、滤波法、分形法、复合评定法、Motif 法以及功能参数集法等。这些方法取得了显著的进展，并为表面形貌评定提供了重要的技术支持。

（1）最小二乘多项式拟合法　最小二乘多项式拟合法用于评定表面形貌的原理是将被测表面建模为一个多项式函数，并利用最小二乘原理确定该多项式的系数，以此作为评定基准。然而，随着多项式阶次的增加，计算时间将呈指数级增长，并且可能导致有用的表面粗糙度信息的丢失。因此，对于一般的正态分布表面，通常采用二次多项式就足以满足要求。需要指出的是，最小二乘多项式拟合法只是对表面低频信号的一种近似拟合，它受到函数形式和多项式阶次的限制，因此拟合效果难以保证。此外，该方法并不适用于对三维表面功能进行评定，并且对于多次加工生成的表面很难确定适当的基准面。

（2）滤波法　滤波评定方法具有在频域内直接对被测表面原始信号进行分解的能力，而无须将表面形貌简化为特定的数学函数形式。它生成的基准轮廓可以实现连续变化，并能够与表面原始形貌良好匹配，因此具有较强的灵活性和适用性。

模拟滤波在计算方面存在较大的挑战，因此未能得到实际应用。相比之下，数字滤波器具有传输准确、稳定、相位不易失真的特点，并且易于进行编程处理。在表面评定方面，特别是在三维表面评定中，零相位滤波器被认为是最合适的选择。高斯滤波法将随机理论应用于表面评定，通过一次滤波过程有效提取表面粗糙度和波纹度信息，且不会引起相位失真。然而，高斯滤波法仅在已经消除了不相关的形状和转换误差，并且表面微观形貌由不同波长的谐波叠加而成时才能使用。然而，实际工程表面通常不仅包含特定频率的正弦波，还包括几乎无频率周期的特征信号。由于傅里叶变换引起的边界效应，高斯滤波法无法充分利用测量信息，而且表面缺陷也会影响滤波基准的变形。相比之下，小波滤波利用小波变换将原始信号分解到不同的尺度空间，在不同尺度上分离和提取各种表面元素，具有良好的时频局域性能。

1）小波理论及性质：具有有限能量的函数 $f(x)$ 的连续小波变换定义函数族为 $\psi_{a,b}(x)$ 积分核的变换 $W_f(a,b)$，如下式：

$$W_f(a,b) = \int f(x)\psi_{a,b}(x)\,\mathrm{d}x \qquad (a>0, f \in L^2(R)) \qquad (5\text{-}26)$$

式中　$\psi_{a,b}(x)$——基本小波或母小波（mother wavelet）函数；

a——尺寸因子；

b——位移。

改变 a 值，对函数 $\psi_{a,b}(x)$ 具有伸展（$a>1$）或减缩（$a<1$）作用，对于函数 $\psi_{a,b}(\omega)$ 的作用正好相反。改变 b 值，则会影响函数围绕 b 点的分析结果。经过伸缩与平移变换，$\psi_{a,b}(x)$ 小波波形仍然与 $\psi(x)$ 保持自相似。$\psi_{a,b}(x)$ 的作用与 Gabor 变换的作用相类似，但小波变换的窗口函数大小是变化的：分析高频率时，时窗宽度变窄，而频率窗宽度增大，以利于检测快变信号，提高时域高频信号位置的分辨率；分析低频率时，时窗宽度增大，而频率窗宽度变窄，以利于检测缓变信号，提高频域的低频分辨率。小波函数的选用是小波分

析应用到实际中的一个难点及热点问题，目前往往是通过经验或不断的试验来选择小波函数。此外，小波分解次数的确定也是小波算法中的关键问题。如何根据被测表面的实际情况，找到小波分解次数，是确定分解与重构算法能在计算机编程中得以具体实现的关键。一般都将分界频率 W_0 换算成分界波长 T_0，由 $T=\dfrac{T_0}{2^N}$ 中的采样间距 T 和分界波长 T_0 来确定分解次数。对于不同粗糙程度的测量表面，低频信号与粗糙度的分界波长及采样间距都是不同的，N 的取值要根据实际情况而定。

在对轮廓信号进行小波分解及重构时，可以利用小波的多分辨率分解特性，将幅值及其周期性区分为三种信号。通过这种方法，能够有效地分离出不同频段的信号。在分解后的信号中，随机高频部分被认为是粗糙度信号，低频部分被视为形状误差信号，而中频部分则被认为是波纹度信号，如图 5-18 所示。

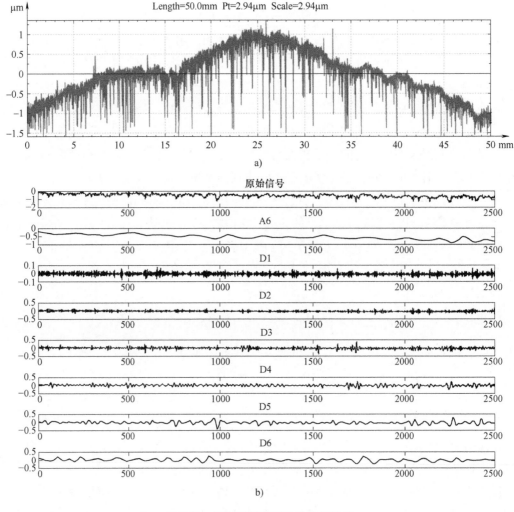

图 5-18　陶瓷磨削表面小波分解结果

a）表面轮廓信号　b）小波分解

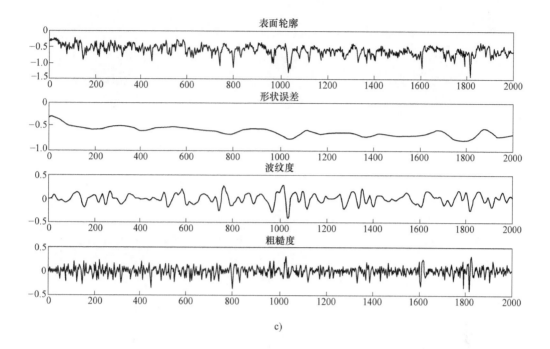

c)

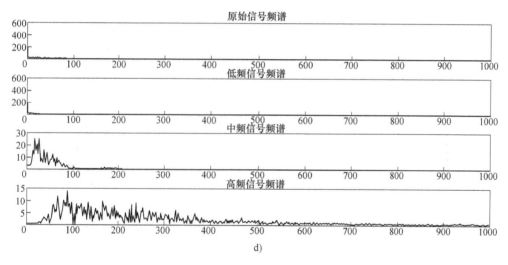

d)

图 5-18 陶瓷磨削表面小波分解结果（续）

c）表面重构信号　d）重构信号频域分析

2）小波分析应用实例：如图 5-19 所示。

在此研究中，选择了标准金属粗糙度样块以及两种工程陶瓷材料 Al_2O_3 和 Si_3N_4 的磨削表面试件作为测量对象。采用了四阶 Daubechies 小波函数对这些表面的几何形貌进行了详细分析，具体过程如图 5-19 所示。经过对原始轮廓信号进行小波分解及重构后，成功地消除了粗糙度信号中形状误差和波纹度的影响。这一步骤有效地实现了纯粗糙度信号与形状误差信号以及波纹度信号的分离，为进一步分析陶瓷加工表面形貌特性提供了坚实的基础。

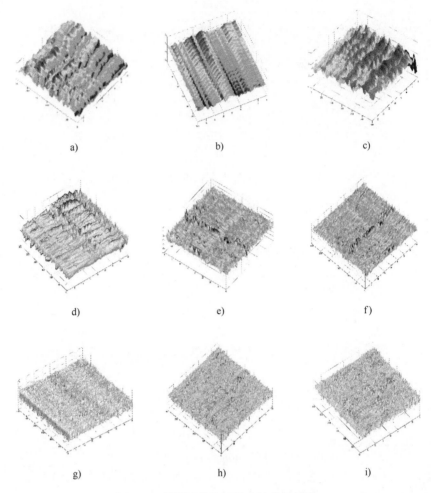

图 5-19　被测试件表面的小波分解结果

a）金属试件表面形状误差（$Ra = 0.8\mu m$）　b）Al_2O_3 表面形状误差（$Ra = 0.8\mu m$）　c）Si_3N_4 表面形状误差（$Ra = 0.8\mu m$）

d）金属试件表面波纹度（$Ra = 0.8\mu m$）　e）Al_2O_3 表面波纹度（$Ra = 0.8\mu m$）　f）Si_3N_4 表面波纹度（$Ra = 0.8\mu m$）

g）金属试件表面粗糙度（$Ra = 0.8\mu m$）　h）Al_2O_3 表面粗糙度（$Ra = 0.8\mu m$）　i）Si_3N_4 表面粗糙度（$Ra = 0.8\mu m$）

（3）分形法　研究表明，工程表面的微观形貌呈现出不规则、随机和多尺度的特性，具有分形特征。分形维数是衡量表面不规则性的有效指标，可以通过功率谱分析来计算并评估工程表面的分形维数。同时，采用分形曲线的 $W\text{-}M$ 函数来描述随机轮廓的特征。

$$Z(x) = A^{(D-1)} \sum_{n=n_1}^{\infty} \frac{\cos 2\pi\gamma^n x}{\gamma^{(2-D)n}} \qquad (1 < D < 2, \gamma > 1) \qquad (5\text{-}27)$$

式中　x——轮廓坐标；

$\quad\quad Z(x)$——轮廓高度；

$\quad\quad A$——尺寸常数；

$\quad\quad D$——分形维数；

n_1——与轮廓的最低截止频率相对应；

γ^n——轮廓空间频率。

其功率谱为

$$S(\omega) = \frac{A^{2(D-1)}}{2\ln\gamma} \frac{1}{\overline{\omega}^{(5-2D)}} \tag{5-28}$$

式中 $\overline{\omega}$——空间频率，等于轮廓空间波长的倒数。

分形法提出了一种使用单一尺度敏感参数——分形维数 D 来描述工程表面的可能性。根据不同的加工工艺和材料，分形维数也会有所不同，通常情况下，加工表面越精细，分形维数就越大。然而，并非所有表面都呈现出分形特征，现有的分形数学模型也未考虑表面的功能特性，因此尚无一种方法能够唯一确定分形维数。

此研究选取了标准金属粗糙度样块以及两种工程陶瓷 Al_2O_3 和 Si_3N_4 的磨削表面，共计三组试件作为测量对象。采用功率谱密度法（PSD）来计算分形维数。首先，需要对金属表面轮廓的高度值进行频谱分析，然后根据功率谱公式计算出功率谱。随后，将频率 W 和功率谱 $P(W)$ 的对数值分别绘制在双对数坐标上，从而得到功率谱图，如图 5-20 所示。

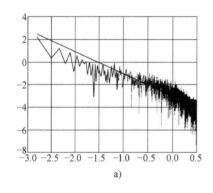

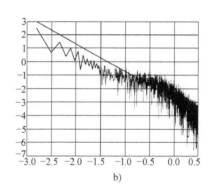

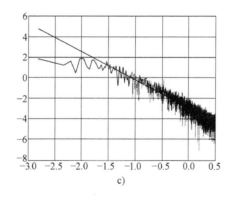

图 5-20　各种试验材料的功率谱对数图及其回归直线

a）金属　b）Al_2O_3　c）Si_3N_4

经过小波处理后，试件表面的形貌已经成功削减了表面波纹度对表面粗糙度的影响。通过采用功率谱密度方法，可以计算出各试件的分形维数。表 5-2 中呈现了试件表面形貌分形维数的计算结果。

表 5-2　分形维数计算结果

样块代号	回归直线方程	直线斜率$\|\beta\|$	分形维数	表面粗糙度/μm
金属 1 号	$y=-1.9443x-3.0115$	1.9443	1.528	$Ra0.2$
金属 2 号	$y=-2.1921x-2.9001$	2.1921	1.404	$Ra0.4$
金属 3 号	$y=-2.5852x-2.0195$	2.5852	1.207	$Ra0.8$
氧化铝 1 号	$y=-2.0351x-2.7682$	2.0351	1.482	$Ra0.2$
氧化铝 2 号	$y=-2.3635x-2.8563$	2.3635	1.318	$Ra0.4$
氧化铝 3 号	$y=-2.8203x-3.1087$	2.8203	1.090	$Ra0.8$
氮化硅 1 号	$y=-1.8036x-1.0526$	1.8036	1.598	$Ra0.2$
氮化硅 2 号	$y=-2.2377x-2.6856$	2.2377	1.381	$Ra0.4$
氮化硅 3 号	$y=-2.7247x-2.8916$	2.7247	1.138	$Ra0.8$

分形维数的计算结果表明，金属及陶瓷表面粗糙度的分形维数通常为 1~2。当样本分布在一条直线上时，其分形维数为 1；而当样本分布在整个空间时（即白噪声状态），其分形维数为 2。因此，机械加工表面形貌的复杂程度介于直线和白噪声状态之间。分形维数的增大表示表面中存在更多的非规则结构，并且这些结构更为精细。因此，机械加工表面的分形维数 D 反映了轮廓在空间中复杂和不规则的程度。从这一角度来看，分形维数 D 为磨削表面形貌分析提供了一个与尺度无关的参数，能够有效反映其本质结构特征。

（4）复合评定法　小波和分形方法被广泛认为是提取表面特征信息最有效的工具之一。许多工程表面具有统计自相似和自组织等分形特征，因此可以利用小波的变焦特性来观察和分析不同尺度下的工程表面形貌。分形维数方法被用来确定特征信息的小波分量尺度，其基本过程包括：

1）利用分形表面的小波模型，采用最大似然估计方法来计算分形维数。

2）采用分形维数方法，确定特征信息的小波分量尺度。

3）从原始表面形貌中合理提取粗糙度、形状误差和波纹度等特征信息。这种综合评定方法能够综合提取表面形貌中的粗糙度、形状、波纹度等特征信息，从而有助于理解工程表面的宏观功能特性。

（5）Motif 法　Motif 法是基于地貌学理论，直接采用表面原始信息，利用合并准则选取重要轮廓特征，分离表面元素，从而实现对表面功能的综合评价。其中，二维 Motif 法的标定参数（见图 5-21）为：平行于轮廓走向的长度 A_{Ri}；垂直于轮廓走向的两个深度 H_j、H_{j+1}；深度特征 T。

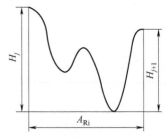

图 5-21　二维 Motif 法的标定参数

Motif 法不涉及任何轮廓滤波器的使用，而是通过设定不同的阈值来分离表面的波纹度和粗糙度。该方法强调了大轮廓峰和谷对表面功能的影响，在评定过程中着重考虑了重要的轮廓特征，而忽略了不重要的特征。Motif 法的参数基于 Motif 的深度和间隔产生。该方法特别适用于没有预行程或延迟行程的轮廓，可以在未知表面上进行技术分析，以研究与表面包络面相关的性能。此外，Motif 法还能识别具有与表面功能密切相关的粗糙度和波纹度具有相当接近波长的轮廓。因此，它能够对表面纹理结构进行综合评价。目前，关于三维 Motif 法的定义和合并准则尚未统一。

（6）功能参数集法　在工程应用中，许多机械加工零件的表面需要具备特定的功能特性，例如支撑性、密封性和润滑油滞留性等。这就需要我们针对表面的特殊性能，在实际工程应用中设定功能参数集，以有效地描述零件表面的特殊属性，如图 5-22 所示。

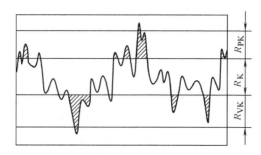

图 5-22　基于轮廓支承长度曲线的评定参数

其中以基于表面轮廓支承度率曲线 R_K 的功能参数集最具代表性，该参数集主要用于表征具有高预应力的表面，如抛光及磨削表面等。轮廓支承长度曲线 $t_p(c)$ 能直观地反映零件表面的耐磨性，对提高承载能力具有重要意义。将 $t_p(c)$ 曲线分成不同的部分以对应不同的功能区域，从而得到一组参数集：简约峰高 R_{PK}；核心粗糙度深度 R_K；简约谷深 R_{VK}；轮廓支承长度率 M_{r1}，M_{r2}；存油量 V_0。但是该方法基于实践经验，缺乏理论依据，并且在表征其他的工程表面时会失去原有的意义。

（7）功能图（Function Map）　功能行为的分类由两个表面的法向间隙（y 轴）和横向运动（x 轴）共同决定。在这两个轴所组成的区域内，可以确定工件表面不同功能区域的位置，如图 5-23 所示。该图清楚地展示出在实际加工中可能遇到的所有功能情况。此外，根据不同的表面参数和研究需求，可以定义不同的功能图，以便综合地检测和分析表面行为。边界线的确定是绘制功能图的关键，它由相应的功能参数决定。然而，由于许多功能参数都是基于统计学定义的，因此可能会忽略那些"小概率"事件。

3. 表面测量方法

自 1929 年德国的施马尔茨（Schmaltz）首次发明表面轮廓记录仪以来，学者们一直在努力研究表面质量检测技术，以实现对表面粗糙度的量化描述。这标志着对表面质量评价的量化描述的开端。目前，根据与被测表面是否接触，可以将表面轮廓测量方法分为两大类：接触式和非接触式。

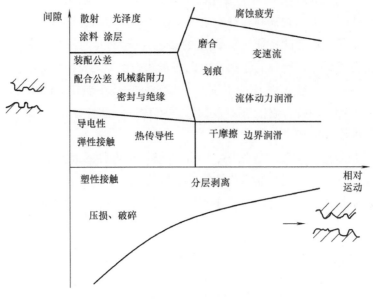

图 5-23　功能图

（1）接触式测量　触针式仪器主要通过针尖与表面之间的接触进行测量。传统的触针式仪器通常采用针尖与固定表面的接触方式。触针的垂直运动通过传感器转换为电信号，随后被放大处理，并通过 A/D 转换器转换为数字信号，最终由计算机进行分析。由于针尖的尺寸直接影响着对表面小孔底部的探测以及与表面的接触压力，因此针尖尺寸的选择至关重要。针尖过大可能引入系统误差，而过小则可能对表面造成永久性破坏，从而影响表面分析的准确性。特别是在三维测量中，这种局限性更加显著。为解决这一问题，引入了原子尺度的触针技术——扫描探针显微镜（SPM），如图 5-24 所示。

扫描探针显微镜工作原理是用探针在被测工件上进行扫描，被测表面因原子排列而凹凸不平，导致针尖在垂直方向上变化而引起在接触区域内的力、电流、电容、热、光的变化，检测这些不同的变化量就要采用不同系列的 SPM，如 STM、AFM、FMM、PDM、EFM 等多种扫描显微镜。其中以扫描隧道显微镜（STM）和原子力显微镜（AFM）应用最为广泛。SPM 探针的水平扫描幅度可达 $100\mu m$，垂直扫描幅度可达 $4\mu m$，可实现纳米级和超纳米级水平的极限垂直分辨率。

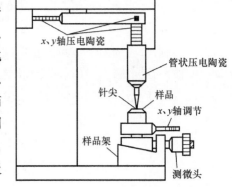

图 5-24　SPM 原理示意图

（2）非接触式测量　光学测量仪器主要利用光的干涉、聚焦和散射等方法对表面进行测量和表征。这种非接触式的光学测量方法不仅可以避免探针对被测表面造成的损伤，而且提高了数据采集速率。干涉显微镜可实现对纳米级分辨率要求的表面进行测量，其原理是将单色光分为两束：一束光通过压电驱动监控作为内部参考光，另一束光随表面高度变化而变动，作为探测光，通过两束光之间的干涉作用得到干涉图案。相位干涉仪和扫描差动干涉仪是应用最广泛的干涉仪器，但它们只适用于具有一定反射性的表面。聚焦检测主要包括差动式聚焦检测、强度检测、临界角法、像散法和焦点检测法等。然而，聚焦检测系统要求被测表面有一定的光量反射回探测器，因此不能用于透明表面的检测。此外，在试件表面遇到陡斜坡时，由于扫描焦点的丢失，可能会导致错误地将假凹坑记录在表面数据中。激光散射是对试件表面粗糙度所散射光强度的探测，通过分析散射线来确定粗糙度参数。该方法在二维测量中得到了广泛应用，在三维分析中仍有一些问题待解决，但它能直接提供三维表面参数。

目前，在三维测量领域，主要采用结构光测量法、条纹图形拼接法、有限脉冲响应（FIR）数字滤波技术、光切法以及 CCD 传感器测量法等方法。结构光信号测量方法将结构光信号投射到待测物体上，接收受面形调制而变形的结构光信号，通过解调可以获得物体表面各点的高度信息。条纹图形拼接法通过多次测量大平面的不同部分，然后将测量结果拼接起来，解决了大平面的干涉测量问题。然而，这两种方法都存在一些难以克服的困难。CCD 传感器测量法利用电荷耦合成像的 CCD 摄像机获取立体图像，利用面积相关与灰度相关性，计算三维表面坐标，通过图像处理实现对三维表面的精确测量。然而，这种方法也存在明显的随机误差和系统误差，需要进一步研究和解决。

5.4.3 陶瓷加工性能与磨削表面粗糙度的关系

在磨削深度（$a_p = 10\mu m$）、工作台速度（$v_w = 11.8 m/min$）以及磨削宽度（$b = 15mm$）等参数固定的情况下，我们对 SiC、Al_2O_3、ZTM 和 HPSN（热压氮化硅）四种陶瓷材料进行了磨削试验。结果显示，这些材料沿与磨削方向垂直的表面材料移除量平均高度 R_{tm} 值各不相同。SiC 材料的 R_{tm} 值最大，这可能是因为常压烧结 SiC 材料的致密度较低，含有约 10% 的气孔，这对其制备过程产生了影响。进一步分析试验结果表明，陶瓷材料的强度越低，其脆性越高，因此加工性越好。此外，脆性较大的材料加工表面粗糙度也相应较大。因此，陶瓷材料的加工表面粗糙度在一定程度上反映了其加工性能。另外，与金属材料的磨削加工不同，陶瓷材料的去除方式表现出明显的方向性。沿磨削方向形成的划痕导致了不同测试方向 Ra 值不同。具体而言，沿磨削方向测得的 Ra 值远小于沿与磨削方向垂直的测量结果。具体试验结果见表 5-3。

表 5-3 不同陶瓷材料磨削沿两个方向的表面粗糙度

表面粗糙度/μm	陶瓷材料			
	SiC	Al_2O_3	ZTM	HPSN
$Ra\perp$	1.05	0.82	0.78	0.65
	1.09	0.87	0.87	0.69
$Ra/\!/$	0.54	0.48	0.57	0.25
	0.65	0.43	0.63	0.37

陶瓷材料在实际磨削加工中，表面粗糙度还与晶粒度的大小有关，而晶粒度的大小主要是由陶瓷材料烧结温度和保温时间决定的。表 5-4 为晶粒度对表面粗糙度的影响。

表 5-4 晶粒度对表面粗糙度的影响

试件	烧结温度/℃	保温时间/h	晶粒度/μm	Ra/μm
1	>1600	4	18~20	1.5~1.7
2	<1600	4	6~8	1.3~1.5
3	<1600	1	2~4	0.7~0.9

由表可知，不同的烧结工艺可控制烧结陶瓷的晶粒度，在相同的工艺条件下，表面粗糙度与晶粒度的大小成正比。

5.4.4 砂轮粒度和磨削深度对陶瓷表面粗糙度的影响

在相同试验条件下，使用两种不同粒度的金刚石砂轮对 ZTM 陶瓷进行了磨削，并测得垂直于磨削方向的表面粗糙度，具体结果见表 5-5。与其他陶瓷材料相似，ZTM 材料的磨削加工也以脆性断裂破坏的形式去除。砂轮粒度对加工后表面粗糙度有显著影响，粒度越细，加工后表面粗糙度值越低。例如，以工件表面轮廓最大峰 Rz 为例，粗粒度砂轮加工表面的最大 Rz 为 8.3μm，是细粒度砂轮加工表面 $Rz = 2.92$μm 的 2.8 倍。通过观察加工后的试件表面，发现使用 120/140 号粒度砂轮加工后，试件表面存在着明显由磨粒磨削引起的沿加工方向的加工痕迹。鉴于脆性材料的去除方式和加工后表面特征，我们选择参数 Rtm 来表征材料的表面粗糙度。

表 5-5 垂直于磨削方向的表面粗糙度

砂轮粒度	$R\perp$/μm			
	Ra	Rq	Rz	Rtm
120/140	0.78	1.00	8.0	4.9
	0.87	1.16	8.3	5.2
270/325	0.338	0.442	2.29	2.00
	0.35	0.397	2.92	2.20

在一定的磨削条件下，改变磨削深度磨削测得试件的表面粗糙度可知：磨削深度对 ZTM 陶瓷的表面粗糙度的影响并不像金刚石砂轮粒度那样显著。随着磨削深度的增加，Rtm 有增大的趋势。同时试件加工表面的 Rtm 也受到了工件进给方式的影响。

5.4.5 磨削表面粗糙度的数学模型

通过建立表面粗糙度 Rav 和 Rap 与磨削用量及工艺参数（砂轮转速、工件进给速度、磨削深度、光磨次数等）之间的数学模型关系式，对于实现磨削表面粗糙度的预测，并实时改变磨削工艺参数，以获得良好的磨削表面质量具有重要意义。

一般情况下加工时仅测量垂直于磨削方向的表面粗糙度 Rav，但实际上一个粗糙不平表面的三维构成过程，仅用二维参数描述是不够全面的。应该用 Rav 和平行于磨削方向的表面粗糙度值 Rap 来综合评价磨削表面质量，才能较客观地反映加工表面的微观几何特性。

学者对建立陶瓷磨削表面粗糙度的数学模型进行了深入探讨，在假设磨粒具有与砂轮旋转轴平行的切削刃并且工件的变形完全是塑性的情况下，推导出沿磨削方向的表面粗糙度 Rap 的理论公式。同时，在假设磨粒切削刃在砂轮面上分布均匀且高度完全一致的情况下，得出了垂直于磨削方向的表面粗糙度 Rav 的理论公式。然而，在实际的磨削过程中，由于磨床主轴振动、磨粒切削刃的高度不一致以及磨削工艺条件的随机变化等原因，实际的表面粗糙度 Rav 和 Rap 值通常远大于理论值。此外，在陶瓷的磨削过程中，假设条件给理论模型带来了严重的缺陷，实际上陶瓷的去除过程不可能完全通过塑性变形实现，而是塑性变形和脆性破坏共同作用的结果。另外，随着砂轮使用时间的增长，磨粒切削刃的分布会变得不均匀且高度不一致。因此，需要采用以下数学模型以更准确地描述陶瓷磨削表面粗糙度：

$$Rav = K_1 K_{v1} K_{v2} K_{v3} v^{av1} v_w^{av2} f_r^{av3} \tag{5-29}$$

$$Rap = K_2 K_{p1} K_{p2} K_{p3} v^{ap1} v_w^{ap2} f_r^{ap3} \tag{5-30}$$

式中 K_1、K_2——比例系数；

K_{v1}、K_{p1}——砂轮状况系数；

K_{v2}、K_{p2}——光磨次数系数；

K_{v3}、K_{p3}——冷却效果系数；

v——砂轮转速（m/min）；

v_w——工件切向进给速度（m/min）；

f_r——磨削深度（μm）；

$av1$、$ap1$，$av2$、$ap2$，$av3$ 和 $ap3$——v、v_w、f_r 等对表面质量的影响指数。

采用氮化硅陶瓷，在 M7120A 卧轴矩台平面磨床进行磨削试验，测量磨削表面的表面粗糙度 Rav 和 Rap 值，对试验数据进行多元线性回归处理，得出 Rav 和 Rap 的数学模型为

$$Rav = 86.72 K_{v1} K_{v2} K_{v3} v^{-0.78} v_w^{0.2} f_r^{0.3} \tag{5-31}$$

$$Rap = 34.67 K_{p1} K_{p2} K_{p3} v^{-0.91} v_w^{0.35} f_r^{0.18} \tag{5-32}$$

式中参数含义同式（5-29）、式（5-30）。各系数的含义如下：

（1）砂轮状况系数 K_{v1}、K_{p1} K_{v1}、K_{p1} 主要考虑各种磨削场合砂轮磨粒的粒度与浓度不一致以及砂轮的修整效果。本试验所用砂轮为陶瓷黏结剂金刚石砂轮（粒度 230/270、浓度 100），所得 $K_{v1} = 1.13$、$K_{p1} = 1.21$。

（2）光磨次数系数 K_{v2}、K_{p2} 在陶瓷的磨削过程中，由于法向抗力大，易使主轴系统产生弹性变形，名义进刀量不可能一次全部磨除，所以为了改善磨削表面质量，最后都要进行无径向进给的光磨。考虑光磨次数对表面质量的改善作用，所以在数学模型公式中引入光磨系数 K_{v2}、K_{p2}。$K_{v2} = 0.749$，$K_{p2} = 0.865$。

（3）冷却效果系数 K_{v3}、K_{p3} 金刚石砂轮磨削工程陶瓷时，磨削区的温度很高，可能会导致金刚石砂轮的石墨化，因此磨削过程中应尽量使用磨削液。实际上干磨和湿磨的磨削效果确实有较大差异，主要影响了陶瓷的磨削表面质量。故在模型中引入冷却系数 K_{v3}、K_{p3}，干磨时 $K_{v3}=K_{p3}=1$，试验求得加磨削液时 $K_{v3}=0.903$、$K_{p3}=0.699$。

将试验中得出的各项系数代入式（5-31）、式（5-32），即可得到氮化硅陶瓷磨削表面粗糙度的数学模型：

$$Rav = 86.72 \times 1.13 \times 0.749 \times 0.903 v^{-0.78} v_w^{0.2} f_r^{0.3} \tag{5-33}$$

$$Rap = 34.67 \times 1.21 \times 0.865 \times 0.699 v^{-0.91} v_w^{0.35} f_r^{0.18} \tag{5-34}$$

试验表明由式（5-33）、式（5-34）计算出的理论值和磨削表面实测值吻合得较好。

研究人员对 Cr 刚玉陶瓷建立了一个表面粗糙度 Ra 指标与磨削条件之间的经验模型：

$$Ra = 0.093 d^{0.369} v_w^{0.088} N^{0.049} \tag{5-35}$$

式中　　d——磨粒平均直径（μm）；

v_w——工件速度（mm/s）；

N——光磨次数。

从上式可以看出，砂轮磨粒粒度对表面粗糙度有显著影响。采用细颗粒的砂轮，减小磨削深度，有利于提高陶瓷零件的表面质量。

5.4.6　陶瓷材料磨削表面形貌各向异性表征

陶瓷材料磨削表面粗糙度往往存在着各向异性特征，这些特征是评定表面质量的重要指标。现有的粗糙度高度参数主要描述材料表面变化幅度，但难以表征各向同性/异性特征。图 5-25 所示为具有相同 Ra、Rq 和 Rz 的不同粗糙度轮廓，可见粗糙度参数也并不完全能够鉴别形貌特征。通常，评估各向异性的方法为多次测量沿不同方向的粗糙度参数，并通过对比分析进行表征，这种方式工作量大且评定结果不够全面。

固有特征反映着表面形貌空间变化速率，能够实现对各向异性特征的有效表征。评估差分能够对沿两个方向的各向异性特征进行鉴别，对于具有 n 个采样点的测量轮廓 $y(x)$，表面差分 $D(x_i)$ 为前后表面高度数据之差，依据图 5-26 可定义为

$$D(x_i) = y(x_{i+1}) - y(x_i) \qquad (1 < i < n)$$

陶瓷材料磨削表面上任意一点具有无数个曲率方向，固有曲率特征为平均曲率和高斯曲率，二者由最大曲率和最小曲率决定。根据微分几何思想，表面 $z = z(x, y)$ 第一类基本量 E、F、G 为

$$\begin{cases} E = 1 + p^2 \\ F = pq \\ G = 1 + q^2 \end{cases} \tag{5-36}$$

式中　$p = \dfrac{\partial z}{\partial x}$，$q = \dfrac{\partial z}{\partial y}$。

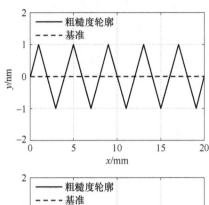

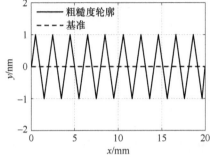

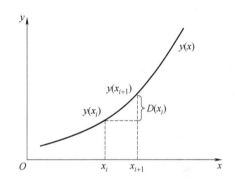

图 5-25　具有相同的 Ra、Rq 和 Rz 的不同粗糙度轮廓　　　　图 5-26　表面轮廓差分

表面第二类基本量 L、M、N 为

$$\begin{cases} L = \dfrac{r}{\sqrt{1+p^2+q^2}} \\[2mm] M = \dfrac{s}{\sqrt{1+p^2+q^2}} \\[2mm] N = \dfrac{t}{\sqrt{1+p^2+q^2}} \end{cases} \tag{5-37}$$

式中　$r = \dfrac{\partial^2 z}{\partial x^2}$，$s = \dfrac{\partial^2 z}{\partial x \partial y}$，$t = \dfrac{\partial^2 z}{\partial y^2}$。

由曲面 Weingarten 变换，主曲率 K 满足以下条件：

$$K^2 - \frac{LG - 2MF + NE}{EG - F^2} + \frac{LN - M^2}{EG - F^2} = 0 \tag{5-38}$$

平均曲率 H 为最大曲率 K_1 和最小曲率 K_2 的平均值，表示为

$$H = \frac{K_1 + K_2}{2} = \frac{LG - 2MF + NE}{2(EG - F^2)} \tag{5-39}$$

高斯曲率 G 为最大曲率 K_1 与最小曲率 K_2 之和表示为

$$G = K_1 + K_2 = \frac{LN - M^2}{EG - F^2} \tag{5-40}$$

曲率参数可对形貌特征进行有效鉴别，表 5-6 为典型表面曲率参数与各向异性特征。

表 5-6 典型表面曲率参数与各向异性特征

曲率参数	典型表面各向异性特征				
	球面	平面	椭球	柱面	鞍面
K_1	>0	=0	>0	>0	>0
K_2	>0	=0	>0	=0	<0
H	>0	=0	>0	>0	—
G	>0	=0	>0	=0	<0

5.5 陶瓷表面缺陷检测

5.5.1 陶瓷磨削表面无损检测技术

相较于内部缺陷，具有相同形状和尺寸的表面缺陷更易引起材料破坏，因此，对表面缺陷进行检测显得尤为关键。在陶瓷材料的无损检测中，主要目标是检测出可能对材料性能产生不利影响的裂纹、气孔、结块、夹杂等缺陷。这一任务的难度在于所需检测的缺陷通常微小到极致，其尺寸一般比金属或复合材料的缺陷小 1~2 个数量级。一般情况下，针对典型的结构陶瓷，为避免材料断裂，需要检测出 $60 \sim 600\mu m$ 范围内的缺陷；若需要预测缓慢裂纹生长的寿命，需要检测出 $20 \sim 200\mu m$ 的缺陷；而为了确保精密零部件的可靠性，则需要检测出 $1 \sim 30\mu m$ 的缺陷。

近年来，随着相关技术的迅速发展，新型的无损检测方法不断涌现，特别是超声检测和射线检测方法与其他技术的融合，以及人工智能、激光等技术与无损检测技术相结合，实现了复杂形面复合构件的超声扫描成像检测。同时，现代数字信号处理和人工神经网络技术在超声检测领域的应用，以及超声与断裂力学知识的结合，为材料构件的强度与剩余寿命评估提供了新的途径。这些进展极大地推动了无损检测技术的发展。在国外，工业发达国家的无损检测技术已经逐步从一般无损评价向自动无损评价和定量无损评价发展，即从 NDE（Non-Destructive Evaluating）向 ANDE（Automatic Non-Destructive Evaluating）和 QNDE（Quantitative Non-Destructive Evaluating）发展。目前，声学显微技术、光学显微技术、电子显微镜以及数字图像处理技术等相关技术都在陶瓷表面缺陷检测中得到了广泛应用。

1. 声学显微技术在陶瓷表面缺陷检测中的应用

声学显微技术是一种利用聚焦高频超声波（通常在 1MHz~2GHz 范围内），对物体表面、亚表面及其内部一定深度的微观结构进行显微成像和可视化观察的技术。

20 世纪 70 年代中期，美国斯坦福大学的 C. Quate 教授领导的科研小组，成功研制出世界上第一台利用声聚焦原理和机械式扫描系统的声成像设备——扫描声学显微镜（Scanning

Acoustic Microscope，SAM）。扫描声学显微镜的问世引起了全球学术界的广泛关注。经过几十年的发展，激光超声、扫描声学显微镜、扫描激光声学显微镜等技术取得了长足的进步。高频扫描声学显微镜的分辨率已经能够与传统光学显微镜相媲美。与此同时，中低频声学显微镜也得到了重要发展，并已广泛应用于多种高科技领域，包括陶瓷表面缺陷检测等。目前，采用激光等技术与无损检测技术相结合的超声扫描成像检测，成为国内外复合材料构件无损检测领域的前沿研究课题。

工程陶瓷缺陷的超声检测，其原理是当超声波进入物体并遇到缺陷时，部分声波会产生反射和散射。通过分析反射和散射波，接收器能够精确地检测出缺陷。以电器开关触头检测的专用设备为例，水浸超声 C 扫描成像无损检测系统的工作原理如图 5-27 所示。通过对大量开关电器电触头的检测，已证明检测结果与实际缺陷界面基本一致。

扫描激光声学显微镜主要用于对航空、航天领域重要部位陶瓷构件的检测。该技术对表面线状缺陷的检测能力较强，可以检测到宽度为 $20\mu m$、深度为 $10\mu m$ 的微小裂纹，同时对体积缺陷和内部裂纹也具有良好的检测能力。其现场实用性和实现自动化的优势显著。目前，Roth 等人利用扫描激光声学显微技术检测了内部裂纹，并评价了检测表面空穴的可靠性。超声波频率为 100MHz，可检测的缺陷最大深度为 2mm。

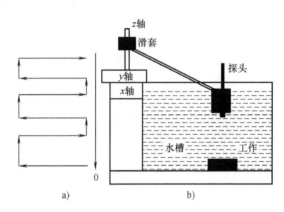

图 5-27　水浸超声 C 扫描成像无损检测系统示意图

a）C 扫描路径　b）C 扫描时探头和扫描器的位置

Sun 等人使用扫描激光声学显微技术检测出氮化硅表面和亚表面损伤的二维的数字图像，在对试件进行不同深度的研磨和测量后，表明在激光扫描采集的缺陷特征和显微镜下观察的表面/亚表面的缺陷和损伤有关，裂纹产生于缺陷密度最大的部位。这项研究表明激光扫描技术可以预测裂纹的产生，这为表面裂纹的检测打下了基础。

2. 光学、电子显微镜技术在陶瓷表面缺陷检测中的应用

陶瓷表面常见的缺陷包括细微的裂纹、凹坑和孔隙，这些缺陷用肉眼无法识别，因此需要采用显微技术来获取陶瓷表面的图像。光学显微检测是人类最早掌握的显微技术之一，它具有简单易行的特点。

扫描电子显微镜（SEM）是发展较快的一种先进电子光学仪器。目前最先进的场发射扫描电子显微镜具有 1nm 的分辨率和几十万倍的放大倍数。与光学显微镜不同，扫描电子显微镜的成像原理是通过细聚焦高压电子束在材料样品表面扫描时激发产生某些物理信号并调制成像，类似于电视摄影的显像方式。目前，SEM 技术已经广泛应用于陶瓷断面缺陷和表面晶相结构的分析。

3. 数字图像处理技术在表面缺陷检测中的应用

数字图像处理技术是 20 世纪 60 年代发展起来的一门新兴学科。最早的应用是 20 世纪 60 年代美国喷气推进实验室使用数字计算机对大批月球照片进行数据处理，得到了清晰的图像。随着半导体集成电路技术和计算机技术的迅速发展，离散数学理论的创立和完善，以及军事、医学、工业等应用需求的增长，数字图像处理的理论和方法进一步完善，使该技术在各个领域得到了广泛的应用。在工业上，数字图像处理技术的应用是实现产品质量监控和故障诊断的最有效方法之一，如飞行器表面裂纹检测系统、道路表面裂纹自动检测系统、苹果表面缺陷自动检测系统及陶瓷磨削表面损伤检测等。

5.5.2 陶瓷表面的加工损伤特征

工程陶瓷磨削加工中热应力、加工应力等的综合作用，将导致陶瓷表面/亚表面加工损伤，表面品质、断裂韧度和抗弯强度下降，使零件过早损坏。加工损伤可分为裂纹和破碎两大类。

1. 表面裂纹损伤

在陶瓷磨削加工时，常见的鳞状和细长型的裂纹如图 5-28 所示。

图 5-28 磨削表面的裂纹损伤图片（光学显微镜×150）

2. 表面破碎损伤

导致陶瓷材料产生破碎面的原因是多方面的，可以把陶瓷材料中的破碎面大致分为非本征破碎和本征破碎两大类。非本征破碎主要是在材料运输、装配及使用过程中由于外力及环境作用而产生的损伤，如由于相变、热冲击、腐蚀、氧化等原因而产生的损伤；本征破碎是指在材料制作过程中引进的损伤，包括气孔、夹杂、分层以及由于各种原因导致的内部裂纹，进一步扩展形成的破碎面等。在材料在制作后期，进行机械加工时引起的表面损伤，也应该属于本征破碎，如图 5-29 所示。

图 5-29 陶瓷加工表面的部分破碎损伤（光学显微镜×150）

5.5.3 陶瓷表面损伤的机器视觉检测技术

目前，基于机器视觉的缺陷检测方法可以分为传统机器视觉和基于深度学习的在线检测方法两类。传统机器视觉方法精确度高、效率高，被广泛应用于各种材料表面的检测。目前有学者采用基于对比度调整中值阈值的 OTSU 方法检测高分辨率铝表面缺陷。另有学者采用 Gabor 滤波和二值化方法来提取缺陷的形状。然而传统的缺陷检测方法存在项目周期长、鲁棒性差、检测效率低、检测精度低等缺点。

陶瓷表面损伤的机器视觉检测的主要步骤包括：

（1）图像获取 完成陶瓷表面的 SEM 图像的采集与存储。

（2）图像预处理 包括灰度转换、直方图均衡、平滑去噪等图像增强处理。图像增强处理使得图像动态范围加大、图像对比度扩大、图像清晰、特征明显，有利于图像的分析和识别。

（3）图像分割中的阈值选取 这是整个检测算法的关键，这一步的处理效果将决定整个检测结果的精度。根据所得的表面图像的特点和损伤类型，首先采用经验观察与算法相结合的阈值分割技术，将完整表面和破碎表面分割开来；然后进行特征检测，开发细化算法，提取边缘特征，完成对裂纹、脆断凹坑等损伤类型的识别。

（4）评价指标 在得到图像的特征边缘轮廓二值图像后，用局部特征和宏观表征参数指标来确定损伤和缺陷的个数、种类、位置等，从而定量描述加工表面图像的损伤程度和类型。

SEM 拍摄出来的图像，往往含有加性高斯白噪声等噪声源，还包含检测对象以外的背景像素，这将严重影响图像的质量，并给后续的处理和分析工作带来困难，因此需要对其进行预处理。为了提高缺陷的检出率，笔者使用了一种称为对比度限制自适应直方图均衡化的图像增强技术来增强图像中存在缺陷的可见性。如图 5-30 所示，损伤在经过增强后的图像中比原始图像中明显得多。

图像对比度增强后，在每一张图像中使用中值滤波以去除噪声。中值滤波作为一种有效的降噪方法，可在有效去除噪声的同时保持图像中的细节。它是一种非线性滤波，其原理是

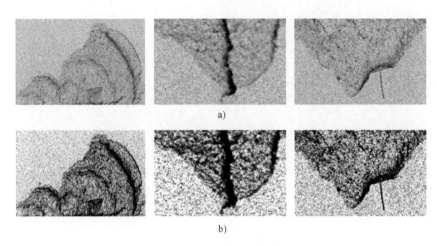

图 5-30　图像增强

a）原始图像　b）对比度增强图像

邻域中所有像素的值由小到大排序，中间值作为中心像素的输出值。在中值滤波中，使用具有奇数个点的移动窗口，用窗口每个点的中间值替换窗口中心点的值。中值滤波不同于均值滤波，它不是通过对邻域中的所有像素点进行平均来消除噪声，而是让灰度值与周围像素点相差比较大的像素点取一个接近周围像素点灰度值的值，从而达到消除噪声的目的，在本书中被用来去除椒盐噪声。

通过损伤检测网络预测出的图像，需要通过二值化过程进行分割。这表示需要通过选择合适的阈值来将图像划分成黑白两色。损伤区域一般包括两个相邻区域灰度的突变，可基于这两个区域的均值提取适当的阈值。OTSU 算法作为一种非参数和无监督的图像分割阈值自动选择方法，可通过自适应的方法来找到适当的阈值，因其计算简单、稳定性好、运算速度快而广泛应用于缺陷图像分割任务中。该算法以聚类方差最大为准则选择最佳阈值，解决了传统阈值分割方法对复杂图像抗噪性差、分割效果差的问题。

在经过 OTSU 算法进行阈值分割后，图像中会出现一些细小的噪点。为了去除这些干扰信息，一种叫作闭合运算的技术由式（5-41）计算得出，这是一种标准的数学形态学算子，采用了一些形态学变换，如膨胀和侵蚀。数学形态学通常用于根据几何结构的类型和随机函数来处理几何结构，许多形态变换都是从基本的形态操作（如膨胀和侵蚀）构建的：

$$A \cdot B = (A \oplus B) \,!\, B \tag{5-41}$$

式中　$\oplus$——膨胀运算符；

　　　$!$——侵蚀运算符。

图像的边缘检测本质上是对不相关数据的实质性拒绝（substantial rejection），同时完全保留图像的结构属性。Sobel 算子是边缘检测领域中的一种重要算法，它主要通过计算每个像素周围的加权差值达到极值来判断边缘。

运算符包含两组矩阵：水平矩阵和垂直矩阵。通过将其与图像在平面内卷积，可以导出水平和垂直的亮度差近似：

$$G_x = \begin{bmatrix} -1 & 0 & 1 \\ -2 & 0 & 2 \\ -1 & 0 & 1 \end{bmatrix} * A, G_y = \begin{bmatrix} 1 & 2 & 1 \\ 0 & 0 & 0 \\ -1 & -2 & -1 \end{bmatrix} * A \tag{5-42}$$

式中　A——原始图像；

　G_x 和 G_y——水平和垂直边缘检测之后的图像的灰度值。

　　Sobel 边缘检测算子计算如下：

$$G_x = [f(x+1,y-1) + 2f(x+1,y+1) + f(x+1,y+1)] - \\ [f(x-1,y-1) + 2f(x-1,y) + f(x-1,y+1)] \tag{5-43}$$

$$G_y = [f(x-1,y-1) + 2f(x,y-1) + f(x+1,y-1)] - \\ [f(x-1,y+1) + 2f(x,y+1) + f(x+1,y+1)] \tag{5-44}$$

$$G = G_x + G_y \tag{5-45}$$

式中　$f(a, b)$——(a, b) 的灰度值。

5.5.4　深度学习在陶瓷表面缺陷检测中的应用

　　基于深度学习的检测技术通过训练大量样本来提取特征，以规避传统检测方法的缺点，其主要技术包括目标检测、迁移学习、语义分割等方法。许多基于缺陷的检测系统能够自动检测材料表面裂纹或其他类型的损伤，这些方法可以有效区分有损伤和无损伤区域之间的差别。后来有学者引入了迁移学习方法，该方法具有来自几何相似数据集的完全预训练的权重，提高了表面损伤检测的准确性。针对结构中微小裂缝的图像细节信息和小目标信息过早丢失的问题，也有学者提出了一种基于 Deeplab V3+网络架构的自适应注意力机制图像语义分割算法，可实现更高的分类精度，并能够准确地定位缺陷区域。上述方法大多关注使用工业相机即可获得的较明显缺陷，而对于材料表面微介观组织结构、晶粒分布和截面特性分析是探究材料损伤机理的关键。研究人员通过扫描电子显微镜（SEM）显微成像工具对复杂胶凝材料的微观结构进行了评价，采用中值和自适应盒滤波器进行增强和去噪处理，实现了对微裂纹的量化。另有学者提出了一种基于 SEM 和深度学习的定量方法来识别花岗岩的微观破坏机制，此方法可以获得损伤表面上拉伸和剪切断裂的分布。

　　表面缺陷检测试验的主要训练步骤如下：首先，从 SEM 拍摄的试样在试验过程中产生的损伤中获得数据集，采集图像的分辨率为 1028×1028，数据集中有 1367 幅图像。为提高模型训练效果，通过随机翻转和随机旋转数据增强后数据集中共有 2734 幅图像。在本文的数据集中，每个缺陷图像包含至少一个缺陷，有些图像包含多个不同尺度的缺陷，以确保训练好的检测模型能够适应复杂的检测。选择 LabelImg 标注软件对样本进行注释，生成 xml 格式的文件，该数据集中共有两种缺陷类型，即缺陷（Defect）和裂痕（Crack）。整个数据集以 PASCAL VOC 格式处理。

　　将标记好的数据集输入 YOLOv5 网络模型。之后，选择模型训练的初始化参数，开始网络的模型训练。训练结束后，生成一个权重文件来保存模型信息。最后，将权重文件加载到网络模型中进行图像检测,如图 5-31 所示。

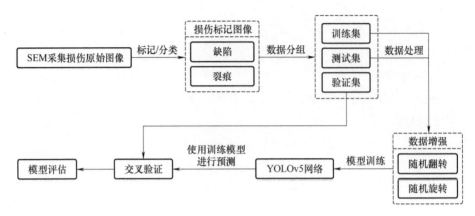

图 5-31　模型训练流程图

使用 YOLOv5 检测表面缺陷的程序如下:

1）利用更高分辨率的 SEM 采集氮化硅表面有缺陷和裂纹的图片。

2）使用 LabelImg 工具对这些图像上出现的 Si_3N_4 缺陷进行处理,用矩形框精确框出缺陷并标记类别。

3）将处理后的图像按一定比例划分为训练集、测试集和验证集;将训练集和验证集放入 YOLOv5 模型中进行训练和验证;利用测试集对模型训练效果进行测试。

5.5.5　工程陶瓷表面加工损伤检测与评价

对损伤进行图像分割、特征提取和检出处理后,为实现机器视觉系统的自动评价,需要将几何形状特征与损伤程度结合起来,以区分不同的损伤和缺陷。为了进一步获取图像中损伤和缺陷的相关特征,需要对损伤和缺陷进行识别和分类。在目标物的识别过程中,需要按顺序对二值图像进行标记,分离各损伤和缺陷,获取损伤轮廓信息,提取形状特征参数并进行形状判别,最终完成对缺陷特征及程度的统计。

（1）工程陶瓷加工表面损伤特征分类　在陶瓷加工表面损伤分析的基础上,对表面损伤形式进行定量的区分,可选定以下三个评价指标,用来定量区分陶瓷加工表面的缺陷类型:

1）圆形度,用字母 C 来表示。圆形度等于图形周长的平方与面积之比,用来刻画损伤边界的复杂程度。C 值越大,边界形状越复杂。

2）长宽比,用字母 r 来表示。长宽比等于图形的最长轴与最短轴之比,显然其反映损伤区域的长宽比例,利用 r 可区分细长、圆形类的损伤。

3）裂纹度,用字母 F 来表示。裂纹度是面积与周长的比值,区分裂纹和其他损伤和缺陷。裂纹、半圆、圆、复杂形状损伤的裂纹度 F 依次增大。

在测试分析的基础上,确定特征指标适当的阈值 ξ 作为划分裂纹和崩碎的标准。表 5-7 是通过建立的隶属度函数,计算分析提取的表面特征的类别,实现表面缺陷的分类。

表 5-7 损伤特征分类

提取特征				
圆形度	199. 3100	178. 3025	130. 6667	20. 4967
长宽比	6. 7584	4. 0844	4. 4768	1. 3566
裂纹度	6. 8386	1. 1553	0. 7728	2. 7321
分类结果	崩碎+裂纹	裂纹	裂纹	崩碎

（2）工程陶瓷加工表面损伤程度评价　表面破碎率作为工程陶瓷加工表面损伤程度评价的指标，不仅可以定量评价加工表面损伤程度，而且对研究陶瓷材料的去除机制也有重要的意义。本书对破碎率做如下的定义：表面破碎率是材料表面脆断面在平行于材料自由表面上的投影面积与材料自由表面面积之比，即

$$D_s = \frac{S_c}{S}$$

式中　D_s——表面破碎率；

S_c——脆断面在平行于材料自由表面上的投影面积；

S——材料自由表面面积。

陶瓷磨削表面破碎面的形状复杂，极不规则，必须先用计算机对观测图像进行处理，将破碎面与完好表面区分开，再对陶瓷磨削表面破碎率进行计算，检测结果见表 5-8。表 5-9是不同加工条件下陶瓷表面破碎率的检测结果。

表 5-8 原始图像破碎率

原始图像	二值图	破碎率（%）
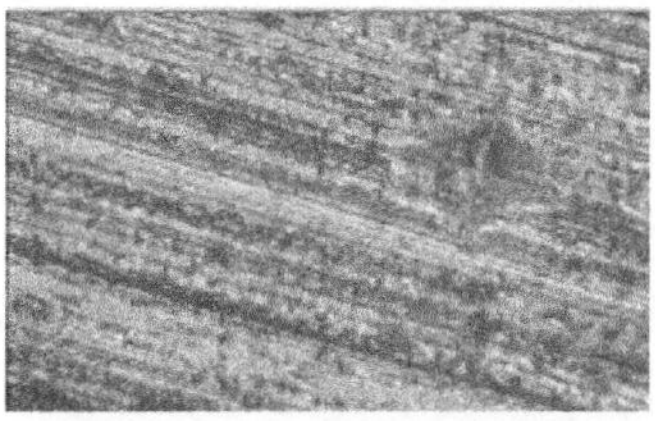	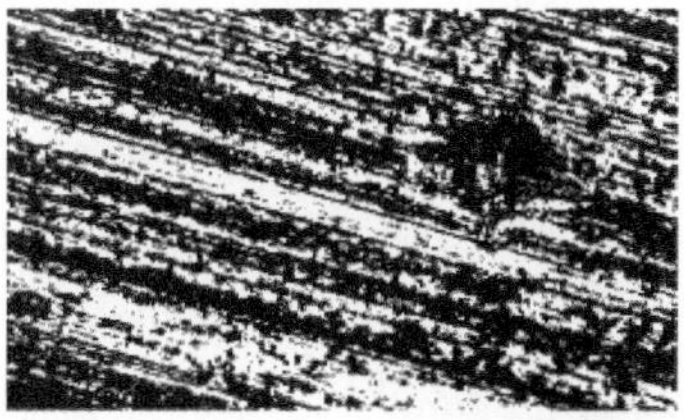	59. 23
	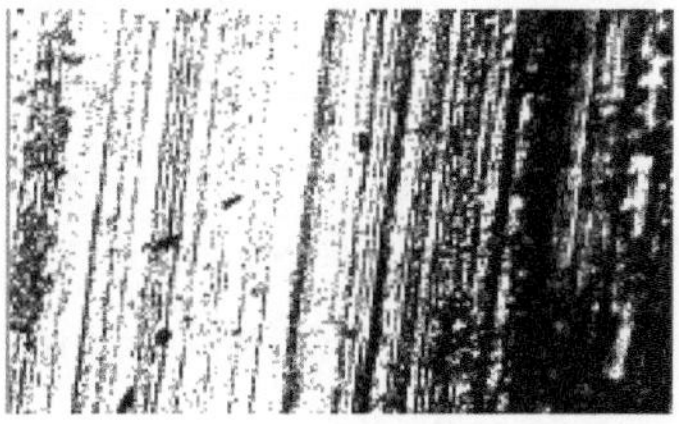	40. 49

（续）

原始图像	二值图	破碎率（%）
		50.74

表 5-9　工程陶瓷在各种加工条件下的破碎率

砂轮型号	砂轮转速/（r/min）	工件速度/（m/s）	氮化硅		氧化锆		氧化铝	
			切削深度/μm	表面破碎率（%）	切削深度/μm	表面破碎率（%）	切削深度/μm	表面破碎率（%）
240	1200	0.25	127	17.1	133	20.3	125	24.6
			56	19.5	55	30.61	52	33.1
			34	15.3	36	25.33	33	30.31
			13	12.5	12	17.13	10	25.96
			5	10.8	7	12.55	5	12.23
	600	0.25	34	19.7	36	31.2	33	34.21
	1800			10.3		18.6		25.34
	1200	0.13		17.5		28.36		32.5
		0.43		13.2		21.57		28.47
80	1200	0.25		17.6		31.55		36.63
320	1200	0.25		9.7		13.69		19.6

<h1 align="center">参 考 文 献</h1>

[1] 李小雷，王红亮，曹新鑫，等. 高压烧结 AlN 陶瓷的残余应力研究 [J]. 功能材料，2018，49（07）：7121-7124.

[2] GROTH B P, LANGAN S M, HABER R A, et al. Relating Residual Stresses to Machining and Finishing in Silicon Carbide [J]. Ceramics International, 2016, 42 (1, Part A)：799-807.

[3] YAN H, DENG F, QIN Z, et al. Effects of Grinding Parameters on the Processing Temperature, Crack Propagation and Residual Stress in Silicon Nitride Ceramics [J]. Micromachines, 2023, 14 (3)：666.

[4] DENG X S, ZHANG F L, LIAO Y L, et al. Effect of Grinding Parameters on Surface Integrity and Flexural Strength of 3Y-TZP Ceramic [J]. Journal of the European Ceramic Society, 2022, 42 (4)：1635-1644.

[5] SONG W, XU C, PAN Q, et al. Nondestructive Testing and Characterization of Residual Stress Field Using an Ultrasonic Method [J]. Chinese Journal of Mechanical Engineering, 2016, 29 (2)：365-371.

[6] 闫帅，林彬，陈经跃. 基于快速面探测方法的碳化硅表面残余应力测量 [J]. 金刚石与磨料磨具工程，2018，38（06）：80-85.

［7］ WANG L, WANG Y, SUN X G, et al. Finite Element Simulation of Residual Stress of Double-ceramic-layer La2Zr2O7/8YSZ Thermal Barrier Coatings Using Birth and Death Element Technique ［J］. Computational Materials Science, 2012, 53 （1）: 117-127.

［8］ ZHANG S, YANG H, GAO K, et al. Residual Stress and Warpage of AMB Ceramic Substrate Studied by Finite Element Simulations ［J］. Microelectronics Reliability, 2019, 98: 49-55.

［9］ CHEN Q, ZHAO F, JIA J, et al. Multiscale Simulation of Elastic Response and Residual Stress for Ceramic Particle Reinforced Composites ［J］. Ceramics International, 2022, 48 （2）: 2431-2440.

［10］ RAJABI M, ABOUTALEBI M R, SEYEDEIN S H, et al. Simulation of Residual Stress in Thick Thermal Barrier Coating (TTBC) during Thermal Shock: A Response Surface-finite Element Modeling ［J］. Ceramics International, 2022, 48 （4）: 5299-5311.

［11］ GARCÍA NAVAS V, FERRERES I, MARAÑÓN J A, et al. Electro-discharge Machining (EDM) versus Hard Turning and Grinding—Comparison of Residual Stresses and Surface Integrity Generated in AISI O1 Tool Steel ［J］. Journal of Materials Processing Technology, 2008, 195 （1）: 186-194.

［12］ RAMESH A, MELKOTE S N, ALLARD L F, et al. Analysis of White Layers Formed in Hard Turning of AISI 52100 steel ［J］. Materials Science and Engineering: A, 2005, 390 （1）: 88-97.

［13］ TONG J, ZHAO B, YAN Y. Research on Chip Formation Mechanisms of NanoComposite Ceramics in Two-Dimensional Ultrasonic Grinding ［J］. Key Engineering Materials, 2009, 416: 614-618.

［14］ 田欣利, 徐燕申, 彭泽民, 等. 陶瓷磨削表面变质层的产生机理 ［J］. 机械工程学报, 2000 （11）: 30-32.

［15］ ZHANG B. Surface Integrity in Machining Hard-brittle Materials ［J］. Journal of Japan Society for Abrasive Technology, 2003, 47 （3）: 131-134.

［16］ STRASBERG M, BARRETT A A, ANUSAVICE K J, et al. Influence of Roughness on the Efficacy of Grazing Incidence X-ray Diffraction to Characterize Grinding-induced Phase Changes in Yttria-tetragonal Zirconia Polycrystals (Y-TZP) ［J］. Journal of Materials Science, 2014, 49 （4）: 1630-1638.

［17］ 王西彬, 李相真. 结构陶瓷磨削表面的残余应力 ［J］. 金刚石与磨料磨具工程, 1997 （06）: 1, 18-22.

［18］ KHODAII J, BARAZANDEH F, REZAEI M, et al. Influence of Grinding Parameters on Phase Transformation, Surface Roughness, and Grinding Cost of Bioceramic Partially Stabilized Zirconia (PSZ) Using Diamond Grinding Wheel ［J］. The International Journal of Advanced Manufacturing Technology, 2019, 105 （11）: 4715-4729.

［19］ MA C, LI Y. Modeling of Phase Transition in Fabrication of Polymer-derived Ceramics (PDCs) ［J］. International Journal of Computational Materials Science and Engineering, 2022, 11 （02）: 215-232.

［20］ 何宝凤, 魏翠娥, 刘柄显, 等. 三维表面粗糙度的表征和应用 ［J］. 光学精密工程, 2018, 26 （08）: 1994-2011.

［21］ 马廉洁, 陈景强, 王馨, 等. 切削加工表面粗糙度理论建模综述 ［J］. 科学技术与工程, 2021, 21 （21）: 8727-8736.

［22］ 王晓强, 李艳娜, 崔凤奎, 等. 基于二代小波的表面粗糙度信息提取 ［J］. 河南科技大学学报（自然科学版）, 2015, 36 （03）: 14-17.

［23］ HE G, WANG H, SANG Y, et al. An Improved Decomposition Algorithm of Surface Topography of Machining ［J］. Machining Science and Technology, 2020, 24: 1-29.

［24］张玲，郑国磊，杨荣荣. 异性分形表面合成方法及表面特性研究［J］. 机械工程学报，2019，55（21）：118-126.

［25］周超，黄健萌，高诚辉. 各向异性分形表面建模研究［J］. 中国机械工程，2015，26（08）：1019-1023.

［26］葛世荣，朱华. 摩擦学的分形［M］. 北京：机械工业出版社，2005.

［27］邹文栋，黄长辉，欧阳小琴，等. 合金韧窝断口微观形貌的扫描白光干涉三维检测重构及 Motif 表征［J］. 机械工程学报，2011，47（10）：8-13.

［28］WHITEHOUSE D J. Function Maps and the Role of Surfaces［J］. International Journal of Machine Tools and Manufacture, 2001, 41（13）：1847-1861.

［29］于爱兵，林彬，徐燕申，等. 工程陶瓷珩磨加工表面质量［J］. 中国机械工程，1998（01）：26-28.

［30］杨亮，蔡桂喜，刘芳，等. 碳纤维复合材料制孔结构超声无损检测及评价［J］. 中国机械工程，2023，34（19）：2327-2332.

［31］李江澜. 机械零件表面缺陷的激光超声检测技术［J］. 激光杂志，2019，40（07）：24-27.

［32］HSIEH Y-A, TSAI Y J. Machine Learning for Crack Detection：Review and Model Performance Comparison［J］. Journal of Computing in Civil Engineering, 2020, 34（5）：04020038.

［33］BAI X, ZHANG Z, SHI H, et al. Identification of Subsurface Mesoscale Crack in Full Ceramic Ball Bearings Based on Strain Energy Theory［J］. Applied Sciences, 2023, 13（13）：7783.

［34］LANG X, REN Z, WAN D, et al. MR-YOLO：An Improved YOLOv5 Network for Detecting Magnetic Ring Surface Defects［J］. Sensors, 2022, 22（24）：9897.

［35］WIN M, BUSHROA A R, HASSAN M A, et al. A Contrast Adjustment Thresholding Method for Surface Defect Detection Based on Mesoscopy［J］. IEEE Transactions on Industrial Informatics, 2015, 11（3）：642-649.

［36］JEON Y-J, CHOI D-C, YUN J P, et al. Detection of Periodic Defects Using Dual-Light Switching Lighting Method on the Surface of Thick Plates［J］. ISIJ International, 2015, 55（9）：1942-1949.

［37］SABERIRONAGHI A, REN J, EL-GINDY M. Defect Detection Methods for Industrial Products Using Deep Learning Techniques：A Review［J］. Algorithms, 2023, 16（2）：95.

［38］KAHRAMAN Y, DURMUŞOĞLU A. Deep Learning-based Fabric Defect Detection：A Review［J］. Textile Research Journal, 2023, 93（5-6）：1485-1503.

［39］REN Z, FANG F, YAN N, et al. State of the Art in Defect Detection Based on Machine Vision［J］. International Journal of Precision Engineering and Manufacturing-Green Technology, 2022, 9（2）：661-691.

［40］CHEN N, SUN J, WANG X, et al. Research on Surface Defect Detection and Grinding Path Planning of Steel Plate Based on Machine Vision［C］//2019 14th IEEE Conference on Industrial Electronics and Applications（ICIEA），2019：1748-1753.

［41］LI J, SU Z, GENG J, et al. Real-time Detection of Steel Strip Surface Defects Based on Improved YOLO Detection Network［J］. IFAC-PapersOnLine, 2018, 51（21）：76-81.

［42］ZHANG C, CHANG C, JAMSHIDI M. Concrete Bridge Surface Damage Detection Using a Single-stage Detector［J］. Computer-Aided Civil and Infrastructure Engineering, 2020, 35（4）：389-409.

［43］ZHU Y, TANG H. Automatic Damage Detection and Diagnosis for Hydraulic Structures Using Drones and Artificial Intelligence Techniques［J］. Remote Sensing, 2023, 15（3）：615.

［44］GÁBRIŠOVÁ Z, ŠVEC P, BRUSILOVÁ A. Microstructure and Selected Properties of Si_3N_4+SiC Composite

〔J〕. Manufacturing Technology, 2020, 20 (3): 293-299.

[45] YU F L, BAI Y, DU J, et al. Study on Microstructure and Mechanical Properties of Porous Si_3N_4 Ceramics 〔J〕. Materials Science Forum, 2012, 724: 241-244.

[46] AHAMAD M S S, MAIZUL E N M. Digital Analysis of Geo-Referenced Concrete Scanning Electron Microscope (SEM) Images 〔J〕. Civil and Environmental Engineering Reports, 2020, 30 (2): 65-79.

[47] LI D, LIU Z, ZHU Q, et al. Quantitative Identification of Mesoscopic Failure Mechanism in Granite by Deep Learning Method Based on SEM Images 〔J〕. Rock Mechanics and Rock Engineering, 2023, 56 (7): 4833-4854.

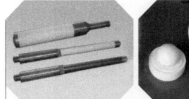

第6章

陶瓷精密零件的应用

6.1 陶瓷精密零件在能源领域的应用

6.1.1 陶瓷精密零件在电池领域的应用

1. 概述

随着可再生能源和电动汽车需求的日益增加，高性能和安全的电池技术变得至关重要，陶瓷材料以其优异的热稳定性、高离子导电性和良好的电化学稳定性，在电池产品中有着多样化的应用，扮演了不可或缺的角色。随着技术的进步，陶瓷材料在电池领域的应用将进一步扩展。科研人员正在探索更多种类的陶瓷材料以适应不同类型的电池技术，例如锂硫电池和锂空气电池。此外，随着成本的进一步降低和制造技术的进步，陶瓷材料有望在电池市场中占据更大份额。

2. 陶瓷材料在电池固态电解质中的应用

陶瓷材料作为固态电解质，是指使用陶瓷材料来代替传统的液态或凝胶态电解质，用于各种电池系统，尤其是锂离子电池和固态电池中。其电池结构如图 6-1 所示。这种技术的开发主要是为了解决液态电解质在安全性、能量密度和温度稳定性方面的局限性。

陶瓷固态电解质主要包括氧化物和硫化物两大类。氧化物如锂镧锆氧化物（LLZO）和锂磷酸盐（LIPON）等，硫化物如硫化锂（$Li_2S-P_2S_5$）等，这些材料都具有良好的离子导电性和电化学稳定性。与液态电解质相比，固体电解质有以下显著优势：

（1）安全性　陶瓷固态电解质不含易

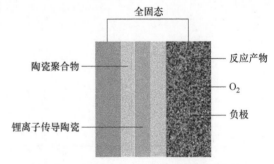

图 6-1　陶瓷固态电解质电池结构示意图

燃易爆的有机溶剂，因此在过充、短路或高温等极端条件下比液态电解质电池更安全。

（2）能量密度　固态电解质可以与金属锂负极直接接触，从而使电池的理论能量密度

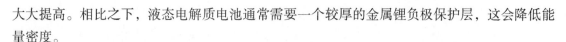

大大提高。相比之下，液态电解质电池通常需要一个较厚的金属锂负极保护层，这会降低能量密度。

（3）温度稳定性　固态电解质可以在更宽的温度范围内稳定工作，而液态电解质的性能会随温度的变化而大幅度波动。

（4）寿命　固态电解质电池因为没有液体泄漏的风险，且能有效阻止锂枝晶的形成，从而拥有更长的使用寿命。

美国 QuantumScape 公司专注于陶瓷材料开发下一代固态电池技术，从 2010 年成立到 2020 年，公司公布了其电池的一些性能数据，表示其固态电池技术已经取得了显著进展。QuantumScape 计划在未来几年内开始生产。此外，韩国三星和日本村田制作所等公司正在开发利用 LLZO 作为电解质的全固态电池，以提高电动汽车电池的安全性和能量密度。

3. 陶瓷材料在高性能电池隔膜中的应用

陶瓷材料作为电池隔膜的技术主要涉及使用陶瓷基材料构造电池内部的隔离层，这一层旨在防止电池正负极直接接触而发生短路，同时允许离子通过以完成电池的充放电过程。这项技术在提高电池安全性、稳定性和寿命方面显示出显著的优势，特别是在高能量密度和高功率应用中。采用陶瓷涂层的隔膜也能够增强电池在高温运行时的稳定性和安全性，防止电池短路和过热。

陶瓷隔膜通常由细小的陶瓷颗粒构成，这些颗粒可以是氧化物（如氧化铝、氧化锆）或非氧化物（如氮化硅、碳化硅）。这些材料具有高的化学稳定性和良好的热稳定性。与传统的聚合物或复合隔膜相比，陶瓷隔膜展现出更高的化学惰性、优秀的热稳定性和机械强度，特别是在高温条件下能够保持稳定性，从而提高电池的安全性。

与传统聚合物隔膜相比，陶瓷隔膜具有以下显著优势：

（1）安全性　陶瓷隔膜因为其高热稳定性，在电池过热时不易熔化或收缩，因此比聚合物隔膜能更有效地防止短路，显著提升电池安全性。

（2）温度适应性　陶瓷隔膜能在更广泛的温度范围内工作，包括极低温和极高温环境，而传统聚合物隔膜在极端温度下性能大幅下降。

（3）寿命和循环性能　陶瓷隔膜的化学稳定性和机械强度有助于提高电池的循环稳定性和寿命，尤其在高充放电速率下。

三星和 LG 等公司在其电池产品中引入了陶瓷涂层隔膜技术，以增强电池的安全性和稳定性。

4. 阳极和阴极材料

陶瓷材料作为电池阳极和阴极材料的技术主要涉及使用特定的陶瓷化合物来提高电池的能量密度、稳定性和寿命。这些材料通过提供高效的离子传输路径和稳定的电化学反应界面，有望替代传统的金属氧化物和碳基材料。

（1）阳极材料　在锂离子电池中，常见的陶瓷阳极材料包括钛酸锂（$Li_4Ti_5O_{12}$，LTO）等。LTO 因其零应变特性而被广泛用作电池的阳极材料，这意味着锂离子嵌入和脱出过程几乎不会引起材料体积的变化，从而提高电池的循环稳定性和寿命。

（2）阴极材料　陶瓷阴极材料主要包括锂铁磷酸盐（$LiFePO_4$，LFP）和锂镍锰钴氧化物（$LiNiMnCoO_2$，NMC）等。这些材料提供了高的能量密度和稳定的电化学性能。

此项技术已经非常成熟，并开展大规模商用。如：特斯拉与松下合作，针对其电动汽车，特别是 Model S 和 Model X 系列，使用了采用锂铁磷酸盐作为阴极材料的电池。特斯拉在 2020 年开始在中国市场的部分 Model 3 电动汽车上使用 LFP 电池。

在大型电网储能系统中，使用陶瓷阴极材料（如 $LiFePO_4$）的电池因其优异的热稳定性和长期稳定的电化学性能，成为首选方案之一。比亚迪研发 BYD Battery-Box 大型储能系统广泛采用了 $LiFePO_4$ 作为阴极材料的电池。

6.1.2　陶瓷精密零件在光伏领域的应用

在现代光伏领域，陶瓷材料因其独特的物理和化学特性而显著提升了太阳电池的性能与效率。透明陶瓷和其他陶瓷精密零件因具备高温稳定性、优异的机械强度、良好的化学和环境稳定性，以及出色的光学特性，成为光伏系统中不可或缺的组成部分。下面将详细探讨这些材料在光伏技术中的多种应用。

1. 透明陶瓷在光伏电池中的应用

透明陶瓷如氧化铟锡（ITO）和氧化锌（ZnO）在光伏电池中主要用作透明导电膜。这些膜使光线能够穿透同时提供必要的电导性，对制造高效率的太阳电池至关重要。这种透明导电膜具备高透光性和电导率，优化了光的捕获和电子的收集效率，特别是在异质结（HJT）和钙钛矿型太阳电池中，它们还被用作光学耦合层和抗反射层。通过降低反射损失并优化光线的引导，电池的光电转换效率得到显著提高。

2. 光伏面板的保护层与结构组件

透明陶瓷和其他陶瓷材料在光伏面板的设计中扮演了双重角色。一方面，它们可以作为外层保护层，保护电池免受物理损害和环境侵害，如灰尘、水分和其他可能导致性能退化的因素。透明陶瓷层具有高抗冲击性和抗刮擦性，且能够承受长期的紫外线和温度暴露而不退化，为电池提供了坚固的防护。另一方面，陶瓷精密零件因其高机械稳定性和耐用性，常被用作电池组件的支撑结构，确保电池长期稳定运行。

3. 热管理与高温应用

陶瓷材料的低热膨胀系数和良好的热隔离性能对光伏组件的热管理至关重要。在高温光伏应用，如聚光太阳能系统中，陶瓷能够有效管理内部温度，防止热应力和结构疲劳的发生。此外，陶瓷的高热稳定性允许光伏设备在高达 1000℃ 的温度下操作，无须担心材料的退化或性能损失。

4. 光热转换和储能

在光热转换系统中，透明陶瓷材料用于集热器的窗口材料，帮助捕获和聚焦阳光以产生热能。这些材料的高耐热性和优良的光学性能使其在高温环境下有效转换太阳能为热能，这些热能可以用于供暖或产生蒸汽驱动涡轮发电。

5. 环境耐受性

陶瓷材料的化学和环境稳定性使其在户外或恶劣环境中的光伏设施中特别有价值。这些材料能抵抗各种气候条件的侵袭，包括高湿、高盐雾和极端温度变化，长期保持力学和光学性能。一些公司如 First Solar 使用了陶瓷材料来增强其光伏模块的耐久性和稳定性，尤其是在极端气候条件下的应用。

6.1.3 陶瓷精密零件在核能设备中的应用

随着世界能源紧缺以及化石燃料引发的环境污染及碳排放等问题的日益突出，人们开始寻求高效、清洁、稳定的新型能源，而核能的利用是解决当代能源紧张状况的重要途径，利用核能技术可以获得巨大的能量，以供发电、供热等用途。但核能利用在高收益的同时也伴随着高风险，日本福岛事故后，人们对核能系统安全性的要求日益重视，新一代核能技术更是把核安全问题放在首位。由于核能反应时的环境十分恶劣，如极高的温度、极高的压力、极大的腐蚀性与辐射性，因此新一代核能系统为了实现更高的安全性、更好的经济性、更少的核废物排放，对核反应堆服役材料提出了严格的要求。新一代核能系统所用的材料需要具备更好的力学性能、热物理性能、抗辐照性能、耐蚀和抗热震性能等。因此，为保障新一代核能系统发展，亟须优化并深入开发新型的高性能材料。在众多材料中，陶瓷材料是目前重点关注的对象。部分陶瓷材料具有较强的共价键、高的热导率和良好的高温力学性能，其结构稳定，辐照尺寸稳定性好，因此由陶瓷材料制备与加工的精密零件在核能设备中应用越来越广泛，广泛应用的材料主要有碳化铀（UC）、碳化硅（SiC）、碳化锆（ZrC）和碳化硼（B_4C）等，其在核能方面的应用主要包含在以下几方面：

1. 核燃料

核燃料是参与核能反应的材料，也是核反应堆中承受温度最高、所受辐照量最大的零部件。陶瓷核燃料主要包括由铀（U）、钚（Pu）、钍（Th）等可裂变核素和氧（O）、碳（C）、氮（N）、硅（Si）等非金属元素形成的化合物。目前适合在核反应堆中长期使用的核燃料陶瓷有氧化铀（UO_2）、氧化钚（PuO_2）及氧化钍（ThO_2）陶瓷，UO_2、PuO_2 和 ThO_2 的熔点分别高达 2878℃、2900℃ 和 3300℃，它们在高温核反应堆中可以长期稳定使用。这些陶瓷材料一般做成小球形，烧成后的小球要求高度致密，因为它们在高速增殖的核反应堆中使用时，密度会显著降低。UO_2 是最常用的核燃料陶瓷，具有耐高温、耐辐照、相容性好等优点，但其热导率较低、易碎，因此还开发了 UC、PuC、UC_2、PuC_2、ThC_2 等新型的陶瓷材料，其中，UC 陶瓷燃料是先进反应堆的重要候选燃料。与 UO_2 相比，UC 燃料具有更高的热导率，约是 UO_2 的 8 倍，但 UC 与锆合金包壳的相容性较差，且遇水不稳定，因此其主要应用在高温非水介质的核反应堆中，例如高温气冷堆或熔盐堆。

2. 包覆材料

核燃料的包覆材料通常采用耐高温的碳化物陶瓷或碳素材料，例如 SiC 陶瓷、B_4C 陶瓷及热解石墨等，它们的熔点分别高达 2700℃、2450℃ 及 3500℃ 以上。其中 SiC 是最常用的材料，SiC 陶瓷极强的共价键使其充分满足核反应堆的各种应用条件，SiC 主要是作为结构件或涂层材料用于核反应堆中。在涂层材料方面，SiC 可以作为包覆燃料颗粒的包覆层。核燃料一般是小球形，然后由小球形的颗粒烧结成燃料元件，每个燃料颗粒由球形燃料核芯、疏松热解炭层、内致密热解炭层、SiC 层和外致密热解炭层组成，SiC 层是最主要的阻挡裂变产物层、结构承压层，是保障高温气冷堆固有安全性的重要屏障。同时，SiC 也可以在结构件材料上进行涂层工艺操作以提高工件稳定性，可以考虑将其用于熔盐堆结构材料中。SiC 材料作为结构件应用的最重要的例子是作为第一壁结构材料，也就是核反应堆燃料元件的包覆材料。传统的核反应堆大多采用锆合金包壳，但其在一些极端情况下，比如当核反应堆发生失水事故时，锆合金包壳在高温高压下会与水蒸气发生氢脆反应，因此 SiC 材料逐渐被应用于核燃料包壳中。SiC 材料在第一壁结构材料中的应用主要是指碳化硅纤维增强的碳化硅复合材料（SiC(f)/SiC），由 CVD 工艺制备 SiC。近年来，世界各国对于核用 SiC(f)/SiC 复合材料开展了大量研究工作，研究主要针对 SiC(f)/SiC 复合材料面向核用所关注的重点方向，如核用 SiC 纤维、纤维/基体界面相、复合材料制备工艺与加工、数值仿真、腐蚀行为和表面防护、连接技术以及辐照损伤等。

3. 吸收热中子的控制材料和屏蔽材料

在核反应堆中，为了使裂变反应的速率在一个预定的水平上，需要控制棒和安全棒（总称为吸收棒）对反应速率进行调节。调节和控制反应性变化的组件一般是控制棒组件，应具有大的中子吸收能力（中子吸收截面）和耐高温、耐辐照的性能。研究结果显示，含硼的硼系陶瓷材料具有良好的中子吸收性能，同时，一些碳化硼、硼化锆、氮化硼、含硼硅酸盐等硼系陶瓷材料在耐高温、耐高压、耐腐蚀方面具有良好的性能，所以，这些硼系陶瓷材料被广泛应用于冷却系统、控制棒、反射层、屏蔽层系统及与核反应堆相关的领域，并成为核能领域关键材料的主要组成部分。目前，选用较多的是 B_4C 陶瓷，一般采用 $1900 \sim 2000℃$ 烧结或热压烧结而成的陶瓷柱，其密度约为理论密度的95%，有一定的孔隙率，可储存反应气体及容纳辐射造成的肿胀。B_4C 密度低，熔点和硬度高，在不同的反应堆中具有不同的使用形式。在沸水堆中，粉末状 B_4C 被封装在不锈钢包壳中，作为热中子屏蔽材料；在重水堆中也采用 B_4C 粉末作为中子吸收材料，将 B_4C 粉末装入不锈钢管中构成控制棒组件；高温气冷堆中使用碳与 B_4C 结合成的圆柱体作为控制棒；快中子增殖堆则是将 B_4C 烧结芯块装入不锈钢包壳制成控制棒，作为反应堆芯控制棒材料。此外，B_4C 还可以制成 B_4C 吸收小球，作为高温气冷堆的第二停堆系统，也可以在乏燃料处理过程中作为隔离块，避免发生意外临界等。

4. 减速剂

BeO 是铍的唯一氧化物。BeO 以低温和高温两种形式存在，它以其高化学稳定性而著称，并具有用于核用途的优异特性，核燃料的中子反射剂或减速剂通常采用 BeO 陶瓷或石墨材料。BeO 陶瓷具有特殊的核性质，即具有低的中子俘获截面和高的中子减速能力，石墨材料具有相似的性质。在热中子产生时，BeO 陶瓷对 U235 的裂变十分有效。BeO 陶瓷还可以用作核反应堆中的控制棒，它和 UO_2 陶瓷可以联合而成为核燃料。

5. 其他方面

MAX 相材料是一种新型的三元陶瓷材料，具有高温自愈合能力。在高温环境中，MAX 三元层状陶瓷表面存在的裂纹和刻痕会被材料的氧化物填充，可降低材料裂纹对其性能的危害。因此，它可以被用作新一代核反应堆的包壳材料。碳化锆（ZrC）是一种难熔金属化合物，比 SiC 的高温力学性能和抗辐照性能更好。目前 ZrC 重要的研究方向是将其作为新型包覆燃料颗粒的裂变产物阻挡层。除此之外，一些过渡金属碳化物如碳化钛（TiC）、碳化钽（TaC）和碳化铌（NbC）可以作为燃料包壳或包壳外涂层材料使用，或者作为核用材料的第二相颗粒。

6.2 陶瓷精密零件在航空航天领域的应用

长期以来，人们对陶瓷的印象主要停留在"脆"这一点上。几十年前，将陶瓷用于工程领域，尤其是作为承力件，几乎是不可想象的。然而，近年来，随着人们对陶瓷潜在优势，以及对金属存在的一些不可克服的弱点认识的逐渐加深，工程陶瓷及其复合材料受到了世界各地许多材料研究单位的高度重视，并取得了许多突破性进展。如今，以 SiC、Si_3N_4 以及增韧陶瓷和复合材料为代表的新型陶瓷材料，已经成为空间科学和军事领域的重要结构材料。尤其是陶瓷基复合材料（CMC），它克服了一般陶瓷的脆性，已经在固体火箭发动机的内衬和喷管等方面取得了显著的进展。陶瓷复合材料由于其重量轻、耐高温的特性，在 21 世纪航空航天工业中将发挥重要作用。

6.2.1 陶瓷精密零件在航空领域的应用

新一代飞机所需要的超音速巡航、非常规机动性、低环境污染、低油耗和低全生命周期成本等要求，主要依赖于发动机性能的改善。在军用航空领域，提高发动机的推重比和平均级增压比，以及降低油耗一直是主要研发方向。而民用航空领域则更关注提高发动机的总增压比、涵道比以及降低油耗。实现这些性能提升的关键在于增加航空发动机的涡轮进口温度和降低结构重量。举例来说，当推重比为 10 时，涡轮前进口温度为 1550~1750℃；而当推重比为 15~20 时，涡轮前进口温度可高达 1800~2100℃。相应地，发动机的平均级增压比也从 1.44 提高到 1.85。这意味着发动机构件需要在更高的温度和压力下工作。而陶瓷基复合材料（CMC）可以在一定程度上应对这一挑战，因为 CMC 的密度仅为高温合金的 1/3~1/4，而且其最高使用温度可达 1650℃。这种"耐高温和低密度"的特性是传统金属材料无法比拟的。因此，诸如美国、英国、法国、日本等发达国家一直将 CMC 作为新一代航空发动机材料的重点研发对象，并投入了大量资金用于相关研究。

目前，连续纤维增韧陶瓷基复合材料已经成功应用于多种型号的军用和民用航空发动机的中等载荷静态部件上，其中包括推重比为 9~10 的一级部件。这些部件包括但不限于燃烧室、燃烧室浮壁、涡轮外环、火焰稳定器以及尾喷管（包括矢量喷管）的调节片，见表 6-1。

表 6-1　CMC 在航空发动机上的演示验证情况

飞机型号/发动机型号	推重比	应用部位和效果
F-22/F-119（美）	10	矢量喷管采用 CMC（内壁板）和钛合金（外壁板）的复合结构代替高温合金，有效实现了减重，从而解决了飞机重心后移问题
EF-2000/EJ-200（欧）	10	CMC 燃烧室、火焰稳定器、尾喷管调节片分别通过了军用发动机试验台、军用验证发动机的严格审定，证明 CMC 未受高温高压的损伤
阵风/M88-Ⅲ（法）	9~10	CMC 作尾喷管调节片试验成功
F-118/F/F-414（美）	9~10	成功地应用了 CMC 燃烧室
B-777/Trend800（美/英）	—	CMC 用作扇形涡轮外环试验成功，实践表明使用 CMC 构件大大节约了冷却气量，提高了工作温度，降低结构重量并延长了使用寿命

　　上述部件采用了 SiC/SiC、C/SiC 和 SiC/Al_2O_3 等连续纤维增韧的陶瓷基复合材料。考虑到当前商业化 SiC 纤维和 CMC 的性能水平，绝大多数研究表明，SiC/SiC 是目前使用温度和寿命最高的 CMC 类型。然而，受限于当前纤维和界面性能水平，目前在发动机环境下长时间工作的最高温度为 1300℃，工作寿命可达 1000h。

　　美国、英国和法国等国家在推重比 15~20 的发动机研制计划中，CMC 已经成为不可或缺的材料。在这些计划中，CMC 的应用范围显著扩大，已经进行了大量试验以验证其在各种环境下的性能。

　　另外，美国的综合高性能涡轮发动机技术（IHPTET）计划还开发了用于发动机的自增韧氮化硅陶瓷轴承，其工作温度要求达到 980℃。自 20 世纪 90 年代以来，国际上已成功将自增韧氮化硅轴承应用于飞机上，例如 B777 的环控系统蝶阀、C-17 军用运输机的 3 号轴承以及 F117-PW-100 飞机轴承等。这些应用表明，这种轴承大幅提高了寿命和可靠性，从而节省了大量的维修成本。

　　在航空发动机中，"一盘两片"（即涡轮盘、导向叶片及工作叶片）和热障涂层技术是最重要的技术。热障涂层技术对于发动机性能至关重要，也是影响其性能的四大关键核心技术之一。2017 年，中国研究了一种新型稀土钽酸盐高温铁弹相变陶瓷材料，该材料有望使中国在热障涂层技术方面处于领先地位。该材料的最高使用温度可达到 1600℃甚至 1800℃，具有极高的稳定性。相比国外传统的氧化锆基材料，这种新型材料具有三大优势：首先，其热导率比氧化锆基材料低一半，能更好地保护发动机叶片和其他部件，延长发动机的使用寿命；其次，铁弹相变材料增韧性更好，大大提高了材料的高温断裂韧度；最后，在低热导率的机制上，稀土钽酸盐材料更加不容易被破坏。

6.2.2　陶瓷精密零件在航天领域的应用

　　导弹正朝着小型化、轻型化和高性能化的方向迈进，而提升火箭发动机的质量比则成为实现上述目标的关键因素。因此，研发和制造具有低密度、耐高温、高比强、高比模、抗热震和抗烧蚀等特性的各类连续纤维增强陶瓷基复合材料，对于提高导弹的射程、改善命中精度以及提升卫星远地点的姿态控制和轨道控制发动机的工作寿命至关重要。目前 CMC 已被广泛用于导弹和卫星中，这些陶瓷基复合材料构件在航空航天领域扮演着重要角色，例如用作高质量比全碳纤维增强碳基复合材料（C/C）、喷管的结构支撑隔热材料，以及小推力液体火箭发动机的燃烧室-喷管材料等。这些 CMC 构件的应用大大提高了火箭发动机的质量比，简化了构件结构，并提高了系统的可靠性。此外，碳/硅化物（C/SiC）头锥和机翼前缘的使用成功提高了航天飞机的热防护性能。值得一提的是，熔融石英基复合材料作为优良的防热-介电透波材料，在中远程导弹的导弹整流罩上扮演着不可替代的角色。对于上述瞬时或有限寿命使用的 CMC，其服役温度可达到 2000～2200℃。未来火箭发动机技术对 CMC 性能的要求见表 6-2。

表 6-2　未来火箭发动机技术对 CMC 性能的要求

材料类型	密度/ （g/cm³）	最高使用 温度/℃	拉伸强度 /MPa	剪切 强度/MPa	断裂韧度/ MPa·m^{1/2}	径向线烧蚀率/ （mm/s）	径向热导率/ [W/(m·K)]
烧蚀防热材料	2.5～4	3500～3800	100～150	≥50	10～30	0.1～0.2	≥10
热结构支撑材料	2～2.5	1450～1900	100～300	50～100	>30		
绝热防护材料	1～2	1500～2000	10～30	2.5～10			0.5～1.5

在航空和航天领域中，陶瓷基复合材料在不同的服役环境和工作条件下具有不同的应用范围，因此可将其划分为超高温瞬时寿命、超高温有限寿命和高温长寿命三类。第一类主要用于战略和战术导弹的雷达透射区域、连接件、燃烧室和喷管等部件；而第三类则主要用于航空发动机热端组件。至于航天飞机的机头、机翼前缘，以及卫星发动机姿态控制系统中的燃烧室和喷管等构件，它们通常属于短时多次重复使用（或多次点火）的有限寿命 CMC 类型，其对材料性能的要求介于前述两者之间。在嫦娥三号月基光学望远镜中，主镜、次镜和指向镜，均由上海硅酸盐研究所研制。他们研制的高致密碳化硅特种陶瓷材料，因其质量轻、热导率高、面型稳定性好，可在-20～40℃的温度下稳定工作，即热变形量微乎其微。

由上海交通大学研制的纳米陶瓷铝合金，结合了陶瓷与铝的优点，强度和刚度甚至超过了拥有"太空金属"之称的钛合金，已被应用于天宫一号、天宫二号、量子卫星、气象卫星等关键部件。

碳化硅纤维在陶瓷纤维类别中具有突出的拉伸强度、抗蠕变性、抗氧化性以及与陶瓷基体的相容性等优异特性。其在航空航天领域已经得到广泛研究和应用，英国航天局（UKSA）曾成功将碳化硅纤维 SiC(f) 增强的陶瓷基复合材料应用于新型航天飞行器。该材料经过热压或热等静压成型，具有轻量化和高强度的特点，能够承受强大的空气动压力，同时在航天器重返大气层时能够抵御极高温度，满足了航天器对材料的极端要求。此外，该材料成本较低，易于使用，因此被视为钛合金和镍基耐热合金的理想替代品。

SiC(f) 还能作为吸波材料的吸收剂和增强剂，在轻质、高强度、高耐磨性、耐高温的同时具备良好的吸波性能。美国就已研制出了 SiC(f) 增强的玻璃陶瓷基复合材料，它在高温环境下也具备吸波性能。用 SiC(f) 和聚醚醚酮（PEEK）纤维混杂增强的结构材料可用于制造隐身巡航导弹的头锥和火箭发动机壳体。

6.3　陶瓷精密零件在电子行业的应用

6.3.1　陶瓷精密零件在半导体中的应用

集成电路（Integrated Circuit，IC）是采用一定的工艺，把一个电路中所需的晶体管、电阻、电容等元件集成在半导体晶圆上，成为具有所需电路功能的微型结构。在最重要的晶圆工艺与封装测试中，陶瓷材料都扮演了重要角色。

1. 晶圆工艺环节的陶瓷零部件

晶圆工艺主要是在晶圆生产环节后的裸晶圆上制造晶体管并进行多层布线的过程。随着IC的发展，其集成度不断提高、特征尺寸不断缩小，对晶圆工艺的要求也越来越苛刻。由于先进陶瓷材料具有的高硬度、高耐磨性、高绝缘性、耐蚀性等优良特性，为满足半导体设备极端苛刻的服役条件，越来越多的关键零部件制造材料由传统的金属、塑料材料更改为先进陶瓷。

（1）静电吸盘　静电吸盘（Electrostatic Chuck，ESC）是目前晶圆工艺中应用最为广泛的一种夹持工具。静电吸盘通常分为两类，即库仑类和约翰森-拉别克（Johnsen-Rahbek，J-R）类，两类吸盘都是给ESC电极加以高压低流直流电，形成电场使电介质发生极化，通过极化电荷的作用力来固定晶圆。吸盘与晶圆接触表面的一层电介质多采用陶瓷材料，其中绝缘陶瓷做成的吸盘为库仑类，掺杂电介质的导电陶瓷做成的吸盘为J-R类，如图6-2所示。

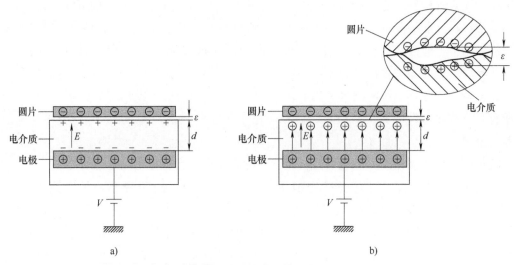

图 6-2　静电吸盘的两种吸附力模型

a）库仑力模型　b）J-R 力模型

传统的夹持方法，包括机械夹持、石蜡黏结、真空吸附，都有着不可避免的固有弊端。

机械夹持的方法过于传统，然而现代晶片加工精度要求极高，使用机械夹持的方式容易对晶片边缘造成损伤，同时夹持力会导致晶片发生翘曲变形，极大影响加工精度；石蜡黏结的方法虽然作用力均匀，可以保护晶片不受损伤，且不发生翘曲变形，但在此方法中，由于需要对石蜡进行加热、黏结、剥离和清洁，增加了工序时间，降低了加工效率，同时黏结剂对晶片清洁度也造成较大影响，因此无法得到广泛应用；真空吸附的方法虽然解决了翘曲和污染等问题，但在化学气相沉积等需要真空环境的工序中无法工作。

在此背景下，于 20 世纪初诞生的静电吸盘凭借其吸附力均匀、晶片无损伤不翘曲、吸附力持续稳定、对晶片无污染、真空环境也可使用等优势，逐渐为电子工业界广泛采用。

光刻是在晶圆上利用光线来照射带有电路图形的掩模板从而绘制电路，是晶圆工艺中最核心的一步。光刻机的设计和制造过程均能体现出包括材料科学与工程、机械加工等在内的诸多相关科学领域的最高水平。高端光刻机涉及高精度、高速度、高稳定性的运动控制技术和驱动技术，对结构件的精度和结构材料的性能提出了极高的要求。

光刻机移动平台的材料体系设计是光刻机获得高精度、高速度的关键。早期光刻设备选用的是德国肖特公司的微晶玻璃（Zerodur）、石英玻璃以及 ULE 玻璃等材料。但玻璃材料因其弹性模量较低，逐渐难以满足光刻移动平台高速度、高精度的需求；而堇青石材料，除具有优良的热性能外，还具备高的弹性模量，同等质量下可以有效降低平台高速移动过程中的变形，从而实现轻量化需求。因此，各国研究人员逐渐发现，堇青石作为一种新型的半导体光刻机平台材料具有良好的应用前景。

碳化硅陶瓷具有优良的常温力学性能（如高强度、高硬度、高弹性模量等）、优异的高温稳定性（如高热导率、低热膨胀系数等）以及良好的比刚度和光学加工性能，是一种优良的结构材料，特别适合用于制备光刻机等集成电路装备用精密陶瓷结构件，如用于光刻机中的精密运动工件台、骨架、吸盘、水冷板以及精密测量反射镜、光栅等陶瓷结构件等。

除以上应用外，利用压电效应的压电陶瓷在光刻机投影物镜的高精度微调、掩模台的定位及光刻机的主动减振等方面均有应用。

（2）刻蚀机应用 刻蚀是在晶圆上完成电路图的光刻后，去除多余的氧化膜且只留下半导体电路图的步骤。刻蚀工艺需要利用液体、气体或等离子体来去除选定的多余部分，方法主要分为两种，取决于所使用的物质：使用特定的化学溶液进行化学反应来去除氧化膜的湿法刻蚀，以及使用气体或等离子体的干法刻蚀。

在刻蚀设备中，等离子刻蚀机工艺腔和腔体内部件，在刻蚀过程中会受到高密度、高能量的等离子体轰击，通过物理作用和化学反应对设备器件表面造成严重腐蚀，一方面缩短部件的使用寿命，降低设备的使用性能，另一方面腐蚀过程中产生的反应产物会出现挥发和脱落的现象，在工艺腔内产生杂质颗粒，影响腔室的洁净度。

先进陶瓷材料具有较好的耐蚀性能，已被广泛应用于晶圆加工设备的耐等离子体刻蚀材料，通常采用高纯度氧化铝涂层或氧化铝陶瓷作为刻蚀腔体和腔体内部的防护材料。除此之外，等离子体刻蚀设备上采用的先进陶瓷部件还有窗视镜、气体分散盘、喷嘴、绝缘环、盖板、聚焦环和静电吸盘等，如图 6-3 所示。

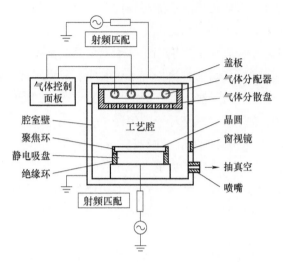

图 6-3　等离子体刻蚀设备的结构示意图

2. 封装测试环节的陶瓷材料

芯片封装测试即将上一步完成后的晶圆再送往下游封测厂进行切割、焊线、塑封，以防止物理损坏或化学腐蚀，同时使芯片电路与外部器件实现电气连接，测试其性能和功能是否符合要求。其中陶瓷材料主要包括陶瓷 PCB 基板、陶瓷封装材料。

（1）陶瓷 PCB 基板　印制电路板（Printed Circuit Board，PCB）是一种重要的电子部件。印制电路板一般由一层或多层绝缘的基板，以及分布于各层基板之间和表面的金属线路组成，可以支撑和固定电子器件并对各器件进行电气连接。

传统的印制电路板材料通常是介电复合材料，这些材料由基体（环氧树脂、聚酯纤维等）和增强材料（通常是各种编织的材料，如玻璃纤维、无纺布等）组成。根据组成成分和性能的不同，主要有：FR-1～FR-6（Flame Retardant，不易燃）、CEM-1～CEM-5（Composite Epoxy Material，复合环氧树脂材料）、Rogers 系列、Teflon（聚四氟乙烯，又称特氟龙）等。同时，这些传统的材料往往有如下缺点：

1）导热性差：目前最常用的印制电路板材料 FR-4 热导率约为 $0.25W/(m \cdot K)$，在大功率电路应用或芯片发热量较高的场合，常常会出现热量不能及时散失使得 PCB 温度过高，进而导致电路不能正常工作甚至损坏的情况。

2）可靠性差：介电复合材料的强度和硬度都比较差，这些材料制成的电路板，用手就可以将其弯曲甚至折断，在日常使用过程中，也很容易被金属、沙石等划伤磨损。介电复合材料中的有机物在面临强酸、强碱、强腐蚀性的环境时，化学性质也可能发生改变，导致电路板损坏。

3）耐温性能差：各种介电复合材料的印制电路板，额定工作温度通常都低于 150℃，这限制了印制电路板在高温条件下（如太空环境、汽车发动机附近）的应用；而当温度高于 300℃时，电路板就有可能永久损坏。这要求在印制电路板的电子器件焊接工序中，加热时间不能过长，对焊接材料的使用也产生了限制（目前只能使用熔点较低的锡丝、锡膏等）。

陶瓷材料具有优异的力学性能和化学稳定性，随着近年来陶瓷加工技术的发展，陶瓷材料在诸多领域都得到了广泛的应用，在电气领域也不例外。在 PCB 基板的应用方面，相较于传统的介电复合材料，这些陶瓷材料具有诸多优势：

1）导热性好：在常用的 PCB 陶瓷基板材料中，Al_2O_3 陶瓷基板的热导率可达 30W/（m·K），AlN 陶瓷基板可达 200W/（m·K），BeO 可达 300W/（m·K），是传统材料的上百倍。因此，陶瓷材料制成的 PCB 可以有效散热，非常适合大功率电路应用或电子元器件发热严重的场合。

2）热膨胀现象不明显：陶瓷材料的热膨胀系数比较低，这也意味着陶瓷材料制作的 PCB 基板在温度变化跨度较大的情况下不会显著膨胀或收缩。

3）耐温性能好：陶瓷材料的熔点很高，可达上千摄氏度，氧化铝陶瓷制成的 PCB 基板可以承受 800℃ 的高温，并可在高达 350℃ 的高温环境下正常工作。

4）可靠性好：陶瓷材料具有高硬度、高强度、耐腐蚀、抗氧化的特点，因此，使用陶瓷材料制成的 PCB 基板抗冲击、耐磨损、能抵抗强酸强碱，可以在复杂的环境下使用，寿命也更长。

除此之外，陶瓷材料也更加适合在射频电路中应用。陶瓷材料的介电损耗非常低，这意味着当射频信号通过陶瓷基板时，耗散的能量很小，也确保了信号的完整性，使信号的传输和接收更加清晰；陶瓷材料的介电常数可选范围大，在电路板上应用较小介电常数的材料，可以实现更快速度的信号传播，这对于射频电路也十分有益。

用于 PCB 基板的陶瓷材料主要有氧化铝（Al_2O_3）、氮化铝（AlN）、氧化铍（BeO）等。

氧化铝（Al_2O_3）是目前使用最为广泛的陶瓷 PCB 基板材料，相比于其他陶瓷材料，它的成本较低，技术更加成熟，目前在冷却/加热设备、医疗、汽车减振器、发动机等多个领域均有应用。

氮化铝（AlN）的热膨胀系数和半导体硅相近，因此，氮化铝 PCB 和硅芯片之间的组装相当可靠。同时，氮化铝的热导率是氧化铝的数倍，这也使其更加适合功率密度高、发热量大的应用场景，如转换器、逆变器、电动汽车电源系统和充电站、高功率 LED 系统、射频放大器等。

氧化铍（BeO）材料的导热性能非常好，甚至可以与金属材料相媲美，因此备受尖端大功率 LED 应用的青睐。但是，作为原料的氧化铍粉末是有毒的（铍和铍化合物属于 1 类致癌物），而且在 1065～1085℃ 下，氧气、铜和氧化铍会发生反应产生有毒气体。因此，虽然氧化铍的性能十分优异，但是安全性问题极大限制了它的大范围应用。

（2）陶瓷封装材料 封装指的是在半导体集成电路芯片周围，用来保护芯片不受化学侵蚀和物理损伤，并且将芯片各管脚连接到外部电路的一个外壳。除了保护脆弱的半导体芯片和提供电气、机械连接之外，封装还具有散热、信号屏蔽等功能。

传统的 IC 封装外壳，主要采用塑料（以热固性材料为主，最常用的是环氧树脂）和金属材料。塑料封装外壳的制造工艺相当成熟简单，成型非常容易，还有成本低廉、重量轻等诸多优势，得到了最为广泛的使用，目前在商用电子产品中占主导地位。但是塑料封装外壳的密封性能较差，随着时间推移，环境中的气体和水可能会扩散进入封装内部。在高温下，塑料封装外壳还有熔化、分解的风险，对焊接工艺也提出了较高要求。金属材料的力学性能要好于塑料，同时，还有很好的导热性和电磁屏蔽性能。但是金属材料还需与其他的绝缘体材料共同使用，才能作为完整的封装外壳，限制了其应用。

相较于传统的塑料封装外壳，陶瓷封装的密封性能好，能提供更好的气体保护和防潮保护，在高温下也能够保持稳定。优秀的力学性能和化学稳定性也使陶瓷封装在面临严苛的外部环境时可以不被破坏。因此，在航空航天等要求高可靠性、高稳定性而对成本不敏感的领域，陶瓷封装得到了广泛应用。

与 PCB 基板类似，常用的陶瓷封装材料有氧化铝（Al_2O_3）、氮化铝（AlN）、氧化铍（BeO），另外还有碳化硅（SiC）、莫来石（$3Al_2O_3 \cdot 2SiO_2$）等。

碳化硅（SiC）通常被用于功率器件来改进其热管理。同时，已经有公司将碳化硅用于 2.5D、3D、扇出型封装等先进的封装技术，来满足不断发展的技术需求。

莫来石（$3Al_2O_3 \cdot 2SiO_2$）是一种热稳定性好、热膨胀小的陶瓷材料，适合在不同温度下对稳定性要求较高的应用场景。莫来石的热膨胀系数比氧化铝更接近硅，也更适合多层封装使用。

陶瓷劈刀引线键合是封装内部连接的主流方式，其原理为：使用热、压力和超声波能量将键合引线与金属焊盘紧密焊合（原子量级键合），用于实现芯片间、芯片与封装体间的信号传输。常用的引线键合方法主要有热压焊、超声波焊和超声热压焊等。劈刀是引线键合过程中的重要工具，其价值高昂，且属于易耗品。劈刀的选型与性能决定了键合的灵活性、可靠性与经济性。

在劈刀工作过程中，穿过劈刀的键合引线在劈刀刀头与焊盘金属间产生压力与摩擦，因此，通常使用高硬度与高韧度的材料制作劈刀。结合劈刀加工与键合方法需求，要求劈刀材料具有较高的密度、较高的弯曲强度和可加工光滑的表面。常见的劈刀材料有碳化钨（硬质合金）、碳化钛和陶瓷等。

碳化钨抗破损能力强，早期被广泛应用于劈刀制作，但碳化钨的机械加工比较困难，不易获得致密、无孔隙的加工面。碳化钨的热导率高，为避免在键合过程中焊盘上的热量被劈刀带走，碳化钨劈刀在键合时本身必须被加热。碳化钛的材料密度低于碳化钨，且比碳化钨更柔韧。据报道，在使用相同超声换能器及相同劈刀结构的情况下，超声波传递到碳化钛劈刀产生的刀头振幅比碳化钨劈刀大 20%。近年来，陶瓷因其光滑、致密、无孔隙和化学性质稳定的优良特性，也被广泛应用于劈刀制作。陶瓷劈刀的刀头端面及开孔加工情况优于碳化钨。另外，陶瓷劈刀的热导率低，劈刀本身可以不被加热。据报道，当使用自动键合设备时陶瓷劈刀的焊接次数可达 100 万次。

6.3.2 陶瓷精密零件在传感器中的应用

1. 陶瓷温度传感器

（1）陶瓷热敏电阻器　陶瓷热敏电阻器的工作原理是基于陶瓷材料的半导体性质，当温度升高时，陶瓷晶粒内的电子跃迁增多，导致电阻值下降；反之，温度降低时，电子跃迁减少，电阻值增加。这种特性使得陶瓷热敏电阻器能够对温度变化做出敏感的反应。

陶瓷热敏电阻器通常分为两种类型：正温度系数（Positive Temperature Coefficient，PTC）和负温度系数（Negative Temperature Coefficient，NTC）。

1）PTC热敏电阻器：正温度系数热敏电阻器的电阻值随温度的升高而增加。这是因为在PTC材料中，温度升高会导致材料内部的电阻区域发生物理变化，从而导致电阻值的上升。PTC热敏电阻器通常使用氧化物陶瓷材料制成，如锰铜氧化物（MnCuO）。

PTC热敏电阻器在温度控制和过电流保护方面具有广泛应用。例如，它可以用于电器设备中的过热保护，当温度超过设定阈值时，电阻值急剧上升，从而限制电流流动，保护设备免受过热损坏。

2）NTC热敏电阻器：NTC热敏电阻器的电阻值随温度的升高而减小。这是因为在NTC材料中，温度升高会导致材料内部的电子和电荷载体浓度增加，从而导致电阻值的下降。NTC热敏电阻器通常使用氧化物陶瓷材料制成，如氧化锌（ZnO）。

陶瓷热敏电阻器具有响应速度快、稳定性好、精度高等特点，常用于温度传感器、温度补偿、温度控制等领域。在实际应用中，由于其尺寸小、重量轻、成本低等优点，陶瓷热敏电阻器被广泛应用于家用电器、汽车电子、医疗设备、工业自动化等领域。

（2）陶瓷热电偶 陶瓷热电偶是一种用于测量高温的温度传感器。它由两种不同的陶瓷材料组成，通常是氧化铝和氧化镍。这两种材料通过烧结或焊接方式连接在一起，形成一个热电偶。当热电偶的一端暴露在高温环境中时，温度差将在两种材料之间产生电压，这个电压与温度成正比。因此，通过测量热电偶之间的电压，可以确定高温环境的温度。

陶瓷热电偶具有耐高温、化学稳定性好、机械强度高等优点，适用于高温炉窑、玻璃窑、陶瓷窑等工业场合。它们还可以用于燃烧器、发电厂、汽车排气系统和其他需要测量高温的场合。

需要注意的是，陶瓷热电偶的测量精度受到许多因素的影响，如材料的选择、接头的稳定性和校准等。因此，在实际应用中，需要根据具体要求选择合适的热电偶类型并进行定期的校准和维护。

2. 陶瓷气体传感器

陶瓷气体传感器是一类利用陶瓷材料作为传感元件来检测和测量气体浓度的传感器，如氧化锆（ZrO_2）可以用于制造氧气传感器。它们通过与目标气体发生化学反应或物理吸附来产生电信号，从而实现对气体浓度的监测和测量。陶瓷气体传感器的工作原理主要有以下几种：

（1）电化学传感器 电化学传感器利用气体与电极表面的化学反应来测量气体浓度。陶瓷材料常用于电化学传感器的电极部分，提供高比表面积和化学稳定性。例如，陶瓷氧化物材料常用于氧气传感器，通过测量氧气与电极表面的反应电流来确定氧气浓度。

（2）热导传感器 热导传感器利用气体对热的传导性能的影响来测量气体浓度。陶瓷材料在热导传感器中用作热敏元件，其热导率随气体浓度的变化而变化。通过测量热敏元件

的电阻或温度变化，可以确定气体浓度。

（3）光学传感器　光学传感器利用气体对光的吸收、散射或发射的特性来测量气体浓度。陶瓷材料在光学传感器中可以用作光学滤波器、光学波导或光敏元件。通过测量光的强度或频率的变化，可以确定气体浓度。

陶瓷材料也可以用于制造气体传感器阵列，用于检测多种气体的浓度和成分。这些传感器阵列常用于环境监测、室内空气质量检测和工业安全领域。

陶瓷气体传感器具有许多优点，如高灵敏度、快速响应、稳定性、耐腐蚀性和低功耗等。它们在环境监测、工业安全、室内空气质量监测和汽车尾气排放监测等领域得到广泛应用。

不过，不同类型的陶瓷气体传感器适用于不同的气体测量应用。因此，在选择和使用陶瓷气体传感器时，需要根据目标气体、测量范围、灵敏度要求和环境条件等因素综合进行考虑。

3. 陶瓷加速度传感器

陶瓷加速度传感器是一种利用陶瓷材料作为感应元件来测量物体加速度的传感器。陶瓷材料如锆钛酸铅（PZT）可以用于制造压电加速度传感器。这种传感器通过测量物体的加速度变化来检测运动和振动。

陶瓷加速度传感器的工作原理主要有以下几种：

（1）压电效应　许多陶瓷材料具有压电效应，即在受到力或压力作用时会产生电荷或电势差。陶瓷压电传感器利用这种特性来测量加速度。

（2）谐振频率变化　陶瓷材料具有特定的谐振频率。当物体加速时，陶瓷材料的谐振频率会发生变化。陶瓷谐振传感器通过测量谐振频率的变化来确定加速度的大小。通常，陶瓷谐振传感器由陶瓷材料制成的悬臂梁或弯曲梁构成，当加速度作用于梁时，谐振频率发生变化。

（3）电容变化　陶瓷材料的介电常数随着受到力或压力的变化而变化。陶瓷电容传感器利用这种特性来测量加速度。当物体加速时，陶瓷材料的介电常数发生变化，导致传感器的电容值发生变化，从而测量加速度。

陶瓷加速度传感器具有许多优点，如高灵敏度、宽频率响应范围、耐腐蚀性和机械强度等。它们在工业领域、航空航天、汽车安全系统、智能手机和结构监测等应用中得到广泛应用。

陶瓷加速度传感器的选择和使用应根据具体的应用需求进行。不同的传感器类型和设计适用于不同的加速度范围、频率范围和环境条件。此外，传感器的安装和校准也是确保准确测量的重要因素。

6.3.3　陶瓷精密零件在电子行业的其他应用

1. 压电陶瓷

陶瓷压电效应是指某些陶瓷材料在受到力或压力作用时会产生电荷或电势差的物理现

象。这种效应是由陶瓷材料的晶体结构和电荷分布的特殊性质所引起的。

陶瓷压电效应的基本原理是压电材料的晶格结构存在非对称性。在没有外部力或压力作用时，陶瓷材料的正负电荷中心是对称分布的。但当外部压力施加在陶瓷材料上时，晶格结构会发生畸变，导致正负电荷中心发生偏移，从而产生电荷或电势差。

陶瓷压电材料通常是由铅酸钛（$PbTiO_3$）和锆钛酸铅（$PbZrTiO_3$）等复合材料制成。这些材料具有良好的压电效应，可用于制造压电传感器、压电陶瓷换能器和压电陶瓷驱动器等设备。

陶瓷压电效应的应用非常广泛，以下是一些常见的应用领域。

（1）压电传感器 压电传感器通常由压电材料、电极和支撑结构组成。压电材料可以是陶瓷材料（如铅酸钛、锆钛酸铅等）或聚合物材料（如聚偏氟乙烯）。电极用于收集压电材料产生的电荷或电势差，并将其传递到外部电路中。支撑结构用于固定和保护压电材料和电极。

压电传感器的主要特点包括以下几点：

1）高灵敏度：压电材料的压电效应使得传感器对微小的力或压力变化非常敏感，能够实现高精度的测量。

2）宽频率响应范围：压电传感器对频率的响应范围较宽，可以用于测量不同频率下的力或压力变化。

3）快速响应：由于压电效应快速响应的性质，压电传感器适用于需要实时测量的应用。

4）耐腐蚀性：一些压电材料具有良好的耐腐蚀性，可以在恶劣的环境条件下工作。

压电传感器在许多领域中得到广泛应用，包括工业自动化、机械工程、医疗设备、汽车工程和航空航天等。它们常用于测量压力、力、应力、加速度和振动等物理量，并在控制系统、监测系统和仪器仪表中发挥重要作用。

（2）压电陶瓷换能器 压电陶瓷换能器是一种利用压电效应将电能转换为机械能或声能的装置。它们通常使用压电陶瓷材料作为感应元件，当施加电场或电压时，压电陶瓷材料会产生机械变形或振动，从而实现能量的转换。

压电陶瓷换能器通常由压电陶瓷材料、电极和支撑结构组成。压电陶瓷换能器的应用非常广泛，包括以下几个方面：

1）超声波发生器：压电陶瓷换能器可以将电能转换为机械振动，用于产生超声波。超声波在医学成像、清洗、焊接和测量等领域有广泛应用。

2）声呐：压电陶瓷换能器可以将电能转换为声能，用于声呐系统中的发射和接收声波。

3）超声波清洗器：压电陶瓷换能器可以产生高频振动，用于超声波清洗器中的清洗和去污。

4）压电陶瓷驱动器：压电陶瓷换能器可以将电能转换为机械位移，用于精密控制和定位应用，如精密仪器、机械臂和纳米定位系统。

（3）压电陶瓷振荡器　压电陶瓷振荡器是一种利用压电陶瓷材料的正压电效应和逆压电效应来产生稳定振荡信号的装置。

压电陶瓷振荡器的工作原理基于正压电效应和逆压电效应。当施加电场或电压时，压电陶瓷材料会发生机械变形或振动，产生机械能；反之，当施加机械力或压力时，压电陶瓷材料会产生电荷或电势差。通过将压电陶瓷材料与适当的电路结合，可以实现振荡信号的产生。

压电陶瓷振荡器的主要特点包括以下几点：

1）高稳定性：压电陶瓷振荡器具有较高的频率稳定性，可以产生稳定的振荡信号。

2）宽频率范围：压电陶瓷振荡器可以在不同频率范围内工作，从几千赫兹到几百兆赫兹。

3）快速启动和响应：压电陶瓷振荡器具有快速启动和响应的特性，适用于需要快速稳定信号的应用。

4）耐用性：压电陶瓷振荡器具有较高的耐久性和可靠性，适用于长时间运行的应用。

压电陶瓷振荡器在许多领域中得到广泛应用，包括通信系统、无线电设备、测试和测量仪器、医疗设备和雷达系统等。它们常用于产生稳定的振荡信号，用于时钟源、频率合成器、调制解调器、混频器和滤波器等电子电路中。

选择适合特定应用的压电陶瓷振荡器时，需要考虑频率范围、稳定性、功率需求、尺寸和成本等因素。此外，振荡器的设计和调谐也是确保其性能和稳定性的重要因素。

2. 陶瓷电容器

陶瓷材料还被用于制造各类无源电子器件，其中最主要的就是陶瓷电容器。陶瓷电容器一般由两层或多层交替分布的金属层和陶瓷层构成，金属层作为电容器的极板，陶瓷层作为电容器的电介质。

常用的陶瓷电容器有插入式封装的陶瓷圆盘电容器和表贴式的多层片式陶瓷电容器（MLCC），电容容值范围覆盖了 pF 级到 μF 级。贴片电容具有尺寸小、比容量大、精度高的优点。除此以外，相比于钽电容和电解电容，贴片电容在成本、可靠性方面都更具竞争力，同时还有更小的寄生电感及更好的高频性能。因此，贴片电容被广泛应用于去耦、滤波、电源电压平滑等各种电路，成为电子设备中使用最多的电容器，并且在越来越多的应用场景中取代了钽电容和电解电容。

但是，贴片电容的最大的电容值只能到 μF 级，无法实现更高的电容值；并且额定电压较低，不适合高压应用。

6.4　陶瓷精密零件在交通领域的应用

汽车工业的飞速发展让人们对汽车的安全性、节能性、舒适性、智能化要求日益凸显，同时各国对噪声、排气污染的限制也因社会的发展有了更高的要求，这就使具有绝缘性、介电性、半导体性、压电性和导磁性等特异性能的特种陶瓷材料在汽车上可以有诸多作为，这是传统陶瓷不具备的性能。

6.4.1 陶瓷精密零件在驱动系统中的应用

陶瓷材料的应用正在推动着交通领域的科技创新和工程进步。在汽车、火车等柴油机中,陶瓷零件的应用不仅提升了发动机性能,还降低了磨损和能耗。而在新兴的新能源汽车中,陶瓷绝缘材料的热稳定性和耐腐蚀性为汽车电池隔膜和外壳提供了重要支持,提升了电池的安全性和循环寿命。此外,陶瓷材料被用于电动机的绝缘体和轴承等方面,提高了电动机的效率和使用寿命。

1. 柴油发动机

陶瓷在汽车、火车等柴油机中的应用主要集中在两个方面。一方面是利用陶瓷耐高温、耐磨损、耐腐蚀和重量轻等性能特点,在普通柴油机中用陶瓷零件代替金属零件,获得比金属零件优越的性能。目前在这一方面的成效较大,已投产和使用的有涡轮增压器转子、电热塞、活塞销、摇臂镶块、排气口内衬、预燃烧室镶块、氧化铝纤维增强的铝质连杆,以及陶瓷纤维增强的铝合金活塞等。德国梅塞德斯-奔驰公司采用氮化硅活塞销,简化了活塞设计,降低了成本。日本日野汽车公司开发了陶瓷发动机,该机气缸套、活塞等 40% 的燃烧室零件用陶瓷材料制成,取消了散热器和冷却装置,提高功率 10%,降低油耗 30%。另外还有10 余种陶瓷发动机零件也进入实用阶段,如挺柱、活塞环、气门、气门导管、气门座、喷油嘴针阀等。奔驰公司从 1982 年开始与德国和日本的陶瓷厂家合作研制陶瓷气门,与中间充钠的钢制气门相比,氮化硅陶瓷排气门的温度均匀得多,可以带来很多好处,如减少污染物排放等。上海铁路局技术中心组织陶瓷气门在铁路内燃机车上的装车试验,机车共运行 30.5 万 km 后,检测结果如下:陶瓷气门座的磨损、气门与导管间隙变化量均明显小于普通气门,陶瓷气门表面光滑、无麻点和腐蚀。

2. 新能源汽车电池

新能源汽车电池中电池隔膜和外壳多采用陶瓷绝缘材料。电池隔膜既能隔离正负极、传导离子,又能预防短路等问题。广泛采用的陶瓷绝缘材料,如氧化铝、氧化锆和氧化锂等,因其独特的热稳定性和耐腐蚀性备受青睐。这些材料不仅提供了更高的热稳定性和机械强度,可有效防止电池过热和电解液泄漏,还大幅提升了电池的安全性和循环寿命。尤其是陶瓷绝缘材料的优异热稳定性,在高温环境下能够保持性能稳定,不易变形或熔化,有效应对热应力和热膨胀。

电池外壳作为内部组件的保护壳体,为了防止外部环境和机械损伤对内部结构的影响,陶瓷绝缘材料变得不可或缺。例如,氧化铝、氮化硅和氧化锆等材料因其高温稳定性和优良的隔热性能,应用于电池外壳中。这些材料的使用有效隔离了高温环境,提高了电池安全性和耐久性。

3. 新能源汽车电动机

陶瓷绝缘材料在电动机中也扮演着重要的角色。作为电动机的关键组成部分,电动机绝缘体需要具备优异的绝缘性能和耐高温性,以隔离和保护导线和线圈。因此,陶瓷绝缘材料

如氧化铝和氧化锆等被应用于绝缘体中，有效隔离导线和线圈，提供更高的绝缘强度，并抵抗高温环境的影响。

此外，在电动机的陶瓷轴承中，陶瓷材料同样发挥着重要作用。陶瓷轴承作为电动机另一关键组件，具有提供高转动精度和耐磨性的特点。其中，氧化铝和氮化硅等陶瓷绝缘材料因其低摩擦因数、高硬度和耐高温性而被广泛应用于陶瓷轴承中。这些陶瓷材料不仅可以减少能量损耗，提高电动机的效率，还具有较长的使用寿命。

6.4.2 陶瓷精密零件在制动系统中的应用

陶瓷材料在汽车和列车制动系统中有广泛的应用。传统的制动系统通常使用金属材料，如钢制制动盘和铸铁制制动鼓，但近年来，陶瓷材料作为制动系统的一种高性能替代品逐渐流行起来。现阶段，在汽车和列车制造过程中，应用最为常见的陶瓷基摩擦材料有两种，分别为 C/C-SiC 复合材料以及氧化铝材料。不同类型陶瓷基摩擦材料的性能、使用寿命、制造成本存在明显差异，应按照汽车和列车不同的制造要求加以选择。

1. 陶瓷基摩擦材料

陶瓷基摩擦材料由陶瓷纤维、少量金属、不含铁填料物质以及黏接剂等原料制备形成，属于一种全新品种的摩擦材料，也可将其视作为一种以陶瓷组分为主、着重突出陶瓷性能的摩擦材料。相比于传统类型的制动片，陶瓷制动片有着无噪声、不会腐蚀、节能环保、使用寿命长、硬度高、耐高温的性能优势，而且密度较低，在高温和极端环境下可以保持较好的热物理性能和摩擦性能。

C/C-SiC 复合材料以碳化硅与碳纤维增强碳为基体制作而成，最早出现在 20 世纪末，兼具陶瓷与碳纤维增强体材料卓越的热稳定性能、力学性能与化学性能，并具有良好的环境适应能力，这也是早期 C/C-SiC 复合材料不具备的。同时，C/C-SiC 材料也存在着摩擦性能稳定性差、低速条件下摩擦因数过高、易出现黏着反应、高能载制动时的制动平稳性差等缺陷，需要对材料配合比方案与制造工艺加以改进，如添加适量的 Ti 组分来控制残余 Si 相含量、添加 Fe 粉来强化材料摩擦磨损性能、选用新型熔融 Si 与 Cu 浸渗工艺。

2. 制动盘与制动片

陶瓷材料在汽车和列车制动系统中主要应用于以下两个部件：

1）制动盘：陶瓷制动盘是陶瓷材料在制动系统中的主要应用之一。它们通常由碳化硅（SiC）或氧化铝等陶瓷材料制成。陶瓷制动盘具有耐热性能好、耐磨性强和轻量化等优势，能够提供更可靠的制动性能和较长的使用寿命。

2）制动片：制动片是与制动盘紧密配合的部件，用于制动时与制动盘产生摩擦力，实现制动效果。陶瓷材料也被应用于制动片的制造中。陶瓷制动片通常由陶瓷纤维和陶瓷颗粒等材料构成，具有优异的耐磨性能和热稳定性，能够在高温条件下提供稳定的制动性能。

这两个部件的应用使得制动系统在高温和高速制动时具有更好的性能和可靠性。陶瓷材料的耐热性能和耐磨性能能够减少制动盘和制动片的磨损，延长制动系统的寿命。此外，陶瓷材料的轻量化特性有助于减轻车辆整体重量，能够降低能耗，提高制动效率。

德国宇航中心（DLR）Walter Krenkel 等人以高档轿车制动盘为应用目标，对 C/SiC 制动材料进行了研究，目前已在保时捷 911、奥迪 A8L、法拉利等高档汽车中得以应用。德国斯图加特大学相关研究人员研制出 C/C-SiC 制动片应用于保时捷汽车中；美国橡树岭国家实验室与霍尼韦尔等公司合作，研制出低成本的 C/SiC 复合材料制动片，替代用于重载汽车的铸铁和铸钢制动片；中南大学熊翔教授团队进行了汽车制动用 C/C-SiC 复合材料的制备及性能研究，得到 C/C-SiC 复合材料摩擦磨损基本规律及其主要影响因素。

20 世纪 80 年代，威伯科（SAB WABCO）公司为法国 TGV 列车开发了碳纤维增强陶瓷盘式制动器，通过按比例缩小陶瓷制动盘的试验，提高了使用寿命。德国 Knorr-Bremse 公司开发了用于高速列车的碳纤维增强陶瓷复合材料盘式制动器。日本研发的 C/C-SiC 摩擦片已成功试用于新干线高速列车的制动。中南大学肖鹏教授团队进行列车制动模拟试验，研究表明 C/C-SiC 材料具有较高且稳定的摩擦因数，约为 0.3~0.39。我国中车戚墅堰机车车辆工艺研究所成功研制了 C/C-SiC 陶瓷基复合材料制动盘并进行了时速 420km/h 的 1∶1 制动试验。

然而，陶瓷制动盘也存在一些限制。它们通常比金属制动盘更昂贵，制造成本较高。此外，陶瓷制动盘在冷起动时的制动性能可能较差，需要一定的预热时间才能达到最佳工作温度。

总的来说，陶瓷材料在汽车和列车制动系统中的应用实现了更高的性能和可靠性。虽然它们的成本较高，但随着技术的进步和市场的发展，陶瓷制动盘在高端汽车和高铁等领域的应用越来越普遍。

6.5 陶瓷精密零件在其他领域中的应用

6.5.1 陶瓷精密零件在化工行业中的应用

1. 陶瓷研磨介质

在化工行业的生产过程中，细化和均匀分散原料是至关重要的一步，尤其是在制备高质量粉体和浆料（如高档油墨、涂料等）时更是如此。研磨介质作为实现这一过程的关键工具，在球磨机、砂磨机或搅拌磨机中的应用不仅仅限于传统的矿产加工领域，而是扩展到了化工、食品等多个行业。研磨介质相互碰撞和摩擦，能有效地破碎物料，使之达到所需的细度和均匀度。传统的研磨介质材料，如钢球、低档陶瓷球和玻璃球，虽然广泛应用，但在某些高端应用领域逐渐显露出其局限性，例如在粒度要求极高或需要防止金属污染的情况下。这促使了高性能研磨介质材料的开发和应用，特别是氧化锆（Zirconia, ZrO_2）研磨介质的使用。氧化锆研磨介质因其超高的硬度和极低的磨损率，成为化工领域精细磨碎过程中的首选材料。其中，钇稳定的四方氧化锆（YSZ）和铈稳定的氧化锆（CSZ）由于具有优异的力学性能和化学稳定性，被视为最有发展潜力的研磨介质材料之一。近年来，由于对超细粉体和浆料，比如高档油墨和涂料需求的增长，高档研磨介质的市场在逐步扩大。图 6-4 所示为研磨介质用陶瓷球。表6-3是不同研磨介质材料性能的对比。

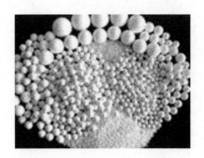

图 6-4　研磨介质用陶瓷球

表 6-3　不同研磨介质材料性能对比

材料	密度/(g/cm³)	维氏硬度 HV10	莫氏硬度	磨损率（%）
Y-TZP（日本）	6.0	1300	9	0.035
Mg-PSZ（以色列）	5.73	900	8.5	0.828
ZrSiO₄（法国）	3.84	690	7.5	0.383
Duralox 92W Al₂O₃（印度）	3.7	1200	9.0	5.94
Glass	2.25	533	5.5	6.69
Ce-PSZ	6.20	1200	9.0	0.054

高性能陶瓷研磨介质的生产工艺对其最终性能至关重要。以氧化锆材料为例，氧化锆球的成型方法主要包括干压法和冷等静压法，这些方法可以有效控制成品的密度和形状，进而影响研磨介质的磨损率和使用寿命。

1）干压法：干压成型是一种高效的生产方法，可以是单轴向或双向压制。利用液压或机械压力机，可以实现半自动或全自动的生产方式。为了确保成型品的质量，需要对粉体进行预处理，如喷雾造粒，以改善其流动性和填充性。此外，添加适量的润滑剂和黏结剂能减少粉料与模具的摩擦，提高成型效率。

2）冷等静压法：冷等静压法则是在室温下应用等压力对粉末进行压制，此法特别适合于制造形状复杂、尺寸精度要求高的陶瓷部件。通过等静压，可以得到密度更高、更均匀的研磨介质产品。

随着化工行业对高质量粉体和浆料需求的不断增长，高性能陶瓷研磨介质的市场需求也在持续扩大。然而，如何进一步提高研磨介质的性能，降低生产成本，以及满足日益严格的环境和安全标准，仍然是行业面临的主要挑战。此外，随着新材料和新技术的不断涌现，如何在保证研磨介质性能的同时，提升其环境友好性和可持续性，也是研磨介质材料研究和应用发展的重要方向。

通过不断的技术创新和材料研究，陶瓷研磨介质在化工领域的应用前景广阔，预计将在提升产品质量、降低生产成本和实现绿色可持续发展等方面发挥更加重要的作用。

2. 陶瓷内衬

化工领域涉及多种腐蚀性强的化学物质，包括酸、碱、盐和其他化学试剂，这些物质在反应过程中对设备构成了极大的挑战。陶瓷内衬作为一种有效的保护措施，不仅能够提高设备的耐用性，还能减少维护成本，提高生产效率。

陶瓷内衬的材料选择对其性能至关重要。在化工领域，最常用的陶瓷内衬材料主要有三种：氧化铝、氧化锆和碳化硅。

在化工行业中，陶瓷内衬的应用主要集中在以下几个方面：

1）化学反应器内衬：化学反应器是化工生产中最关键的设备之一，反应器内衬的材料必须具备良好的耐化学性和耐高温性能。陶瓷内衬能有效保护反应器壁不被腐蚀，提高反应器的使用寿命。

2）管道内衬：化工生产中的物料输送经常涉及腐蚀性化学物质。使用陶瓷内衬的管道能够提高输送效率，减少管道的磨损和腐蚀，保证输送过程的安全性和可靠性。

3）研磨设备内衬：研磨过程中的设备，如球磨机和砂磨机，需要耐磨损的内衬来延长设备使用寿命。陶瓷内衬在这些应用中能显著减少磨损，提高研磨效率。

自蔓延高温合成（SHS）技术最初由苏联科学家 Merzhanov 和 Borovinskaya 在研究固体火箭推进剂的过程中发现并提出。该技术巧妙地使用了化学反应自放热的特性来持续推动材料的合成和制备。利用此技术制备陶瓷内衬复合钢管有两种主要方法：离心铸造法和重力分离法（见图 6-5、图 6-6）。

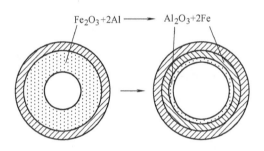

图 6-5　离心铸造法制备陶瓷内衬复合钢管

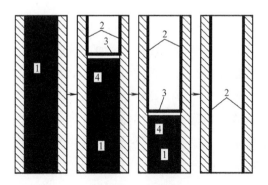

图 6-6　重力分离法制备陶瓷内衬复合钢管

1—铝热剂　2—陶瓷层　3—熔融陶瓷　4—熔融铁

离心铸造法通过在离心机上点燃管内的反应物，如氧化铁和铝的混合粉末，利用其激烈的氧化还原反应产生大量热量来维持反应的迅速进行。在高速旋转过程中，由于离心力的作用，反应物的熔融产物会根据密度不同分层，铁因密度较大靠近钢管表面，而氧化铝则位于内层。冷却后，形成了内衬为氧化铝陶瓷的复合钢管。不过，离心铸造法仅适用于直管件的制备，对弯管或变径管则不适用。

重力分离法是在离心铸造基础上发展起来的。其核心原理是利用铝热反应生成的高温使反应物熔融。在钢管内，粉末状反应物料的上部形成一个含有金属铁和陶瓷的两相熔池。在重力的作用下，密度较大的金属铁沉积于熔池底部，而轻的陶瓷则浮于上方，最终在钢管壁上形成一层连续、均匀的陶瓷内衬。

陶瓷内衬复合钢管集合了金属和陶瓷的优势，适用于各种恶劣的管道输送环境。这种管材的主要优点包括制作工艺简单、初期投资低、能源消耗少、陶瓷层厚度适中、耐磨性极高、耐热性好以及陶瓷层具有出色的耐腐蚀性，在强酸环境下几乎不损失重量。此外，陶瓷层与钢管内壁的结合强度高，不易剥离或损坏。

未来，陶瓷内衬在化工领域的应用将继续扩大，研发重点将集中在开发新材料、优化制造工艺以降低成本，并提高陶瓷内衬的综合性能。同时，随着对环保和可持续发展要求的增加，开发更环保、更可持续的陶瓷内衬材料和技术将成为重要趋势。

总之，陶瓷内衬技术在化工领域的应用展现出了巨大的潜力和价值，通过持续的技术创新和材料研究，预计将在提升化工设备的性能、延长使用寿命和实现绿色生产等方面发挥更加重要的作用。

3. 多孔陶瓷在化工行业中的应用

多孔陶瓷凭借其独特的多孔结构展现出多种特殊性能，包括渗透性、高比表面积、低热导率和吸收能量等，可适用于广泛的应用领域。通过利用其渗透性，多孔陶瓷可应用于过滤器、分离元件和节流元件等；利用其高比表面积特性，可用作多孔电极、催化剂载体、换热器和传感器等；利用其吸收能量特性，可作为吸声和防振材料；利用其低热传导性能，可用于保温材料和轻质结构材料。此外，多孔陶瓷还具备耐高温、耐腐蚀和长寿命等优点，已广泛应用于环保、节能、化工、石油、冶炼、食品、制药和生物医学等多个领域。

（1）蜂窝陶瓷催化剂载体　蜂窝陶瓷是一种多孔性陶瓷材料，在化工领域具有重要的应用。其特点包括高比表面积、优异的热稳定性、良好的化学稳定性和流体动力学优势。

由于蜂窝陶瓷具有大量细小的通道和孔隙结构，因此具有极高的比表面积，有助于增加催化剂的活性位点密度，提高反应效率。同时，蜂窝陶瓷具有良好的热稳定性，能够在高温条件下保持结构稳定，适合在高温催化反应中使用。此外，蜂窝陶瓷对化学腐蚀性较强的介质具有较好的抵抗能力，能够长期稳定地承受化学反应过程中的腐蚀作用。其通道结构可实现流体的均匀分布和流动，有利于提高反应物质的接触效率，减小传质阻力，提高反应效率。

在化工领域，蜂窝陶瓷主要应用于催化剂载体、废气处理、燃料电池和化学反应器等方面。作为催化剂载体，蜂窝陶瓷可用于催化裂化、催化氧化、催化还原等多种反应中，提高反应效率。在废气处理领域，蜂窝陶瓷可用于汽车尾气净化器、工业废气处理装置等，降解有害气体和净化废气。此外，蜂窝陶瓷还可作为燃料电池的电极支撑材料和化工反应器的填料或内衬材料，提高设备的性能和效率。图 6-7 所示为蜂窝陶瓷产品。

（2）泡沫陶瓷过滤器　泡沫陶瓷过滤器采用聚氨酯泡沫塑料为载体，将它浸入由陶瓷粉末、黏结剂、助烧结剂、悬浮剂等制成的涂料中；然后挤掉多余涂料，使陶瓷涂料均匀涂敷于载体骨架成为坯体；再把坯体烘干并经高温焙烧而成。泡沫陶瓷过滤器又分为黏结型和烧结型。黏结型依靠黏结剂将陶瓷微细颗粒黏接在一起；烧结型是依靠在高温下保温，使较纯的陶瓷微细颗粒烧结熔合起来。泡沫陶瓷过滤器所具有的独特三维连通曲孔网状骨架结构，使其具有高达 80%～90% 的开口孔隙率。通过机械拦截、整流浮渣和深层吸附三种过滤净化机制，可以滤除液体中的大块夹杂物和大部分微小悬浮夹杂物，克服了耐火纤维结构型内过滤网和直孔芯型陶瓷过滤器、耐火颗粒过滤器、直孔型蜂窝陶瓷过滤器等存在的过滤效率低、耐火度和强度低的缺点。图 6-8 示出了一些泡沫陶瓷过滤器产品。

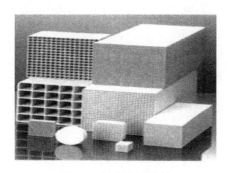

图 6-7　蜂窝陶瓷产品

图 6-8　泡沫陶瓷过滤器产品

（3）多孔陶瓷在硝酸过滤中的应用　多孔陶瓷因其独有的多孔结构表现出多种独特性能，包括透气性、高比表面积、低热导率及能量吸收能力，这些特性使其在广泛的应用领域中非常有价值。这些陶瓷可以用作过滤器、分离器和节流元件等，利用其透气性；作为多孔电极、催化剂载体、换热器和传感器等，借助其高比表面积；以及作为吸声和防振材料，利用其能量吸收特性；还可以用作保温材料和轻质结构材料，得益于其低热传导特性。此外，多孔陶瓷还具有耐高温、耐腐蚀和长寿命等优势，已在环保、节能、化工、石油、冶金、食品、制药和生物医学等多个领域得到应用。

蜂窝陶瓷是一种具有重要化工应用的多孔陶瓷材料，其特点包括高比表面积、优良的热稳定性、良好的化学稳定性和流体动力学特性。蜂窝陶瓷的细小通道和孔隙结构提供了高比表面积，有助于增加催化剂的活性位点密度和提高化学反应的效率。它的热稳定性使其能够在高温条件下保持结构稳定，适用于高温催化反应。其化学稳定性也使得它能够长期抵抗化学腐蚀。蜂窝结构还促进了流体的均匀分布和流动，提高了反应物的接触效率，从而提升了化学反应的整体效率。蜂窝陶瓷广泛应用于催化剂载体、废气处理、燃料电池和化工反应器等领域。

硝酸的强酸性、易挥发性和强氧化性使其杂质过滤成为一个挑战，传统的滤布和滤纸常因穿漏和腐蚀而不适用。采用多孔陶瓷过滤器可以有效解决这一问题。这些过滤器主要由多孔陶瓷管、椭圆形封头、圆柱形筒体和连接管路组成，内部结构含有大量贯通的微细气孔，具有低过滤阻力、耐高温、耐酸碱和有机溶剂腐蚀、高过滤精度、高强度及易再生等优点。过滤过程中，滤液中的微粒在多孔陶瓷的作用下迅速在孔口形成架桥结构并在表面形成滤饼层。随着滤饼层的增厚，过滤阻力增大，一旦达到预设压差，自动启动反冲洗机制，通过压缩空气和汽水混合液清洗，再生过滤器，完成一个过滤周期。当反吹效果下降时，可以用化学清洗法再生滤管，以保证长期有效运行。

6.5.2 陶瓷精密零件在军事领域中的应用

1. 概述

装甲防护材料是用于装甲车辆、坦克、航母、舰艇、直升机等装备以及人体的防护材料，它们能承受武器的攻击，提高装备和作战人员的生存和作战能力。

用作装甲的材料大体有四类，即：金属、陶瓷、玻璃钢和"凯芙拉"（Kevlar，聚对苯二甲酰对苯二胺）。

众所周知，金属材料具有高的硬度和韧性，但是硬度较陶瓷材料低，特别是密度大，不能满足单兵和装备高灵活性的要求，这也是金属材料逐步被其他材料所取代的主要原因；玻璃钢具有高强度和低密度的特点，但是硬度低。"凯芙拉"材料是 20 世纪 60 年代美国杜邦公司研制出的一种芳纶复合材料，这种材料密度低、强度高、韧性好、耐高温、易于加工和成型、坚韧耐磨、刚柔相济，有"装甲卫士"之称，但是它的硬度低。玻璃钢和"凯芙拉"只有用作背板或非金属夹层时，才能显示其效能。陶瓷材料具有耐高温、耐腐蚀、耐酸碱、硬度高和相对于金属材料密度低的特点，但是它的韧性和强度都有待于提高。表 6-4 列出了各种装甲防 7.62mm 穿甲弹的质量有效系数。

表 6-4　各种装甲防 7.62mm 穿甲弹的质量有效系数

装甲类型	密度/(kg/m^3)	面密度/(kg/m^2)	质量有效系数
普通硬度装甲（380HBW）	7830	114	1.00
高硬度装甲（550HBW）	7850	98	1.16
双硬度装甲（600HBW、440HBW）	7850	64	1.78
Al_2O_3 面板+5083 铝合金	3125	50	2.28
Al_2O_3 面板+E 玻纤层压板	2556	46	2.48
Al_2O_3 面板+Kevlar 层压板	2000	38	3.00
B_4C 面板+6061 铝合金	2564	35	3.26

由表 6-4 可见，轻质量 Al_2O_3、B_4C 陶瓷抗 7.62mm 穿甲弹的质量有效系数比钢装甲高 1~2 倍以上。陶瓷材料高的抗弹能力归因于陶瓷的低密度效应、吸能效应、磨损效应和动力

学效应等。不过，陶瓷作为装甲防护材料也只有在作为复合装甲的夹层时才显示出其优异的性能。

陶瓷用作装甲防护材料开始于 20 世纪初。1918 年人们发现在金属表面附着一层薄而硬的瓷釉面，可显著提高其抗弹性能，故第一次世界大战期间用于坦克上。20 世纪 60 年代初美国将 Al_2O_3 陶瓷块粘到相对薄（约 6mm）的韧性铝背板上制备了复合装甲，这种装甲可防 7.62mm 穿甲弹的侵彻。1965 年，美国又推出了以 B_4C 为材质的防弹陶瓷装甲，特别适合军用飞机作防弹面板材料。随后，又发展了由陶瓷面板与先进的复合材料背板组成的防弹陶瓷复合装甲。1997 年，美国陆军又确立了"拦截者"防弹衣所需的 B_4C 轻武器防护插板装甲的研究项目。进入 21 世纪，数万件经过迭代改良的"拦截者"被投入战场，随后又出现了"龙鳞甲"等大量新型防弹衣。目前，美国等国家也已经将各种防弹陶瓷复合装甲在运兵车、坦克、军机等装备上应用。

2. 陶瓷装甲材料

陶瓷材料的抗弹性能取决于它的力学性能，弄清它们之间的关系无疑对抗弹陶瓷的研究与发展具有重要的作用。但是，关于这方面的研究却少有报道。通常人们用材料的硬度、密度、弹性模量、压缩强度以及动态力学性能来评价陶瓷的抗弹性能。Gary Savage 提出用 M 值来衡量陶瓷材料的抗弹性能，其计算公式为

$$M = EH/\rho \tag{6-1}$$

式中　E——弹性模量（Pa）；

　　　H——刚度（N/mm）；

　　　ρ——密度（g/cm^3）。

虽然陶瓷的 M 值意义不很明确，但陶瓷的抗弹性能与弹性模量、硬度、密度有关的结论是正确的。

在实践中人们通常用更直观的防护系数 W_s 来评价陶瓷的抗弹性能。防护系数是指具有相同防护能力时，钢板（45 钢）与陶瓷材料面密度之比，见式（6-2）。

$$W_s = \frac{T_s \rho_s}{T_c \rho_c} = \frac{(L_s - L_c) \rho_s}{T_c \rho_c} \tag{6-2}$$

式中　W_s——防护系数；

　　　T_s——钢板厚度；

　　　T_c——陶瓷厚度；

　　　ρ_s——钢的密度；

　　　ρ_c——陶瓷密度；

　　　L_s——无陶瓷时钢板的侵彻深度；

　　　L_c——有陶瓷时钢板的侵彻深度。

陶瓷材料有低的密度、很高的硬度、优良的抗弹性能和丰富的资源，因此是一种有发展前途的高性能装甲材料。陶瓷作为装甲材料，主要用以制作面板。目前用作装甲的陶瓷材料主要有氧化铝（Al_2O_3）、碳化硅（SiC）、碳化硼（B_4C）、二硼化钛（TiB_2）和氮化硅

（Si$_3$N$_4$）等，其性能见表 6-5。

表 6-5　几种常用装甲陶瓷的性能

种类	密度/(g/cm^3)	维氏硬度/GPa	断裂韧度/MPa·m$^{1/2}$	弹性模量/GPa	声速/(km/s)	弯曲强度/MPa
氧化铝	3.6~3.95	12~18	3.0~4.5	300~450	9.5~11.6	200~400
氧化锆增韧氧化铝	4.05~4.40	15~20	3.8~4.5	300~340	9.8~10.2	350~550
烧结碳化硅	3.10~3.20	22~23	3.0~4.0	400~420	11.0~11.4	300~340
热压烧结碳化硅	3.25~3.28		5.0~5.5	440~450	11.2~12.0	600~730
热压氮化硅	3.20~3.45	16~19	6.3~9.0			690~830
热压碳化硼	2.45~2.52	29~35	2.0~4.7	440~460	13.0~13.7	200~360
二硼化钛	4.55	21~23	8.0	550		350
热压二硼化钛	4.48~4.51	22~25	6.7~6.95	550	11.0~11.3	270~400
热压氮化铝	3.26		2.5	330		350

B$_4$C 的密度最低、硬度最高，是较理想的轻型装甲陶瓷材料，主要用于对质量要求极严格的飞行器、车辆、舰船等。尽管 B$_4$C 装甲价格昂贵，但在以减重为首要前提的防护系统中，B$_4$C 仍是优先选用的材料。如美国黑鹰式直升机乘员座椅采用了 B$_4$C 和"凯芙拉"复合装甲。美国和以色列也生产出了在"凯芙拉"织物中加入 B$_4$C 陶瓷片的防弹衣。

Al$_2$O$_3$ 的抗弹性能略低，但具有烧结性能好、制品尺寸稳定、表面粗糙度低、价格便宜等优点，被广泛应用于各类装甲车辆、飞机机腹、飞行员和要害部件的防护、军警防弹服等，将来有望用于气垫船上。

SiC 的密度在 B$_4$C 和 Al$_2$O$_3$ 之间，比 Al$_2$O$_3$ 轻 20%，硬度和弹性模量较高，价格比 B$_4$C 低得多，可用于装甲车辆和飞机机腹。美国 Norton 公司曾用烧结 SiC 作直升机乘员座椅底座。

TiB$_2$ 密度较高，硬度和弹性模量也高，是比较理想的重型装甲材料，用于战车的装甲面板，它可防大口径弹如反坦克弹的侵彻。美国 Ceradyne 和 Cercom 公司以 TiB$_2$ 陶瓷片作面板，已用于带玻璃钢车体的 M2IFV 改型步兵战车上，防弹能力优于原来的 Al$_2$O$_3$ 陶瓷面板，而且提高了抗爆能力，减少了装甲崩落。

氮化硅和氮化铝陶瓷也是性能优异的装甲防护材料。氮化铝陶瓷装甲可以抵御穿甲弹的破坏，在美国已用于装备直升机，现正扩展至军用车辆和制成防弹衣。

在采用模拟穿甲弹和大口径穿甲弹对氮化硅和氧化铝陶瓷的防护系数测定的结果表明，氮化硅陶瓷抗杆式穿甲弹的防护系数和抗破甲弹的防护系数均比氧化铝陶瓷高 40% 以上。表 6-6 列出了氮化硅与氧化铝陶瓷的防护系数。

表 6-6 氮化硅与氧化铝陶瓷防护系数的比较

材料名称	密度/ (g/cm^3)	5mm 杆式穿甲 弹防护系数	大口径式穿 甲弹防护系数	40mm 破甲 弹防护系数	大口径破甲 弹防护系数
氧化铝陶瓷	3.6~3.9	1.48	1.70	2.8~3.6	3.00
氮化硅陶瓷	3.2	2.58	1.70	4.00~5.00	3.00

美国陆军研究实验室和其他公司合作正在发展以铝镁尖晶石（$MgAl_2O_4$）、氧氮化铝（AlON）和蓝宝石（Al_2O_3）为基体的防弹冲击透明装甲陶瓷。这种透明陶瓷系统的质量低于玻璃-塑料系统，具有明显的防弹能力。

3. 陶瓷装甲的发展趋势

装甲陶瓷材料目前存在的主要问题是韧性差和成本高。近年来，美国在降低陶瓷成本方面取得了较大进展，如采用微波烧结技术极大地提高了生产效率，大幅度降低了材料成本，并建立 SiC 和 TiB_2 陶瓷材料工业规模化生产线。今后需要进一步解决的问题还包括陶瓷材料抗弹性能的预测、无损检测方法的改进和高应变速率下材料行为的模拟等。

随着反装甲武器技术的高速发展，武器装备的战场生存能力对装甲防护材料的性能提出了更高的要求，促进了装甲防护材料的发展。装甲防护材料正朝着强韧化、轻量化、多功能化和高效化的方向发展。

6.5.3 陶瓷精密零件在液压元件中的应用

1. 陶瓷材料在泵中的应用

在化工生产中，泵及其组件的要求十分严格：不仅必须耐受酸碱介质的侵蚀，还要能够抵御砂砾等颗粒的磨损。然而，传统的铸铁泵、铜泵、衬胶泵以及高成本的不锈钢泵、钛泵等，在冶金、矿山、化工等工艺流程中，存在诸多问题，如寿命短、故障频发、易受磨损、效率低等。每年用于泵的维修和更换费用庞大。为了解决这些难题，国内的沈阳水泵研究所、宜兴化工陶瓷泵厂以及葫芦岛特种耐磨泵厂，成功地探索了采用陶瓷部件制造泵的方法。

陶瓷泵具备以下特点：①优异的耐腐蚀、耐磨和抗气蚀性，可适用于多种介质，尤其擅长应对同时存在磨损和腐蚀介质的液体；②具有适度的韧性；③运转时密封性良好，陶瓷密封件不易变形，有效降低了泄漏事故的发生率；④维修简便，检修时只需更换部分金属组件；⑤经济性良好。未来，市场对陶瓷泵及其部件的需求预计将持续增长。

（1）泵用陶瓷轴承 泵所使用的陶瓷轴承通常采用具有自润滑性能的陶瓷材料，如碳化硅、氮化硅等。特别是碳化硅，其表面能够形成一层保护膜，与水反应生成，具备出色的润滑效果。国内外许多公司已成功研发出用于水泵的 α-SiC 陶瓷轴承。实践证明这种轴承适用于各种情况，包括低黏度液体、高温液体、腐蚀性液体以及含有杂质的液体。在极端苛刻的运行条件下，这种轴承能够保证高可靠性和长寿命。

（2）泵用陶瓷密封件 近年来，工程陶瓷在密封件方面的研究逐渐受到关注，主要集中在碳化硅陶瓷上。此外，还有不定型硅（1000℃）、硅钙酸盐、氧化铝等材料。特别是碳化硅具有较高的耐磨性能，可以在干燥的无润滑剂环境下连续运行，适用于高温蒸汽，并有效地防止泄漏，因此被广泛应用。表6-7列出了用于水泵密封件的陶瓷材料的主要性能。

表6-7 用于水泵密封件的陶瓷材料的主要性能

材质	密度/(g/cm³)	弹性模量/GPa	室温断裂强度/MPa	维氏硬度/GPa	线膨胀系数/×10⁻⁶℃⁻¹	室温热导率/[W/(m·K)]
烧结α-SiC	3.10	410	460	2800	4.0	125
氧化铝	3.72	300	360	1100	8.2	24

（3）陶瓷泵壳、泵盖 因为泵壳和泵盖是固定不动的部件，它们并不需要特别高的机械强度，所以选择了一般的耐酸陶瓷来制造。

（4）陶瓷叶轮 叶轮需要具备出色的机械强度、优异的抗热震性以及高度的化学稳定性，因此首选刚玉-莫来石材料。此外，还需要添加 MgO、CaO、Cr_2O_3 等助剂。MgO 有助于促进莫来石化反应，抑制刚玉晶体的次生再结晶，使晶体细小，进而提升瓷体的机械强度；CaO 可以增进莫来石化的程度，并且能与 Al_2O_3、SiO_2 以及其他物质形成低熔点的钙玻璃，从而减少坯体中的游离石英，提高坯体的热稳定性；Cr_2O_3 能够促进 MgO 的阻止再结晶作用，有助于提升坯体的密度。叶轮的成型采用高压注浆成型法，随后经高温快速烧制而成。

（5）陶瓷钻井泵缸套 过去，油田钻井泵的缸套通常是由低碳钢外套和高铬铸铁内套组合而成的复合型双金属缸套。这种缸套有离心浇铸结合型和热装结合型两种结合方式，其使用寿命较短，约在 300~800h 之间。然而，随着工程陶瓷技术的发展，采用工程陶瓷的缸套（见图6-9）显著提升了寿命。目前，制备陶瓷缸套主要有三种方法：

1）陶瓷衬缸套：采用低碳钢外套和工程陶瓷内套的复合材料。其关键在于制造和装配陶瓷内衬套。主要采用冷等静压成型，烧结后进行冷加工。随后将其热装于缸套内，再对内孔进行精加工至规定尺寸。使用氧化铝材料制成的缸套，其热膨胀系数接近钢，硬度高，相对其他工程陶瓷价格较为便宜，寿命可达 4000~5000h。尽管价格较高，但其寿命价格比优越，因此在海洋钻井、中硬岩层钻井和超深井钻井等领域仍有较大市场。使用陶瓷衬缸套还能延长活塞密封的使用寿命，从而缩短停机检修时间，降低成本。

图6-9 泵用陶瓷缸套

2）陶瓷镀膜缸套：类似于镀铬技术，在精加工后的缸套内孔镀上一层铬基碳化硅陶瓷。该工艺设备简单，产品成本仅略高于双金属缸套，但使用寿命更长，可达 1500h。

3）自蔓延陶瓷缸套：原理与之前的自蔓延技术制造陶瓷内衬相同。

（6）抽油泵陶瓷阀门 目前我国主要油田开采条件具有如下特点：油井供液能力逐年降低，泵挂深度逐年增加；地层出砂日趋严重，介质冲蚀力强；产出液中含有氯离子、溶解氧、游离二氧化碳及硫离子等，腐蚀性强；抽油泵抽吸介质由原油变为原油和地层水的混合物，导致泵体磨损加快。过去抽油泵阀门主要用合金材料制成，其耐磨、耐冲刷和耐腐蚀性能较差，使用寿命很短，有的几天就损坏，泵效由63%降到29%。采用氧化锆陶瓷阀门后，使用寿命可提高两倍以上。图6-10所示为国产氧化锆阀门。

（7）活塞泵用陶瓷柱塞　在石油化工和纺织机械领域，活塞泵是大量使用的设备。在泵的运行过程中，柱塞始终与液体接触，并且与筒壁摩擦。由于泵在液流的交替压力、液体冲刷、腐蚀和摩擦升温等恶劣环境下工作，因此过去常采用2Cr13等优质合金材料。尽管如此，由于腐蚀的影响，柱塞仍然需要频繁更换。

陶瓷柱塞由金属芯轴和外部陶瓷管构成，如图6-11所示。陶瓷材料和芯轴之间采用螺纹连接或胶粘接以防止脱落。与金属柱塞相比，陶瓷柱塞具有表面粗糙度低、摩擦阻力小、耐高温和耐腐蚀等显著优点。

图6-10　氧化锆阀门

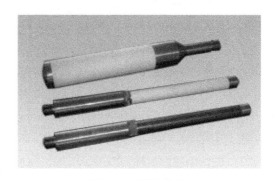

图6-11　陶瓷柱塞

2. 陶瓷材料在阀门中的应用

阀门作为管道控制系统中不可或缺的部分，在供水、冶金、石油和化工等领域得到广泛运用。目前，金属阀门如不锈钢、普通铸铁、锡青铜等材质，在我国各个行业中被广泛采用。尽管阀门的结构和材料有所改良，但是受到金属材料本身条件的限制，金属阀门已经逐渐无法满足高磨损、强腐蚀等恶劣工况的需求。这主要表现在泄漏问题严重、使用寿命短等方面，大大地影响了系统的稳定运行。因此，传统的金属阀门迫切需要从材料设计和制造工艺等方面进行改进。

采用陶瓷制造阀门主要有以下优点：减少了维修量；提高配套设备运行系统的安全性和稳定性，减轻工人的劳动强度，节约设备修理费用；提高工业管路系统的密封性，最大限度地杜绝泄漏，对保护环境起到积极的推进作用。

（1）流体控制阀　流体控制阀在工业和民用流体系统中扮演着至关重要的角色，用于调节、控制和保护流体的流动。由于陶瓷材料具有出色的耐磨、耐高温和耐腐蚀等特性，因此在流体控制阀领域得到了广泛应用。陶瓷材料不仅可用于制造阀芯、阀套和阀座等阀件，还可以作为驱动器来推动阀芯的运动。

阀芯作为水嘴的关键部件，其性能直接影响着水嘴的使用寿命。常见的阀芯材质包括金

属和陶瓷。虽然铜阀芯受氧化影响较小，但在铜阀芯的生产过程中可能会注入适量的铅。若铅含量超标，可能会导致流动水中的重金属污染。相比之下，采用陶瓷材料制成的流体控制阀具有价格低廉、耐磨和耐腐蚀等优点，因此已经逐渐取代了传统的螺旋式铸铁水嘴，在家用水嘴、卫浴产品等领域得到广泛应用。对于在其他复杂工况下使用的流体控制阀，可以通过选用合适的材料制成陶瓷阀芯或阀套来改善阀门的使用寿命或性能。

例如，采用氧化锆（ZrO_2）材料制作的陶瓷阀芯具有热膨胀系数接近钢铁的特性，因此在高温和低温环境下都能保持稳定的尺寸。同时，由于其化学性质不活泼，能够确保介质的纯净性，因此在医疗领域得到广泛应用。而碳化硅（SiC）陶瓷则能够改善阀芯的机械加工性能，提高阀芯整体的强度和韧性，同时表面具备足够的耐磨和耐蚀性，适用于极端工况下的流体控制。

研究表明，陶瓷阀芯即使在经过 50 万次以上的开关操作后仍能保持顺畅省力的操作，耐用性好，从而减少维护成本；相比之下，铜制阀芯在使用 15 万次后便可能出现问题。陶瓷材料具有较大的拉伸强度，极难变形，因此制成阀芯后能够提升密封性能，实现资源节约。此外，陶瓷材料具有高稳定性，适用于多种流体，包括气体、液体和腐蚀性介质等，并且不会对液体质量产生影响。某些陶瓷材料还具有优良的电绝缘性（例如刚玉瓷和高铝瓷），适用于电力系统中的流体控制，尤其在需要隔离流体和电气部件的应用中表现突出。

陶瓷制成的流体控制阀由于结构简单、体积小、流体阻力小等优点，在工业及生活领域，例如石油化工、冶金、电力、市政工程、食品医药等领域得到了广泛应用。

（2）压电陶瓷阀 压电陶瓷阀利用介电效应，通过在压电陶瓷上施加电压来控制其形变，从而推动阀门的开闭，实现对流体流量的精确控制。此类阀门通常由压电陶瓷片、阀门主体、电极和密封件等组成。当电压施加到压电陶瓷片上时，陶瓷片会产生弯曲，这种弯曲通过机械连接传递到阀门主体，导致阀门的开闭。通过控制电压的大小和极性，可以精确控制阀门的开启程度，从而实现对流体流量的精确调节。此类阀门通常响应速度快，容易控制，易于实现集成化。

压电陶瓷驱动阀根据结构特征分为先导型、直动型、喷嘴挡板型和开关型等四类。先导型压电阀通常包含一个主阀和一个较小的导阀（先导阀）；主阀的开闭由导阀控制，压电陶瓷元件作用于导阀，通过导阀的位移来改变主阀的压力室和流体入口之间的压力差，从而控制主阀的开闭。这种类型的阀门响应速度快，常用于制作喷射阀。直动型压电阀使压电陶瓷直接作用于阀芯或阀瓣，实现阀门的开启和关闭。此类阀门的响应速度快，适用于需要快速响应和高频操作的应用场合。喷嘴挡板型压电阀利用压电陶瓷元件控制喷嘴与挡板之间的距离，实现对流体流量和压力的调节。这种阀门具有优异的流量和压力控制特性，常用于制作溢流阀以精密控制流量。开关型压电阀主要用于二位控制，即阀门处于完全开启或完全关闭的状态。此阀门适用于需要快速切断流体控制的场合，如微型泵的启停控制。

每种类型的压电陶瓷驱动阀都有其特定的应用场景和优势，选择时需要考虑系统的具体需求和性能要求。常见的压电陶瓷阀主要以钛酸钡（$BaTiO_3$）、铅锆钛酸铅（PZT）为基材料，其压电性能远优于其他压电陶瓷材料，具有高的压电常数和良好的机电耦合系数。此外，可以通过掺杂改性和工艺控制来调节材料的电学性能，以满足不同的需求和用途。

对于需要较低介电常数的应用场景，例如高速微流体控制系统和精密流量控制，可以选择铌镁酸铅（PMN）材料作为基材料。这些材料具有不同的性能特点，适用于不同的应用场景。因此，选择合适的压电陶瓷材料对于设计和制造高性能的压电陶瓷阀至关重要。

压电陶瓷阀结构如图 6-12 所示。

压电陶瓷阀具有以下主要优点：

1）快速响应：响应时间可达毫秒级别，适合需要快速响应的应用场合，常用于对流体系统定压或进行安全保护，保证流体传动的整体运行。

2）位移精度高：可实现对流体流量与压力的精确控制，能够满足高精度控制要求。

3）结构紧凑、易于集成：通常不需要复杂的机械驱动机构，可直接通过电子信号控制，使得阀门结构紧凑、体积较小且易于集成，适用于有限空间的场合。

4）低功耗：阀在静态时不消耗能量，只有在切换状态时才需要能量，功耗较低，有助于节能减排。

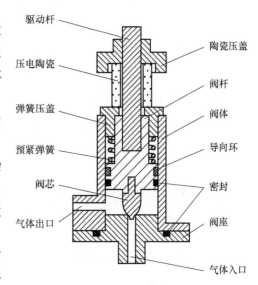

图 6-12　压电陶瓷阀结构

压电陶瓷阀因其独特的优点，在需要高精度、快速响应和高可靠性的流体控制应用中具有重要的地位，现已广泛用于微流体控制系统、医疗设备与航空航天领域。

6.5.4　陶瓷精密零件在轴承中的应用

1. 陶瓷轴承的类型

陶瓷轴承可分为全陶瓷轴承和混合陶瓷轴承。全陶瓷轴承是指轴承全部由陶瓷材料构成；而混合陶瓷轴承是指轴承中的一部分是由陶瓷材料组成，其余由传统的钢材组成。混合陶瓷轴承又分为三种：

1）滚动体是陶瓷材料而其他为轴承钢构成的轴承。

2）滚动体和外圈是陶瓷材料而其他为轴承钢的轴承。

3）滚动体和内圈是陶瓷材料而其他为轴承钢的轴承。

其中混合陶瓷轴承使用方便，也是现在比较通用的陶瓷轴承。根据不同陶瓷的特性、配套原材料、几何参数、工况环境等因素，陶瓷轴承材料主要为氮化硅，在特定场合下也使用强度较高的氧化锆，碳化硅也可用于制造陶瓷轴承。它们各自的性能、特性和应用场合列于表 6-8 中。

表 6-8　各种陶瓷轴承的特性和应用场合

陶瓷材料	性能与用途	特性
氮化硅（Si_3N_4）	耐载荷性和寿命等于或大于轴承钢，适合要求较高的使用环境	高速旋转、高真空、高耐蚀性、高耐热性、非磁性、高刚性
氧化锆（ZrO_2）	可施加的载荷受到限制，可应用在腐蚀性强的溶液中	高耐蚀性
碳化硅（SiC）	可施加的载荷受到限制，可应用在腐蚀性强的溶液中	高耐蚀性、耐超高温

（1）混合陶瓷轴承　材料副的优化大大改进了混合陶瓷轴承的使用性能，其中，混合陶瓷轴承外圈滚道所受的离心力减小60%左右，改善了滚压运动，可以使转速大大提高；高速混合主轴轴承的旋转摩擦明显低于钢制轴承，因而混合主轴轴承能够降低摩擦和发热；混合陶瓷轴承因材料副的优异性能，还可以应用在贫油润滑或长寿脂润滑的情况，从而大幅度延长使用寿命。此外，它还具有绝缘作用，在电机中这种绝缘作用可以作为一种重要的标准。

与同型号的全钢轴承相比，混合陶瓷轴承的重要特点如下：

1）运转速度提高：氮化硅球体的密度低，意味着离心力减小。

2）刚性增大：氮化硅的弹性模量比轴承钢大50%。

3）发热减小：氮化硅球体具有摩擦因数小、运动性能好的特点。

4）热稳定性好：氮化硅的线膨胀系数为钢材的1/3。

5）设计灵活性更大：氮化硅材料能使得轴承设计者可以改换不同参数而不考虑其影响。

（2）全陶瓷轴承　全氮化硅陶瓷轴承因其材料具有低密度、高硬度等特点，在一定的应用领域能充分发挥其优越性。

全陶瓷轴承的突出性能如下：

1）全陶瓷轴承可以在腐蚀、高温、介质润滑和无润滑运转的条件下应用，而这些严峻的加工环境是常规轴承所无法适应的。

2）氮化硅全陶瓷轴承具有很高的适用性，其优点在于引导精度高、滚动阻力小，可保证好的产品质量。

3）使用全陶瓷轴承可以不用润滑剂，并具有抗热蒸汽腐蚀能力。对于全陶瓷轴承的耐腐蚀性能而言，只有少数的介质如氢氟酸、一定浓度的硫酸以及过热水（液压热腐蚀）能对其造成严重损害；对于全陶瓷轴承的耐腐蚀和承载能力的研究表明，针对不同的酸或碱介质，还可以添加相应的添加剂来提高氮化硅的耐腐蚀性。

2. 陶瓷轴承的优越性

1）对一般轴承而言，当DN（主轴直径与转速之积）值在 $2.5×10^6$ 以上时，其滚动体的离心力便会随转速的升高而急剧增大，轴承滚动接触表面的滑动摩擦加剧，轴承的寿命就随之缩短。有研究显示，采用低密度的氮化硅陶瓷轴承，其工作寿命可比钢制轴承提高3~6

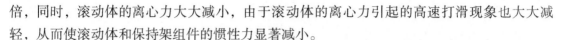

倍，同时，滚动体的离心力大大减小，由于滚动体的离心力引起的高速打滑现象也大大减轻，从而使滚动体和保持架组件的惯性力显著减小。

2）温度变化对轴承的滚动疲劳寿命会产生较大影响，通常作为耐热材料使用的 M50 钢制轴承在 250℃时的额定寿命约为常温下的 1/10。而陶瓷轴承具有优异的高温性能，在高温工况下具有很好的滚动疲劳强度。

3）化学稳定性好的陶瓷材料对大多数酸以及碱具有良好的耐侵蚀性。因此在化学工业或核动力工业中，陶瓷轴承可替代化学稳定性差的钢质轴承。除此之外，陶瓷轴承非磁性的性能也是它们得以广泛应用的一个原因。

3. 陶瓷轴承的应用

自 20 世纪 70 年代以来，各国一直在竞相研制、生产高性能的陶瓷轴承，并进行了一系列的设备、工艺、材料等方面的开发与研究，大幅度提高了陶瓷轴承的使用寿命和极限转速，为发展高速和超高速、高精密机床提供了基础零件。陶瓷轴承已经在高温、腐蚀、绝缘、真空等诸多环境中得到应用。表 6-9 列出了陶瓷轴承的构成与应用的实例。

表 6-9　陶瓷轴承的构成与应用的实例

高速旋转	真空环境	耐腐蚀
密度为轴承钢的 40%，因滚动体的离心力减小，故适合高速旋转	可在真空度 $10^{-10}\sim1Pa$ 范围内使用。按用途选择润滑方法	可在酸、碱、海水及熔融金属中使用
应用实例：机床主轴、汽车增压器、普通工业机械（旋转试验器等）	应用实例：半导体制造装置、真空机械（涡轮高真空泵）	应用实例：化学机械、钢铁机械、纺织纤维机械
高温用	非磁性	绝缘
陶瓷耐热温度为 800℃，按使用温度选择润滑方法	可在磁场中使用	陶瓷是绝缘体，可用于担心通电的场所
应用实例：钢铁机械、普通工业机械、汽车用柴油机	应用实例：半导体制造装置、超导电相关装置、原子能发电装置	应用实例：铁道车辆、电动机

注：图中阴影部分为陶瓷。

（1）陶瓷轴承的高速应用　氮化硅陶瓷轴承在喷气涡轮发动机等高速应用中显示出特别的优势。当轴承在高速转动时，滚动体的离心力会把额外的巨大载荷施加到外圈滚道接触面，增加滚动体的滑动，产生热量并会引起划伤。在对火箭涡轮泵的全钢轴承进行试验时，由于滑动产生热量，使接触面温度升高，直至钢外圈和滚珠由于退火开始变色。而在测试混合氮化硅陶瓷时，所产生的热量就比标准钢轴承低 30%～50%。这是因为低密度的氮化硅陶瓷滚动体大大减小了高速运转时的离心力，降低了滑动摩擦。

（2）陶瓷轴承的高温应用　航空航天和绝热发动机这样的热环境对全钢轴承和液体润滑剂的高温性能提出了严峻的挑战。高温钢在 500℃ 时可以保持稳定，但是不能在高于 300℃ 时的环境下保持硬度，高温液体润滑剂性能在这种条件下也会恶化或退化。但测试证明固体润滑的全氮化硅轴承在上述温度时，甚至在高于 1000℃ 的苛刻条件下运行良好。

（3）陶瓷轴承的低温应用　在使用液体燃料，如液态氧和液态氢推进的火箭发动机的低温涡轮泵中，轴承在高速重载的低温推进剂中直接运转，这种条件对于任何滚动元件的轴承来说都很苛刻。足够的低温强度和韧性是低温应用中轴承应具备的基本先决条件。通过测量相同尺寸的 Si_3N_4/Si_3N_4、$Si_3N_4/$钢、钢/钢在液态氮中的最大承受载荷，得到表 6-10 所示的最大承载。在液态氧中进行测试，结果发现氮化硅结合 AISI440C 钢的性能与全钢轴承性能相比，具有更低的摩擦因数和更高的耐磨性能。

表 6-10　轴承在液态氮（-196℃）中最大承载

轴承类型	最大承载/kN	损坏形式
Si_3N_4/Si_3N_4（全陶瓷）	10.6	氮化硅球全部损坏
$Si_3N_4/$钢（混合氮化硅）	19.8	钢球损坏，氮化硅元件完好
钢/钢（全钢）	6.6	钢球全部损坏

参 考 文 献

[1] 张玉军，张伟儒，等. 结构陶瓷材料及其应用 [M]. 北京：化学工业出版社，2005.

[2] 葛昌纯，沈卫平. 现代陶瓷材料选用与设计 [M]. 北京：化学工业出版社，2017.

[3] 裴立宅. 功能陶瓷材料概论 [M]. 北京：化学工业出版社，2021.

[4] 曲远方. 功能陶瓷及应用 [M]. 北京：化学工业出版社，2014.

[5] 朱海. 先进陶瓷成型及加工技术 [M]. 北京：化学工业出版社，2015.

[6] 李雪峰，雷梅芳. 第四代核能系统的产生与发展 [J]. 中国核工业，2018 (2)：29-32.

[7] 欧阳琴，王艳菲，徐剑，等. 核用碳化硅纤维增强碳化硅复合材料研究进展 [J]. 无机材料学报，2022，37 (8)：821-840.

[8] LEE W E, GILBERT M, MURPHY S T, et al. Opportunities for Advanced Ceramics and Composites in the Nuclear Sector [J]. Journal of the American Ceramic Society, 2013, 96 (7)：2005-2030.

[9] CHUN J H, LIM S W, CHUNG B D, LEE W J. Safety Evaluation of Accident-tolerant FCM Fueled Core with SiC-coated Zircalloy Cladding for Design-basis-accidents and beyond DBAs [J]. Nuclear Engineering and Design, 2015, 289：287-295.

[10] FORSBERG C W, TERRANI K A, SNEAD L L, et al. Fluoride-Salt-Cooled High-Temperature Reactor (FHR) with Silicon-Carbide-Matrix Coated-Particle Fuel [J]. Transactions of the American Nuclear Society, 2012, 11-15.

[11] 陆浩然，张明. 反应堆用 SiC 陶瓷基复合包壳材料研究进展 [J]. 中国核电，2016, 9 (4)：306-312.

［12］XUN L M, HUANG S W, SUN B Z, et al. Torsional Cracks Development in Carbon-fiber 3-D Braided Composite Tubes ［J］. Thin-Walled Structures, 2023, 184: 110477.

［13］MOREL C, BARANGER E, LAMON J, et al. The Influence of Grinding Process on the Mechanical Behavior of SiC/SiC Composite Tubes under Uniaxial Tension ［J］. Journal of the European Ceramic Society, 2024, 44 (1): 91-106.

［14］KANE K A, STACK P I M, MOUCHE P A, et al. Steam Oxidation of Chromium Corrosion Barrier Coatings for SiC-based Accident Tolerant Fuel Cladding ［J］. Journal of Nuclear Materials, 2021, 543: 152561.

［15］SUN X X, CHEN H F, YANG G, et al. YSZ-Ti_3AlC_2 Thermal Barrier Coating and Its Self-healing Behavior under High Temperatures ［J］. Journal of Inorganic Materials, 2017, 32: 1269.

［16］OGAWA T, IKAWA K. Crushing Strengths of SiC-Triso and ZrC-Triso Coated Fuel Particles ［J］. Journal of Nuclear Materials, 1981, 98 (1-2): 18-26.

［17］程心雨, 刘荣正, 刘马林, 等. 碳化物陶瓷材料在核反应堆领域应用现状 ［J］. 科学通报, 2021, 66 (24): 3154-3170.

［18］李成功, 傅恒志, 于翘, 等. 航空航天材料 ［M］. 北京: 国防工业出版社, 2002.

［19］陈大明. 先进陶瓷材料的注凝技术与应用 ［M］. 北京: 国防工业出版社, 2011.

［20］吴家刚. 电子陶瓷材料与器件 ［M］. 北京: 化学工业出版社, 2022.

［21］牛晨旭. J-R 型氮化铝陶瓷静电吸盘的设计与制造 ［D］. 武汉: 华中科技大学, 2015.

［22］刘海林, 霍艳丽, 胡传奇, 等. 光刻机用精密碳化硅陶瓷部件制备技术 ［J］. 现代技术陶瓷, 2016, 37 (03): 168-178.

［23］张丛, 尹飞, 郭建斌, 等. 堇青石材料在光刻机领域的应用进展 ［J］. 材料导报, 2022, 36 (02): 71-73.

［24］杜刚, 康晓旭, 曾江涛, 等. 多层压电驱动器在光刻机中的应用 ［J］. 激光与光电子学进展, 2022, 59 (09): 403-412.

［25］朱祖云. 等离子体环境下陶瓷材料损伤行为研究 ［D］. 广州: 广东工业大学, 2019.

［26］文泽海, 卢茜, 伍艺龙, 等. 引线键合楔形劈刀及劈刀老化现象研究 ［J］. 电子工艺技术, 2019, 40 (01): 8-10.

［27］宫在磊, 王秀峰, 王莉丽. 微电子领域中陶瓷劈刀研究与应用进展 ［J］. 材料导报, 2015, 29 (17): 89-94.

［28］樊新民, 张骋, 蒋丹宇. 工程陶瓷及其应用 ［M］. 北京: 机械工业出版社, 2006.

［29］李成功, 傅恒志, 于翘, 等. 航空航天材料 ［M］. 北京: 国防工业出版社, 2002.

［30］宋金鹏. 新型 TiB_2 基陶瓷刀具材料 ［M］. 北京: 机械工业出版社, 2019.